JN275044

地形工学入門
地形の見方・考え方

今村遼平
IMAMURA Ryohei

鹿島出版会

はじめに

　これから私たちが学ぼうとしている**地形工学**（engineering geomorphology）とは何か。

　これに対する答えとして筆者は、次の2つの考えがあると思っている。

　① 地形自体のもつ工学的な性質の理論と実際

　② 工学に必要な地形の見方・考え方の理論と実際

　このうち本書は後者すなわち、「**工学（この場合の工学は、主として土木・建設・保全工学と考えていただきたい）に必要な地形（landform）の見方・考え方の理論と実際**」と、定義しておきたい。別の言い方をすれば、「**土木・建設・保全工学のために、地形をどう読むかの理論とその実践方法**」が、これから学ぶ**地形工学**だと定義しておく。

　では、**地形**（landform）とは何か。地形を端的に表現すれば、①地表面の起伏の大きさと形、②その形を構成している面区分とその広がり、そして、③その面の傾き（勾配）の大小、の3つの要素の集合体と言うことができる。

　近代の西洋において、近代科学[*1]の理論と結びついて生まれた新しい技術が"engineering"である。これが明治以降わが国に導入されたとき工学と訳されて大学[*2]で教えられた。このことから「工学」とは「技術が科学的な理論と結びついた学問」という理解が一般的だ。現在、工学は大学や専門学校で教えられ、専門の研究者もいて、技術と科学（広義）の双方の意味をもった概念として使われているのが実情である。

　しかしながら私は、「工学」はその出自からいえば、「科学的な知識に裏づけられた技術」あるいは「学問化された技術」と理解するのが適切だと思っている。つまり実用を目的とするかぎり、「工学」はあくまでも技術という性格を持つべきものである（「科学」と「技術」「工学」については、巻末の付録を参照のこと）。

　では、「**工学的なものの見方・考え方**」とはいかなるものか。建設関連業[*3]に従事する実務的な技術者の一人として見るかぎり、少なくとも次の点は明白だと思う。

　① まず工学では、クライアントの要請にもとづいて具体的な目的に沿った「あるものを、ある場所につくる」ため、あるいは、「社会システムやあるものを保全する」ためにどう対処すべきか、つまり、"how"の追究が常に求められる。

　② そのためには、ものごとを定量的に見る。その前提として工学屋は、ものやことを「等質」なもの「均質」なものとして扱うように習慣づけられている。「構造力学」や「土質力学」などの分野はまさにそうである。これまでの工事や計画に工学は定量的であることを求めてきたが、それは、ものやことを等質なものとして扱う方が定量性を取り入れやすいからだと思われる。だが、このことは、実務の面では"もろ刃の剣"でもある。「土木工学」も「土質工学」あるいは「保全工学」

[*1] コペルニクス（1473–1543）以降の科学（19世紀以前は科学を「自然哲学」と呼んだ）とみてよい。

[*2] わが国で工学は理学（science）より遅れて導入された。

[*3] コンサルタント業・地質調査業・測量業の3業を、建設関連業と呼んでいる。

も定量的な見方だけでは片手おちであって、定性的な見方、つまり地形学や地質学の見方が不可欠だ。土質工学の父・テルツァーギ（1883–1963）も、土という材料の不均質性と複雑さについて彼の生涯を通じて頭を離れなかったようで、死の直前に、ある会社のインタビューの質問に答えて、「土の問題の多くが厳密な方法で解けないのは、大きな変形または破壊をおこす範囲内にある材料が一様でないことが主な理由である」（地盤工学会のパネルによる）と述べている。

③　もう1つ「工学」で大切なことは、ものごとを@経済効果や⑥安全性、ⓒ社会性、ⓓ環境への影響などに結びつけて見、考える点である。このためにはどうしても多くの比較案（alternative）の検討が大切となる。その際、長い目でみた社会的な動向を外してはならない。つまり工学屋には、常に社会の動向に対しての達見が求められる。前述した②のものごとを定量的に見るということは、ものごとを細かく分割された等質な"部分"の集合として扱うのが前提だが、その際、往々にして定性的なことが忘れられがちだし、**等質なものへの分割がいいかげんであったり、本来の定性的な複雑さが単純化されすぎたり、無視されたりすることが多々あって、結果的にそれが工学的にみて重大事を招くことがある。**

④　もうひとつ忘れてならないことは、以上述べてきたことの前提となる重要なことだが、「工学」は科学と違って（「科学」は古来、本質的には科学をする人の興味や好奇心にもとづいてなされてきた）、必ず**クライアント**（client：顧客・依頼者―市民や国民）があって、その要請・要求のもとに実施されるという事実である。**したがってその成果は、公衆の安全・健康・福祉が大前提となる**という点を忘れてはならない。このことは**技術者としての倫理観**の基本となる。

　　地形を読むのは、医者が患者の体格・体形・皮膚の状態・顔色などをみて、その人の健康状態や性格・精神状態・過去の病歴などを読みとる望診（視診）に似ている。人間の外形が内面のすべてを表すわけではないが、有能な医者はそこから多くの情報を得、それらをもとにさらに必要な検査やそれにもとづく診断をこころみて、目前の患者の問題点をさぐる。

　　土木工学における**地形情報**（geomorphologic information）の使い方も、基本的にはこれと同じと思われる。地形を見ただけである程度の判断や計画に対する決断もなされる。ある部分はそこまでいかなくとも、以降に要する調査内容や方法について示唆を得ることができる。真の意味での「地形を読む（geomorphologic interpretation）」とは、そういう判断ができるということでなければならない。しかしこのためには、**地形についての基礎的な素養やものの見方・それにある程度の経験が欠かせない**。その理論やコツをこれから本書で学ぼうというわけである。

　　「地形を読む」という行為は、従来の土木屋や土質屋が不慣れな定性的な見方と、そこからの発想が主体となる。本書の「地形工学」では、本来は工学屋としても不可欠な定性的な領域でのものの見方や思考を、ぜひ訓練して身につけていただきたい。

　　なお、各章のはじめには、地形・地質とは直接関係はないが、私たちがものごとを考える際に心すべきことを含んだ中国の古典の一節を引用して記した。短い文であるが、"するめ"をかむようによくよく吟味していただきたい。"味"のある文言である。

今　村　遼　平

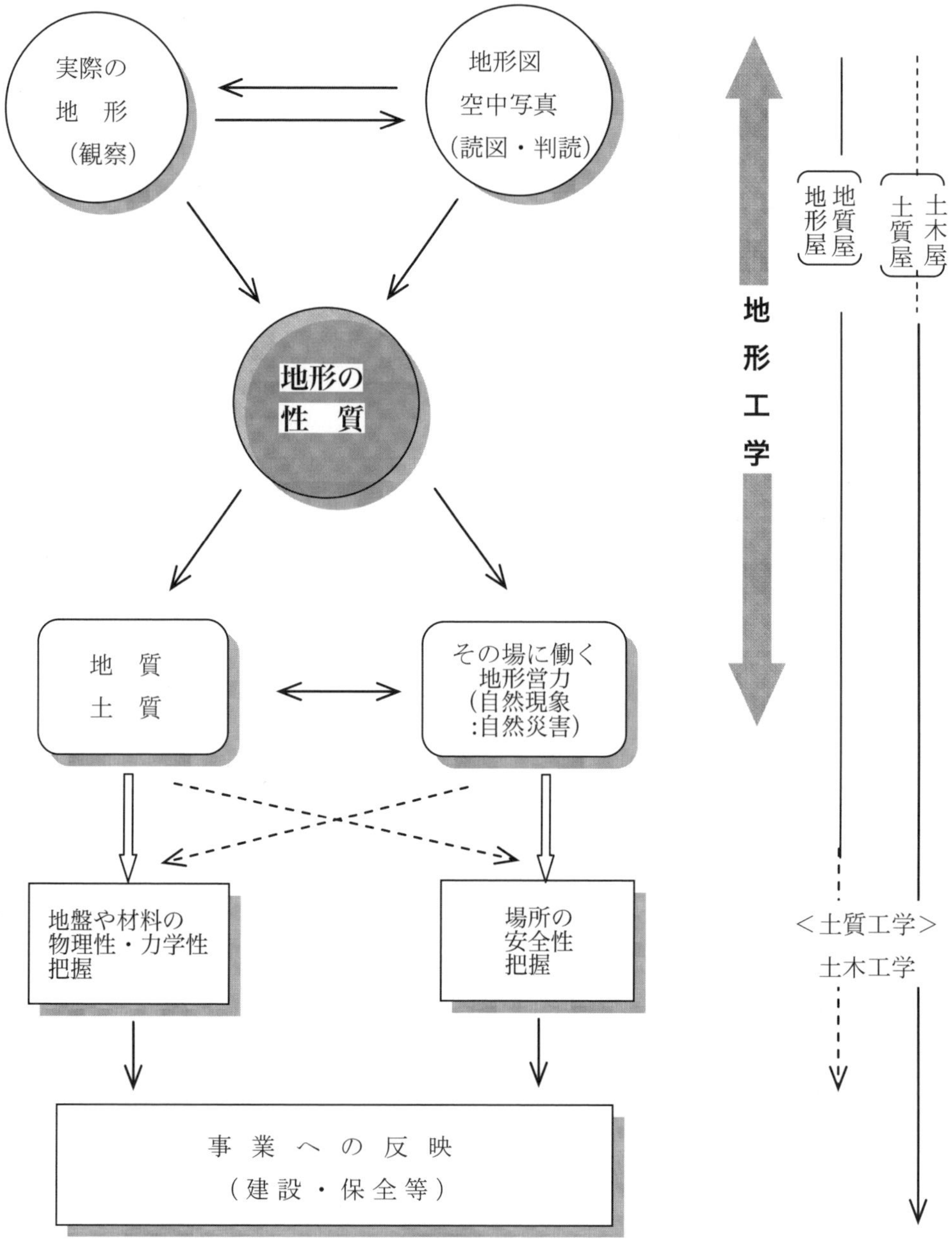

```
┌─────────────┐              ┌─────────────┐
│   実際の    │  ◄────────   │   地形図    │
│   地 形     │  ────────►   │   空中写真   │
│  （観察）    │              │ （読図・判読） │
└─────────────┘              └─────────────┘
         │                        │
         └────────┐    ┌──────────┘
                  ▼    ▼
            ┌─────────────┐
            │   地形の     │
            │   性  質     │
            └─────────────┘
          │                    │
          ▼                    ▼
┌─────────────┐        ┌─────────────┐
│   地  質    │ ◄────► │ その場に働く  │
│   土  質    │        │   地形営力    │
│             │        │ （自然現象    │
│             │        │  :自然災害）  │
└─────────────┘        └─────────────┘
       │                      │
       ▼                      ▼
┌─────────────┐        ┌─────────────┐
│地盤や材料の   │        │   場所の     │
│物理性・力学性 │        │   安全性     │
│把握          │        │   把握       │
└─────────────┘        └─────────────┘
          │                  │
          ▼                  ▼
┌───────────────────────────────────┐
│        事 業 へ の 反 映            │
│      （ 建 設 ・ 保 全 等 ）         │
└───────────────────────────────────┘
```

地形工学

地質屋・地形屋　土木屋・土質屋

＜土質工学＞
土木工学

目　次

はじめに i

1章　地形工学の基本的な考え方　　*1*

1.1　地形のもつ意味 1

1.2　地形の規模と階層性 1

1.3　地形の分け方 2

1.4　地形単元のとり方 3

1.5　地形の新旧 4

1.6　地形と地形タイプ（地形種）の 6 区分 5

1.7　「読みかえの原理」に基づく地形の見方 8

2章　地形工学で地形を見る際の視点　　*11*

2.1　基本的な視点 11

    2.1.1　土地の利便性に関する情報 11

    2.1.2　土地の安全性に関する情報 11

    2.1.3　土地の情緒性に関する情報 12

2.2　土地の安全性と地形工学のかかわり 12

    2.2.1　災害現象発生と土地の性質との因果関係 12

    2.2.2　土地の安全性を支配する 4 要素 13

    2.2.3　土地の安全性に関する地形工学的な見方 15

2.3　建設工事と地形工学のかかわり 15

    2.3.1　土木構造物の規模と地形および時間規模 15

    2.3.2　地形から地質・土質、さらに動きへ 17

2.4　環境保全と地形工学のかかわり 17

    2.4.1　持続可能な社会に向けて 17

    2.4.2　環境保全と地形 18

    2.4.3　景観と地形工学 21

3章　地形のもつ工学的問題　　*29*

3.1　災害現象の予測情報としての地形の意味 29

    3.1.1　災害現象のタイプの把握 29

3.1.2 災害現象（地形営力）による地表の動き（変位・変動）の把握 30

3.1.3 現象発生に関する時間情報の把握 30

3.2 防災対策の「場」としての地形 31

3.3 サイト、ルート、地区（エリア）の適性場としての地形 31

3.4 地形と地質の対応性 35

4章 工学面からの低地地形の見方　　39

4.1 海面変動と低地の形成 39

4.2 低地の地形構成と低地地形区分 41

4.2.1 低地の性質—3つの小地形単元— 41

4.2.2 低地の分布 42

4.2.3 海成低地の地形的特徴と土質 42

4.2.4 河成低地の地形的特徴と土質 52

4.3 低地地盤の工学的問題—軟弱地盤と地形— 64

4.3.1 軟弱地盤とは？ 64

4.3.2 軟弱地盤は「沖積地盤」 64

4.3.3 軟弱地盤の堆積環境（低地微地形の成因） 65

4.3.4 軟弱地盤を示す微地形 66

4.3.5 日本における軟弱地盤の分布 67

4.3.6 泥炭地 67

4.4 低地と災害 72

4.4.1 水災害（水害） 72

4.4.2 地震災害—軟弱地盤と地震— 82

4.4.3 広域地盤沈下 84

4.4.4 海岸侵食 87

4.4.5 海食崖の変化 89

4.4.6 地盤の液状化 90

5章 工学面からの台地（段丘）地形の見方　　93

5.1 段丘地形の区分 93

5.1.1 段丘の一般的性質 93

5.1.2 河成（河岸）段丘 94

5.1.3 海成（海岸）段丘 94

5.2 段丘の地盤工学的問題 96

5.2.1 段丘の地盤条件 96

5.2.2 段丘と地下水 97

5.3 段丘と災害 99

5.3.1 段丘崖の崖崩れ 99

5.3.2 段丘以外の台地の崖崩れ 101

5.3.3 段丘面上の洪水 102

5.3.4 洪水指標としての段丘面 104

5.4 段丘の見分け方 105

6章 工学面からの丘陵地・山地地形の見方　107

6.1 丘陵と山地の違い 107

6.2 山地・丘陵地の地盤工学的問題 107

 6.2.1 山地の地形区分 107

 6.2.2 河谷（谷）の形成と侵食現象 108

 6.2.3 山腹形状（地形）の工学的な意味 118

 6.2.4 山稜の鞍部地形は要注意地点 122

 6.2.5 崖錐の危険性 123

6.3 山地・丘陵と災害 127

 6.3.1 マスムーブメント（集団移動）地形 127

 6.3.2 地すべり地形 132

 6.3.3 斜面崩壊 147

 6.3.4 土石流と地形 155

6.4 変動地形と地盤工学的問題 166

 6.4.1 断層地形 166

 6.4.2 断層や破砕帯のもつ土木工学的な問題点 175

 6.4.3 活断層地形 176

 6.4.4 褶曲地形 184

6.5 組織地形と地盤工学的問題点 188

 6.5.1 組織地形とは 188

 6.5.2 メサ・ケスタ・ホッグバック 188

 6.5.3 ケスタ地形と流れ盤・受け盤 189

6.6 カルスト地形と地盤工学的問題点 190

 6.6.1 カルスト地形の種類 190

 6.6.2 カルスト輪廻 192

 6.6.3 カルスト地形の土木工学的問題点 192

7章 工学面からの火山地形の見方　199

7.1 「火山」とは？ 199

7.2 火山の分類 200

7.3 火山の噴火様式 203

7.4 火山噴出物の性質と火山地形 205

 7.4.1 火山地形を規制する基本要素 205

 7.4.2 火山体を形成する基本地形単元 207

7.5 火山噴出物の性質と火山性微地形 207

 7.5.1 溶岩流 208

viii

　　　7.5.2　降下火砕堆積物と火山砕屑岩 212
　　　7.5.3　火砕流堆積物と溶結凝灰岩 215

　7.6　火山の諸形態 217
　　　7.6.1　成層火山 217
　　　7.6.2　ドーム（溶岩円頂丘） 218
　　　7.6.3　岩脈 219
　　　7.6.4　爆裂火口と爆裂破砕物 220
　　　7.6.5　カルデラ 221
　　　7.6.6　温泉変質—後火山作用— 222
　　　7.6.7　火山と裂か系（地質構造） 223

　7.7　火山と災害 224
　　　7.7.1　火山からの噴出物による直接的災害 224
　　　7.7.2　火山活動に伴う二次的災害 230
　　　7.7.3　火山地域の火山活動に直接関係しない土砂被害 233
　　　7.7.4　活火山のためのハザードマップ 233

8章　災害と地形　　*237*

　8.1　地形と災害現象 237

付録　問題解決の論理学　　*241*

　1.　知とは何か—問題解決と思考— 241
　　　1.1　知のパターン 241
　　　1.2　知識の構造 242
　　　1.3　科学・技術の論理性 243

　2.　推理 243
　　　2.1　演繹推理 244
　　　2.2　蓋然的推理 244
　　　2.3　推理の特徴 245

　3.　問題解決の方法 246
　　　3.1　仮説法 246
　　　3.2　仮説法における推理 247
　　　3.3　仮説法の意味 249
　　　3.4　帰納推理と自然の斉一性 249

おわりに 253
索　引 255

1章　地形工学の基本的な考え方

仰いでは以て天文を観、俯しては以て地理を察す。
〈是の故に幽明の故を知る〉
（天体の実態を観測し、地上の山川草木などの万象を観察して、
人はどうあるべきかを悟る。
〈是の故に幽明（幽界と顕介つまり冥土と現世のありよう）の故
を知る〉）
―『易経』繋辞伝上による―

1.1　地形のもつ意味

　地形をどう読むかは後で詳しく述べるとして、まず**地形**がどういう意味をもつかを考えてみよう。

① 地形は、直接的には地表面の形態・規模・水陸の配置・傾斜などを示している。土地利用計画や道路・ダムなどの位置選定の際には、これら地表の形態そのものが大きな意味をもつ。

② 地形は、地表構成物の性質（地質・土質など）や地質構造に著しく規制されて形成されている。このことは、地形から逆に地質・土質や地質構造をある程度読みとれることを示している。

③ また、現在の地形は、地質構造や構成する地層・岩層など地質学的素地に侵食（erosion）や堆積（sedimentation）といった諸作用（processes）がさまざまな形をとって働き、岩石が動かされた結果の産物である。そこに働いた地形営力（agents）の違いによって、形成された地形も違ったものになる。したがって地形は、地質や地質構造だけでなく、そこに働いた地形営力をも反映している（図1.1）。

④ しかも地形の変化は長期間にわたって間断なく続いているので、地形の高低や開析の度合、構成地形のその後の部分的な侵食のぐあいなどに、営力が働いた時間（絶対時間）や地表構成物の形成の新旧（相対時間）などが示されている。

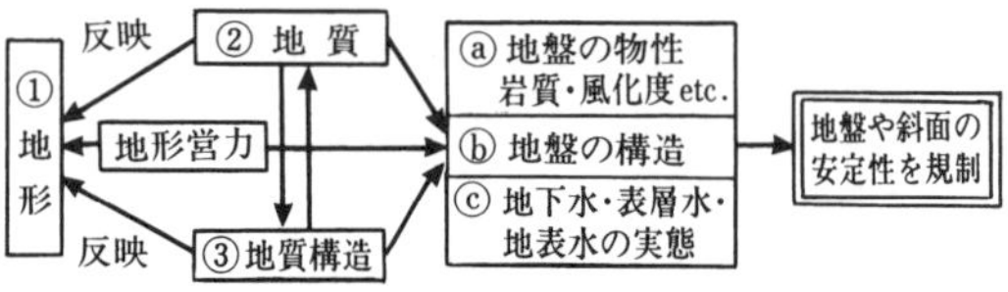

図 1.1　地形・地質・地質構造と斜面の安定性の関係（原図）

　このように地形は、①地表面の形態だけでなく、②地質（岩質・地質構造）、③そこに働いた地形営力やそこで起こった現象、④地史（geologic history）、などをも反映している。このことは逆に言うと、**地形情報はこれらもろもろの情報に読みかえることができる**ことを示している。私はこのことを地形の〈**読みかえの原理**〉と呼んでいる。

1.2　地形の規模と階層性

　地形を地質や土質あるいは災害現象などに読みかえるには、連続して広がりのある一連の地形を、大小の**地形単元**（landform unit）に分けて見ることが大切である。

　ひとくちに"地形"といっても、○○山地、△△平野といった大地形から、自然堤防や旧河道と

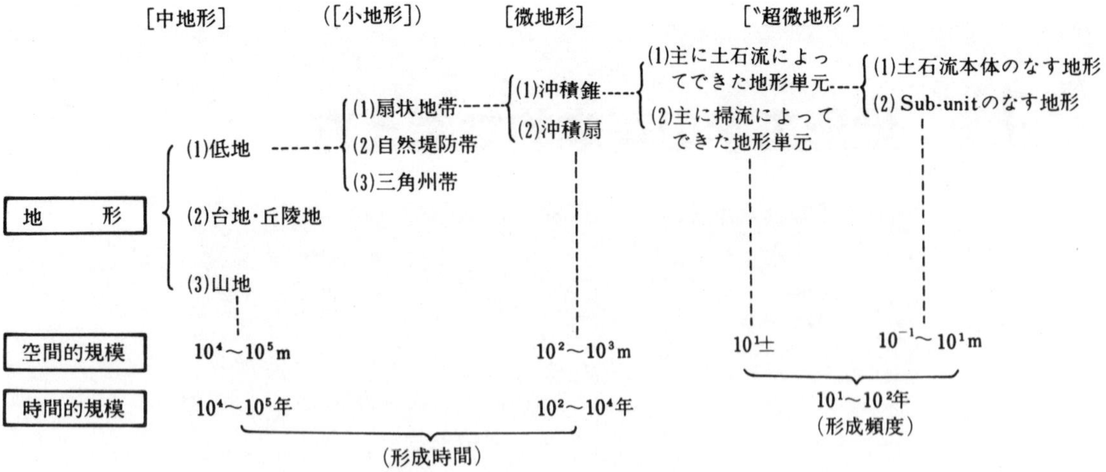

図 1.2 の階層図（[中地形]・([小地形])・[微地形]・〝超微地形″）

| [中地形] | ([小地形]) | [微地形] | 〝超微地形″ |

地形
- (1)低地 ─── (1)扇状地帯 ─── (1)沖積錐 ─┬(1)主に土石流によってできた地形単元 ─┬(1)土石流本体のなす地形
- (2)自然堤防帯 (2)沖積扇 └(2)主に掃流によってできた地形単元 └(2)Sub-unit のなす地形
- (3)三角州帯
- (2)台地・丘陵地
- (3)山地

空間的規模 $10^4 \sim 10^5$ m $10^2 \sim 10^3$ m $10^1 \pm$ $10^{-1} \sim 10^1$ m

時間的規模 $10^4 \sim 10^5$ 年 $10^2 \sim 10^4$ 年 $10^1 \sim 10^2$ 年（形成頻度）

（形成時間）

図 1.2　地形の階層性の例 [1]

いった狭小なものまでさまざまである。したがって、まず第一に地形は、**規模（scale）** すなわち空間的な広がりの大小によって、大地形・中地形・小地形・微地形・超微地形などに分けて考えると便利である。いくつかの超微地形が集まってひとつの微地形を、またそれがいくつか集まって小地形ができている（図 1.2）。しかもこのような**空間的規模の大小は、地形の形成時間の大小にほぼ比例する。したがって、地形を見るときにまず大切なことは、**

① ある地形の空間的な広がり（space scale）は、一般にそれを形成した時間の大きさ（time scale）に対応する。

② ある広がりをもつ地形単元は、それより規模の小さな地形単元がいくつか集まってできている（図 1.2）。

といった、**地形の規模（landform scale）** とその**階層性（hierarchy）** についての認識をもつことである。

1.3　地形の分け方

地形を意味のある小単元に分ける（地形区分）には、地形の境界線を見つけなければならない。では、地形にはどんな境界線があるのか。地形はすべて 3 次元的なある広がりをもっており、あるところで異なる地形と接する（あるいは、漸移する）。異なる地形と接するところでは次のような現象が見られ、それらを**地形の境界**とすると

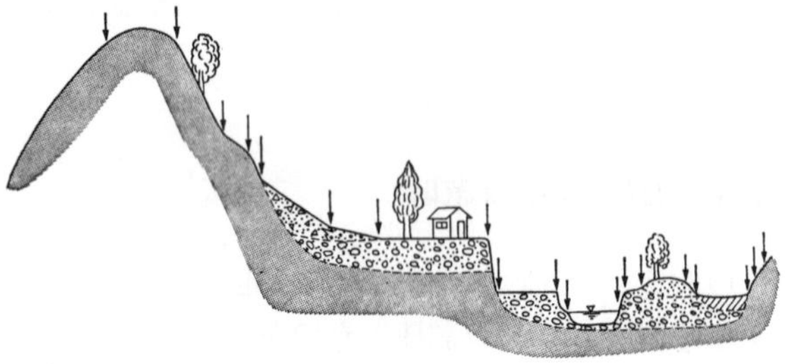

図 1.3　地形境界としての傾斜変換点 [2]（矢印の点で地形を分けることができる）

よい。

① **傾斜変換点**（knick point）：地形区分の際、最も多い境界で、平坦地から斜面へ、急斜面から緩斜面へ、またその逆のケースなどいろいろある（図 1.3）。低地の地形区分には、わずかな傾斜の変化を現地調査や空中写真などで読みとることが大切である。

② **色調の違い**：空中写真を用いて地形区分をするときしばしば使われる境界で、表層物質の違いや土壌の含水状態の違いが、まれに色調の違いとなって現れている。

③ **水系密度の違い**：縮尺 1/10 万とか 1/20 万で地形区分をするとき、谷の数が多い山地と少ない山地に分けることがある。

④ **土地利用の違い**：表層物質の水分条件や肥沃度・災害に対する危険性などによって土地利用が異なることがしばしばあり、土地利用の境界をもって地形の境界とするのが効果的なことが、まれにある。

表 1.1　中規模地形別にみた地形の特徴と地盤状況（原）

地形区分			山地　　　丘陵地　　　台地（高位）　　（低位）　　　低地			
中規模地形			山地	丘陵地	台地（段丘面）	低地
地形の特徴			標高 300 m 以上で急傾斜の斜面からなる。谷部には谷底平野があることもある。	標高 300 m 以下で尾根の高さはそろっている。谷部は湿潤な谷地となっていることが多い。	台地面上は平坦で周辺は急崖となっている。高位・中位・低位と数段ある。	標高 10 m 以下のことが多い。海側に向かってわずかに傾斜している。
地盤状況	地耐力	支持力	問題なし	問題なし	問題なし	軟弱地盤では問題大
		沈下	問題なし	問題なし	問題なし	軟弱地盤では問題大（広域沈下・不同沈下）
	地下水位		問題なし	問題なし	問題なし	浅くて問題になりやすい
	災害現象	土砂災害	山崩れ・地すべり・土石流	山崩れ・地すべり・土石流	崖崩れ・土石流	問題なし
		水害	問題なし	問題なし	台地水害	低地部は内水・外水災害が多い（海岸域では高潮）
		地震災害	山崩れ	山崩れ	崖崩れ	震動大・液状化海岸域では津波
東京周辺での例			関東山地秩父山地	多摩丘陵狭山丘陵	武蔵野台地山の手台地大宮台地	多摩川低地荒川低地下町低地

このうち、地形区分では①が最も一般的で、地形図や空中写真を使っての実作業もやりやすい。

1.4　地形単元のとり方

次に、土木計画や建設・保全のための調査では、具体的にどのような単元で地形を見、区分していけばよいかが問題となる。

ある広がりをもつ等質の斜面を**地形面（topographic surface）**（広義）と呼び、地表はこれらを最小の地形単元（landform unit）として区分*1される。

地形はまず、起伏の大小や高さなどによって、
①山地（火山を含む）　　②丘陵地
③台地（段丘面）　　　　④平地（低地）
に分けることができる（表 1.1）。**土木工学的な見方をするには、土地をこのような中規模での地形単元に分けて考えると、地盤の性質や問題点を**

理解しやすい。さらにおのおのを表 1.2 のように区分していく。

山地の山頂緩斜面（crest slope or waxing slope）は風化岩石がまだ侵食されずに元位置に残るところで、表層風化部が厚いところほど広い。急斜面（free face）は崩壊やガリー侵食の激しい部分で、山頂緩斜面と急斜面との境が明確なところを遷急線（**6.2.2** 参照）という。山麓緩斜面（debris slope）は斜面上位から供給された土砂がたまったところで、崖錐や沖積錐などに細区分できることもある。

地すべり地形や崩壊地形などは、これらとはまた違った見方による山地の区分方法である。

台地には、高標高のところに分布する石灰岩台地や火山噴出物のなす台地（シラス台地、溶岩台地、溶結凝灰岩台地など）と、河岸・海岸付近に分布する段丘性の台地*2とがあり、高さやまわりの地形条件などから区分する。これらは、①堆積原

---

*1 「区分」と「分類」の違いを p.9 のコラムに示す。私は論理学的に「地形区分」の用語が正しいと思っている。

*2 常願寺川上流のように、大量の崩壊物が流出してつくった段丘面は高標高のところにも分布する。

面が残る台地面と②その周縁部に続く急崖もしくは急斜面部とに分け、段丘の場合前者を**段丘面**、後者を**段丘崖**と呼んでいる（5章参照）。

低地は、谷の出口付近に形成される扇状地帯、河口付近に発達する三角州帯、この両者間に発達する自然堤防帯（蛇行原帯）、台地や丘陵地の谷あいに形成される谷底平野などに大分けされ、さらにおのおのの微地形に細分される（4章参照）。

堆積面（depositional surface）では、ひとつの地形面（たとえば扇状地、段丘、崖錐などの面）は、①ある主要なひとつの地形営力*3によって、②しかもある一時期（ただし地質学的時間である）に連続して形成されたもので、③構成物は働いた地形営力（流水・氷河・マスムーブメント・風など）を反映する堆積形態や粒度をもっている。また④その3次元的な広がりは、働いた地形営力の作用範囲を示している。つまり1つの**地形面（landform surface）**とは、それが全体の形態・形成営力・形成作用・形成時代などの点でほぼ同じ性質をもつ。また、堆積地形の1つの地形面がある広がりをもって終わっているのは、ⓐ営力がそれ以上及ばなかったか、ⓑ地形面形成後に水などで侵食されて切除されたか、ⓒ断層で切断されたかのいずれかである。

したがって、台地や低地の堆積面を細かい地形単元に分けることは、

① そこに働いた地形営力のタイプを知る
② 構成物の分布範囲を知る
③ 構成物の性状を知る

ことになる。このように地形を観察する際には、まず**"地形を等質な単元に分けて見ていく"**ことが大切である。

1.5 地形の新旧

現在われわれがみる地表面は、すべてが同一時期にできたわけではなく、地形の部分部分（単元）によって形成時期が違う。したがって地形を見る場合、おのおのの**地形単元（landform unit）**を単に「地表形態が違う部分」として認識するだけ

ではなく、各地単元には相互に「**形成された年代が違う、つまり地形にも新旧がある**」ことを念頭において見るべきである。地形の新旧を知ることは、土木地質的には次の点で大切になる。

① 侵食によってできた地形では、新しくできた地形ほど活発な侵食（具体的には崩壊や地すべり・表面侵食の発生など）が予測される。逆に山稜部の厚い風化層の分布は、緩慢な侵食を示すもので、古い地形面ほど厚いとみてよい。このように、侵食地形の地域では、地形の新旧がこれから発生する可能性のある災害現象、とくに崩壊地や地すべりなどの発生頻度や、地表の風化程度の違い、風化層の厚さの程度などを示している。

② 堆積によってできた地形では、新しくできた地形ほど堆積をもたらすような災害現象（洪水や土石流の来襲、落石の発生など）は、高頻度に行われる可能性が高い。

地形の新旧関係を知るには、次のような地形学的な原則を知っておくべきである。

① 侵食地形では、ある地形面を切っている（侵食している）面は、切られている（侵食されている）面よりも新しい。また、侵食斜面では**遷急点（knick point）**より下の面は上の面より新しい（図1.4 (1)）。

② 一方、堆積地形ではある面を覆っている面は、覆われている面よりも新しい（図1.4 (2)）。また、堆積斜面では、遷緩点より下の面は上の面より新しいことが多い（図1.4 (3)）。

③ 台地（段丘面）では、高い面ほど古く、低い面ほど新しい（図1.4 (4)）。

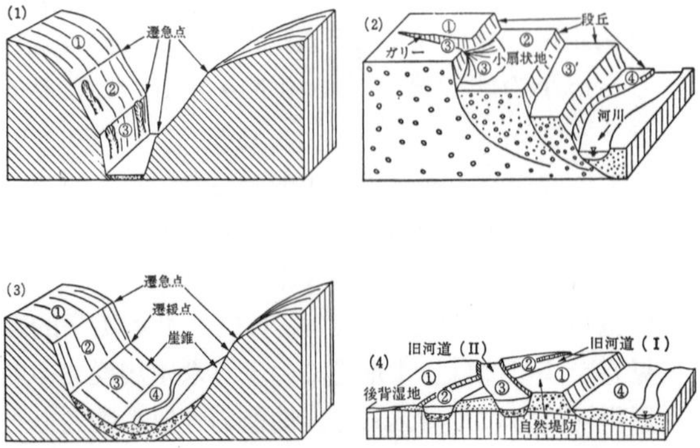

図1.4　いろいろなタイプの地形における新旧関係（①、②……④の順に古い）[2]

---

*3 厳密にはたとえば、扇状地が土石流的な営力と掃流的な営力とによって形成されるように、いくつかの地形営力が働いているケースも多いが、土砂を含んだ水による営力という点ではひとつと考えてよい。

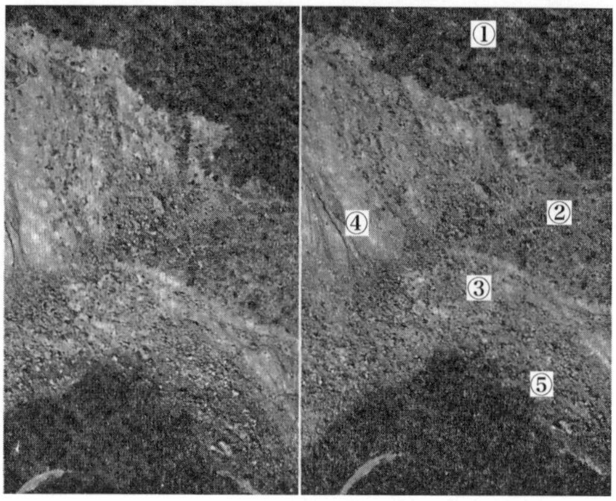

図 1.5　地形の新旧関係を示す写真—立体写真—[2]
（①、②……⑤の順に古い）

これらの原則を"ものさし"として、侵食地形や堆積地形あるいは両者が入り混じった地形の部分（地形単元）ごとに新旧関係を明確にし、地形が形成された相対的な歴史を把握していく（図 1.5）。地形学的な面だけで明確にできない場合は、堆積物に含まれる化石や火山灰層などを鍵に、層位学的（stratigraphical）に決めざるを得ない。

1.6　地形と地形タイプ（地形種）の6区分

地形をながめると、そこにはいろいろな形態と広さをもった地形があり、その組合せが入り組んで複雑なものもあれば、単調なものもある。そうしたいろいろな種類の地形のうち、同じ性質のものを抽出し、系統立てて分けるのが**地形区分**（landform division）である。数多くの要素が一見無秩序のように分布している場合、それらを一定の基準で区分する作業を進めるうち、対象物が非常に整理され、理解が進むことがある。

地形区分には、ふつう次の4つの立場（基準）がある[3]。

第一は、地表のかたちに区分基準をおくもので、傾斜の緩急や起伏の大きさ、急斜面・緩斜面・平坦面の長さや組合せなど断面形の違い、扇形とか三角形あるいは、細長いとか屈曲しているといった平面形の違いによって分けるものである。この立場が最も一般的で、比較的容易であるし、客観的に区分できる。

第二は、形成された年代に区分基準をおくもの

で、地形発達史（geomorphic history）的[*4]な見方である。火山灰・動植物の化石・考古学的遺物など時間指標（time marker）となるものや、地形学的な新旧判定法によって地形の形成された時代を明らかにし、同時代の地形を抽出する方法である。段丘や丘陵地など平坦面や緩斜面の区分によく用いられる。

第三は、成因や形成過程に区分基準をおくもので、地形の中から動的な情報（dynamic information）を見出さなければならない。とくに、侵食活動の活発な斜面、土砂の侵食や堆積の活発な河川の氾濫平野、海岸平野での微地形区分は、成因や形成過程を区分の基準として行われる。低地について行われる**治水地形分類図**は、形成過程に区分基準をおいた典型的な例である。

第四は、地表を構成する物質に区分基準をおくもので、地形の成因や形成過程をよく理解し、地質学的な見方を活用することが必要である。地形（とくに堆積地形[*5]）は、ごく表層の物質の存在形態が現れたものであるから、構成物質による地形区分は、逆に地形から表層の構成物質を推定することにも役立つ。

このように一連の地形は、地形学的に広く認められたいくつかの**地形タイプ**（geomorphic type：地形種）に分けることができる。なお、これらの地形の説明は後述する。ここでは単に地形の区分についてのみ記す。

まず、地形は大きくみると（1）山地・丘陵地・台地などが侵食されてできた**侵食地形**と、（2）土砂の堆積によってできた**堆積地形**、（3）断層活動などによってできた**変動地形**、（4）火山活動によって形成された**火山地形**などに分けられる。さらに（5）侵食地形のうち、成層構成物の侵食抵抗性の相違に強く影響された地形をとくに**組織地形**と呼び、土木地質的には地盤の傾斜や岩石の硬軟を示すものとして注目される。（6）地すべりや崩壊などによる地形は、地形学では**集団移動地形**（mass movement landform）と呼ぶ。本書では、これらがしばしば災害をもたらすことから**災害地形**（disaster landform）として示した。

---

*4　地形がどのような経過をたどってつくられたかを、歴史的に分析する方法。

*5　重力、水、風、波などによって運ばれた物質が堆積することによって形成された地形。

(1) 侵食地形

① 遷急線（侵食前線）・ガリー侵食・0次谷（山ひだ）・台地上の凹地・水衝部（攻撃斜面）などの物理的侵食による地形。

② ドリーネ・ウバーレ・カーレンフェルト・コックピットなど、化学的侵食（溶食：corrosion）によってできたカルスト地形。

(2) 堆積地形

① 崖錐・段丘・扇状地・土石流堆・滑走斜面（ポイントバー）・埋積谷など。

② 段丘は、Ⓐ河岸段丘とⒷ海岸段丘、Ⓑ岩石段丘と砂礫段丘などの区分がある。

③ 扇状地は、Ⓐ沖積扇、Ⓑ緩扇状地、Ⓒ沖積錐などに区分される。

(3) 変動地形（断層地形・褶曲地形など）

断層崖・低断層崖・撓曲（ごく緩い褶曲）崖・三角末端面・ケルンコル（断層鞍部）・ケルンバット（断層突部）・断層谷・地溝・断層凹地・横ずれ谷・段急崖での地形面の食い違いなど。

(4) 火山地形

火山活動によって形成される地形は、基本的にはⒶ溶岩流、Ⓑ火山砕屑物などによって形成される**建設的な地形**と、ⓐ爆裂火口の形成、ⓑカルデラ形成、ⓒその他の山体破壊などの**破壊的な地形**からなり、火山の基本地形としては、次の3タイプがある。

① 火山噴出物そのものが形成する建設的な地形

② 火山の噴火に伴って形成される破壊的な地形

③ 火山活動とは無関係に生じた地形

(5) 組織地形

メサ地形・ケスタ地形・ホッグバックなどを地区としてとらえたうえで、Ⓐ流れ盤とⒷ受け盤とを区別する。土木工学ではとくに流れ盤地区が問題となる。

(6) 災害地形（集団移動地形）

① 地すべり地形・崩壊地・崩壊跡地・クラック地形・二重山稜・多重山稜など。

② 地すべり地形は、可能なかぎり詳しく移動ブロックに区分。

③ さらに、滑落崖・地すべり土塊・地すべり凹地・引張り・亀裂など、地すべり地の微地形を読みとって図示。

これらのほか、砂漠地形や寒冷地形などがあって特徴的な地形を示すが、わが国には少ないので本書では省略する。

Column

斜面の形態は地形図で読む[2]

斜面の形態を地形図から読みとるのは、「地形図読図」の基本である。そのコツは、コンター（コンターライン：等高線）の混みぐあいの変化を読みとることである。

① コンターが均等……………直線的斜面（平滑）
② コンターが密から粗……下降斜面（下に凸）
③ コンターが粗から密……上昇斜面（上に凸）

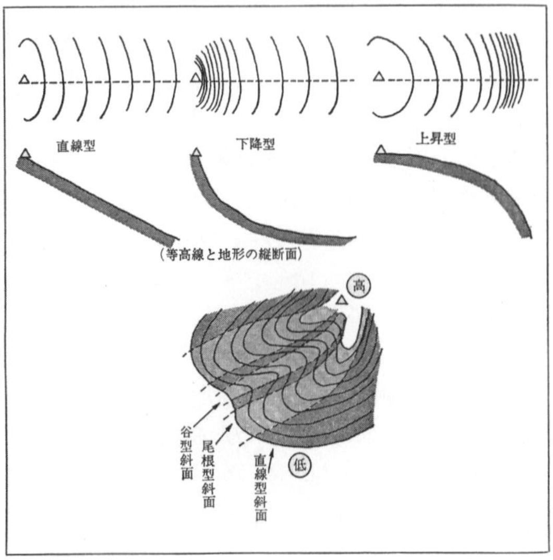

直線型　　下降型　　上昇型

（等高線と地形の縦断面）

谷型斜面　尾根型斜面　直線型斜面

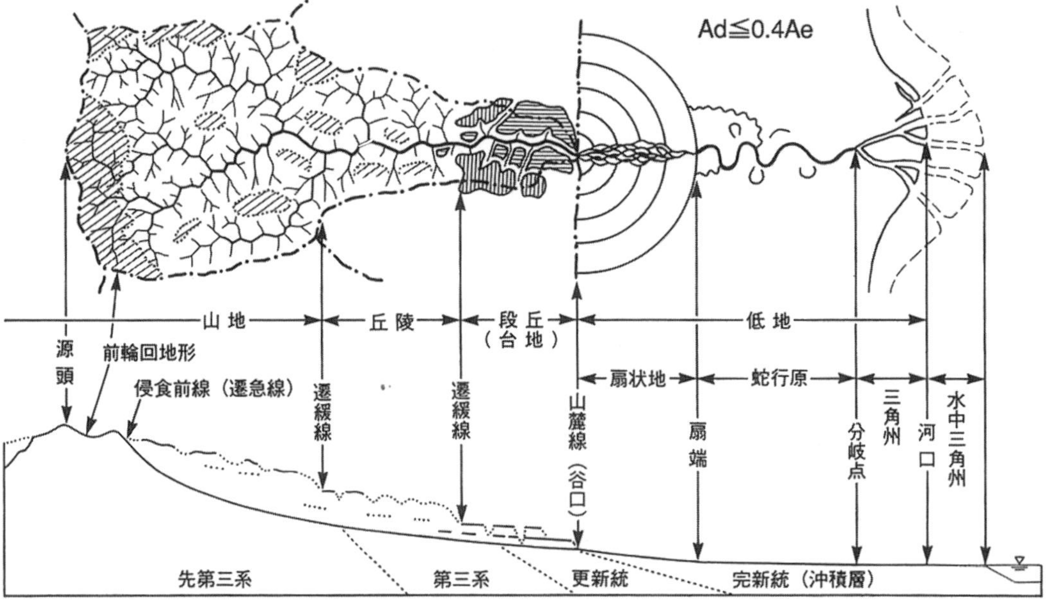

Ad≦0.4Ae

山　地　—　丘　陵　—　段　丘（台地）　—　低　地

源頭　前輪回地形　侵食前線（遷急線）　遷緩線　遷緩線　山麓線（谷口）　扇状地　扇端　蛇行原　分岐点　三角州　河口　水中三角州

先第三系　　第三系　　更新統　　完新統（沖積層）

地 形 場	山 地・丘 陵・（段 丘）			低　　地			海　底
	侵食前線		谷口	扇端	分岐点	河口	
	前輪回地形	谷壁斜面	谷底低地	扇状地	蛇行原	三角州	水中三角州
表層地質	風化岩・・・ / 岩盤		礫	礫	砂	シルト	粘土
地形種　河川敷							
地形種　自然堤防							
地形種　後背低地							
地形種　浜堤・砂丘							
地形種　その他	従順山陵 浅谷	ガリー 崩壊地 地すべり地	崖錐 土石流堆 沖積錐 河岸段丘	扇頂溝 旧流路跡	旧流路跡 河跡湖 河畔砂丘 後背湿地	旧流路跡 潟湖 0m地帯 後背湿地	千潟 澪
河川　河川密度	大	極大	中	小	小	中	極小
河川　流路形態	直線、蛇行	直線	直線、網状	網状	蛇行	蛇行、直線	直線
河川　屈曲率 2 1							
河川　特異河川		間欠川		水無川 天井川	湧水川 天井川	感潮河川 天井川	
主要な地形過程（堆積を省略）	クリープ	クリープ 崩落 地すべり 土石流	土石流 氾濫 下刻 側刻	氾濫 洗掘 側刻	氾濫 湛水（内水）側刻	氾濫 高潮 湛水（内水）地盤沈下	

図 1.6　流域を構成する地形種の一般的配置（上）と各地区の諸特徴（下）。下図の表層物質および地形種の記号は、それぞれの相対的構成比の河川縦断方向におけるおよその変化傾向を示す[3]。

表 1.2　規模による地形種の類型とその例（中地形類以下は日本に多い例のみを示す）[3]

地形種の類型		超微地形類	極微地形類	微地形類	小地形類	中地形類	大地形類	巨地形類
規　模		10 m	100 m	1 km	10 km	100 km	1 000 km	
主要な形成営力別の地形種の例	変動地形	噴砂堆	地割れ	撓曲崖	断層崖 断層角盆地 地塁 地溝	山地 丘陵 曲降盆地 大地溝帯	弧状列島 海溝、海淵、 海嶺、大山 脈、盾状地	大陸 大洋底
	火山地形	溶岩シワ	溶岩堤防	砕屑丘 火口 溶岩円頂丘	成層火山 カルデラ 溶岩流原	盾状火山 火山群	玄武岩台地	
	河成地形	瓶穴（甌穴： ポットホー ル）、砂漣	礫堆、砂堆、 泥堆、河道、 落堀	河川敷 自然堤防 後背低地 旧流路跡地	扇状地 蛇行原 三角州 谷底低地	河成低地 河成段丘		
	海成地形	カスプ 砂漣	巨大カスプ 浜、磯	浜堤、砂し、 沿岸州、 海底州、 波蝕棚	堤列低地 潟湖跡地	海成低地 海成段丘		
	集団移動 地形	落石穴	土石流堆 滑落崖、崖錐、 崩壊地	沖積錐	地すべり堆			
	風成地形		砂丘		砂丘帯			
	その他		堆石堤	カール	サンゴ礁			
地形物質の厚さ		数cm〜数m	数m〜数十m	0.01〜1 km	数m〜5 km	0.1〜10 km	1〜40 km	70〜140 km
形成時期（年）		$10^{-3} \sim 10^{0}$	$10^{-2} \sim 10^{0}$	$10^{0} \sim 10^{3}$	$10^{0} \sim 10^{4}$	$10^{5} \sim 10^{7}$	$10^{7} \sim 10^{8}$	$10^{8} \sim 10^{9}$
読図用地図		1/100	1/2 500	1/1 万	1/2 万 5 000	1/10 万	百万分の 1	千万分の 1

＊ アミかけの部分など、一部加筆

1.7　「読みかえの原理」に基づく地形の見方

　地形工学で大切な原理に、「**読みかえの原理**」がある。

　地形についての基礎的な素養があれば、たとえば沖積平野の自然堤防が砂を主とし、扇状地が砂礫、花崗岩地域の表層がマサ土からなることは見当がつこう。これはわれわれが、自然堤防や扇状地という地形単元、あるいは花崗岩という地質単元を、砂や砂礫・マサ土という土質単元に"**読みかえ**"て見ていることによる。このように、**地形情報を地質や土質情報に読みかえることができる**点に、**地質調査や土質調査**[*6]**の前段階としての地形調査の意義がある**。筆者はこのことを〈読みかえの原理〉と呼んで重視している。地質や土質を直接的にとらえるには、膨大な時間と労力を要する。従来の土質調査はそういう方向（たとえば土

質調査＝ボーリング調査といった考え方）へ短絡的に偏りがちで、土質調査の弱点であった。しかし空間的な広がりをもった地形単元を地質単元に、さらにはそれを土質単元へと読みかえることによって（図 2.9）、地表の土質構成を 3 次元的に効率的にとらえることができる。

　一方、かたまりとしての土や岩石すなわち土塊・岩塊の挙動を知るには、地盤の構造や割れ目・風化・変質の状態などをよく把握しておく必要があるが、これらも地形要素を通しての"読みかえ"によって得られることが多い。

　さらにこれらの地形あるいは地質情報は、災害をもたらすような自然現象に関する情報すなわち、地表の動きを示す情報（地形営力）へと読みかえることができる。

　したがって、地形・地質調査をしたあとの成果をもとにして土質工学上あるいは土木工学上の問題点を絞り、ボーリングや現位置試験などの位置や数量を決めていけば、少ない時間と労力で効率的な土木地質調査や土質調査ができる。

[*6] このことは農業関係の土壌調査にもそのまま当てはまる。

表1.3 従来の地質調査と今求められている地質調査[4]

差異点	従来の地質調査	今求められている地質調査
①地形・地質の見方	静的（static）である	動的（dynamic）に見る
②地盤の定義	地盤を地質・土質に絞っている	地盤を@地質・土質（中味）、⑥地形（かたち）、ⓒ災害現象（地形営力）の3つの要件を含んだものと見る
③広がりの見方	点的・線的な見方に偏りがち	面的（2次元的）あるいは立体的（3次元的）にとらえる

　地形・地質屋は「地盤」を見る際、単にそこの岩盤や地盤など構成物（材料）を見るだけでなく、その前に地形を読み、そこに過去に起きた災害現象を読み、場合によってはそこの土地利用や植生分布などを読んで、**それらの総合的（シンセシス）なものとして、アブダクション*7的に地盤を見ている**。つまり、地形や災害現象・土地利用・植生分布などを総合的に勘案して（図2.5）、対象地盤の観察結果を、地盤の性質やそこで将来起こる可能性のある災害現象などに無意識的に「読みかえ」ている。これを筆者は**読みかえの原理（principle of interpretation）**と呼んでいる。

　従来の地質屋にもこのような見方が欠けている人が多かった。というより、ベテランの地質屋は十二分に地形を読みとって土木や地質工学へも反映させていたが、それを明確な文書や図として公表せず暗黙知の形で当人のノウハウとして蓄えられていたにすぎない。そういう点からみると、従来の地質屋が土質屋や土木屋に提供していた地質情報—とくに地質図—は、ある面では表現が不親切で偏っていたとも言えよう。

　このように考えると従来の地質図は、大きく見て次の3つの点で見方・考え方、調査内容・表現

方法などに不足があったと言えよう（表1.3）。
① 地形や地質の見方が、静的（static）な面に偏りすぎていた
②「地盤」の定義が、地質・土質（もっと正確に言うと地盤の構成物質）のみに絞られていた
③ 地形や地質の「広がり」が、点的あるいは線的に偏りがちであった

　現在、これら①〜③を打破し、これらの不足をなくした内容で、しかも、土木や土質の技術者にひと目で理解できるような表現方法（「**工学的地形地質図**」）が採用されてきている[4]。

参考文献

1) 島博保・奥園誠之・今村遼平（1981）：土木技術者のための現地踏査、鹿島出版会
2) 今村遼平・岩田健治・足立勝治・塚本哲（1987）：画でみる地形・地質の基礎知識、鹿島出版会
3) 鈴木隆介（1996）：地形学から工学への提言、地形工学セミナー、第1章
4) 今村遼平・島博保・清水恵助（2003）：今求められている「工学的地形地質図」のあり方について、応用地質、Vol.44、No.1

---

*7 これらの用語については、巻末付録を参照のこと。

Column

区分と分類の違い[10]

　論理学の教科書『論理学概論』[10] などによると、「区分をクラスの見地からみると、ある概念のクラスを部分クラスに、さらに、これら部分クラスを細分化する手続きである。これとは逆に、個体を集めてクラスをつくり、これをさらに大きなクラスにまとめていく手続きを**分類**という。」と記されている（太字強調は引用者）。

　つまり、①「**区分（division）**」というのは、全体を小部分に分割していく行為（トップダウン的行為）であり、②「**分類（classification）**」というのは、対

象となるものの間にみられる属性に着目して、類似した個体を集めてクラスをつくり、これらを別の特徴に着目してさらに大きな上位クラスへとまとめていく行為（ボトムアップ的行為）である。

　したがって、ひと続きの大地を「山地・丘陵地・台地・低地」と中地形規模に分けたり、低地を「扇状地・自然堤防・後背湿地・旧河道・……」などの微地形に分けるのは、本当は「地形区分」であって、「地形分類」というのはおかしい。

2章 地形工学で地形を見る際の視点

天地の物を生ずるの、気象にみよ
（天地の姿を見れば、すべてのものを生かそう生かそうとする。その天地の真の気象に照らして、われわれもまたものを生かすことを人間の道としなければならない―北宋の程明道の言葉）
―『近思録』道體類による―

2.1 基本的な視点

〈地形情報〉は私たち人間にどういうことをもたらしてくれるだろうか。私たちの日常生活を考えてみると、「地形が読める」ということは、ある土地について私たちに次の3つのものを情報として与えてくれるということである。いろいろな目的での「土地選び」に、地形を読むことはまず不可欠な要素なのである。
① 土地の〈利便性〉
② 土地の〈安全性〉
③ 土地の〈情緒性〉

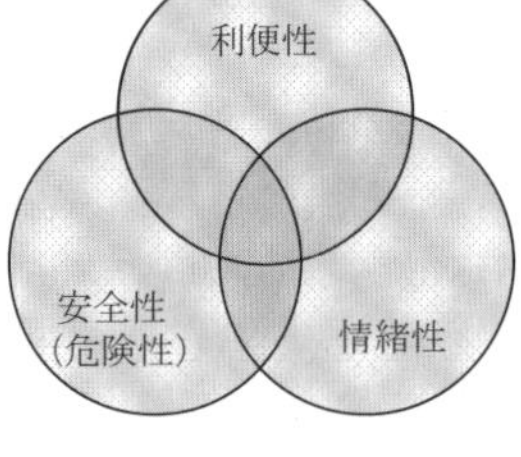

図2.1 私たちが土地を見るときの基本的視点（原図）

2.1.1 土地の利便性に関する情報

土地利用の際、まず判断材料の一番にあげられるのは、そこの地形である。古来、人間の土地利用―①居住地、②水田、③畑、④果樹園、⑤山林……etc.―の基本は、まず地形によって決められてきた（表2.1）。

さらに、人間が建設する**土木構築物の適切な場**

表2.1 土地利用と地形領域（原）

土地利用	地形領域		
	山地・丘陵地	台地	低地
①居住地		- - - - -	
②水　田		- - - - - - - -	
③畑		- - - - - - -	
④果樹園		- - - - - - -	- - - -
⑤山　林	————	- - - -	

所の選定には、上述した土地利用よりもさらに細かい地形の検討が必要となる。すなわち、ⓐダムサイトの位置、ⓑ道路・鉄道などのルート、ⓒ飛行場や宅地造成地の位置などは、まず地形の選定が重要事となる。いずれも地形だけで決まるわけではもちろんないが、選定要素としては地形が最優先される。ダムサイトは山地の狭さく部でないといけないし、道路・鉄道などの配置は、集落（都市）の配置と安全性をベースに、トータルコスト（計画・調査・設計・建設・維持管理・更新などの全体を勘案してのコスト）を念頭において一番便利なルートが選ばれる。

2.1.2 土地の安全性に関する情報

土地の安全性は、①その土地のもつ性質（素因：土地条件）と、②そこが人間の居住領域かどうかの、2つの面から検討する必要がある。わが国は世界一自然災害の多い国であるが[1]、災害をひき

---

[1] 大地震災害（M5以上）は世界の20%、活火山災害は世界の10%が起きている。

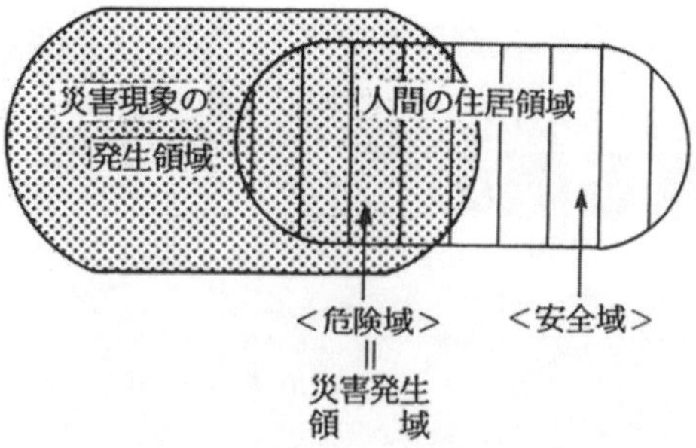

図 2.2　土地の安全性についての考え方[1]

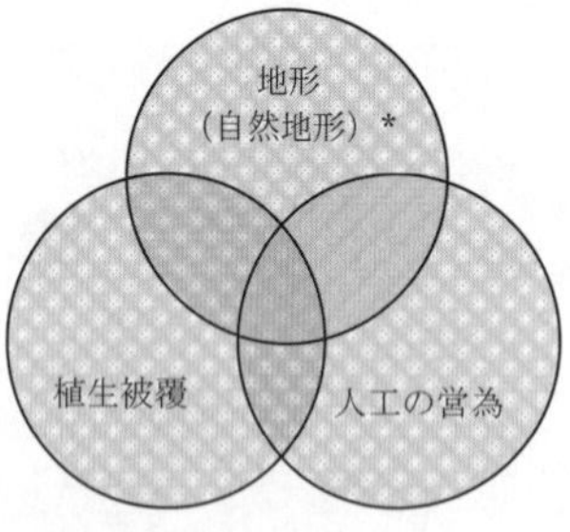

図 2.3　土地の情緒性に関与する主要な要素（原図）
　　　　（*特異地形のこともある）

起こす現象（誘因）が起きてもそこに人が住んでいなければ、**災害（disaster）**にはならない。つまり、土地を安全性という観点から見ると、①災害現象の起きやすい地域と、②人間の居住領域（活動領域）とが重なったところではじめて「災害」が起こる（図2.2）。私たちは**土地の安全性**を、こういう観点から見ていくことが大切である。

　人間の科学技術は、まだ災害をひき起こす自然現象そのものをコントロールできるレベルには達していないから、災害を防ぐには、①**第一**には災害の起こりやすい危険な土地（図2.2で言えば災害現象の発生地域）がどこかをよく知り、そういう危険地を居住地や土木構造物のサイトに選ばないことであり、②**第二**には、災害をもたらす災害現象の発生を予知・予測して、早めに危険なところから逃れること、③**第三**には、災害を防ぐ技術（防災対策）を確立してそれを実行に移すことである。

　安全な土地を選ぶ[*2]ということは、この3つの中の第一にあたり、災害に対する安全確保の点で最も大切なことだ。具体的には、①どこに、②どういうタイプの災害現象が、③どれくらいの強さで（あるいはどれくらいの頻度や危険性をもって）発生するかをよく頭において、土地を選ぶことになる。**各種のハザードマップ（hazard map）**は、これら①〜③などを図示したものである。

2.1.3　土地の情緒性に関する情報

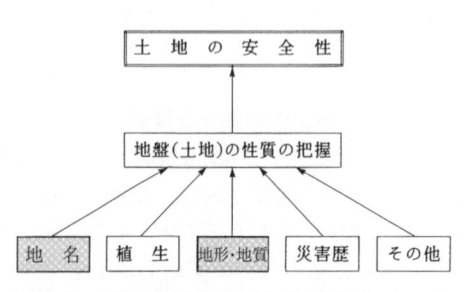

　人間は生きていければいいという動物ではない。文化・文明を築いてきた人間の英知の基本に

[*2] 今村遼平（1985）：安全な土地の選び方、鹿島出版会が参考になろう。

は、人間のもつ情緒性がある。私たちは景色の良い場所に立つと、その眺めに心を和ませ心の平安を覚える。この、土地のもつ情緒性のもとになる第一は地形である。わが国の国立公園・県立公園などすべてが、①**地形（自然地形）**に特徴があって、それが②その上を覆う**植生被覆**や③そこに関与した**人工の営為**（建造物・都市・集落・土木構造物・公園・農地など）と調和して、私たちの情緒に訴えるこころよいハーモニーをなしている（図2.3）。

2.2　土地の安全性と地形工学のかかわり

2.2.1　災害現象発生と土地の性質との因果関係

　土地の安全性や居住性を念頭においた土地選びの手軽な鍵には、図2.4の要素がある。では、なぜこれらの要素が土地の性質を知る鍵となり得るのか。それは、次の因果関係があるからである。

　ある災害現象が起こると、その発生場所または、それが影響を及ぼした場所の地形が変わる。地すべりにしろ土石流にしろ、災害現象（地形営力）によって特徴ある地形ができる。同時に、地表で起こる災害現象は、たいてい土砂の移動現象

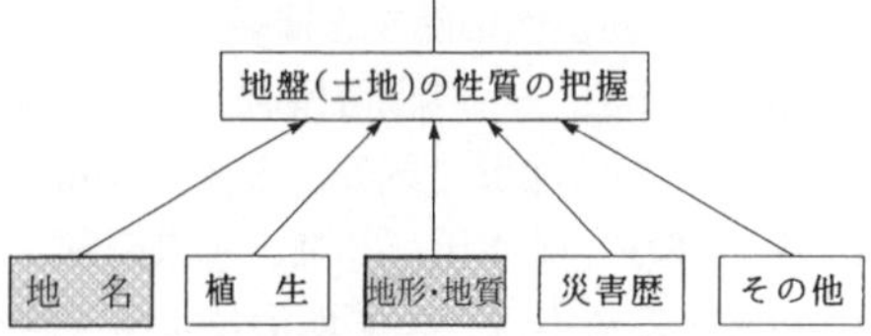

図 2.4　土地の安全性と居住性を念頭においた
　　　　土地選びの鍵[1]

Column

現地を見る際、プロが念頭においていること [3]

① プロは現地を見る際、地形だけを見ているわけではない。
② 多くのことを観察し、建設や保全の将来をイメージして、総合的に判断している。
③ プロになったら、このような流れを頭に描いて現地を見ることが大切である。
（この図では土工の例を示す）

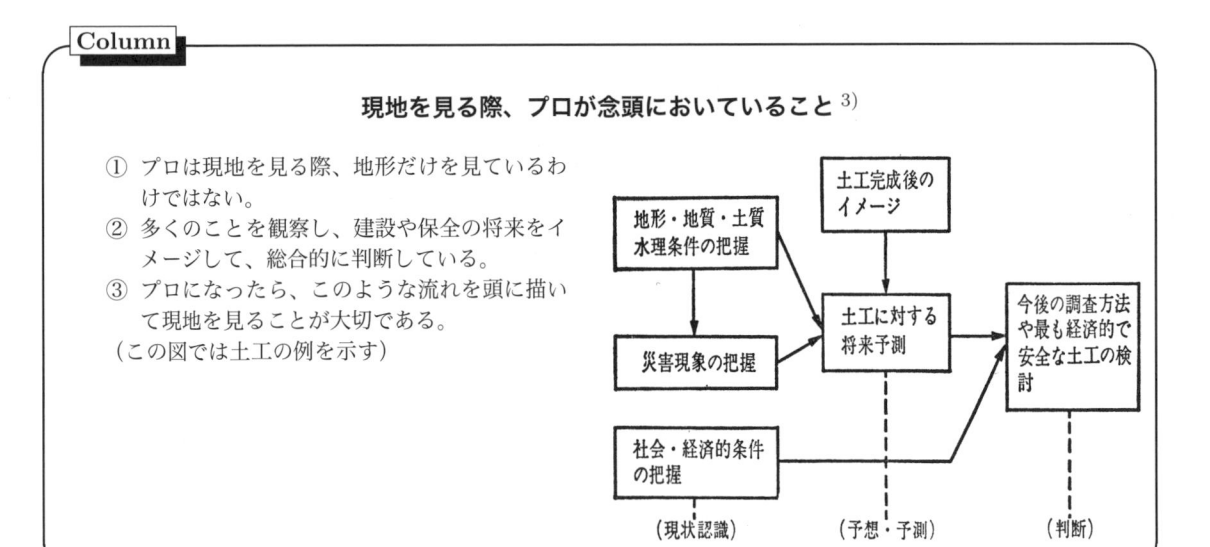

```
地形・地質・土質
水理条件の把握          土工完成後の
                      イメージ
    ↓
災害現象の把握    →   土工に対する  →  今後の調査方法
                    将来予測        や最も経済的で
                                    安全な土工の検
社会・経済的条件                      討
の把握         ────────┘

  (現状認識)      (予想・予測)    (判断)
```

を伴う。土砂災害だけでなく、水害でも地震災害でも同じである。つまり、災害現象が起こると特徴ある土砂の移動（侵食と堆積）が行われる。土石流のように氾濫・堆積自体が災害をもたらすことも多々ある。

　地表での土砂移動現象は、周辺の環境—たとえば地形・地質・地質構造など—や、その時の気象状況に規制されて発生し、土砂移動の様式やその程度（強さ）・発生頻度などによって、①新たに形成される地形の型や、②堆積物の性質（土質）が異なる。また、①、②は、新たな堆積地の集・排水条件に影響を与え、その結果、③その新しい堆積物上に生育する植生被覆に差異（樹種や樹高・植生遷移などの差異）をもたらす。さらに④人間の土地利用は、その土地の@土質や⑥地形、©土地の集・排水条件、④動的な地質現象（災害現象）の有無などによって規制されるため、これらの条件を考慮してなされている。

　したがって、これら主として次の4つの性質の差異—これらは空中写真や地形図上では、おのおのの一種のパターンとして捉えられる—を空中写真判読や地形図読図あるいは現地踏査などによって読みとれば、そこで起きた過去の現象のタイプや状況を明確にできるはずである（図2.5）。
① もたらされた堆積物が形成した地形
② 堆積物の内容（土質）や堆積構造
③ 堆積物上の植生状況の差異

④ 土地利用

　このうち①、②が物質（とくに土砂）の移動様式を知る有効な鍵で、土砂移動様式の違いによって、新たに形成される地形や堆積物の性質に差異が生ずるという地質学的事実に基づく。

　一方、③は、動的地質現象（災害現象）の発生年代や発生頻度を示す指標となる。④には①②③の条件が集積されたものが表されている。とくに昭和30年代以前（すなわち高度経済成長期以前）の旧地形図には、土地の自然条件がよく反映されている。

　このような、過去の動的地質現象（災害現象）の把握原理は、図2.5のように表すことができる。したがって、これらの事実から私たちは上記の①−④をよく読むことによって、その土地の性質をよく知ることができる。「**地形を読む**」という行為は、これら①−④までも読みとることだと、肝に銘じていただきたい。

2.2.2　土地の安全性を支配する4要素

　居住性が良く安全な土地を選ぶ際に留意すべき点は、主に次の4点である[*3]。
① 地盤の支持力（地盤が、上にのる建物や構造物の支持層として耐えうる力）は十分か？

---
*3 実際には法面（のりめん）に働く横方向からの応力などの問題もあるが、これらは災害現象の中に入れて考える。

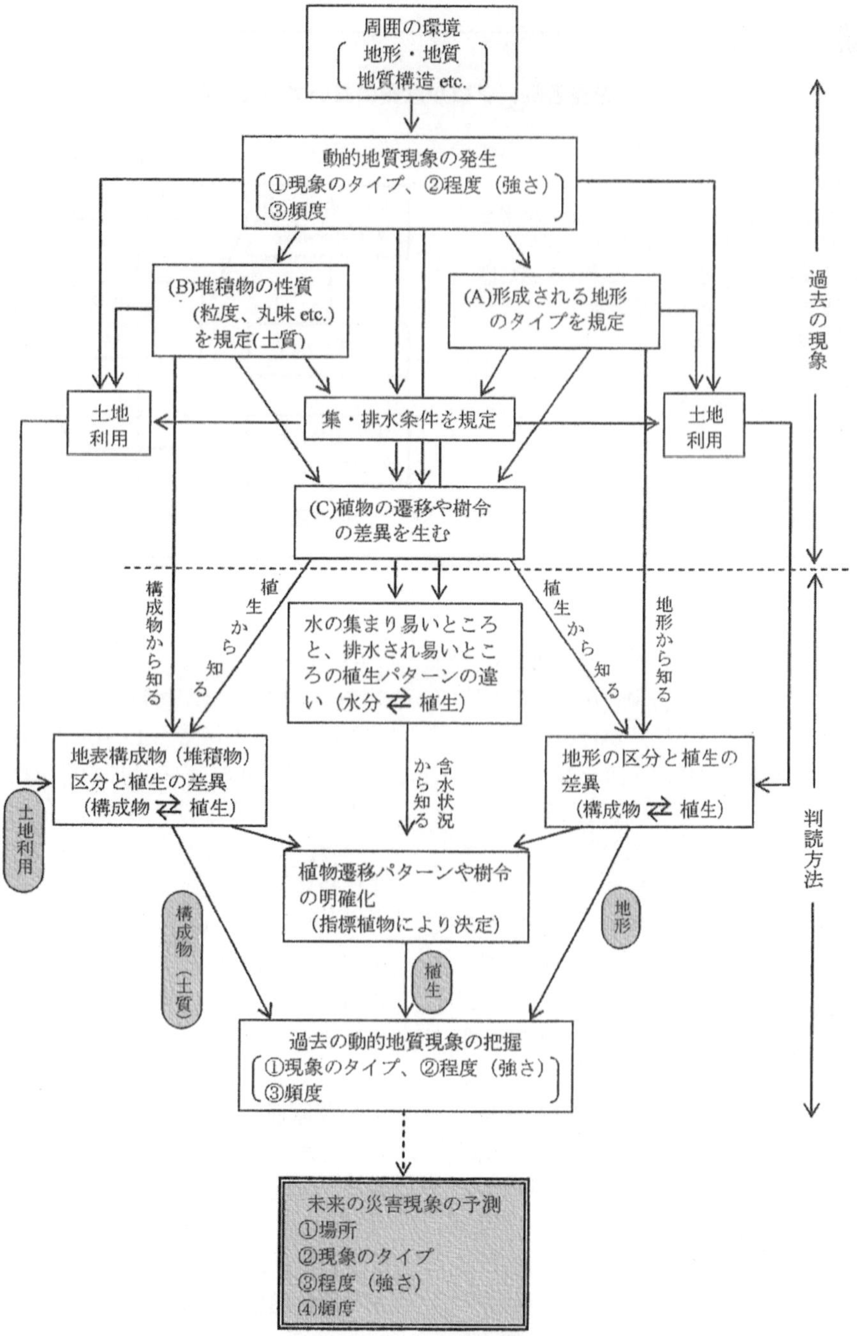

周囲の環境
（地形・地質
地質構造 etc.）

動的地質現象の発生
（①現象のタイプ、②程度（強さ）
③頻度）

(B)堆積物の性質
（粒度、丸味 etc.）
を規定（土質）

(A)形成される地形
のタイプを規定

土地利用

集・排水条件を規定

土地利用

(C)植物の遷移や樹令
の差異を生む

過去の現象

判読方法

構成物から知る　植生から知る

水の集まり易いところ
と、排水され易いとこ
ろの植生パターンの違
い（水分⇄植生）

植生から知る　地形から知る

地表構成物（堆積物）
区分と植生の差異
（構成物⇄植生）

土地利用

含水状況から知る

地形の区分と植生の
差異
（構成物⇄植生）

植物遷移パターンや樹令
の明確化
（指標植物により決定）

構成物（土質）

地形

植生

過去の動的地質現象の把握
（①現象のタイプ、②程度（強さ）
③頻度）

未来の災害現象の予測
①場所
②現象のタイプ
③程度（強さ）
④頻度

図 2.5　空中写真判読による過去の動的地質現象の把握原理を示す図（原図）

② 沈下（とくに不同沈下）はないか？
③ 地下水位は十分に深いか？
④ 自然災害が起こる場所ではないか？
　宅地地盤としての**支持力**は 0.5 kg/cm² 以上であれば十分であるが、軟弱地盤地帯ではそれだけの支持力さえ得られないことが多い。ましてやそれより重量のある道路盛土・その他の土木構造物では深刻な問題となる。
　地盤が軟弱だと支持力が得られないだけでなく、上の建物や構造物の重さが偏在した場合、地盤の一方側が沈下する**不同沈下**が起きて建物が傾く。

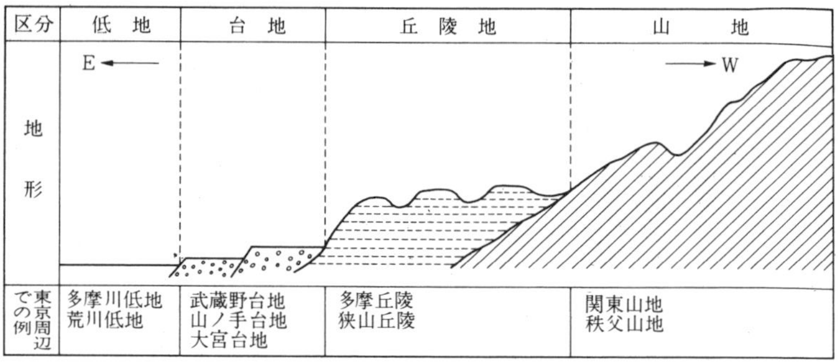

区分	低 地	台 地	丘 陵 地	山 地
地形	E←			→W
東京周辺での例	多摩川低地 荒川低地	武蔵野台地 山ノ手台地 大宮台地	多摩丘陵 狭山丘陵	関東山地 秩父山地

図 2.6 中地形規模での地形の区分[2]

表 2.2 土地の位置（地形）と問題[2]

着眼点 / マクロな地形対象地の位置	I　地耐力		II　地下水位	III　災害現象
	（地盤の支持力）	（不同沈下）		（地震災害・土砂災害・水害など）
①山　地 ②丘 陵 地	問題なし	問題なし	問題なし	場所によって問題となる
③台　地 （段丘面）	問題なし	問題なし	問題なし	場所によって問題となる
④沖積平野 （低　地）	場所によって問題となる	場所によって問題となる	場所によって問題となる	場所によって問題となる

地下水位が地表面から 1 m より浅いとじめじめして居住性が悪いだけでなく、地震時に地盤の液状化が起きたり建物が沈下したり地下水が噴き出したりして、建物や土木構造物に大被害をもたらす。

また、宅地はもちろんのこと人工構造物は、ⓐ地すべり・崩壊・土石流といった土砂災害、ⓑ地震災害、ⓒ水害などの災害現象に対して安全なところでないと、日常生活に不安をもたらす。

このように、土地を選ぶ際には、社会・経済的な要素を除いて考えると、これら①－④の 4 つの観点からみて評価することが大切である。

2.2.3　土地の安全性に関する地形工学的な見方

図 2.6 は、東京周辺で地形を大まかに（中規模スケールで）分けたものである。土地の安全性を見るときまずはじめに大切なことは、地形をこのように中地形規模で分けて見て、対象とする土地が①山地にあるのか、②丘陵地なのか、③台地（段丘面）にあるのか、あるいは④低地にあるのかを知ることである。それによって、チェックすべきこと—すなわち土地選びのポイント—が、大幅に違ってくるからだ。

表 2.2 は、このように分けた場合、①どの地形のところで、②前述した 4 つの点に着眼したとき、土地選びのうえで問題があるかどうか、を示したものである。同表から明らかなように、山地や丘陵地・台地では、災害現象に注意すればそのほかの要素はあまり問題とはならないが、低地（すなわち沖積平野）では、①地盤の支持力、②不同沈下、③地下水位、④災害現象の、4 つすべてのチェックが必要である。すなわち、低地はこれら①－④のいずれについても必ず問題点を含んでいると見た方がよい。

2.3　建設工事と地形工学のかかわり

2.3.1　土木構造物の規模と地形および時間規模

地質や土質条件の反映として地形をみる場合、山地・台地・丘陵地・平地といった中地形の規模間における土木工学的問題と、自然堤防・後背湿地・旧河道といった微地形間における土木工学的問題とを、同一には扱えない。

地形規模と地形のもつ時間規模の関係については前述した（図 1.2）。これらと土木構造物の時間的・空間的規模との関連性は、図 2.7 のように

表すことができよう。

　まず第一に、土木工学的な地形規模の問題は、土木構造物のおかれる空間すなわち地盤とその周辺の斜面が、どれほどの均一性（連続性）をもつかにある。土木構造物の工学的な問題のひとつは、ある構造物区間におけるその土地の空間的（3次元的）な不均質性の存在とその広がりや頻度である。すなわち、断層区間がどれだけか、軟弱地盤がどこにありその広がりはどうか……といった、不均質・不等質空間（地盤）の存在や頻度が問題となる。そして不均質性（不連続性）の存在は、地形規模を抜きには考えられない。

　第二に、現在の地質学的な現象（地形営力）─断層の形成（地震による地盤のずれ）や土石流・地すべり・洪水・落石など─の発生頻度が土木工学上問題となるのは、**構造物の耐用期間（durable term）内のおおよその発生頻度**である。一般的にいえば構造物の規模が大きくなるほど、大きな地形規模や低頻度だが起きると大きい発生現象までが問題となる。

　もうひとつ地形をみる際念頭におくべきことは、土木計画のステップと地形規模の問題である。図 2.8 にこの関係を示す。構想段階では、主として山地であるか台地・丘陵地であるか低地であるかといった中規模地形を問題とすればよいのに対し、実際の施工段階になると、微小な崖錐・地すべり・クラック地形・不連続面の存在といった微地形ないし超微地形までも問題となり、それらの分布や規模を予測・抽出しておくことが、施工上非常に重要となる。

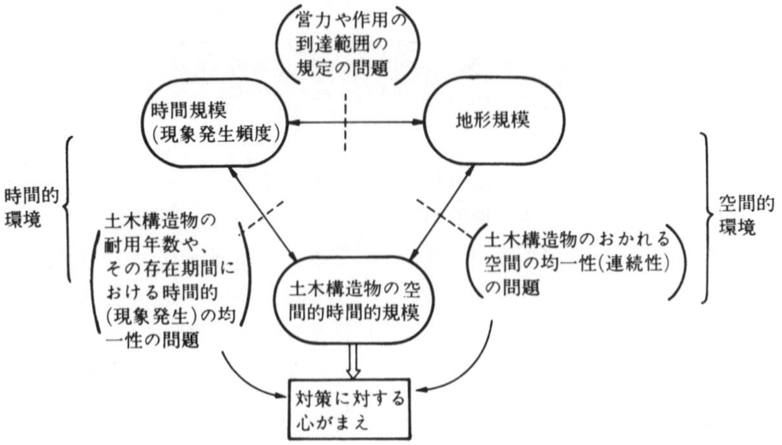

図 2.7　土木構造物の規模と地形ならびに時間規模との関係 [3]

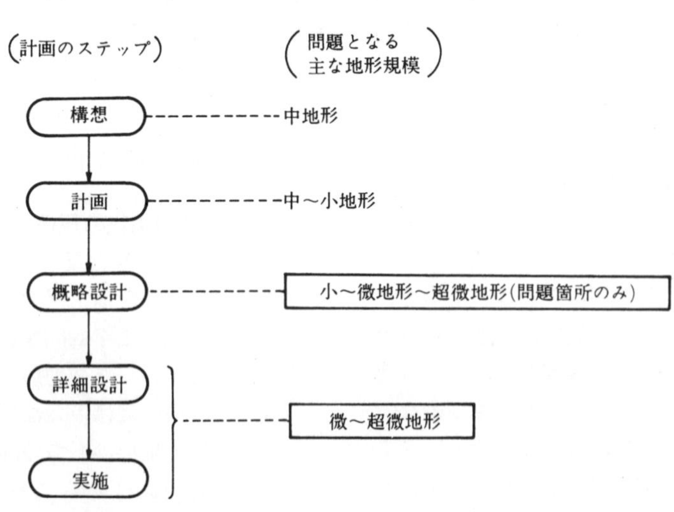

図 2.8　土木工事のステップアップと、問題となる地形規模 [3]

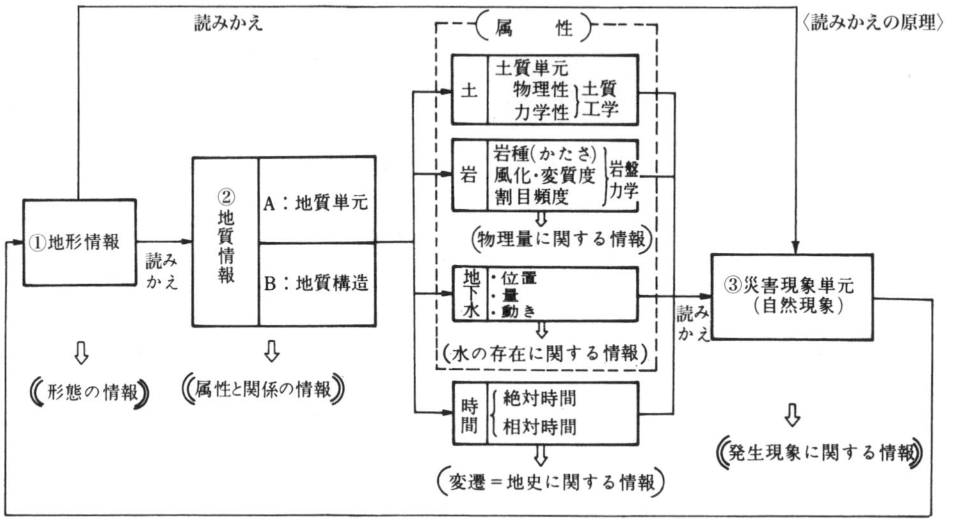

読みかえ　　　　　　　　　　　　　　属　性　　　　　　　〈読みかえの原理〉

　　　　　　　　　　　　　　　　　土　土質単元　物理性　力学性　土質工学

①地形情報　読みかえ　②地質情報　A：地質単元　　岩　岩種（かたさ）風化・変質度　割目頻度　岩盤力学

　　　　　　　　　　　　　　　　B：地質構造　（物理量に関する情報）

　　　　　　　　　　　　　　　　地下水　・位置　・量　・動き　　　　③災害現象単元（自然現象）　読みかえ

　　　　　　　　　　　　　　　　（水の存在に関する情報）

⇩（形態の情報）　⇩（属性と関係の情報）　　　　時間　絶対時間　相対時間　　　　⇩（発生現象に関する情報）

　　　　　　　　　　　　　　　　（変遷＝地史に関する情報）

図 2.9　ある場所（空間）における土木工学に必要な地形・地質情報（＝地盤情報）の相互関係 [3]

2.3.2　地形から地質・土質、さらに動きへ

　地形図や空中写真の判読・現地踏査などで得られるある場所（空間）の**地形情報は、基本的には地表の形**[*4]**と傾斜に関する情報**で、各種の適地選定では、これらが直接問題となる。しかし多くの場合、地形が反映する地質や土質情報をもたらす点に、地形情報の重要性がある（図 2.9）。

　一方、土木工学的にみた**地質情報**とは、"**属性と関係の情報**"であり、①地質単元（岩種）と②それらの相互関係（地質構造）の２つの情報から成り立っている。①は、ⓐ固結ないし半固結の岩石に関する情報—岩石の硬さ・風化度・変質度・割れ目の頻度など岩盤力学的な情報—と、ⓑ未固結の地層（堆積物）の物理的・力学的な性質すなわち土質工学的な情報などの属性からなる。

　後者の地質構造（geological structure）は、地層上下の関係すなわち新旧地層の位置関係—具体的には、① 地層の堆積順序・堆積状況を示す成層構造（stratification or bedding）、② 堆積の時間的ギャップを示す不整合（unconformity）、③ 地層堆積（形成）後の二次的変形を示す断層（fault）や褶曲（fold）、あるいは④ ③に伴う岩石中の割れ目（fractures）の形成や鉱物組成の変化（metamorphism）などを通して、岩質や相対的な時間に関する情報を提供する。

[*4] 地表の形も厳密には、いろいろの傾斜をもった大小の斜面の集合の差異にすぎない。

2.4　環境保全と地形工学のかかわり

2.4.1　持続可能な社会に向けて

　現在、汎地球的な環境問題として、次のようなことが深刻化している。
① 地球の温暖化
② 森林の減少・劣化
③ 土壌劣化と砂漠化
④ 熱帯地域での生物多様性の急激な絶滅と野生生物種の減少
⑤ 酸性雨
⑥ オゾン層の破壊
⑦ 残留性の有機化学物質汚染　etc.

　地形学はこれらの問題と直接関係しているわけではないが、これらの根本的な背景となっているのは、汎世界的にみた人口増加の問題である。人口増加は、次の行為を伴う。
① 居住地や工場などのための土地の開発
② 食糧生産のための農地の開発
③ 都市化に伴う道路・鉄道等の建設
④ ダム建設や河道改修
⑤ 都市化に伴う公共施設の建設　etc.

　これらが実施されると、当然のことながら自然が改変される。すなわち、それまで自然状態にあった山地・丘陵地・台地あるいは低地が面的に、線状にあるいはスポット的（点的）に切り開かれ、土地が改変される。土地が改変されるということ

は、次のようなことが起こることである。

① 人工的に不安定な土地を増やすことになる

② 逆に自然状態にあった（あるいは保全されて
いた）植生被覆を減らすことになる

③ それに伴って、多種多様の生物の生育環境が
破壊され、結果的に生物の多様性が失われる
ことになる

だからといって、社会のニーズが大きい以上、
それをすべて止めるわけにはいかない。とりわけ
開発途上国にとって、先進国に近づくための工業
化を止めることはできない。ここに、

① 現世代の社会のニーズに応えるための**土地改
変（すなわち自然改変）**と、

② 将来の世代や汎地球的な見地からの**環境保全**
とのコンフリクト（葛藤）が常に伴う。

そこに**持続可能な開発（sustainable devel-
opment）**という考え方が、水産資源の世界的な
乱獲競争の反省から生まれた「最大維持可能生産
量」の理論に端を発して、資源利用の「持続可能
性」として論じられるようになってきた[4]。この
〈持続可能な開発〉というのは、**「将来の世代の
ニーズを満たす能力を損なうことのない形で、現
在の世代のニーズも満たせるような開発」**と定義
されている。

1992年6月のリオデジャネイロでの地球サ
ミットでは、"アジェンダ21"（持続可能な開発
のための行動計画）が採用され、上記①と②の
バランスをとっていこうという合意がなされた。
つまり、世界的な合意として、**持続可能な社会
（sustainable society）**をめざそうというわけ
である。

2.4.2 環境保全と地形

わが国の自然環境は、次のような特徴がある。

① 地殻変動が激しい。

② 火山活動が盛んである。

③ 降水量の多さを反映して、河川による侵食が
活発である。

④ 温帯に位置するが南北に長い列島であるた
め、気候の地域差が大きい。また氷河時代の
痕跡が強く残されている。

⑤ 周囲を海に囲まれ、波浪などによる侵食も活
発である。また氷河時代以降の海面上昇の影
響を強く受けている。

⑥ 地質や地質構造が複雑で、国土が脆弱である。

これらによって作り出されたわが国の特徴的な
地形としては、表2.3のようなものをあげること
ができる。

これらの地形は、長い地質学的な歴史（地史）
を経て今日残っているものである。いずれも歴史

表2.3　わが国の特徴的な地形（原）

地形のタイプ	特徴的な地形
①変動地形	山地・山脈や断層崖、隆起準平原、海岸段丘、沈降によって生じた盆地や湖沼など。ただし規模の大きい地形が多いので、保護の対象とすべきものは歴史時代の活動を反映したものや人間の目で捕らえることのできる程度の大きさの地形を中心にせざるを得ない。たとえば、根尾谷断層のような歴史時代の地震によって生じた断層崖、隆起波食棚、隆起海食洞、関東地震の時に生まれた震生湖（神奈川県秦野市）のような地震起源の湖、噴砂現象、穿入蛇行など。高山帯の断層起源の線状凹地もこれに含まれる。
②火山地形	火山とそれに伴う現象。さまざまなタイプの火山本体と寄生火山、砕屑丘、火口湖、カルデラ湖など。さらに桜島の溶岩流のような歴史時代の溶岩流、溶岩せき止め湖、泥火山、地獄噴気、間欠泉、溶岩樹型・風穴・氷穴など。
③河川の作用や侵食によってできた地形	峡谷、渓谷、滝と滝壺、ナメと淵、湧泉群、ポットホール（甌穴：瓶穴）、土柱、バッドランド地形、自然河川、蛇行、三日月湖、川沿いの急崖、河岸段丘、扇状地、沖積錐、自然堤防、後背湿地、落堀、河畔砂丘、干潟など。ほかに谷中分水界、河川争奪地形、環流丘陵、天井川、谷津田景観など。
④気候に反映されてできた地形	サンゴ礁、高層湿原、雪食凹地、ペーブメント、アバランチシュートなどのなだれ地形、アースハンモック、各種の構造土など。
⑤海岸地形	リアス式海岸、多島海、波食棚、海食台、海食洞、海食崖、洞窟、洞門、「鬼の洗濯岩」、ノッチ、ポットホール、砂浜、砂丘、風紋、海跡湖など。
⑥地質を反映した地形	各種のカルスト地形、鍾乳洞、柱状節理、板状節理、チャートなどの硬い岩や岩脈が原因となってできた「戸岩」、トア（岩塔）、岩峰群、組織地形（青島の鬼の洗濯場など）、地すべり地形など。
⑦その他残したい重要地形（露頭）	指標テフラ（火山灰）のみえる露頭、厚い段丘礫層や地層の観察できる大露頭、代表的な断層露頭や不整合露頭など。

2章　地形工学で地形を見る際の視点　　19

Column

地形図から風化層（表層）の厚さを読む[3]

① コンター（コンターライン：等高線）が粗なところは緩傾斜で、風化層は厚い

② コンターが密なところは急傾斜で、風化層は薄い

③ 崖記号のところは露岩している

④ コンターを読むとき、尾根（山稜）と谷とを読みまちがえないように気をつけよう

「地形を読む」とは、この左側のような地形図を見て、右側の模式図のような実態をイメージし、図示できなければならない。

花崗岩類山地の例

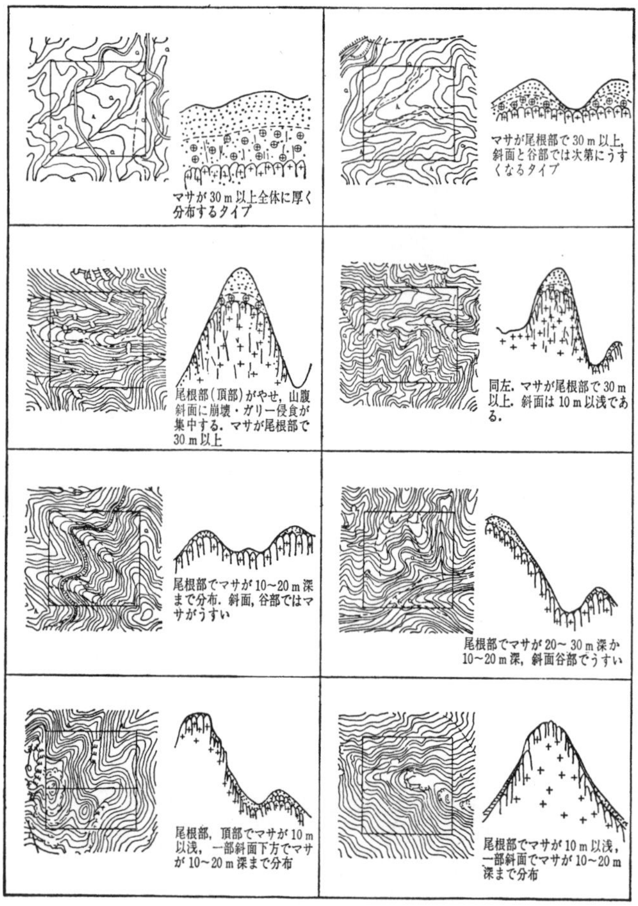

マサが30m以上全体に厚く分布するタイプ

マサが尾根部で30m以上、斜面と谷部では次第にうすくなるタイプ

尾根部（頂部）がやせ、山腹斜面に崩壊・ガリー侵食が集中する. マサが尾根部で30m以上

同左. マサが尾根部で30m以上. 斜面は10m以浅である.

尾根部でマサが10〜20m深まで分布. 斜面, 谷部ではマサがうすい

尾根部でマサが20〜30m深か10〜20m深, 斜面谷部でうすい

尾根部, 頂部でマサが10m以浅, 一部斜面下方でマサが10〜20m深まで分布

尾根部でマサが10m以浅, 一部斜面でマサが10〜20m深まで分布

的一回性のものであって、一度破壊されると、もはや取り返しがつかない。このため、これらは現状のままで末永く保存したいものである。これらの保存するべき（あるいは保存したい）地形は、『日本のレッドデータブック』に「日本の自然を代表する地形」として、次の4つに分けて選定・リストアップされている[5]。

① 日本の自然を代表する典型的かつ希少・貴重な地形

② ①に準じ、地形学の教育上重要な地形もしくは地形学の研究の進展に伴って新たに注目した方がよいと考えられる地形

③ 多数存在するが、中でも最も典型的な形態を示し、保存することが望ましいもの

④ 動物や植物などの生育地として重要な地形

地形のレッドデータブックは、このような貴重

ランクC	選定基準①	カテゴリーⅡ	記載者：小林　詢	保全状況：国立公園，天然記念物（本文参照）

山梨県　青木ヶ原の風穴，氷穴群

地形図幅：鳴沢

行政区分：南部留郡足和田村，鳴沢村，西八代郡上九一色村

地形の特性：溶岩トンネル

　溶岩トンネルは玄武岩質のパホイホイ溶岩に特徴的に発達するもので，富士山のものは世界的に有名である．富士山麓に70以上発見されているが，とくに青木ヶ原溶岩流に集中している．風穴，氷穴と呼ばれ，八穴が天然記念物に指定されている．一部には多くの観光客が訪れる．この地域は富士箱根伊豆国立公園に含まれる．

1/5万「富士山」より（×50%）

ランクC	選定基準③	カテゴリーⅡ	記載者：小林　詢	保全状況：指定なし

山梨県　七里岩の岩屑流

地形図幅：長坂上条，若神子，韮崎，小淵沢

行政区分：韮崎市，北巨摩郡小淵沢町，長坂町，高根町，須玉町

地形の特性：岩屑流の露頭，流れ山

　八ヶ岳火山の山体崩壊によって発生した韮崎岩屑流は，上記4市町にまたがる台地を形成した．釜無川左岸にはこの台地の侵食崖が連続し，七里岩と呼ばれる．七里岩の台地上には，数十の円頂の小丘（流れ山）が分布し，起伏にとんだ特異な景観をくりひろげており，七里岩の崖では，流れ山の一部を含む岩屑流の露頭が観察される．

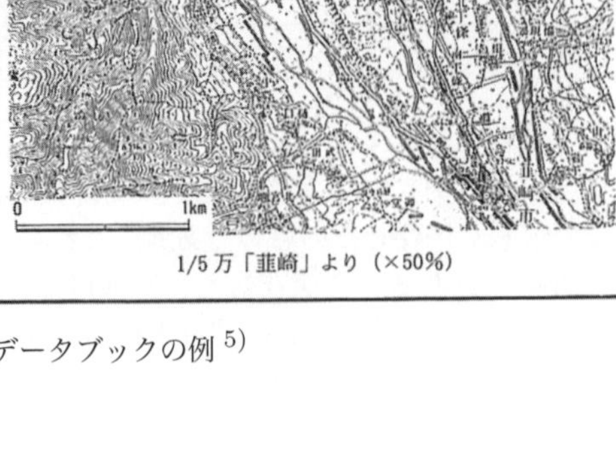

1/5万「韮崎」より（×50%）

図2.10　地形のレッドデータブックの例[5]

な地形が破壊されないで保護されることを目的に選定抽出されたもので、図 2.10 のような形で表示されている[5]。これらからわかるように、(1) 現在の保存状況と (2) 現在の保全状態とが、次の基準で示されている。

(1) 現在の保存状況

Ⓐ 保存状態が良好で、今後も保護すべき地形

Ⓑ 上の①②③④のいずれかに該当する地形でありながら、現在、開発による破壊の恐れがあり、緊急に保護を必要とする地形（開発をめぐって係争中のところも含む）

Ⓒ すでに一部が破壊されてしまったが、その他の部分は保護できた地形、または現在破壊が進行中のところ

Ⓓ 重要な地形でありながら、すでに破壊され失われてしまったもの

(2) 現在の保全状態

保護すべき地形、またはその地形が存在する地域が、行政機関などによる指定状態について記載してある。

（国天然）：国指定天然記念物

（国立）：国立公園

（ラム）：ラムサール条約指定地

（県天然）：県指定天然記念物

（国定）：国定公園

（市天然）：市指定天然記念物

（県立）：県立公園

　　－：指定なし

工学は社会の要請を受けてものを作ったり保全したりするのを目的としている。それは社会のために実行している以上、実施に際しては、『日本のレッドデータブック』などを参考にして、ここに述べたようなわが国の貴重な地形を破壊しないことはもちろんのこと、その保全やこれらを国民の啓蒙の場として利用することなどを常に考える必要がある。その際、単に地形を保全するだけでなく、植生や動物などを含んだ「全体的景観」としての重要性を念頭におくことが大切である。

2.4.3　景観と地形工学

(1) 景観を構成するもの

わが国の景観（landscape）の特徴は次のような点にある[6]。

① 四面を海に囲まれた島国である。

② 世界有数の海岸延長をもち、その海岸線が複雑で変化に富んでいる。

③ わが国は急峻な山脈でできており、急勾配の河川沿いには小規模の盆地や平野が点在する。全体としては山国である。

④ その植生は森林を主体としており、南方からⓐ琉球列島の亜熱帯林から、ⓑ西日本の常緑広葉樹林、ⓒ東日本の落葉広葉樹林、④北海道の亜寒帯針葉樹林と、多様性に富む。

⑤ 気候はモンスーン型で、四季がはっきりしており、梅雨・台風・北国での降雪など多雨である。

このように、わが国は地形的にも植生の面からも多様性に富む。日本における居住の場は、①盆地、②谷、③平野（台地上の平野を含む）の 3 つの地形類型でとらえることができる。この 3 類型は居住地の場としてのまとまりを表すだけでなく、景観の大きなまとまりをも表現している。これら類型をさらに細かい景観としてとらえるためには、〈山の辺〉・〈水の辺〉・〈平地〉という、さらに細かい地形の小類型を考えるとわかりやすい。このうち〈水の辺〉とは、河川や海・湖沼などである。これらによってわが国の居住地ひいては景観は、次のように分けることができる。景観面だけで見るとこれら 3 つの景相の他に、④山地、⑤海岸が加わる。

```
         ┌─ 山の辺
         ├─ 山の辺＋水の辺
①盆地 ──┤
         ├─ 平地＋水の辺
         └─ 平地

②谷 ───── 山の辺＋水の辺

         ┌─ 山の辺
         ├─ 山の辺＋水の辺
③平野 ──┤
         ├─ 平地＋水の辺
         └─ 平地
```

④山地

⑤海岸

これらの景観を構成するものは、**景観要素（landscape element）**と呼ばれ、基本的には、①地形、②植生、③居住地、④動物、⑤ランドマークなどであり、それは**図 2.11** のように表すこと

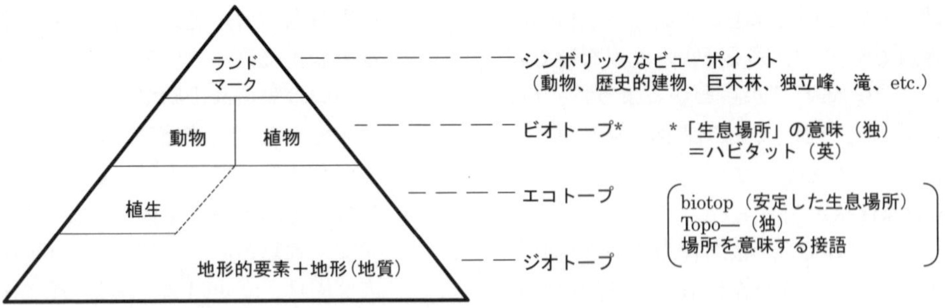

図 2.11　景観の構成要素（原図）

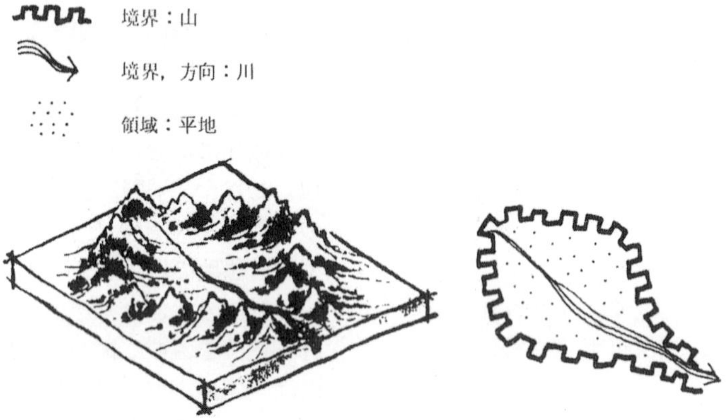

ランドマーク ── ── ── シンボリックなビューポイント
（動物、歴史的建物、巨木林、独立峰、滝、etc.）

動物｜植物 ── ── ── ビオトープ*　＊「生息場所」の意味（独）
＝ハビタット（英）

植生 ── ── ── エコトープ

地形的要素＋地形（地質） ── ── ジオトープ

biotop（安定した生息場所）
Topo──（独）
場所を意味する接語

境界：山

境界，方向：川

領域：平地

図 2.12　秋津州やまと型景観の構造と構成要素[6]

境界：山

目標，ランドマーク：八峰

領域：平地

方向：標高

境界，方向：川

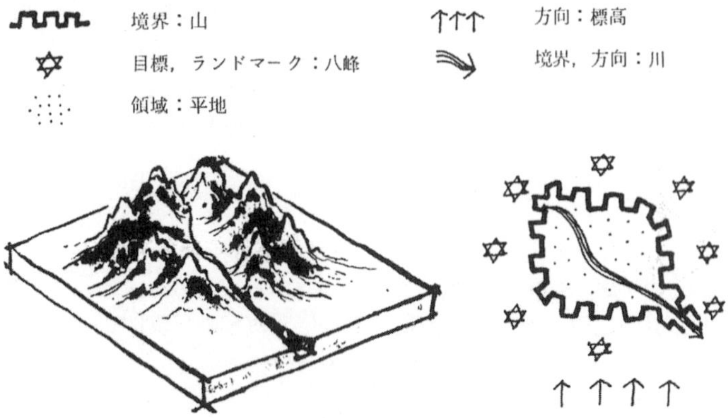

図 2.13　八葉蓮華型景観の構造と構成要素[6]

ができる。その中では地形が基本をなしていて、これを**ジオトープ**（geotope）と呼んでいる。

（2）　わが国の景観としての地形型―景観の原型

　景観の基本をなすのは、地形―とくに山・川・盆地・低地などの配置―である。これら地形配置の違いによって多くの景観型が形成される。わが国の景観としてはとりわけ山と川・低地などの配置が大きな意味をもち、さらにその一角に位置するランドマーク―神社や独立峰・滝など―が景観にアクセントをもたらすケースが多い。図 2.12〜図 2.18 に、樋口[6]によるわが国の景観の原型を示す。

　わが国は山地の多い国土であることから、都市も山や川・海など、いわゆる〈山水〉との位置関係によって、大局的な構造―地相―が定まっている。

　既往の都市の大局的な構造は、図 2.19 のように6つのタイプに類型化できる。その違いによっ

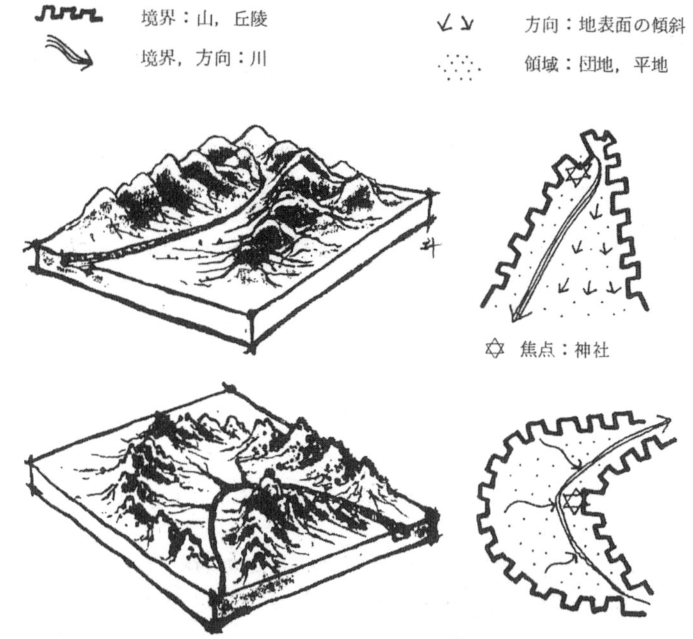

2章 地形工学で地形を見る際の視点　23

境界：山，丘陵
境界，方向：川
方向：地表面の傾斜
領域：団地，平地

焦点：神社

図2.14　水分神社型景観の構造と構成要素 [6]

境界：山
方向：川
方向：地表面の傾斜
焦点，目標：谷の奥処
領域：平地

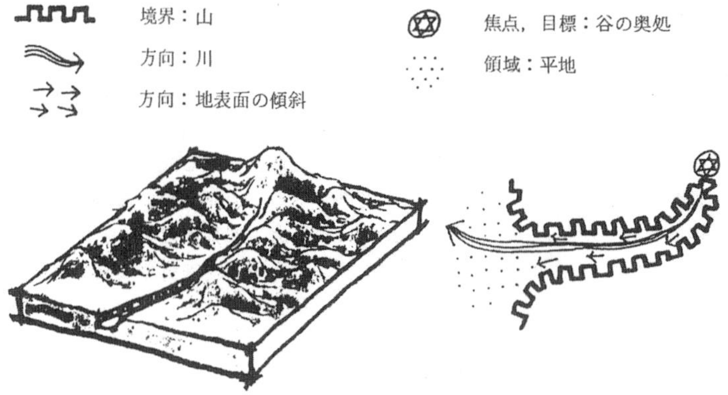

図2.15　隠国型景観の構造と構成要素 [6]

境界：山，丘陵
境界：池，川，海
領域：平地
方向：地表面の傾斜
方向：東西南北

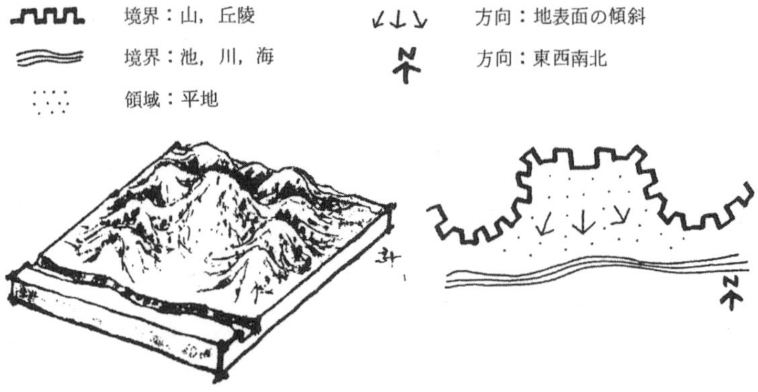

図2.16　蔵風得水型景観の構造と構成要素 [6]

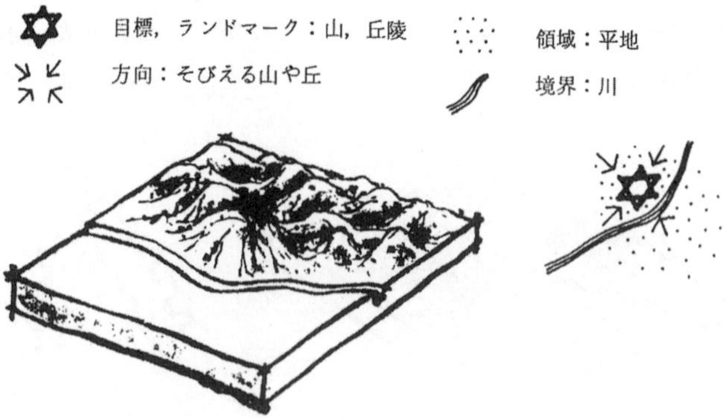

目標, ランドマーク：山, 丘陵　　　　領域：平地

方向：そびえる山や丘　　　　境界：川

図 2.17　神奈備山型景観の構造と構成要素[6]

境界：山, 丘陵　　　　方向：そびえる山や丘

中心：山あるいは丘の頂上

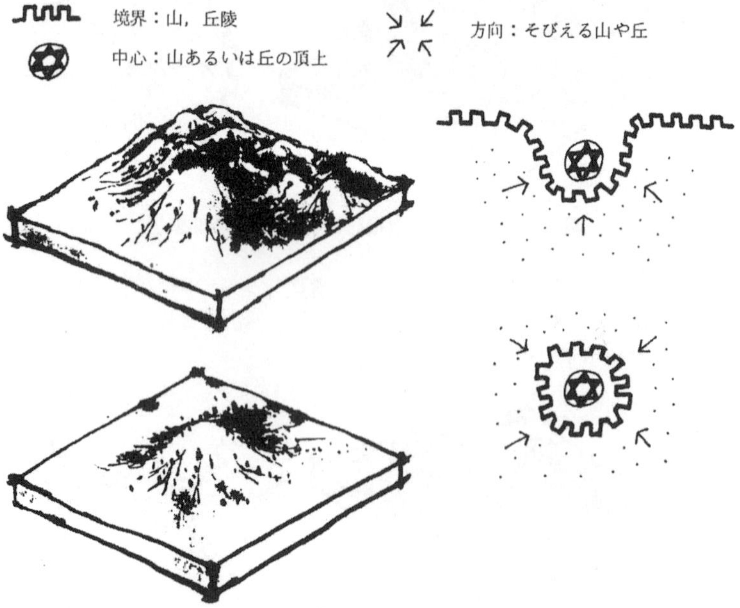

図 2.18　国見山型景観の構造と構成要素[6]

て、都市の印象が著しく異なる。これら相互に優劣はつけがたい。大規模な都市計画では、こうした大局構造をよくみて景観の骨格を定めていくことが大切である。

(3)　景観構造と機能

　以上はマクロな景観のありようである。地域レベルで、人間とのかかわりのなかで形成される生態系の空間的配置を**景観構造（landscape structure）**と呼ぶ。それぞれの型の中を細かく見ると、景観の構造は経験的に図 2.20 の 6 つの基本的な構造（景観型）に分けられる（Forman：1995）。

　(a) 大型パッチ状構造：農耕地マトリックスに

囲まれた大きめの残存林など、(b) 小型パッチ状構造：針葉樹林の中の湖沼など、(c) 樹枝状構造：サバンナの中の拠水林をもった河川など、(d) 直角線状構造：農耕地の中の境界の生垣や、防風垣など、(e) チェッカー盤状構造：異種の作物畑や人工林の伐採モザイクなど、(f) 入れ子状構造：丘陵地の谷津（湿地）などは相互に入れ子構造になっている。

　景観構造を解析する際には、これら 6 つの分布構造をもとにそれぞれの生態系分布状況を明らかにしていって、景観の全体像を把握する。そして最終的には、その景観構造の絶対的な属性と他の構造の絶対的な属性がわかると、おのおのの生態

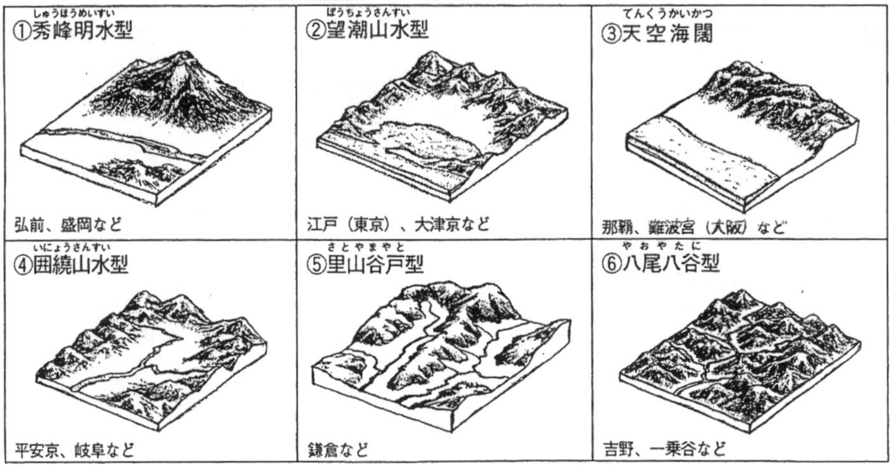

①秀峰明水型 ②望潮山水型 ③天空海闊

弘前、盛岡など　　江戸（東京）、大津など　　那覇、難波宮（大阪）など

④囲繞山水型 ⑤里山谷戸型 ⑥八尾八谷型

平安京、岐阜など　　鎌倉など　　吉野、一乗谷など

図2.19　山水の大局的構造の類型[9]

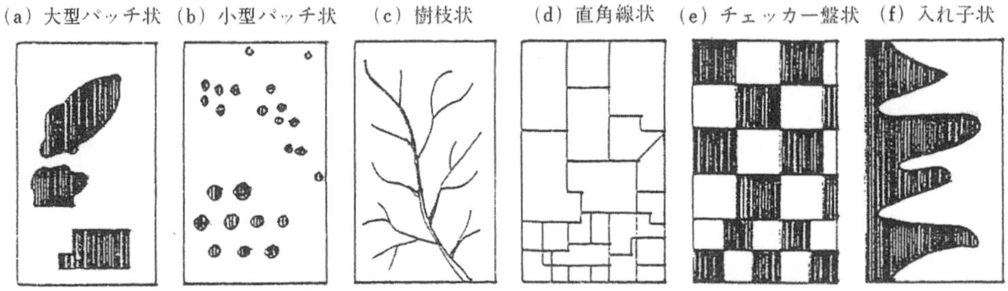

（a）大型パッチ状　（b）小型パッチ状　（c）樹枝状　（d）直角線状　（e）チェッカー盤状　（f）入れ子状

図2.20　景観構造に基づく6つの基本的な景観型（Forman、1995）[7]

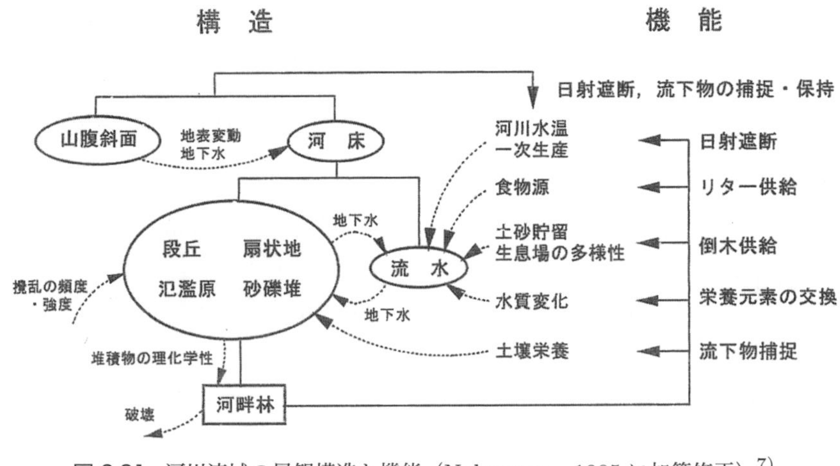

図2.21　河川流域の景観構造と機能（Nakamura、1995に加筆修正）[7]

系の寿命や更新様式から、将来の景観変化を予測することができる。

図2.21は、河川流域の景観構造とその機能を示したものである。景観は細かくみるとこのように複雑な構造をもっている。つまり景観は、単に地形だけの問題でもなければ生態系だけの問題で

もなく、これらの複合されたものであることを知る必要がある。

（4）　景観の保全

人間はこうした景観構造をもつ自然の必要部分を、自分たちの都合と目的に合わせて改変してきた。「改変する」ということは、前述のように地形

Column

自然の妙を示す太極図

一陰一陽之を道と謂う（暗くなったと思うとまた明るくなるのが道である）。易に太極あり、両儀を生ず（易には太極があって、陰と陽とを生ずる）。
　　　　　　　　（いずれも『易経』繫辞伝による）
陽が極まれば陰にその場を譲り、
陰が極まれば陽にその場を譲る。
　　　　　　　　　　（王充：『論衡』による）
『易経』にあるように、陰はいつまでも陰であり続けるのではなく、その中に陽を秘めていて、陰が極まると陽に変わる。このダイナミズムは、「太極図」と呼ばれる中国古代の絶妙なシンボル（右図）でうまく示されている。陰と陽とはたえず太極から生まれて周期的に変転し、陰の中には陽の目がそれぞれの最盛期にすでに内包されているという考え方

である。これが「易に太極あり両儀（儀は配偶者の意）を生ず」という古代中国の弁証法的なダイナミズムである。自然現象も人間の行為にも、この原則がある。

太極図

の改変にとどまらず、図2.11に示したジオトープ→エコトープ→ビオトープと、動植物の変化にまで及ぶ行為であることを知る必要がある。

2005年（平成16年）12月17日から**景観法**が施行された。この法律は都市・農山漁村の良好な景観の形成を促進するために、景観計画などの施業を総合的に講ずることにより、美しい風格のある国土の形成・潤いのある豊かな生活環境の創造と個性的で活力のある地域社会の実現をはかり、国民生活の向上と国民経済および地域社会の健全な発展に寄与することを目的としている。同法の「景観法案要綱」や「景観法施行令案要綱」などで、景観を守るための細目が示されている。

（5）　ジオパークの設定

現在すでにヨーロッパや中国などでは「ジオパーク」が設定されている。ジオパークの目的は、市民が確かな地質・地形などの情報を得ながら、フィールドにある生の地質や地形にふれて、自然を知り、自然と人間とのかかわりに気づく場を提供することにある。さらにジオパークを通じて地質や地形・生態系・景観・歴史・風土・文化など地域の豊かな多様性を活用して、旅行や観光・健康づくり・教育などの分野で、地質や地形という新たな切り口の地域振興や活性化ビジネス・社会・教育事業を展開していこうとするもので（表2.4）[8]、わが国でも2006年から本格的に設置の

図2.22　みつまたわかれの淵と富士山（広重）

ための取組みが始まっており、2012年現在、わが国ではUNESCOにより5地区が世界ジオパークに認定されている。

表2.4 ジオパークの素材として考えられるものの例[8]

地質素材	地質断面	露頭、掘削法面、土壌断面、土質断面、洞穴、素掘坑道、トンネル
	地質材料・構造	鉱物、岩石、堆積構造、堆積環境、地質構造
	古生物	化石、生痕化石、古生態
	地質現象	噴火、噴気、地獄、温泉、変質、緩み、風化、侵食、堆積
関連素材	水　文	地下水、湧水、渓流、瀑布、河川、湖沼、海洋
	地　形	堆積地形、侵食地形、変動地形、災害地形
	生　物	植生、生態系
	景　観	景色、展望、見晴らし、生態景観
	人　文	風土、遺跡、歴史、文化、土地利用、都市計画
	資　源	鉱山、採石場、水力発電、地熱発電、産業遺産
	建造物	ダム、トンネル、橋梁、地下構造物、防災施設、土木遺産、歴史的建造物

Column

景観の生態学の専門領域[7]
(生物生態学・地生態学・景観生態学の研究領域：Leser, 1984)

参考文献

1) 今村遼平（1993）：地形や地名からみた土地の見方・選び方、公開講座「地盤に関する疑問に答える」part 1、土地の見方・選び方入門、（社）土質工学会
2) 今村遼平（1985）：安全な土地の選び方、鹿島出版会
3) 島博保・奥園誠之・今村遼平（1981）：土木技術者のための現地踏査、鹿島出版会
4) 環境庁編集（2000）：環境白書（総説）（平成12年版）、（株）ぎょうせい
5) 小泉武栄・青木賢人編（2000）：日本の地形レッド

データブック、第1集、古今書院
6) 樋口忠彦（1989）：景観の構造、技報堂出版
7) 横山秀司（1995）：景観生態学、古今書院
8) 平野勇（2007）：美しき日本の国造り、地域造り、地人造りとしてのジオパークの提言、地質ニュース7月号（第635号）、産総研地質総合センター編
9) 国土交通省国土計画局（2001）：首都機能移転候補地の景観に係る検討調査業務―山水都市の実現に向けて―報告書
10) 近藤洋逸・好並英司（1964）：論理学概論、岩波書店

3章 地形のもつ工学的問題

天地の経緯するを文と日う。
（天地の道を経とし、緯として用いる。それが天地の文（仕組み、ものの道筋）であり、人間の文化というものである）
―『左伝』昭公二十八年による―

3.1 災害現象の予測情報としての地形の意味

　土木工学や地盤工学の実践上、静的な地形・地質情報から明確にしたい災害（動的地質現象：地形営力）に関する情報は、次の3つに分けられる。
① 過去に発生した災害現象に関する情報の抽出
② その現象のもつ法則性（性格）の抽出
③ ②に基づく将来予測
　これらのうち、①は最も基本的で重要なことで、②、③は①の良否に規制される。
　土木工学や地盤工学の実践上、静的な地形・地質情報から明らかにすべき過去の災害現象に関する情報は次の3つの事項の把握であり、図3.1のように整理できる。
① 災害現象（地形営力）のタイプの把握
② 現象発生による地表の動き（変位・変動・変化など）の把握
③ 現象発生に関する時間情報の把握
　このうち地形と密接に関係しているのは、①と②である。

3.1.1 災害現象のタイプの把握

　このうち①は、過去にどこに（位置）、どういうタイプの災害現象が働いたか、すなわち現在みる静的地形や地質情報から、どういう動的な災害現象を抽出できるかということと、微地形や堆積構造などが示す、災害現象に関しての、さらに細かい性格を抽出することである。

　災害現象の発生位置は、①山腹部と②谷部③平野部とに分けられ、①はⓐ主として侵食が発生する場所、②、③はⓑ堆積が発生する場所とに対応する。
　山腹部に発生する現象は、①斜面崩壊（崖崩れを含む）、②崖面からの落石・崩壊、③地すべり、④爆裂性の大崩壊などである。①〜④のなす堆積地形は、広義にはいずれも"崖錐"の範疇に属し、堆積物は無層理で角礫を主とする。一方、侵食地形は、いずれも馬蹄形の凹地形（②の場合は明確な形状を示しにくい）を示す。
　谷部に発生する地質現象は、①土石流、②掃流（洪水流）、③浮流（洪水流）など、主に結果として土砂の堆積をもたらす現象と、その際の河岸や渓河床の洗掘・侵食現象とに分けられるが、両者はほとんど同時に発生する。
　土石流的な土砂流出は土石流堆や沖積錐・沖積段丘（土石流段丘）などを形成し、堆積物は無層理のことが多い。洪水流は土石流とともに扇状地や沖積段丘を形成するほか、単独に氾濫原（沖積低地）を形成する。このうち浮流となって流下する泥水により後背湿地や旧河道などでの軟弱層（粘土層）の堆積が行われる。また渓河岸・渓河床などの洗掘によって、ガリーや河道などが形成される。洪水流による堆積部分は大まかな層理を示す（p.115のコラム参照のこと）。
　以上のように、災害現象のタイプは、①その発生位置、②形成した負（侵食）もしくは正（堆積）の地形、③堆積物の堆積構造などを正しく読みと

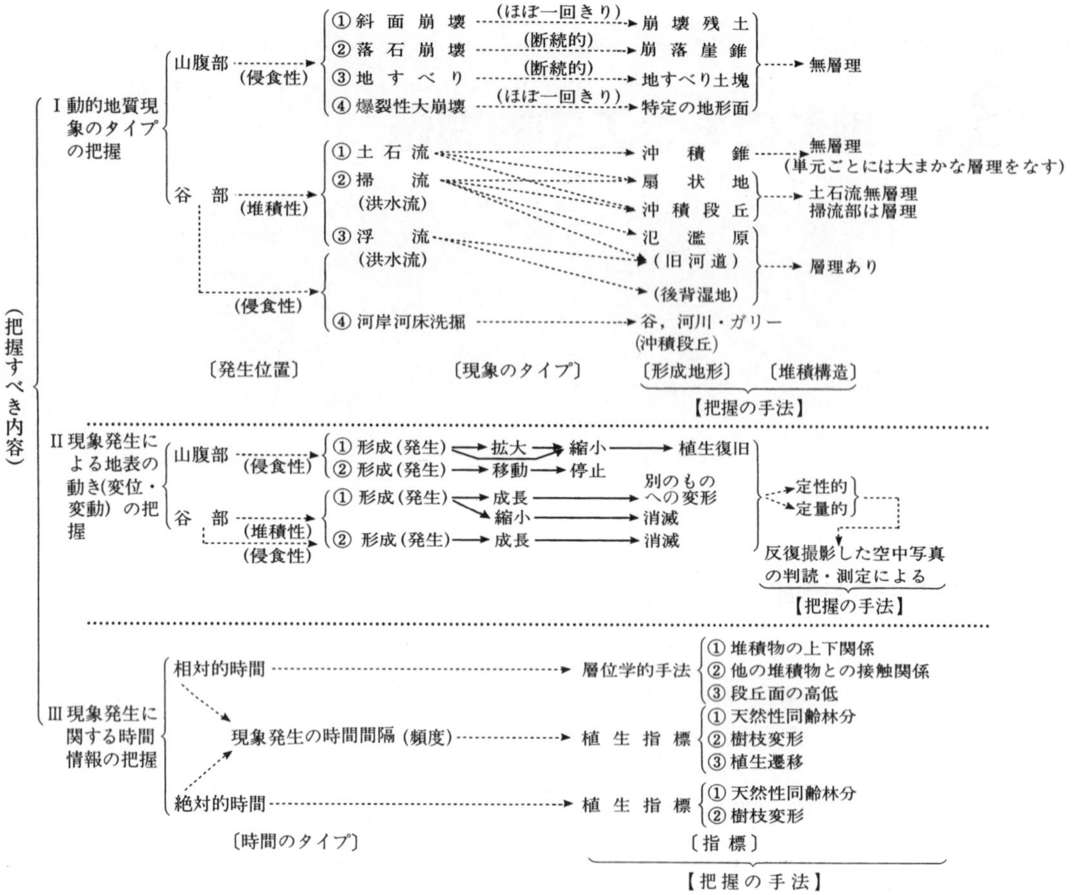

〔把握すべき内容〕

I 動的地質現象のタイプの把握

山腹部（侵食性）
- ① 斜面崩壊 ──（ほぼ一回きり）──→ 崩壊残土
- ② 落石崩壊 ──（断続的）──→ 崩落崖錐
- ③ 地すべり ──（断続的）──→ 地すべり土塊 ──→ 無層理
- ④ 爆裂性大崩壊 ──（ほぼ一回きり）──→ 特定の地形面

谷部（堆積性）
- ① 土石流 ┈┈┈ 沖積錐 ──→ 無層理（単元ごとには大まかな層理をなす）
- ② 掃流（洪水流）┈┈ 扇状地 ──→ 土石流無層理 掃流部は層理
- ③ 浮流（洪水流）┈┈ 沖積段丘
- 氾濫原
- （旧河道）──→ 層理あり
- （後背湿地）

（侵食性）
- ④ 河岸河床洗掘 ──→ 谷, 河川・ガリー（沖積段丘）

〔発生位置〕　〔現象のタイプ〕　〔形成地形〕〔堆積構造〕
【把握の手法】

II 現象発生による地表の動き（変位・変動）の把握

山腹部（侵食性）
- ① 形成（発生）⇒ 拡大 ──→ 縮小 ──→ 植生復旧
- ② 形成（発生）──→ 移動 ──→ 停止

谷部（堆積性）
- ① 形成（発生）──→ 成長 ──→ 別のものへの変形
-                   縮小 ──→ 消滅

（侵食性）
- ② 形成（発生）──→ 成長 ──→ 消滅

定性的 / 定量的
反復撮影した空中写真の判読・測定による
【把握の手法】

III 現象発生に関する時間情報の把握

相対的時間 ┈┈ 層位学的手法
- ① 堆積物の上下関係
- ② 他の堆積物との接触関係
- ③ 段丘面の高低

現象発生の時間間隔（頻度）┈┈ 植生指標
- ① 天然性同齢林分
- ② 樹枝変形
- ③ 植生遷移

絶対的時間 ┈┈ 植生指標
- ① 天然性同齢林分
- ② 樹枝変形

〔時間のタイプ〕　　〔指　標〕
【把握の手法】

図 3.1　静的地形・地質情報から動的地質現象を把握する方法 [1]

ることにより、的確に把握される。表 3.1 は、このような静的な地形や地質情報を読みかえて抽出される、災害現象である。これらの具体的な方法については 4 章以降で詳述する。

3.1.2 災害現象（地形営力）による地表の動き（変位・変動）の把握

災害現象発生の将来予測には、過去の発生でもたらされた地形が、その後どういう経過をたどるかを明確に予測する必要がある。このような経過は一般に、〔生成（発生）→発展（成長もしくは変形）→消滅〕という道すじをたどるが、途中の経緯はそれをもたらした災害現象によって多少異なる。

たとえば山腹部の崩壊などは、〔形成→縮小→植生復旧〕という経過をたどる場合（豪雨型崩壊）と、〔形成→拡大→縮小→植生復旧〕という経過

をたどる場合（岩盤型崩壊）がある。一方、谷部での堆積地形は、沖積段丘のように〔形成→縮小→消滅〕という経過をとるものや、沖積錐の上部が削られて段丘化する場合のように、〔形成→変形→消滅→別の地形への変化〕といった過程をとるものもある。

このようなある現象によってもたらされた地表形態の動き（変位・変動・変化）を、一定の時間スケールのもとに、発生〜消滅間で、"現在どういう過程にあるか"を読みとってゆくことは、将来の動きを予測するうえできわめて重要なことで、このためには空中写真の記録性が大きな力を発揮する。

3.1.3 現象発生に関する時間情報の把握

たとえばある完新世の段丘は、われわれの生活時間スケールの中での、動的な地質現象発生を示

表 3.1 地質情報から読みかえられる災害現象の例 [3]

地質情報	よみかえられるげんしょう
崖錐	落石、地すべり、なだれ、崩壊、（土石流）
沖積錐	土石流、沢なだれ、洪水流
扇状地	土石流（土砂流）、洪水流、沢なだれ、激しいガリー侵食
沖積段丘	洪水氾濫（現河床から数 10 cm 〜2, 3 m といった沖積段丘面は、近い過去における洪水流の水位を示す指標となっている。）土石流（土石流堆積後の掃流により平坦化され、段丘面として残存することが多い。）
軟弱地盤（その中でも主に後背湿地、旧河道、せき止め湖など）	洪水氾濫 水の滞留
自然堤防	洪水による土砂堆積（とくに砂）
断層	地震時の岩盤の振動の差異、地下水せき止め

す指標となり得るが、更新世の段丘などは、遠い過去の現象を示すにすぎず、現在の時間をはかるスケールとはならない。このようにある動的地質現象（災害現象）の発生の可能性（危険性）の判断や、過去の地質現象によってもたらされた地形がどう変わるかなどの将来予測は、時間スケールを加味してはじめて有効な情報となる。

時間（経時的）情報には、①**相対時間**と、②**絶対時間**、これらをもとにした、③**現象発生の時間間隔（頻度）**の 3 つがある。

相対時間は、ある地質現象と別の現象発生の時間的差異（早いか遅いか）を示す指標で、主に層位学的手法によって把握される。ある現象が過去のいつ起きたかを示す絶対時間に関する情報は、いろいろのものから得られるが、土木地質学的な時間スケールとしては、100 年未満であれば天然生同齢林分や樹枝変形などの植生指標 [7], [8] が最も有効である。

土木地質学上は、現象の将来の発生頻度も予測する必要がある。このような現象発生の時間間隔（頻度）は、歴史的記録や、樹枝変形などから求められる場合もあるが、これらの情報はどこででも入手できるとは限らない。結局、現在のスケールでは、"**現在みる植生状況は絶対時間情報だけでなく、発生頻度をも示している**"と仮定して天然生同齢林分や植生遷移などから類推するのが最

も妥当である。

3.2 防災対策の「場」としての地形

被災対象が直近にあって斜面崩壊や地すべりそのものが大きな被害をもたらす場合—たとえば急傾斜危険地や地すべり危険地など—には、その斜面に対して直接防災対策を施さざるを得ない。しかし、直接被害ではなく、そこからの流出土砂が下流へ悪影響を及ぼす可能性があるような場合には、労力を要し経費もかかる原位置での斜面対策や地すべり対策よりも、流出してくる土砂を下流側で砂防ダムや導流堤などで下流への流出量を調整する（下流で勝負する）方が安価で、安全性も確実なものとなる（図 3.2）。

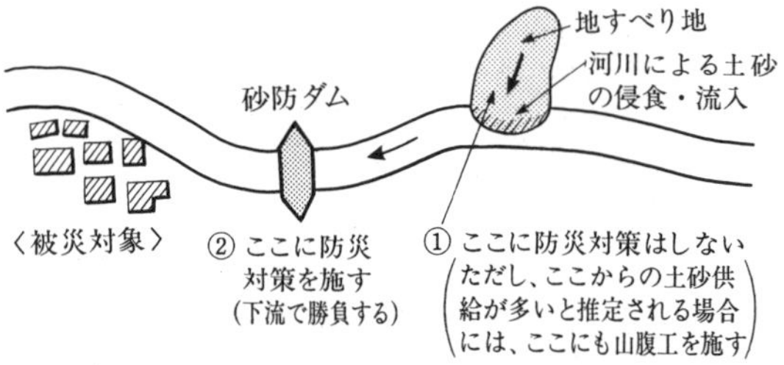

図 3.2 防災対策の「場」としての地形（原図）

このように、**防災対策をどこに施すか**（つまり、どこで勝負するか）は、①被災対象の安全性、②防災の確実性、③経費、④労力、⑤被災対象の位置などを総合的に勘案して決めることが肝要である。何も無理をして原位置に対策を講じる必要はない。ただし、地形的に対策を講じるのに適した地形の場所を見きわめる必要がある。

3.3 サイト、ルート、地区（エリア）の適性場としての地形

ダムサイトや架橋サイト（地点）は、①狭さく部であり、②地盤が良い、③断層（とくに活断層）や破砕帯などから離れている、④災害の起こる場所ではない（たとえば地すべり地による狭さく部でないなど）といった、地形・地質的に「適性場」といったものがある。

たとえば図 3.3 は、あるダムサイト付近の地すべり概査結果を示したものである。ダムのサイトは当初最も狭さく地点である A 地点が選ばれた

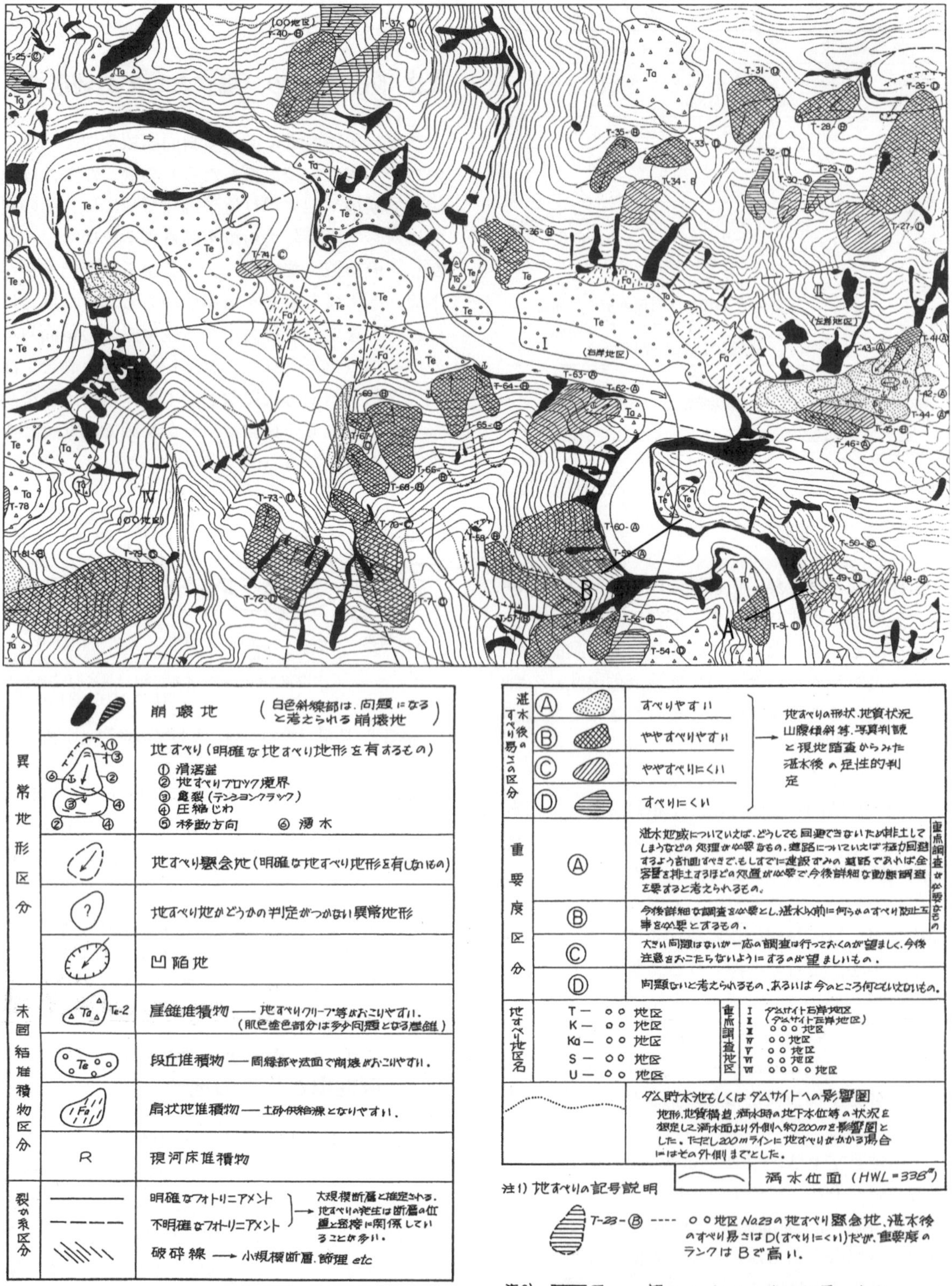

図 3.3　あるダムサイト付近の地すべり概査結果の表示例[2)]

| Column |

地形図から崖錐を読みとると、落石多発地区が見えてくる

① 等高線が粗になったところが崖錐である（崖錐については **6.2.5** 参照）
② 崖錐背後の斜面は、⒜落石多発地や、⒝かつての崩壊地と見てよい
③ 崖錐は土木工事でしばしば問題になることに留意しよう

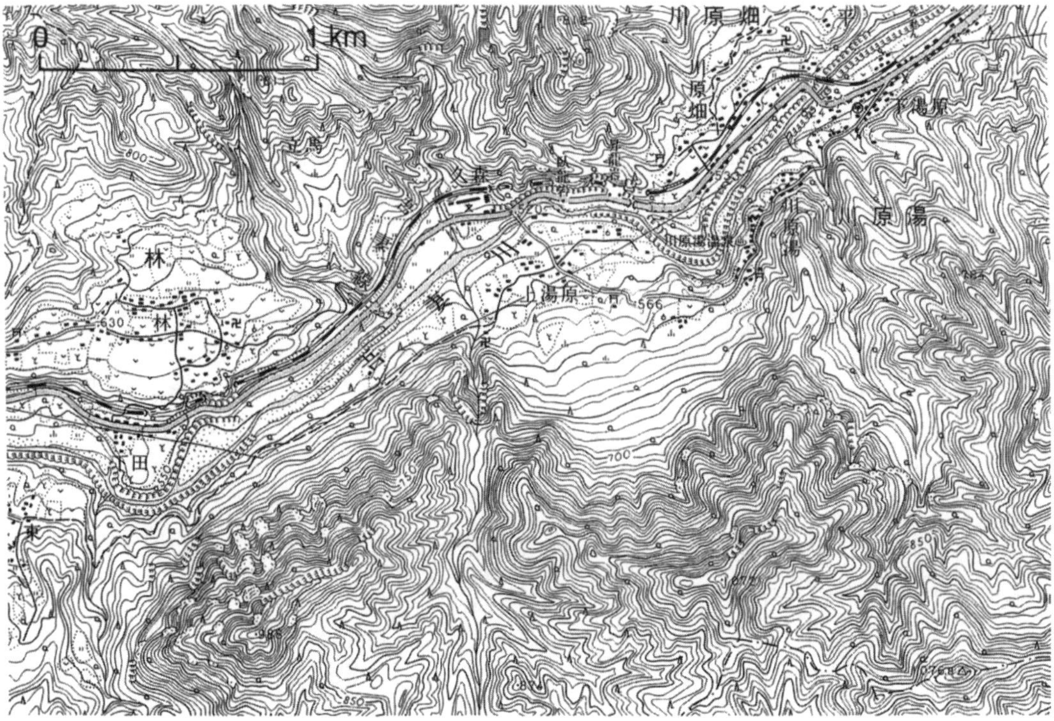

(1/2万5000、「長野原」〈長野5-2〉平8修正) [9]

が、その地点が古い地すべり地の跡であることが
ボーリング結果から判明したため、現在のB地
点に変更された。ところがその直上流側右岸に
は、地すべりの危険性のあるT-59-ⒶやT-60-Ⓐ
ブロックがあるためその詳細な調査が行われ、押
さえ盛土をするなど十分な防災対策を施したあと
で建設された。

　道路や鉄道などのルートは、①安全性、②トー
タルコスト（建設だけでなく、供用中の維持管理
や更新などをも念頭においた総合的なコスト）、
③環境問題などを勘案して選定される。これら
①、②を規制する最大の要素は自然災害現象であ
る。とりわけ、地すべり・崩壊・土石流といった
土砂災害や軟弱地盤の有無などが一番問題とな
る。これらの分布やその危険度は、後章（4～6）

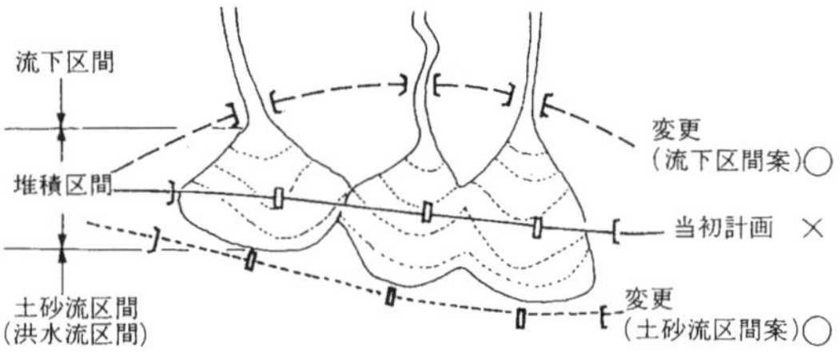

図3.4　土石流危険渓流のルート選定 [4]

で詳述するように、地形と密接な関係がある。地
形をよく見れば、概略のルートは選定できる。

　広域土地造成地区（エリア）の適否は、①安全
性、②居住性、③造成工事のコスト、④周辺都市
域へのアプローチの良否、などを勘案して選定さ
れる。これらを選定する要素にも地形が大きく関
係してくる。一般には丘陵性のところが選ばれ、

(a)

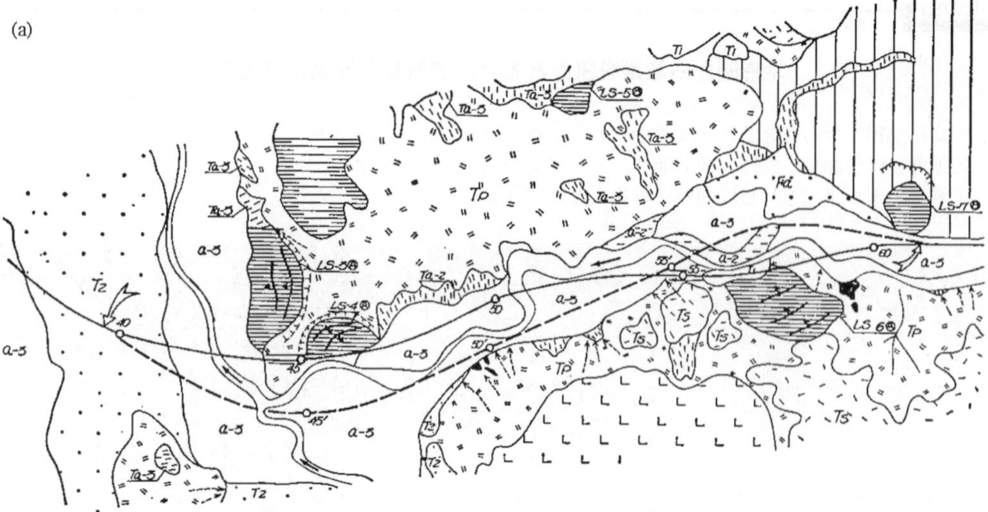

(b)

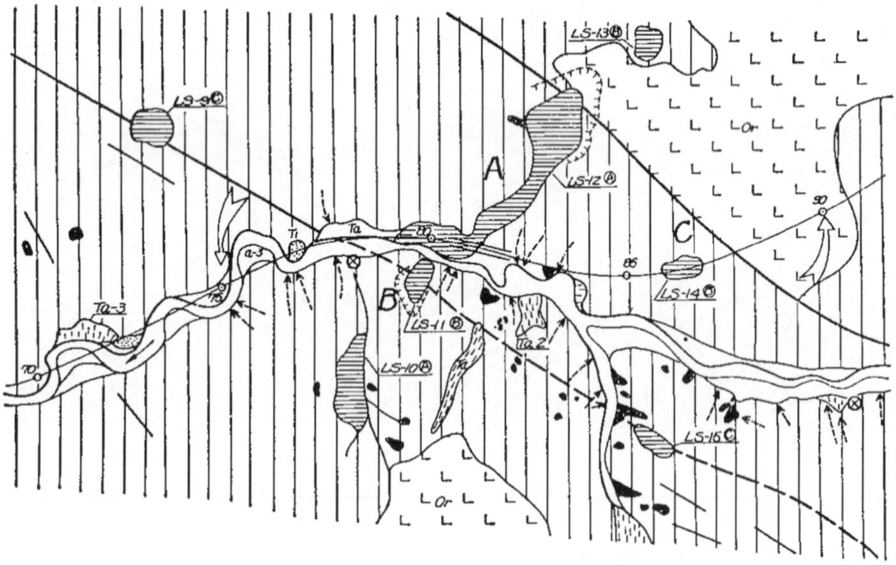

　（a）この地区には、5箇所の地すべり跡地が分布しているが、計画線はこのうちのLS-4 Ⓐ と LS-6 Ⓐ の下部を切土で通ることになり、それに伴って再移動が懸念されるため単に防災的な面だけからみると、破線で示したような路線変更を考えた方が無難であろう。

　（b）6箇所の地すべり跡地のうち、LS-12 Ⓐ と LS-14 Ⓑ が計画線にかかってくる。このうち LS-14 Ⓑ は、実際には測定 No.85 よりも下流側からトンネルとなり、地すべり跡地よりもずっと下部を通りまったく問題とはならないが、LS-12 Ⓐ の方は、現在も多少移動している模様で、計画線はその下部の一部を盛土で、一部を切土で通ることになり問題となる。しかも対岸も LS-11 Ⓑ の地すべりがあったり、崩壊や土石流の発生しやすいところであったりして、こちらへの変更もかなわない。したがってここでは、計画どおりの路線上、たとえば測点 No.75 付近から多少レベルを上げてきて、LS-12 Ⓐ の下部全区間を盛土で通過するといったことを考えた方が、問題は少ないものと考えられる。これら（a）、（b）のコメントは、建設前の所見。

図3.5　東北縦貫道のルート選定（島、1973：筆者原図作成）[3]

山切り・谷埋盛土形式で造成されるが、ときどき工事の容易さから広い地すべり地が選ばれることがある（図3.6）。その場合、地すべりブロックが完全に除去されれば問題はないが、切り盛りの関係から一部が取り残されると地震などにすべりを

再発しやすいので、造成前の調査が重要となる。

　なお、2006年度から広域（3 000 m² 以上）の**谷埋盛土地**については、詳しい調査をしたうえで、必要に応じて防災対策を構ずべきことが法的に定められている。

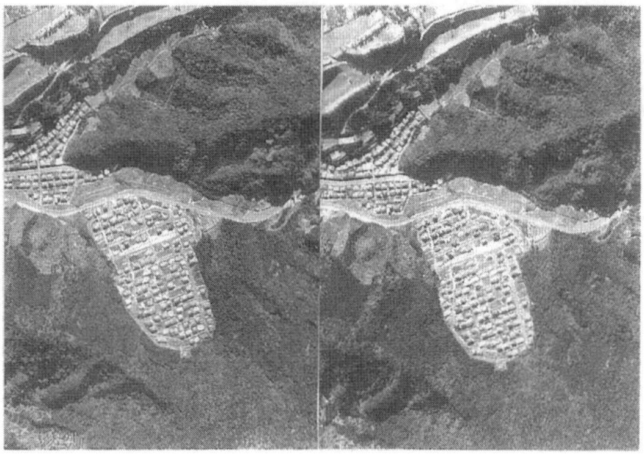

3章 地形のもつ工学的問題 35

図3.6 緩傾斜のため、地すべりブロックがそのまま宅地に造成された例（長崎）（立体写真）。地すべりブロック上だけでなく、その下流側も危険である[6]

3.4 地形と地質の対応性

現在の地形は、その形成からみると、①**差別侵食（differential erosion）**によって岩質や地質構造を反映してできた組織地形（侵食地形）、②堆積した形態をそのまま残す地形（堆積地形）、③火山活動によってできた一種の堆積地形（火山地形）、④断層崖のような構造運動によってできた地形（断層変位地形または変動地形）、⑤すべりや崩れ・爆裂などによって生じた地形（崩壊地形）などに分かれる（図3.7）。

砂岩層のような**有効空隙率（effective porosity）**の大きい地層は、頁岩など空隙率の小さい地層よりも侵食されにくい。このような侵食作用に対する抵抗度の違いは、侵食地形に差異を生じる。つまり地層中岩石の種類や地質構造の差異が、侵食過程や侵食地形を制約する。これを**岩石規制（rock control）**といい、このように岩質や地質構造に反映された侵食地形を**組織地形（structural relief）**と呼んでいる。したがって、侵食の結果できた組織地形の状況から逆に、岩質や地質構造の実態を詳しく読みとることができる。

低地の微地形（自然堤防や後背湿地・旧河道など―詳しくは4章参照）や崖錐・扇状地・砂丘などの**堆積地形**は、それぞれの堆積に際して働いた**地形営力（agent）**によって特徴のある組織や形・構造を示している。したがって堆積地形（微地形）から逆に、そこに働いた地形営力のタイプやその状況・働いた範囲などを推測することができる。

ある既存の地質や地質構造に、地球内部からの**応力（stress：プレートの移動や火山性の変位などによる）**が働いて断層が形成されると、断層崖が形成されたり、岩盤の上に未固結の地層が分布する場合には下位にある岩盤中の断層により、未固結部分に**撓曲（flexure：地層が下位の断層な

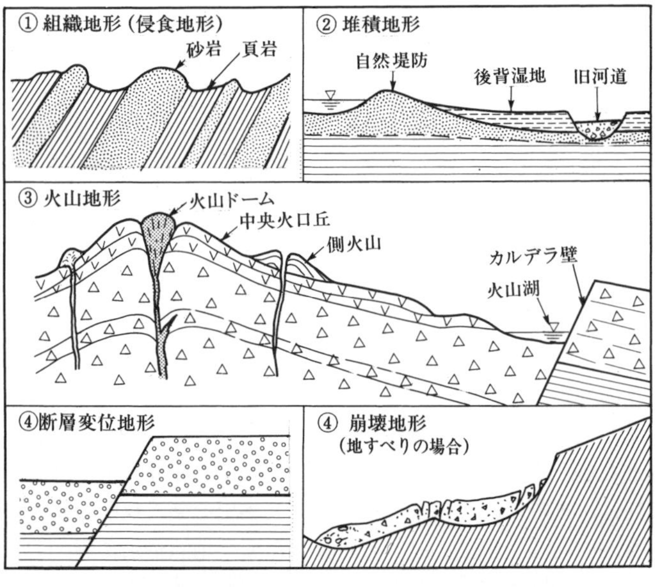

図3.7 形成機構からみた地形のタイプ（原図）

Column

地盤とその属性情報および工学的な地形地質図の含むべき内容 [6]

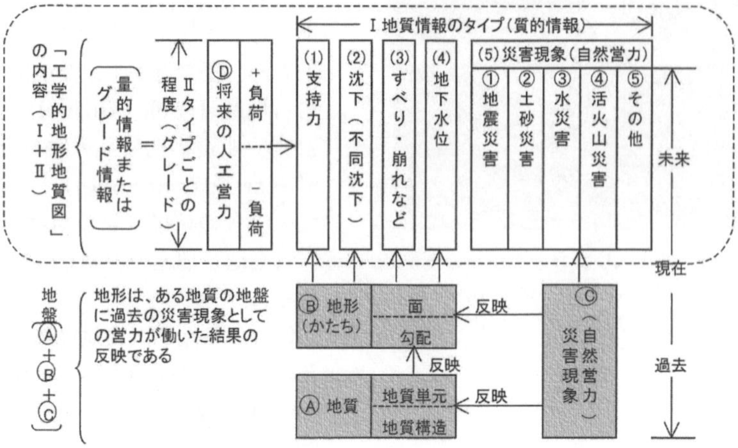

I 地質情報のタイプ（質的情報）

- 「工学的地形地質図」の内容（I＋II）
- 量的情報またはグレード情報 ＝ IIタイプごとの程度（グレード）
- IIタイプごとの程度（グレード）
- Ⓓ将来の人工営力　＋負荷　－負荷
- (1) 支持力
- (2) 沈下（不同沈下）
- (3) すべり・崩れなど
- (4) 地下水位
- (5) 災害現象（自然営力）　①地震災害　②土砂災害　③水災害　④活火山災害　⑤その他

未来／現在／過去

- 地盤 Ⓐ＋Ⓑ＋Ⓒ
- 地形は、ある地質の地盤に過去の災害現象としての営力が働いた結果の反映である
- Ⓑ 地形（かたち）　面　勾配　←反映
- Ⓐ 地質　地質単元　地質構造　←反映
- Ⓒ（自然営力）災害現象

どによって曲げられること）が形成されたりする（図6.115参照）。

　火山活動が特徴ある地形を形成することは、7章で詳述する。このようなもろもろの火山地形から、それらの形成機構や火山構造・溶岩流の流下状況などを細かく知ることができる。

　火山の爆裂や山地崩壊・地すべりなどが起こると、特徴ある凹地形を形成する。これら異常地形は破壊を示す特徴から、発生した災害現象のタイプや発生の新旧・以降の破壊の進行状況などを予測できるため、これらの実態を細かく読みとることが災害防止には不可欠である。

　これら地形は形成機構の違いはあっても、できた地形と地質との間には上述のような対応性（correlation）があることは多くの人が認めるところである。ただしこの対応性は地域によって著しく違い、植生被覆の乏しい乾燥地帯では明確であるのに対し、わが国のように多雨で厚い土壌と植生に覆われた地域では、対応性は認められるものの、細かいところでは不明確である。また、隣りあう岩石や地層相互の物理・化学的な性質—つまり岩種や地質時代など—が違うほど、地形と地質との対応性は明確となる。

　地形と地質との対応性は、実際には次のような要素として表されている。

① 水系の密度や頻度・分岐程度・形状（パター

ン）・収束（集まりぐあい）の程度などの差異

② 起伏量の大小

③ 尾根（山稜）や山腹の形状（丸みなど）の違い

④ 平地部の微細な高低（微地形）の変化

⑤ 低地形の面的な急変

　しかし、地形を細かい単元で見すぎたり、逆に低地では微細な地形変化を見すごしたり、あるいは高い植生で地表の微妙な地形的特徴が隠ぺいされていたりすると、地質との適応性が認めにくい。また、地質構造が複雑なところでは、地形的な変化は地質的な変化を詳しく反映できるほど細かく表現されていないため、地形と地質との対応性が不明確となりやすい。

　したがって、地質情報のすべてが地形として表現されるわけではないことに留意すべきである。たとえば、地層の細互層・深成岩類の相互の岩種の違い・小規模な断層・風化状況・地盤の変質といった地質的状況は地形に現れにくく、地形が地質状況を反映できる限界と言えよう。

　土木工事に直結する詳細調査のように地形を細かく見ていく場合には、両者間の対応性を確認できないことも多い。これはおそらく、地質的要因に基づく地形変化に比べ、地形営力や形成過程、発達史を強く反映した地形変化などの方が大きいため、地質構造や岩相の変化が忠実に地形に反映（表現）されていないことによる。つまり、基本的

には地形と地質とのあいだに対応性はあっても、その現れ方の程度は、**地形の"空間規模（space scale）"**を抜きに論ずることはできないと言えよう。

参考文献

1) 今村遼平（1976）：静的地形・地質情報からの土木地質に必要な動的地質情報の把握に関する研究（I）、応用地質、Vol.17、No.1
2) 日本測量調査技術協会（1984）：空中写真による地すべり調査の実際、第3章、鹿島出版会
3) 武田裕幸・今村遼平（1976）：建設技術者のための空中写真判読、共立出版
4) 藤井義仁（1996）：応用地学ノート、第I部第13章 路線調査、共立出版
5) 今村遼平（1985）：安全な土地の選び方、鹿島出版会
6) 今村遼平（2005）：事例で学ぶ地質の話、入門シリーズ30、地盤工学会
7) 東三郎（1969）：変動地形と指標植物、水利科学、No.56
8) 新谷融（1972）：渓床土石の移動過程調査の方法、新砂防、Vol.24、No.4
9) 鈴木隆介（2000）：建設技術者のための地形図読図入門、第3巻 段丘・丘陵・山地、古今書院

4章 工学面からの低地地形の見方

聞かざるは之れを聞くに若かず
之れを聞くは之を見るに若かず
之れを見るは之を知るに若かず
之れを知るは之を行うに若かず
（教えは、聞かないより聞いた方がよく、聞くよりは見る方がよく、見るよりは自ら知る方がよい。
しかし、知ることよりも実行する方がさらによい。）
―『筍子』儒奴篇による―

4.1 海面変動と低地の形成

　低地（law land）は、海面変動の産物である。短時間でみると海面は変化していないように見えるが、地質学的な時間（数1000年オーダー）でみると、海面は変動している。これを**海水準変動**とか**海面変動**（sea-level change）と呼んでいる。これは、①気候の寒冷化によって海水の水分が氷となって陸上に上ること（氷河化）と、②海水の温度が下がって水全体（海水）の冷却収縮が起きたこと、などに関係して起きたものである。

　第四紀時代（200万年前〜現在）には、①ギュンツ、②ミンデル、③リス、ウルムという4回の大きな**氷河期**（glacial epoch）があり（表4.1）、最後の氷河期であるウルム期以降の海面変動が、現在の低地部の形成に大きく影響している。

　わが国（世界的にもほぼ類似するとみてよい）の**ウルム**（Würm）氷河期以降の海水準の変動をみると（図4.1）、現在より海面が120〜140mほど下がった1万8000〜2万年前のウルム氷河期（最終氷期最盛時）における最大海面低下（Würm maximunと呼んでいる）以降は、だんだん氷が融けて海面が上昇していく**海進**（transgression）の時代に入り、その頃の近海では、ほぼ連続して一連の堆積物が形成されている。

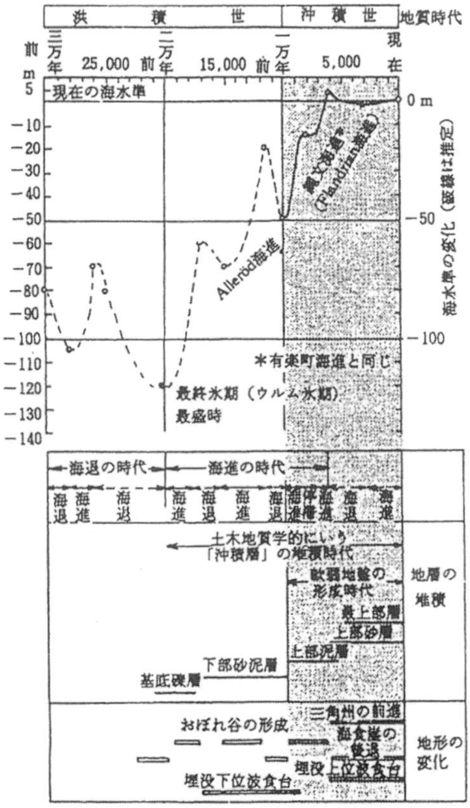

図4.1　海水準の変化と沖積層の堆積や地形変化との関係（地層の堆積、地形の変化は貝塚爽平）[2]

表 4.1　第四紀氷河時代の区分（原）

時代区分		氷期の時代区分	海面標高(m)	日本の文化区分(中国の文化)	
地質時代	絶対年代				
完新世	0	後氷期	0	歴史時代	
	2 000			弥生時代	
	4 000			縄文時代	後期
	6 000		+2		中期
	8 000		+6		前期
	10 000		−15	新石器時代	
第四紀　更新世			−70		
	20 000	ウルム(第4)氷期	−140	旧石器時代	
		(間氷期)	+8 〜+18		
	200 000	リス(第3)氷期	−100	(周口店後期)	
		(間氷期)	+30 〜+45	(周口店前期)	
	400 000	ミンデル(第2期)	−100		
		(間氷期)	+60		
	600 000	ギュンツ(第1氷期)	−100		
			より浅い		
第三紀　鮮新世	2 000 000				

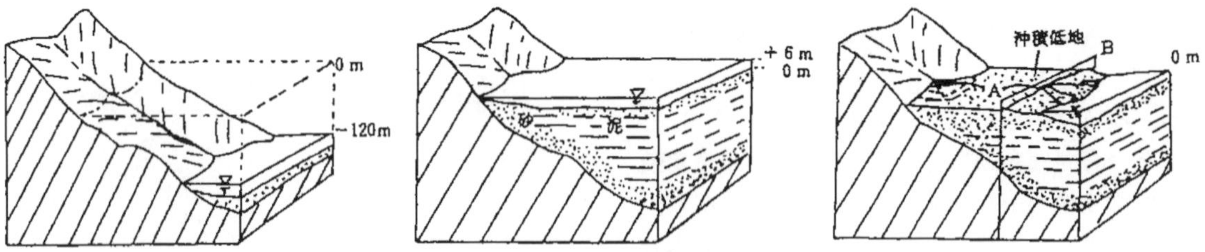

(a)　約2万年前（主ウルム期）　　(b)　約4000〜6000年前（縄文海進期）　　(c)　現在

(注) A–B 付近の断面を切ると、図4.7のようになる。

図 4.2　沖積層の形成過程 [2]

　この主ウルム最大海水面低下期より前の更新世（洪積世：最近この言葉は使わない）の地層は、時間がたっているため比較的締まっていて土木構造物の基礎地盤となり得るのに対し、約2万年前以降の更新世〜完新世に堆積した一連の海進時の堆積物は、ウルム氷期の海退期にできた谷（海面が −120〜−140 m と低い時に陸上であった頃にできた谷。これが海進時には海面下に、"おぼれ谷"として残存した）を埋めて堆積した、おぼれ谷の堆積物（すなわち、おぼれ谷埋積物）を主体とする。

　地質学的には1万年前から現在までの完新世（沖積世）という時代にたまった堆積物のことを「沖積層」と呼ぶが、約2万年前から連続して堆積している一連の堆積物の中で、完新世（1万年前以降）に堆積した部分と、それ以前のウルム氷期以降の更新世（2万年前〜1万年前）に堆積した部分とは連続していて、境界を引けないことが多い。それに、土木や土質工学的には、類似した両者を無理に区別する必要もないため、土木地質や土木工学的には、2万年前以降の一連の堆積物を、広義の沖積層[*1]と呼んでいる。

[*1] 従前は更新世を「洪積世」、完新世を「沖積世」と呼んでいた。その名残から、更新性の地層を「洪積層」、完新世の地層を「沖積層」と呼ぶことがある。ただ最近では「沖積層」という用語は実用上まだ使っているが、「洪積層」という語は使わなくなってきている。

わが国の臨海部では、約1万年前からさらに海進が進み（図4.1）、ウルム氷期時代にできた谷は約6000年〜4000年前の縄文前期までの間に海面下に没し、そこに泥などがたまっていって、たくさんの**おぼれ谷埋積地**が形成された。この頃になると地球全体が非常に温暖化して、海水は膨張し山岳氷河や両極の氷が融けだして、海面は現在より2〜6mほど上昇した。これを**縄文海進**（汎世界的には**フランドリアン海進**）と呼んでおり、1万年前以降約6000年前までの間に、広範に海成の泥層が**おぼれ谷埋積物**として堆積した。これが、広域的な軟弱地盤を構成している**海成粘土**の主体をなす。海岸平野の泥層・粘土層などの軟弱地盤の主体は、この一連の海面上昇時の堆積物である。

縄文時代以降、また少し寒くなったため再び海面は下がりはじめてかつての海底は次第に陸地化し、その過程で広域に砂などが堆積した。こうして縄文時代には海面下にあった海底が海面上に出て、現在の海岸平野となった。これら海岸平野をつくる沖積層の表面には、縄文前期以降に、陸地化する過程で河川で運ばれた土砂が、厚さ5m程度堆積していたり、最新の三角州性の砂層などで覆われたり、一部侵食されたりしているが、沖積平野の主体は、海にたまった砂や粘土・泥などの海成の軟弱地盤から成る（図4.2など）。

三角州堆積物や潟湖跡地、砂丘などによるせき止め沼沢地跡などの堆積物は、上述のおぼれ谷埋積地よりも新しくて層厚も薄い場合が多いが、やはりほとんどは海面上昇期の海での堆積物である。マクロには以上のような過程を経て、「沖積層」は形成されている。

4.2 低地の地形構成と低地地形区分

4.2.1 低地の性質—3つの小地形単元—

沖積平野を総称して**低地**（law land）と呼び、「山地」や「丘陵地」「台地」などと並んで中地形規模の地形単元として用いられている。わが国の低地は自然地盤と人工地盤から成り、前者は成因からみると、①大きな河川の堆積作用によってできた**河成（沖積）低地**と、②海岸にあり沿岸流による堆積作用でできた砂丘や浜堤・干潟・磯などを伴う**海域低地**に分かれる。前者はさらに、扇状

地や氾濫原、谷底平野、三角州などに細区分されている。

海域低地の主体は、浅海底で形成されたものである。しかし、ごく地表近くは、当時の海が退いていく過程で河川や海の働きによって小さな凹凸が形成されていったものである。このため、低地部では地表近くの数mとその下とでは著しく土質が異なることが多い。地表は砂地盤から成って支持力が得られるように見えても、その下位には海成粘土やシルト層が多く分布していて、支持力が低下することが多い。

沖積低地は一見まっ平に見えるが、実際には細かく見ると微妙な凹凸（これを**微地形**と呼んでいる）がある。これは局所的な侵食作用の影響もあるが、主体は河川や海の堆積作用の働く場所や地形営力の違いに起因するものである。

マクロにみると低地は、①山麓に続く**扇状地帯**、②扇状地帯から三角州までの間の**自然堤防帯**（蛇行原帯）、③臨海部の**三角州帯**の、3つの小地形単元に分けることができる（図4.3）。土質工学的にも地形・地質学的にも、平野部をこのような**小地形**による地域分けと、さらにそれぞれを細かく分けた**微地形単元**に分けて見ることが大切で、軟弱地盤の分布を把握するうえでまず留意すべきことである。

（1）扇状地帯

扇状地帯は、山地から**掃流**（traction）もしくは**土石流**（debris flow）で運ばれた粗粒の土砂（礫・砂など）が一時的に貯留されるところで、後背の山地流域の広さや渓流勾配、後背地の荒廃状況などによってさまざまな扇状地性地形がつくられる。扇状地には、①洪水流（掃流）の氾濫を主としてできた地表傾斜の非常に緩い（1/1000程度以下の勾配）**緩扇状地**や沖積扇、②土石流や土砂流の流出が繰り返されてできた沖積錐（勾配3°以上）などがある。いずれも**N値**（p.101のコラム参照のこと）30〜50以上の厚い砂礫層を主体とする堆積物からなり、土木構造物の基礎地盤として問題になることは少ないが、河川の流心がしばしば変動するため（俗に「首振り現象」という）、土砂流出や洪水流出、橋脚や護岸の洗掘などの点で留意すべき点が多い。

広義の扇状地（fan）は、①木曽川扇状地や常願寺川扇状地などのように半径数km〜数10kmに

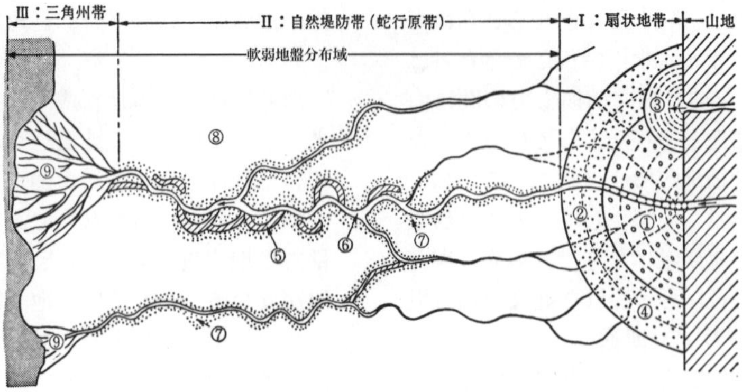

Ⅲ：三角州帯　　　　Ⅱ：自然堤防帯（蛇行原帯）　　　Ⅰ：扇状地帯　山地

軟弱地盤分布域

①扇状地（沖積扇）、②緩扇状地、③沖積錐、④扇状地上の旧河道、
⑤旧河道、⑥現河道、⑦自然堤防、⑧後背湿地、⑨三角州

図4.3　低地の区分模式図（今村ほか 1983、に加筆）[3]

及ぶ大きなものは**沖積扇（alluvial fan）**と呼ばれて、数々の洪水氾濫（flooding）によってできたものもある。②これに対して、半径数 100 m 程度の小規模のものは**沖積錐（alluvial cone）**と呼ばれて、土石流が繰り返し氾濫して形成されたものである。いずれもその末端は自然堤防地帯へと続く（図 4.3、図 4.14）。

(2) 自然堤防帯（蛇行原帯）

自然堤防帯は、**自然堤防**や**後背湿地・旧河道・ポイントバー**（蛇行州）などの微地形からなり、後背湿地や旧河道の多くが軟弱地盤となっている。そのほか大河川の氾濫土砂によって小支川の出口がせき止められて沼地化して（せき止め沼沢地跡）、そこに軟弱地盤が形成されることもある。標高 10 m くらいより低い自然堤防帯の下位には、たいてい海成の粘土層が分布している。

(3) 三角州帯

三角州帯は主要河川から運ばれてきた土砂が海岸近くの浅海部にたまってできた臨海地形で、ほとんど粘土質ないしシルト質の地盤となっている。海岸に沿って沿岸州が形成され、その内陸側が沼地化して長い年月の間に軟弱地盤が形成された**潟湖跡地**や、海進によってかつての谷が海面下に没し、そこに粘土質物質が堆積してできた**おぼれ谷埋積地**や**小おぼれ谷埋積地**などには、厚い海成の軟弱地盤が形成されている。

4.2.2 低地の分布

わが国の低地は、前述したような成因で第四紀に堆積した未固結の平地地盤をなす沖積層から

なっている。「沖積層」というのは、完新世（約 1 万年前〜現在）に堆積した地層のことをいうが、前述のように約 2 万年前の最終氷期以降の地層は一連の海進期に入ってほとんど連続して堆積していて、事実上沖積層との区分が困難なことが多いため、**土質工学的には約 2 万年前以降の堆積物を広い意味での沖積層と呼んでいる。**わが国の沖積層の分布を、図 4.4 に示す。

この沖積層の分布する低地は、わが国の国土の 14% を占めるにすぎないが、そこに人口の 50%、資産の 75% が集中していることを忘れることはできない。

4.2.3 海成低地の地形的特徴と土質

低地は第四紀における汎世界的ならびに地域的な海面変動の結果の産物であり、マクロにみると 4.2.1 に示したように小地形単元でいうと①扇状地帯、②自然堤防帯、三角州帯に 3 区分される。

低地地盤は支持力の面からいうと、①**非軟弱地盤**（普通地盤と呼ぶこともある）と、②**軟弱地盤**に分けられる。小地形単元よりさらに下位の**微地形単元**でいうと、ⓐ扇状地、ⓑ自然堤防、ⓒ土砂供給の多い河川の氾濫原などは、非軟弱地盤である。

軟弱地盤は地質学的には沖積層の一部であり、海成層と陸成層からなる。わが国の場合、標高 10 m より高い平野部の地盤には海成層は分布していないが[*2]、10 m 以下（とくに 6 m 以下）のと

---

*2 隆起地盤地域では、標高 20 m 付近まで分布していることがある。

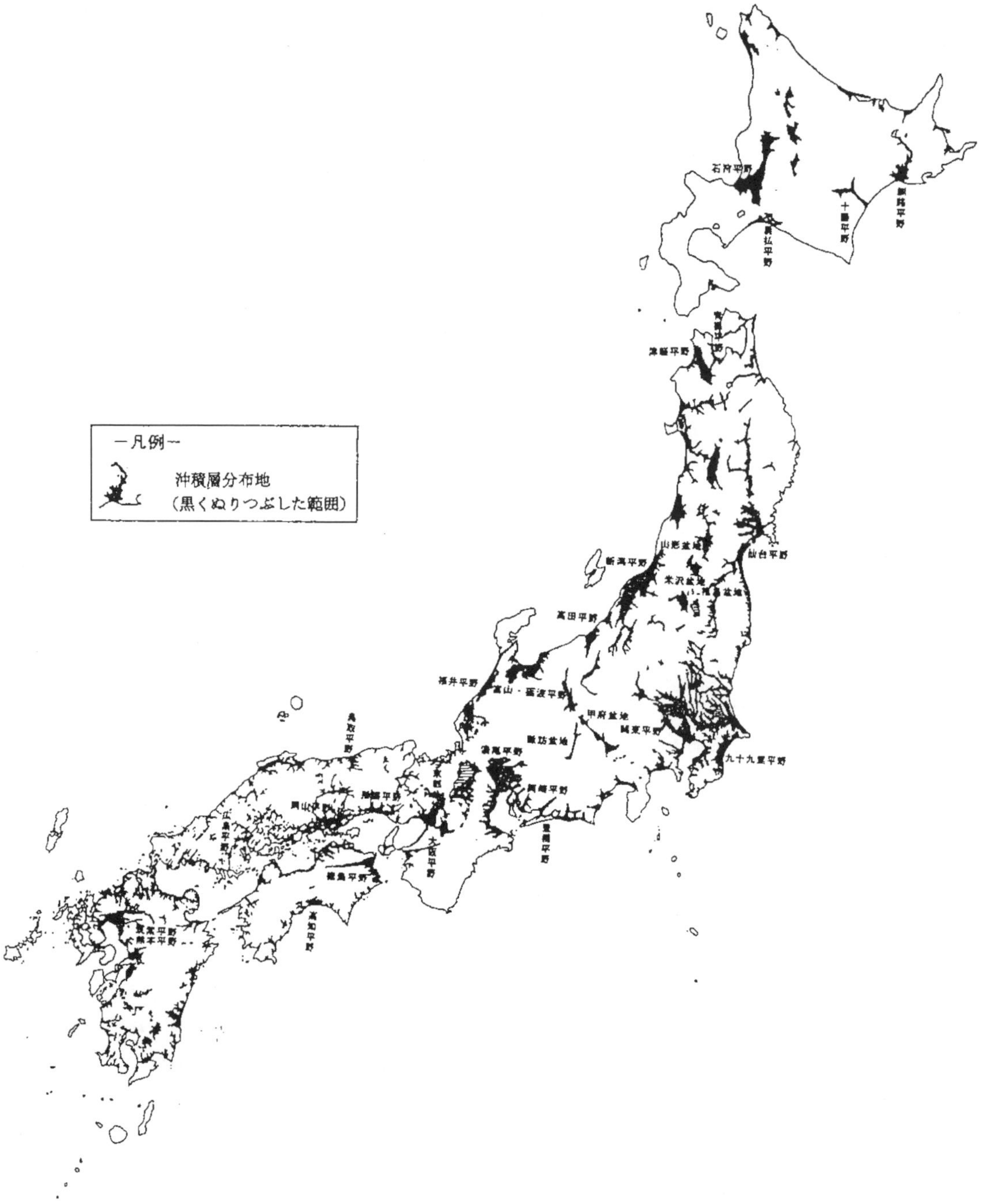

－凡例－

沖積層分布地
（黒くぬりつぶした範囲）

図 4.4　沖積層分布図 [2]

ころでは、陸成層の下に海成層の軟弱地盤が分布
しているとみた方がよい。
　平野の微地形単元からいうと、海成低地は①お
ぼれ谷埋積地、②三角州、③潟湖跡地、④堤間低地
など、特徴のある地形単元をなして軟弱地盤は分
布している。ただ、これらの地形をなす堆積物は
互いに漸移・重複して分布することもあり、一義
的にある地形単元のところが、その地形形成と関
連してできた堆積物だけから成るとは限らない。
　表 4.2、表 4.3 に、低地地盤を非軟弱地盤と軟

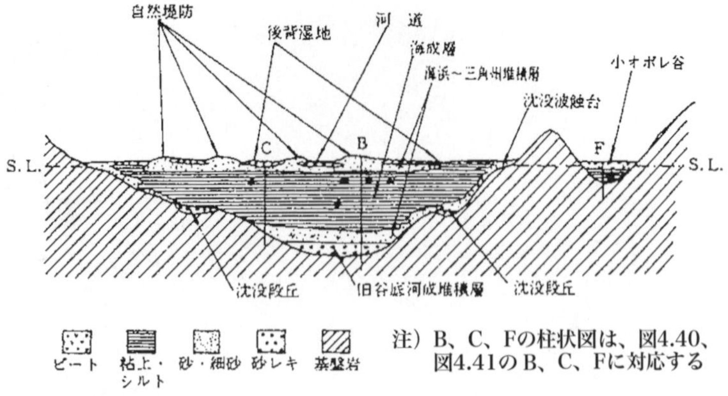

図中ラベル：自然堤防／後背湿地／河道／海成層／浜～三角州堆積層／沈没波蝕台／小オボレ谷／S.L.／C／B／F／S.L.／沈没段丘／旧谷底河成堆積層／沈没段丘

凡例：ピート／粘土・シルト／砂・細砂／砂レキ／基盤岩

注）B、C、Fの柱状図は、図4.40、図4.41のB、C、Fに対応する

図4.5　おぼれ谷を埋積する沖積層の模式的断面図 [4]

弱地盤に分けて、宅地や土木構造物の基礎地盤としての一般的な評価を示す。

これらの表からも明らかなように、**低地では、その中の微地形単元がどういう地形的特徴をもち、それが工学的にどういう性質をもっているかを知ることが、地盤工学上きわめて大切である。**

(1)　おぼれ谷埋積地

現在の陸上の谷の延長上にあり、かつて（約2万〜6000年前）陸上で形成された谷地形が、縄文時代になって暖かくなって海進が進んだときの海面上昇によって海面下に沈んだものを、**おぼれ谷（drowned valley）**と呼ぶ。そこが海進後の新しい堆積物（泥や粘土・シルトなどを主とする）で埋められた後、再び海面が下がって（寒冷化による）地表に現れた堆積地形を、**おぼれ谷埋積地（drowned valley fillings）**と呼び、有機物を大量に混入した泥質の厚い軟弱地盤となっている（図4.5）。

おぼれ谷埋積地の後背地をなす山地が、火成岩・変成岩などのように侵食されにくい岩石からなるところでは、土砂供給も少ないためにおぼれ谷の埋積も比較的少ないが、後背地の山地が泥質・砂質の第三紀層や第四紀層の丘陵地や台地など侵食されやすい地層からなるところでは、湾入部への土砂堆積も多い。

図4.6の低地部は、千葉県九十九里浜の海岸に平行した砂丘地帯の背後にある、栗山川沿いの**おぼれ谷埋積地**である。標高3〜6mの低地であることから、約6000年前の縄文海進の最高時には、この低地にまで海が入り込んでいて、海岸線は現在の丘陵地のとおりに細かく入りくんでいた。

> **Column**
>
> ## おぼれ谷とおぼれ谷埋積地の関係
>
> ① **おぼれ谷**：海面低下時（海退時）に当時の陸地に刻まれた谷が、海進によって海面下に水没したもの。
> ② **おぼれ谷埋積地**：海進後、おぼれ谷が、シルトや粘土等の堆積物で埋められたところで、ひどい軟弱地盤となっている。

その後、この入江をふさぐように図右下の横芝地区にみえる砂丘が形成され、谷の出口はせき止められてしまった。このため、砂州の内側（内陸側）には、栗山川から供給された泥水によって沼沢地ができ、軟弱地盤が形成されていった。「島」「中島」「小島」「於幾」「宮崎」「岩井崎」「船越」「谷津」といった地名にも、当時の海浜の面影を残している。「中村新田」「両国新田」といった地名は、この地区が湿地帯であって、最近（江戸時代？）になって水田化されたことを示している。

図4.8の浮島ヶ原から青野のところに入り込んだ高橋川沿いの細長い低地も標高5m前後で、**小おぼれ谷埋積地**であることを示している。

(2)　三角州

図4.1の海水準変化に示した2万年前の最終氷期最盛時の海面（現在より120〜140m低かった）を侵食基準面にして、当時の陸地側には河谷が形成されていった。この頃形成された河谷部は、その後の海面上昇（更新世末期のアレレード海進や沖積世になってからの縄文海進など）によって水

表 4.2 軟弱地盤と低地微地形[6]

主な形式の場	軟弱地盤の分布する地形	位置と形態	土質 上部(陸成)粘土層	土質 下部(主に海成)粘土層	地層の厚さ	主要部分の形成時代	成因	例
陸域(陸成低地)／河川沿い	・人工せき止めによる低湿地	旧河道への盛土地の上流側や高速道路等の人工堤の上流側に形成されやすい	1〜2m の有機質粘土(N 値 10 以下)	欠除	小／薄層タイプ	縄文海進以降／近世		濃尾平野
	・旧河道	河道沿いに多く分布し溝状の凹地をなす	2〜3m の有機粘土(N 値 10 以下)	欠除			河成	関東地方、東北地方に多い
	・丘陵地や台地間の谷底低地	丘陵地や台地を刻む谷を埋める幅狭い低平地	数 m〜10m の有機質粘土(N 値 10 以下)	欠除				石狩川沿い阿賀野川沿い
	・後背湿地	自然堤防を山地間の低地で平坦〜皿状をなす	数 m〜15m の有機質粘土(N 値 10 以下)	三角州近くでは 10〜30m 扇状地近くでは欠除			人工	高速道路の背後や郊外新興住宅地に多い
河川沿い海岸	・堤間低地	沿岸地域の砂州の背後にあり砂丘や浜堤に挟まれた低地	2m〜数 m の泥炭・有機質粘土(N 値 5 以下)	薄いか欠除			湖成〜川成	新潟駅と鳥屋沼の間
	・せき止め沼沢地跡 〔谷口を大河川本川の堆積物(自然堤防)で閉塞された支川低地〕	土砂流出の多い大河川の両側に発達する小谷に分布	数 m〜10m の泥炭・有機質粘土(N 値 10 以下)	欠除			湖成	利根川沿いの小支川流域
	・その他のせき止め湖跡	新しい火山噴出物、すべり土塊等のせき止め地点の背後に分布	数 m〜10m の泥炭・有機質粘土(N 値 10 以下)	欠除				伊豆大室山西方、戦場ヶ原
海域(海成低地)／ラグーン(潟湖)	・潟湖跡地	砂州の背後にあり皿状の凹地〜低平地をなす	数 m〜10m の泥炭や有機質粘土(N 値 5 以下)	10〜30m の有機質粘土(N 値 5 以下)	厚層タイプ	縄文海進時代	海成〜潟湖成(一部消湖成)	愛鷹山南側の浮島ヶ原、千葉県の九十九里浜の小栗川流域の夷隅川流域
	・せき止め沼沢地跡 〔谷口を砂州で閉塞されたおぼれ谷埋積地〕	沿岸地域の砂州の背後にあり、皿状〜複雑な形をした谷間の低地	数 m〜10m の泥炭や有機質粘土(N 値 5 以下)	10〜30m の有機質粘土(N 値 5 以下)				
内湾	・小おぼれ谷 ・おぼれ谷〔埋積地〕	沿岸地域にあり海岸から陸地に向かって形成された谷間の低平地	数 m 以下の有機質粘土(N 値 10 以下)	10〜15m の粘性土(N 値 5 以下)			海成〜河成(一部湖成)	濃尾平野の中・南部、筑紫平野
	・三角州	河成低地の最下流部に△字状や鳥足状、円弧状などをなして分布	数 m〜10m の泥炭・有機質粘土(N 値 5±)	5〜40m の有機質粘土(N 値 5 以下)	大		海成	静岡県愛鷹山山麓の柳沢

Column

「沖積」と「洪積」の用語についての留意点

第四紀の地質・土質の記載で、最近ではかつての「沖積」と「洪積」という用語は使わないで、以下のように変更することになっているので、注意していただきたい。

①時代区分
　(旧)沖積世→(新)完新世
　(旧)洪積世→(新)更新世

②堆積物全体の名称
　(旧)沖積層→(新)完新統
　　　(慣例的に「沖積層」は使ってもよい)
　(旧)洪積層→(新)更新統
「沖積層」という名称はすでに社会の中に広く浸透しているため、慣例的に使ってもよいとされている。かつての洪積層も当面は、「更新統(洪積層)」と( )付けで記述した方が混乱がないだろう。

地質学的には1万年前から現在までの完新世(沖積世)という時代に堆積した地層のことを「沖積層(完新統)」と呼ぶが、わが国の場合、完新世の堆積部分とそれ以前の更新世の堆積部分(とくにウルムⅡ氷期以降の完新世にたまったもの)とは連続していて、境界を引けないことも多い。それに、土質工学的にはきわめて類似した両者を無理に区別する必要もないことから、土質工学や土木地質的には、2万年前以降の堆積物は、**広義の沖積層**と呼んでいる。

Column

海水準変化と段丘の関係

① 間氷期の暖かくて海面が上昇したときに、土砂の堆積によって段丘面ができる

② 氷期になると寒くなって海面が下り、段丘面が下刻されるため、段丘崖ができる

③ このように段丘の形成は、海水準変化と密接に関係している

（注）関東地方の標準的な段丘面である
　　　① 多摩段丘（多摩面）
　　　② 下末吉段丘（下末吉面）
　　　③ 武蔵野段丘（武蔵野面）
　　　④ 立川段丘（立川面）
の形成順序と、海水準変動との関係をよく見ていただきたい。

（注）右の図は、関東ローム研究グループ（1965）による[39]。

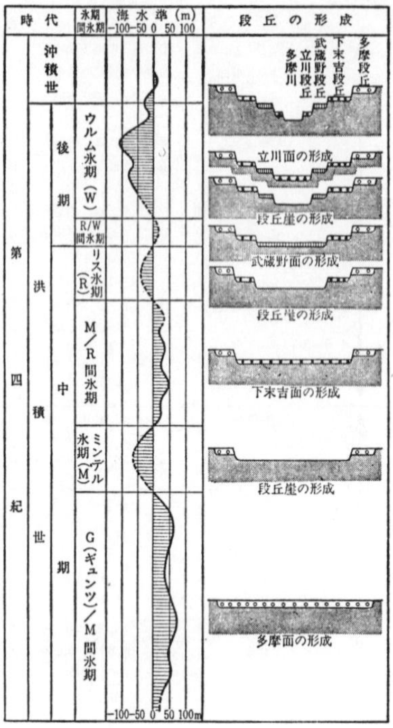

表4.3　一般的にみた宅地や土木構造物の基礎としての沖積平野の評価[6]

	地盤区分	支持力	不同沈下	地下水位（深い方が問題ない）	災害現象	総合評価
非軟弱地盤	a. 扇状地	◎	◎	○（場所による）	△	○
	b. 自然堤防	○（△）（海に近い自然堤防）	○（△）（海に近い自然堤防）	○	○	○
	c. 砂州・砂丘	◎	◎	◎	△（切土・平坦化部が問題）	○
	d. 土砂供給の多い河川の氾濫原	○	○	△	×	△
軟弱地盤	a. おぼれ谷埋積地	×	×	×	×	×
	b. 三角州	×	×	×	△	△
	c. 潟湖跡地	×	×	×	△	×
	d. せき止め沼沢地跡	×	×	×	×	×
	e. 堤間低地	×	×	‐	×	×
					×（液状化しやすい）	
	f. 旧河道	×	×	×	×	×
	g. 丘陵・台地間の谷底平野	△	△	△	△	△
	h. 後背湿地	△	△	△	△（×）	△
	i. その他の軟弱地盤	×	×	×	△	×
人工盛土地	a. 軟弱地盤への盛土	△	△（×）	△	×（液状化しやすい）	△
	b. 非軟弱地盤への盛土	◎（○）	◎（○）	◎	○	○

凡例 ◎：問題ない、○：ほぼ問題ない、△：不適な場合がある、×：多くの場合不適、（　）は、時々あり

図 4.6 千葉県・九十九里の栗山川沿いのおぼれ谷埋積地（1/5 万、成田・東金）[2]

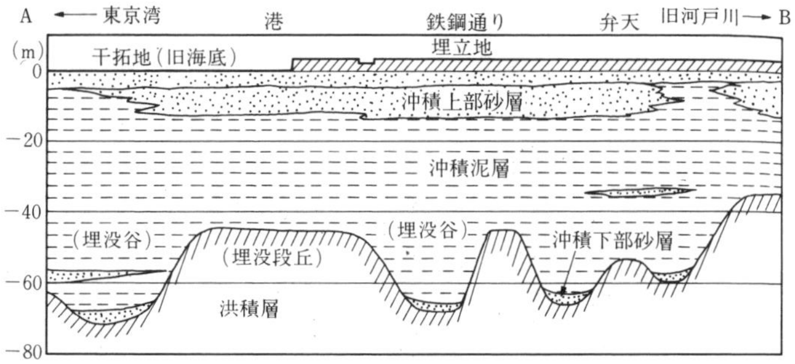

図 4.7 千葉県浦安付近（三角州末端）の地層断面[1]
（図 4.2（c）の A–B 断面のようなところと考えてよい）

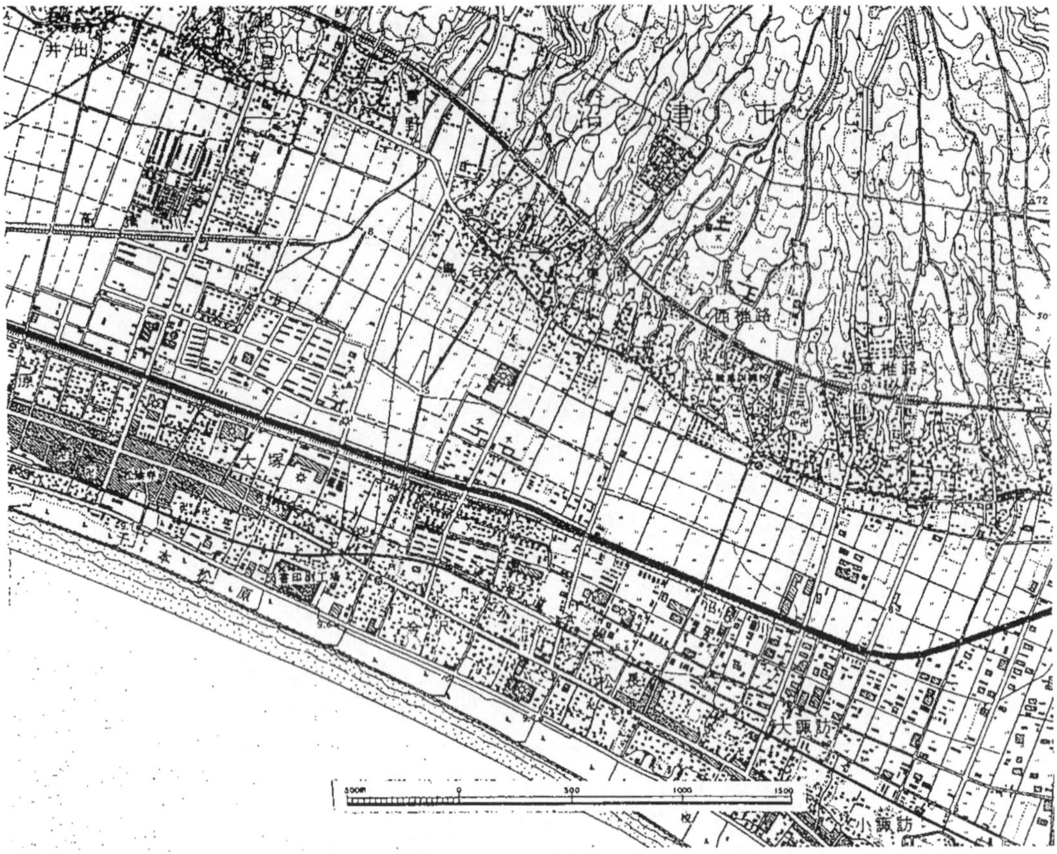

図 4.8　沼津市・浮島ヶ原の潟湖跡地（1/2 万 5000、沼津）[2]

中に没していった。海中に没した旧河谷は、海進時の河川からの土砂によって次第に埋積されていった。この約 2 万年前から縄文前期の 5000～6000 年前までの間の堆積物が、現在の**三角州**地帯の深部地盤（沖積泥層）の主体をなし、泥層を主とした軟弱地盤となっている。

　現在の三角州地帯は上記海進時の堆積物の最終の頃の堆積によって形成されたもので、縄文海進の最も進んだ 5000～6000 年前頃から、現在よりかなり内陸側へ入り込んだ当時の海岸線を起点として形成されはじめた新しい地層からなり、陸地近傍での堆積であるため全体的に砂質であり、現在なお形成中である。このように、三角州の表部は最近の形成によるもので砂質であるが、主体をなすその下部は海成粘土（沖積泥層）からなる更新世～完新世に形成された軟弱地盤で、やはり海面変動による非常に新しい堆積物からなることを、肝に銘じておく必要がある。

　三角州の軟弱地盤は、更新世末～完新世の海進と関係して形成された汎世界的な産物であるから、どこも類似した層序（地層の重なり方）と層厚を示す。わが国の場合、主要河川の三角州の層序は下位から次のように 5 層に大別でき、表 4.4 のように整理できる。

① 沖積基底礫層
② 沖積下部砂層
③ **沖積泥層（これが軟弱地盤でいう下部海成粘土層）**
④ 沖積上部砂層
⑤ 沖積陸成層

　三角州の前置層に相当する地表面から 7～10 m 程度の上部砂層は、現在もしくは近い過去の河川から流送された砂質～シルト質の堆積物からなり（扇状地に近い三角州では、砂礫からなる）、N 値は 10～30 程度はあるから、三角州の側方などにあるいわゆる"三角州のかげ"の部分を除くと、とくに軟弱というわけではない。三角州を作った河川の主流部に近いところほど粒径は大きくな

表 4.4　主要河川の海岸三角州の特徴（原）

層序	柱状図	成因	性状	層の厚さ	N値	備考
⑤沖積陸成層		陸成層（河成）	縄文海進以降、それまでにできた三角州面が陸化した後の河成堆積物で、砂質〜シルト質の自然堤防や泥炭を含む粘土質の後背湿地等の堆積物からなる。	5m以下	20以下	
④沖積上部砂層（中間砂層）			現在の三角州の前置層である。層厚は7〜10mと共通し、さらに共通した深さで沖積泥層と界している。これは現在の三角州の形成が縄文海進の最も進んだ時期を起点として始まったことを示す。	7〜10m	10〜30（三角州のかげでは5以下のことあり）	土質分野ではよく中間砂層と呼ぶ
③沖積泥層		海成層（三角州性）	縄文海進が急速に進んで三角州性の堆積が前方へ拡大するよりも海進の方に速く進展したので、それまでは三角州の前置層堆積の状態（沖積下部砂層）から底置層へ移っていったために形成された泥層である。この層が三角州の軟弱地盤の主体をなす部分で、地盤沈下の素因をなす。	沖積層の厚さによって違うが、大河川の河口では30m以上	5以下	三角州における軟弱地盤の主因。
②沖積下部砂層			最低位海面期の後縄文海進が急速に進み（100年間に60cmの割で進んだともいわれている）、それまでに形成された扇状地は沈水して三角州性の堆積に移行したために形成された地層で、当時の三角州前置層にあたる。	5〜10m	10〜30	基底礫層と下部砂層の間には扇状地が沈下する間際に湿地化した際に堆積した薄い泥炭層（basal peat 基底地泥）を挟むことがあり、これは沖積層に下底をなす不整合面上にあり、沖積層の基底を表す。
①沖積基底礫層		陸成層（河成）	海面が最も下がったとき（最低位海面期）に形成された扇状地性の堆積物で、沖積層の基底礫層（洪積層との境）である。			

る。このため、上部砂層は重構造物でない限り基礎地盤となりうる。ただし、**三角州の側方（三角州のかげ）には、N値5未満の軟弱な泥層が分布していることがあるので、注意を要する。**また、この部分は地下水位が浅くルーズな砂からなるため、地震時には地盤が液状化しやすい。

　一方、三角州が成形されるような大・中河川の河口付近は、前述した更新世末期に成形された谷のほぼ中央部に相当し、現在の地表面下約10m以深の部分は、主として縄文海進時に堆積した粘土質物質（三角州の底置層にあたる）を主とした**沖積泥層**で埋積されている。その厚さは40〜60mに達する（図4.7）。沖積泥層（海成粘土）のN値は5以下のことが多くて軟弱地盤をなし、その厚さともあいまって、広域地盤沈下の素因をなしている。重構造物の基礎地盤としても適しない。

　三角州が軟弱地盤として注目されるのは、この主として縄文海進時に形成された沖積泥層が厚く堆積している点で、その上位で現在ないしは近い過去に形成された上部砂層ではない（表4.4）。表4.5に、現在形成されつつある三角州のもろもろのタイプと、その性状を示す。このような地表の形状と堆積構造（表4.4）とは、とくに関係はない。

(3)　潟湖跡地（せきこ）

　図4.8の低地は富士山の南側にある愛鷹山の南山脚部に発達する潟湖跡地の軟弱地盤地帯で、地元では「浮島ヶ原」と呼ばれている。東海道本線の走る千本松原沿いには長い砂丘が海岸に平行して発達しており、この砂丘の発達によってその後背地区が海域から遮絶されて**潟湖（ラグーン：lagoon）**となり、長年の間に軟弱地盤が形成されていった。この地区の表部には、**泥炭（ピート：peat）**を含む粘土層が5〜7、8mの厚さに分布している。

　このように、内湾の入口部分が砂丘や砂州・砂し・沿岸州などによって外海と絶縁されてできた

表 4.5 三角州のタイプとその性状（Strahler：1968 や井関：1972，鈴木：1978 などを参考に作成）[6]

タイプ (type)	形状	河川からの堆積物供給量	静水域の水深	沿岸流潮汐による侵食	性状	表層の土質	例	備考
		大 ↑	浅 ↑	弱 ↑		砂質（軟弱度小）↑		発生期 ↑
①鳥足状 (birdfoot)					河川からの流出土砂量が多く、水域の諸作用が相対的に小さい場合に形成		ミシシッピー川 野州川	
②突状 (lobe)					河口部が多数の島（砂州）の集合からなっている。		ローヌ川	
③円弧状 (arcuate)					2つ以上の自然堤防状の突出部の間が埋積されて陸化すると、海岸線は円弧状を示す		ナイル川 黄河 江戸川 多摩川 岩木川(湖成)	
④尖角状 (cuspate)					三角州前面の湖や海の侵食作用が強く働く場合、陸地は削られるが、堆積量の多い主流路河口付近だけは突出して突状の海岸線を示す		安倍川 大野川 テレベ川(イタリア) 台伯川(中国)	熟成期
⑤直線状 (straight)					湖や海の侵食作用がさらに強いと、河口部でも尖状を示すことなく直線状の海岸線を示す		信濃川 最上川 石狩川	
⑥湾入状 (estuary)					河川からの土砂流出量に比べて潮差が大きく落潮流の激しい海岸などでは、海岸線は河側に入り込みロート状を示す		テームズ川	
		小 ↓	深 ↓	強 ↓		粘土質（軟弱度大）↓		

浅い潟湖には、泥や粘土・シルトなどがよどんだ水のもとで堆積し、海水準の低下とともに、N 値5 以下の悪質な軟弱地盤が形成されやすい。**潟湖跡地（lagoon swamp）**は成因的にはせき止め沼沢地跡と同じような成因によるもので、やはり、水田に利用される程度である。

（4） 堤間低地

図 4.9 は、千葉県九十九里浜に平行して発達する砂丘列である。ここで、海岸沿いに NNE–SSW 方向に連なる集落や畑の密集する部分は、標高 3 m 前後の砂丘、その西側に同方向に続くやはり集落や畑の多いゾーンは、両側の低地よりわずかに高い**浜堤（beach ridge）**からなっている。浜堤は、海岸の砂礫が打ち上げられてできたもので、砂丘ほどの高さはない。

砂丘や浜堤列との間の細長い低地部は、水田となっている。砂丘や浜堤は砂や砂礫からなり、排水性の高い高燥地であることから居住条件が良いため、集落や畑に利用される。これに対し、細長い低地部は水分が多く、時に泥炭を挟む泥質の砂や有機質粘土からなる。このような砂丘列や浜堤列の間の細長い低地のことを、**堤間低地（interlevee lawland）**とか**堤間湿地（interlevee swamp）**と呼んでいる。**砂丘間低地**とも呼ぶ。

堤間低地はもともと海岸沿いのために地下水位が浅いし、形成の途中で水路化したりすることともあいまって次第に湿地化し、軟弱地盤となる。ただし、一般的には他の軟弱地盤のように厚いものではなく、2 m～数 m 程度にすぎない。この九十九里浜の場合、堤間低地の部分もかなり砂質である。なお、九十九里浜の海岸部に近い堤間低地の形成は、約 2000 年前以降のことと考えられている[24]。

図 4.10 は、新潟駅の南側の鳥屋野潟に発達する堤間低地の空中写真（立体対）である。同地区全体の微地形区分図を、図 4.11 に示す。

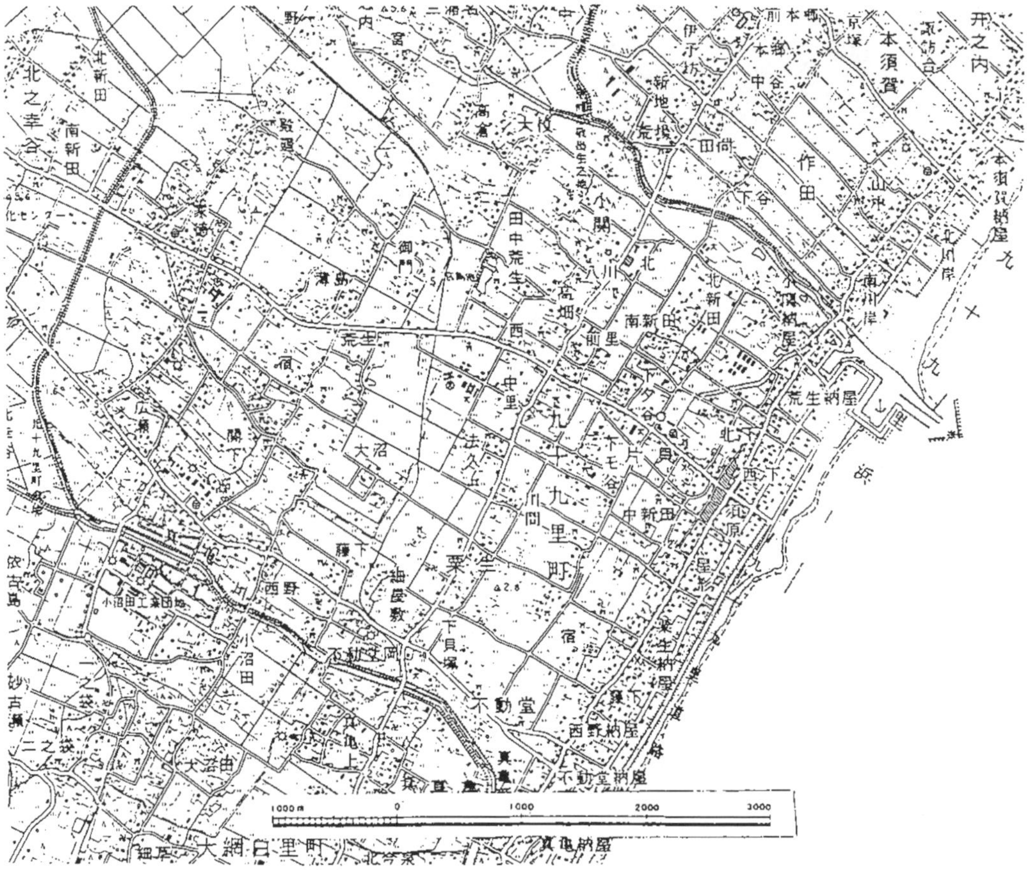

図 4.9　千葉県九十九里浜付近に発達する堤間低地（1/5万、東金）[2]

図 4.10　新潟駅南側の鳥屋野潟の堤間低地（1964年撮影：現在はかなり市街化されている）[2]

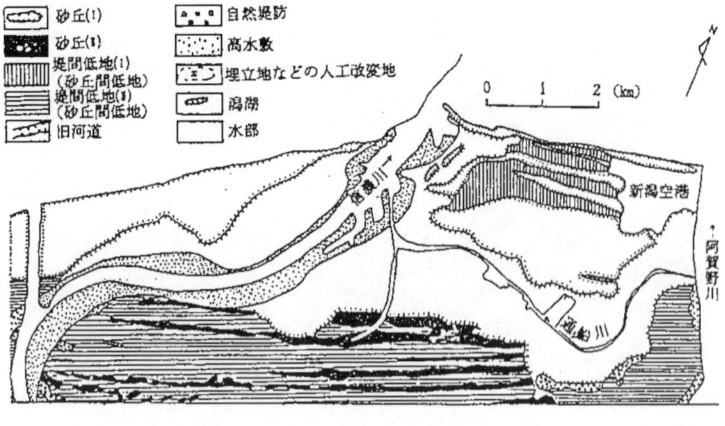

図 4.11　新潟地域の微地形区分図 [2]

4.2.4　河成低地の地形的特徴と土質

(1)　扇状地

　山地を流下した土砂を含んだ河川水が解放的な低地に達すると、谷口（扇頂部：fan top という）を頂点として低地に向かって扇状に開いた半円錐形の堆積地形をつくる。これを広い意味で**扇状地（fan）**と呼んでいる。扇状地には①木曽川や常願寺川・黒部川などのように半径が数 10 km〜数 km に及ぶ大規模で緩傾斜（15°以下）の**沖積扇（alluvial fan**："沖積"に時代的な概念は含んでいない）と、②琵琶湖西岸などのように半径数 100 m 程度の小規模で傾斜の急な**沖積錐（alluvial cone）**とがある（これについては、土石流のところで詳述する）。前者は**洪水流（flood）**の繰り返しによって形成されたもので、扇頂部付近には「水分」（たとえば山梨県の勝沼）といった地名が残っていることがある。そこから洪水流が年によって違った方向に放射状に流下する、「水の分かれ地点」にあることから付けられたものと思われる。

　扇状地面（**扇面**と呼ぶ）の傾斜は河流の水量と運搬される砂礫の粒径に左右される。扇状地の要にあたるところを扇頂、中央部分を扇央、末端を扇端と呼ぶ。扇状地の傾斜は、扇頂付近では急で、末端付近になると緩傾斜となり、とくにこの部分を**緩扇状地**と呼ぶこともある。扇端は比較的明瞭に自然堤防帯に遷移するが、これは運ばれた河川堆積物の礫から砂への粒径変化が不連続的であり、扇状地が礫から構成されることによる。

　扇状地上の河流は扇頂部で流速が最も大きく、

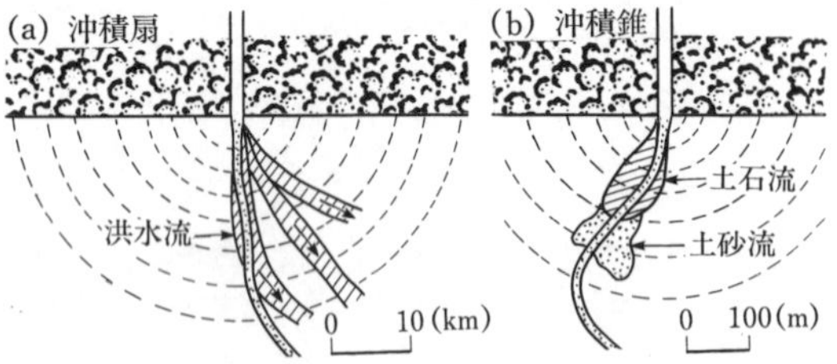

図 4.12　扇状地の種類（原図）

扇央部になると河川水は伏流する部分が出て流量が減り、氾濫時の低いところを求めて流路は移動し、礫堆を流路の間につくる。このため扇面は大小の礫堆の集合からなるが、上流側ほど粒径は大きく、扇端になると砂礫状に小さくなる。

　扇状地面の洪水流は自然状態では低い方へ低い方へと次々に氾濫するため、砂礫堆は次々に移動する（図 4.14）。このことを俗に〈**首振り現象**〉（地形用語ではない）と呼んでいる。

　香川県の土器川では、現在の地形（1/5 万地形図や空中写真類）からみると、図 4.13 のように少なくとも 5 回の変遷が認められる。その変遷は、約 45°の角度をもって扇状地面上を、①→②→③→④→⑤と、西から東へ移動した後、再び西へ戻りながら⑥の現河道へ至ったと考えられる。

　扇状地面の地下水位は一般に深いが、扇端付近では浅くなり、湧水しているところもある。扇面の排水性は非常に良好である。N 値は 30〜50 またはそれ以上で、土木構造物の基礎としては良好で問題はない。ただし、洪水による河川の流心の変遷が著しいので、橋梁や護岸などの基礎の洗掘が激しいことに留意する必要がある。扇状地面

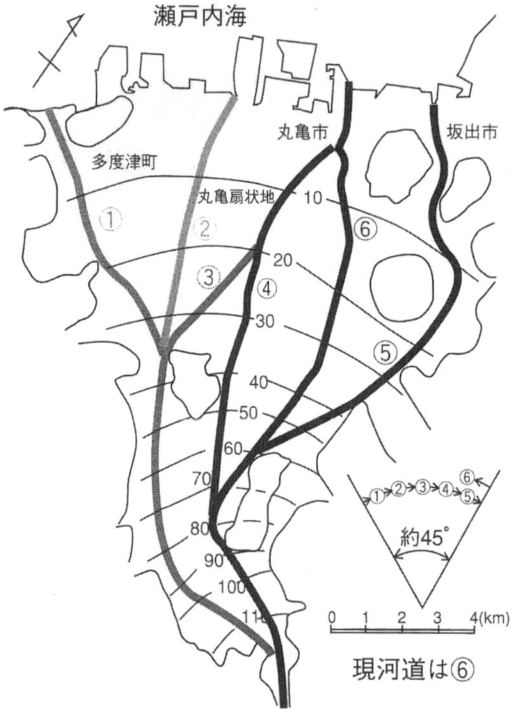

4章　工学面からの低地地形の見方　53

瀬戸内海

多度津町

丸亀市　坂出市

丸亀扇状地

現河道は⑥

図4.13　土器川における河道の変遷（香川工事事務所
　　　　（1977）「土器川の旧河道について」を参考
　　　　に、現在の地形より判読）（原図）

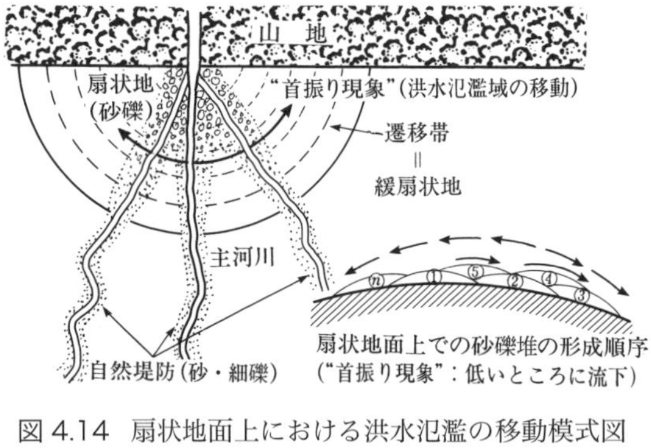

山　地

扇状地
（砂礫）

"首振り現象"（洪水氾濫域の移動）

遷移帯
＝
緩扇状地

主河川

自然堤防（砂・細礫）

扇状地面上での砂礫堆の形成順序
（"首振り現象"：低いところに流下）

図4.14　扇状地面上における洪水氾濫の移動模式図
　　　　（原図）

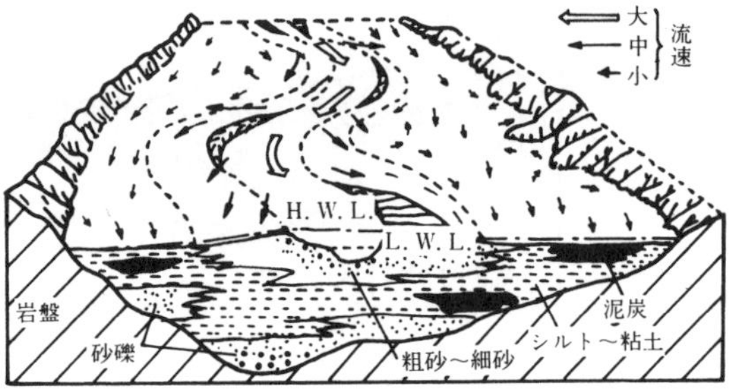

（a）　洪水時における氾濫水の流れ

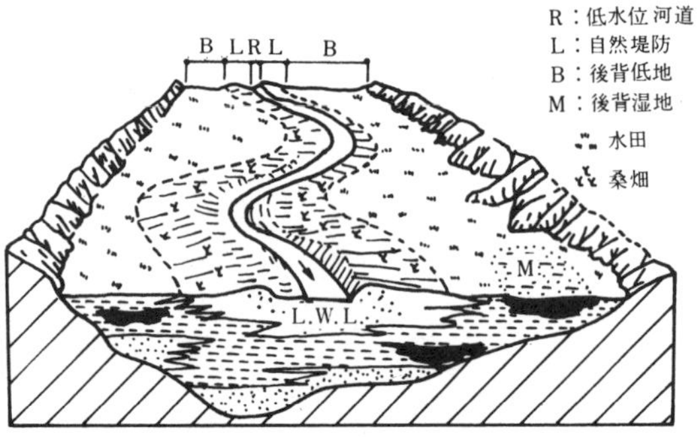

大
中　流
小　速

岩盤

砂礫

粗砂～細砂

H.W.L.

L.W.L.

泥炭

シルト～粘土

R：低水位河道
L：自然堤防
B：後背低地
M：後背湿地

水田

桑畑

B L R L　B

L.W.L.

M

（b）　低水時の地形および日本における土地利用の例

図4.15　谷底低地における自然堤防と後背湿地
　　　　（鈴木隆介、1977）[8]

上の土地利用は畑地（桑畑や果樹園が多い）や林
地・荒地・水田（送排水施設の整ったところ）、集
落など多様性に富む。

（2）　自然堤防

a）　自然堤防とは

　現河川や旧河道の両岸や片岸に、帯状をなして
断続的に分布する微高地（周囲より0.5～数mほ
ど高い）を自然堤防（natural levee）と呼び、洪
水時に河道からあふれた泥水が河道の外側に砂礫
を堆積させてできた堆積低地である。溢流した洪

水流（flood）は河岸で土砂を堆積させたあとは、
河道と山地や台地の間に滞留して、後背湿地を形
成する。

b）　形態と形成に働いた地形営力

　洪水時に河道からあふれた泥水は、急に水深が
小さくなるため掃流力（tractive force）が弱く
なって、河岸に粗粒な礫から砂まで順次堆積する
（図4.15）。自然状態でこういう洪水氾濫が繰り
返され、河道両岸には後背湿地より数10cm～数
m高い自然堤防ができる。

　自然堤防の断面は自然状態では、河道側が急傾
斜で外側が緩傾斜をなす（図4.16）[*3]。平面形は
河川沿いに不規則な帯状（幅数10m～1km程度）
で、断続的な分布を示すことが多い。一般には扇
状地部や三角州帯にはまれで、これら両者の移化
帯の氾濫原（flood plain）に多いが、扇状地に
も砂礫質の微高地が流路の両岸にできるし、三角
州にも認められることがある[7]。

　自然堤防の分布を詳しくみると、上流側が三角
状のものがある。形状や分布位置からみて、氾濫

─────────────
*3　わが国の場合、土地利用が進んでいるためこのような
　　形態が認めにくいことが多い。

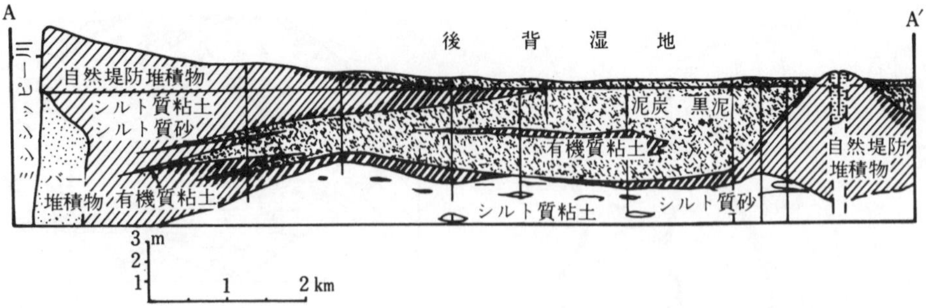

図 4.16 ミシシッピー川の後背湿地（H. N. Fisk、1960）バーは流路沿いに堆積した砂礫の高まり[9]

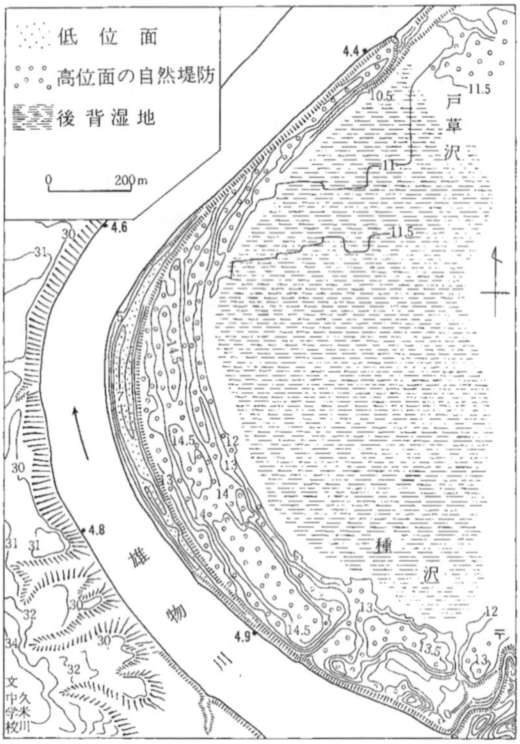

図 4.17 狭さく部河川の自然堤防[10]

した洪水流がここで分岐していったことを示す。すなわち、堆積以後に新たな洪水流によって外側を多少削り取られたものと思われ、今後氾濫が起こると同様に分岐することが示唆される。

c) 土木工学的な性質と問題

① 自然堤防は主に砂や小礫からなる[*4]ため N 値は 10 以上で排水性が良く、乾燥していて土木工作物の基礎地盤としては良好である。

② 微高地のために比較的安全で、最近の中小洪水によって冠水することはない[*5]ため、昔から平地の神社・仏閣や集落は自然堤防上によく発達してきた（図 4.19）。宅地のほか畑や桑畑、果樹園などに利用される反面、保水性が悪くて水田としての利用は少ない。

③ 自然状態では河道は一定していたわけではないので、自然堤防の形成も同一場所に限られない。地表では自然堤防でもボーリングをすると深所でシルトや粘土になることがあり（図 4.21）、深部まで均一に砂や砂礫からなると考えることはできない。

④ 主河道の自然堤防が支川の入口をふさいで分布していると、ふさがれた支川の低地は**せき止め沼沢地跡（dammed lake or dammed swamp）**となって、軟弱地盤になっている可能性が強い。

⑤ 自然堤防の堆積物が、不透水性の後背湿地堆積物（粘性土）上に面的に広がる部分の堤防では、漏水しやすい。また堤防の場合、落堀に続く侵食溝（crevasse channel）が過去の破堤その他で形成されたところでも、漏水しやすい（図 4.18）。

d) 自然堤防の見分け方

自然堤防を空中写真や地形図、あるいは現地で読みとるには、次の特徴が手がかりとなる。

① 空中写真上では河岸沿いに微高地をなし、やや明るい階調を示す。氾濫平野の集落・畑・桑畑・果樹園・竹林・林地などは自然堤防上にある可能性が強い。自然堤防は、旧河道に沿ってできたものも多いので、分布は現河道

[*4] 河川の下流部ではシルト質の砂や細砂、中流部は砂、上流部や緩傾斜の扇状地部になると、砂礫を主とすることが多い。

[*5] 大洪水では冠水することがある。

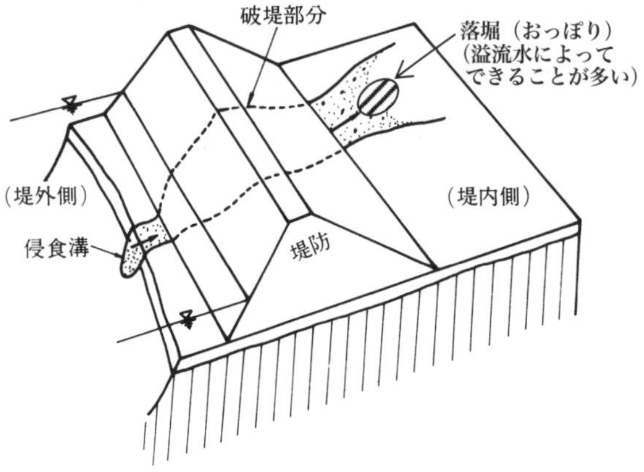

図4.18 侵食溝からの漏水を示す模式図[11]

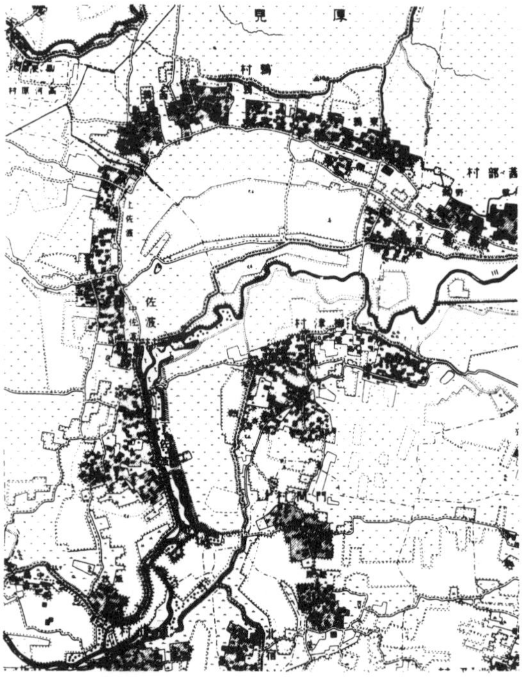

図4.19 自然堤防上に形成された集落（1/2万、笠松）[2]

から離れていることもある。

② 地形図上では、自然堤防部の等高線は下流側は舌状に突き出し、その"舌"は河川と並んで蛇行したり三日月状になったりして、数kmの長さに及ぶことがある[8]（図4.17）。

③ とくに大きな街路もないのに、集落が帯状や列状あるいは蛇行したり、弧状に分布するところ（図4.19）は、自然堤防の可能性が強い。

（3） 後背湿地

自然状態にある河川が洪水氾濫すると、砂礫など粒度の大きいものはそのときの河道の両側に堆積し、自然堤防を形成していく。ところが細粒物質（粘土やシルト）を含んだ泥水は自然堤防を乗り越えて氾濫・湛水する際、細粒物質が堆積し、さらに湿生植物が繁茂するなどして、長年の間には軟弱地盤が形成される。これを**後背湿地（back swamp or back marsh）**と呼ぶ（図4.15）。N値（p.101のコラム参照）は10以下で、表部数m〜15m程度は有機質粘土からなることが多い。三角州帯や三角州帯に近い自然堤防帯では、この軟弱地盤の下に厚さ10〜30mほどの海成粘土層が分布することがあるが、上流の扇状地帯になると海成層はない。

後背湿地は、旧河道やせき止め沼沢地跡・堤間低地などと同様、縄文海進以降の河川によって形成されたものである。

図4.20は、荒川下流右岸の後背湿地である。荒川は人工河川（放水路）であるから、河道の両側の河川敷部が高いのは自然堤防ではなく、後述するように、"新しい旧河道"であるが、荒川右岸側の水田地帯は、現河川部より3〜5mほど低い後背湿地をなしている。図中に見える「津田」「津田新田」「恩田」といった地名は、軟弱地盤であることを示唆している。平野部の勾配が著しく緩やかである点と、この地域がほとんど水田にしか利用されていないのは、この後背湿地が相当に軟弱な地盤であることを示している。

図4.20 荒川右岸の後背湿地（1/2万5000、栗橋）[2]

図4.21には、神奈川県厚木地区の後背湿地の土質断面図を示す。

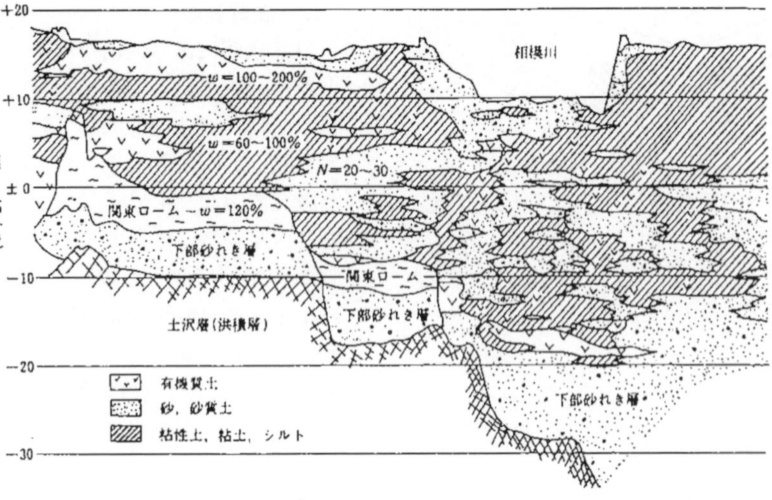

図 4.21　厚木地区の軟弱地盤土質縦断図（内陸性の後背湿地部）[12]

(4)　旧河道

a)　旧河道とは

旧河道（former river channel）は以前河道であったところが、河道の変動などによって部分的に本川から切り離されて湖沼となり、さらにそこが細粒泥土で埋積された地域である（図4.22）。ふつう地表下2～3mまで（大河川の旧河道では4～10mにも及ぶことがある）は非常に軟弱だが、それ以深にはたいてい礫層が分布する。

b)　旧河道のタイプと性質

旧河道は、その部分を埋める堆積物からみると、

① ほとんど粘土やシルトからなるタイプ

② 下部には砂礫層があり、その上に粘土層が分布するタイプ

③ 砂礫層を主体とし、表部は砂質となっているタイプ

に区分される。わが国では②、③のタイプが多いが、これはおそらく、河川勾配が急なためであろう。

②、③タイプをみると、②は"古い時代の旧河道"、③は"新しい時代の旧河道"であることが多い（図4.24）。

"古い旧河道"は、主に歴史時代以前、自然環境下で河道の変遷が行われ、それに伴って廃川となったところである。現在三日月湖や湿地が残ることも多い。このタイプは、明らかに周辺の後背湿地や自然堤防などにより50cm～1mほど低い。図4.24（a）の模式図に示すように、上位には1m前後の厚さに粘土やシルトがあり、それ以深には砂礫が分布する。粘土分は廃川となったあとのよどんだ静水中でたまった湖沼堆積物と考えられる。古い旧河道は、次の特徴をもつ。

① かつての流路であったため、現在でもまわりから地表水や地下水が流入しやすく、地下水位が非常に浅い（地表下50cm± が多い）。このことは旧河道部がまわりより低いことも原因している。

② 表面は粘土からなるため水が抜けにくい。とくに、まわりより低いため一度水が供給されると、なかなか他へ移動しにくい。まわりの地層が細粒（粘土質）であるほどこの傾向は

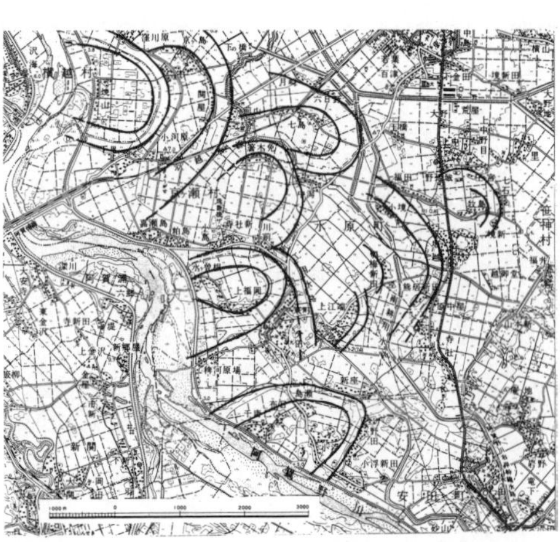

図 4.22　阿賀野川沿いに発達する旧河道[2]　（1/5万、新津）

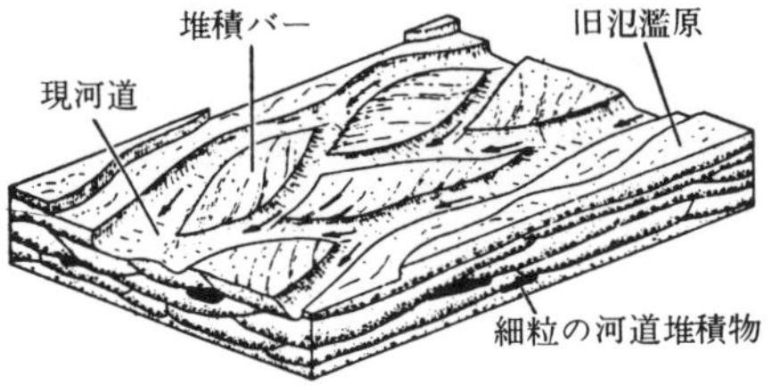

4章　工学面からの低地地形の見方　57

図 4.23　河道沿いの堆積モデル（垂直方向に誇張してある）[5]

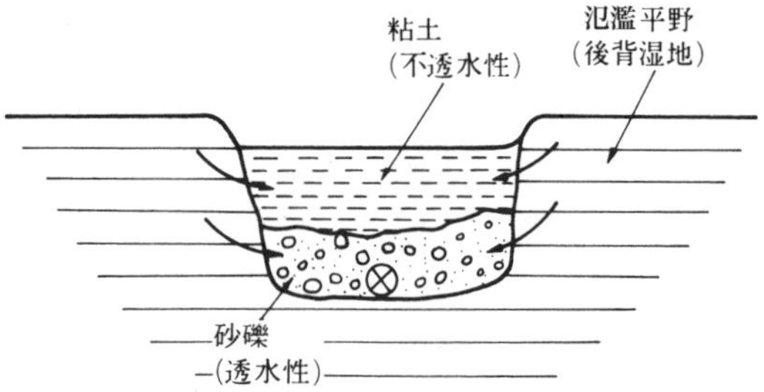

(a) 網状流路

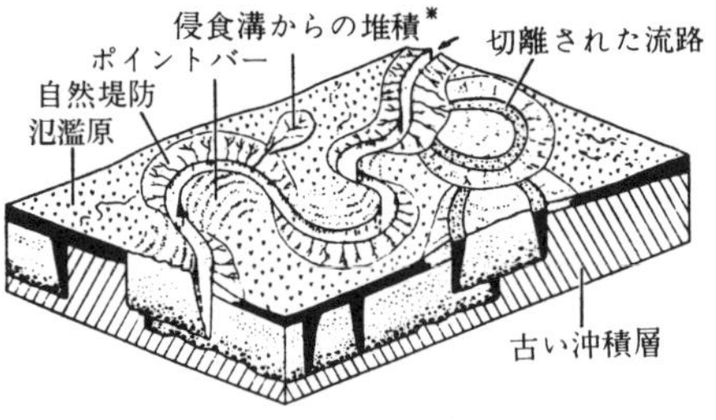

(b) 蛇行流路

*濃尾地方では"砂入り"などと呼んでいる。

(a) 古い旧河道

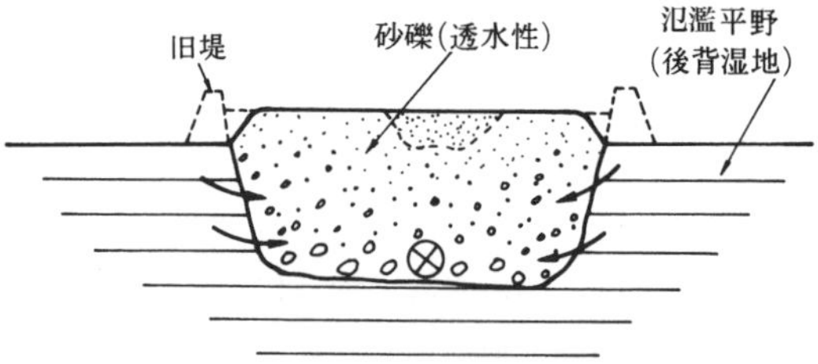

(b) 新しい旧河道（堤防で河道が固定されていたため、このように天井川化していることも多い。）

←矢印は地下水の流入を示す。
⊗ 集まった伏流水の流れる方向（下流川へ流下）

図 4.24　わが国の旧河道における 2 つのタイプの違い[11]

強い。

③　側方はもちろん、上・下流などが閉鎖されていることが多く、このことも排水不良の原因となっている。

　歴史時代になり人工的な手が加わるようになった時代か、人工的な手は加わらずとも廃川後の時

間が非常に短い（せいぜい数 100 年オーダーと考えられる）"新しい旧河道"は、表部にはほとんど粘土が分布しない。これは廃川後の時間が短く、細粒物質のたまる時間がなかったことによる。単なる氾濫平野状のところもあるが、堤防で河道が固定されたあと瀬替えによって廃川になった河川では、現在の高水敷や自然堤防と同様、表部は砂や礫からなる。しかもまわりより逆に 1〜5 m ほど高い。これは河道が固定され、天井川化したことを示す（図 4.24 (b)）。

　このように新しい旧河道では、

①　表層が砂礫からなり透水性が大きい
②　場合によってはまわりより高いことがある
③　側方や上・下流側が開いた状態が多い
④　まわりから地下水・地表水の流入もあるが、河道部の透水能の方がはるかに大きく排水されやすいなどのために、畑・桑畑・果樹園・宅地などに利用されることが多い

c)　土木工学的性質

　土木工学的にみて、旧河道は多くの問題点をもつ。

①　旧河道を埋める堆積物の上部が厚い粘土質物質からなる場合は、後背湿地と同様、軟弱地盤となっていてほとんど支持力が得られないし、局所的な沈下を生じることもあって土木構造物や堤体基盤としては難点がある。軟弱地盤性の旧河道は、河川勾配の緩い大河川ほどできやすい。
②　水で飽和された細粒砂や粘土層の厚い下流部の大規模な旧河道やその埋立地は地震時に地盤が液状化しやすく、土木構造物の基盤としての問題がある（図 4.25）。
③　わが国の多くの旧河道跡のように、下位に砂礫層のある"古い旧河道"を堤防が横断する場合は、旧河道が水の抜け道となり漏水しやすい。一方、粘土分の厚い旧河道では旧河道を通して漏水することはないが、粘土層が難透水性で周囲の自然堤防などの浸透水をせき止めるため、旧河道に隣接した自然堤防から漏水しやすい。とくに、旧河道が分岐して旧中州を挟んでいるところを堤防が横断する場合は、堤内の旧中州端部からの漏水が多くなる（図 4.27、図 4.28）。
④　"古い旧河道"は軟弱地盤で排水が悪いだけ

58

図 4.25　新潟県中越地震による噴砂の発生箇所（見附町）[27]—旧河道に集中している—

図 4.26　2004 年 7 月 13 日の洪水災害による見附市街地堤防の損傷箇所 [27]

でなく、洪水時には浸水しやすく破堤して主流路となることが多い（図 4.26、図 8.1）。

利根川の氾濫史からみると、栗橋付近の南岸堤が切れると、氾濫した洪水流は江戸時代以前の旧河道をたどって東京湾へ向かう傾向がある。1947 年 9 月の流路はまさにそうであった。狩野川台風時、大仁付近での氾濫した洪水流の主流路も旧河道に沿っている [28]（図 8.1）。

d）旧河道の見分け方

旧河道は、まわりの平野部より 0.5 m ほど低く、空中写真上ではヒモ状に細長い暗灰色をなす。多くは水田や湿地となっており、水田の場合、畔（あぜ）の位置が旧河道の輪郭を示すことが多い（図 4.22）。

市街地では、町なみは旧河道に沿う自然堤防上に形成され、旧河道には新しい学校や工場、浄水場、生コン工場、公園などが立地することが多い。地形図上では古い地形図を使った方が、圃場整備や無秩序な土地開発が進んでいないため、旧河道を読みとりやすい（図 4.19、図 4.22）。

(5)　せき止め沼沢地跡

図 4.29 は、富士川河流右岸に認められる小規模な軟弱地盤で、大河川の富士川によってできた段丘（大北や富士松野〜中野などの台地状の低地部分）や、地山とこれらとの間への富士川本川からの氾濫土砂の堆積によってできた**せき止め沼沢地跡（dammed lake or dammed swamp）**による軟弱地盤である。

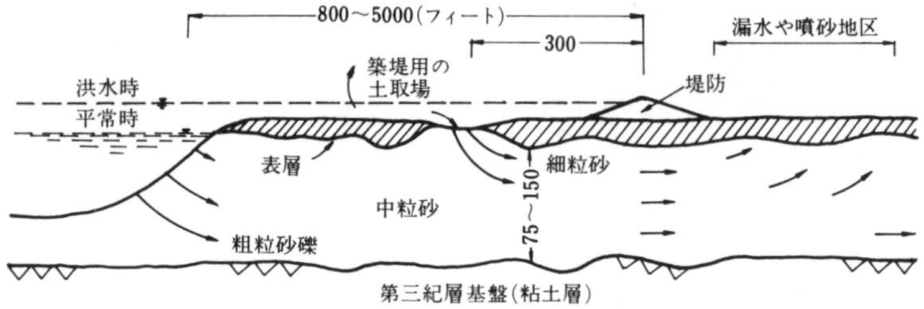

図 4.27 アーカンソー市（ミシシッピー川）地域の堤防の下の模式地質断面図。
表部には比較的不透水性の地層が、第三紀層の粘土層を覆う透水性の地
層の上に分布している [13]

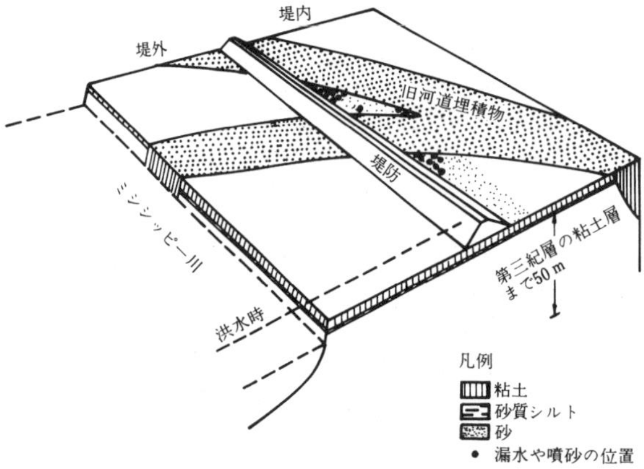

図 4.28 旧河道埋積物と漏水や噴砂（sand-boil）の位
置 [13]

図 4.29 富士川右岸にみられるせき止め沼沢地跡
（1/2万5000、富士宮）[2]

この地区の場合、低地は富士川側に緩く傾斜し
ているから、厚い軟弱地盤とは思われない。「堀
の内」「沖田」「清水」あるいは対岸側の「沼久保」
（この地区も、似たような成因による軟弱地盤と

思われる）といった地名にも、せき止め湖や沼沢
地の名残が認められる。

　この例のように、土砂供給の多い大河川では、
主河川から供給された土砂が、主河川に注ぐ小河
川や小渓流の河口部をせき止めるように堆積して
湖沼地を形成し、そこに支川から泥水として泥質
物質が流入して、次第に軟弱な地盤が形成されて
いく。このような堆積状況が臨海地域の沿岸流に
よる砂州や砂しなどによって形成されたものが、
前述した潟湖跡地と考えてよい。

　いずれも、主河川での洪水流や沿岸流にさらさ
れずゆっくり運ばれるか一時的な滞水から堆積し
たものであるため、粘土やシルトなど非常に細粒
な物質からなり、N値は5以下である。

　利根川下流のように周辺の丘陵山地が第三紀以
降の地層から成るようなところでは、N値が0に
近いところも多い。これに対し、図4.29の地区
のように、低地部がやや傾斜し、周辺山地が岩盤
からなる地域のものは既してN値も高く、軟弱
層の堆積が薄い。

　ふつうせき止め沼沢地跡は水田に利用される
が、悪条件のため湿地のまま放置されていること
もある。土木構造物の基礎としては、非常に
悪い。

(6)　丘陵・台地間の谷底平野（谷地）

　山地や丘陵・台地等を刻んで河川に沿ってヒモ
状に細長く発達する平野を、**谷底平野**とか**谷底低
地**と呼んでいる。関東以北では俗に"谷地"と呼
ばれ、中には非常に湿潤で軟弱地盤になっている
ところも多い。これらは、緩い勾配をもった川に
よる堆積性の平野で、谷の中途に狭さく部があっ
たり、谷沿いの斜面の一部が崩落したりして、洪
水がせき止められてできたせき止め沼沢地性のも

図4.30 千葉県印旛沼付近の手操川流域に発達する
軟弱な谷底平野（1/2万5000、佐倉）[2]

図4.31 天城山の大室山の溶岩流によるせき止めに
よって形成された軟弱地盤（1/2万5000、
天城山）[2]

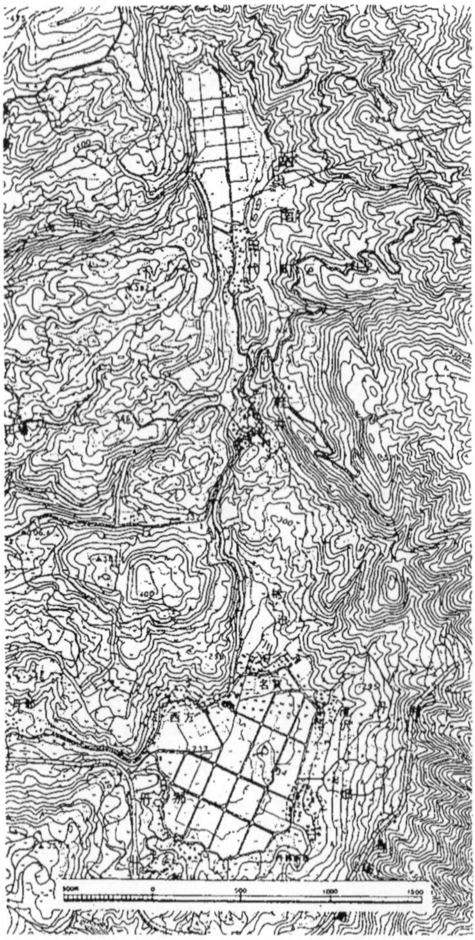

のもあるが、一般には谷底の勾配が非常に緩く、
そこに堆積物を供給する後背地（山地や丘陵地・
台地）が、粘土質や砂質の地層からなる丘陵・台
地間の谷底平野で、軟弱地盤が形成されているこ
とが多い。

　まわりの丘陵や台地が地下水のかん養源になっ
ていて、谷の両斜面から常時地下水の湧出があっ
て湿地化し、有機物の多い粘土層が形成されてい
る。しかし、軟弱地盤の厚さはせいぜい2〜3m
程度で、5mを超えることはまれである。谷底平
野で不同沈下は起こりやすいが、広域的な地盤沈
下は起こらない。

　岩盤地域の山地間の谷底平野や傾斜の大きい谷
底平野には軟弱地盤は形成されておらず、せいぜ
いシルトや砂層程度の地盤であることが多く、畑
地に利用されていることもある。

　図4.30は、千葉県の印旛沼に注ぐ手操川沿い
に発達するきわめて緩勾配の谷底平野である。ま
わりの丘陵地はシルトや砂などを主とした成田層
からなり、谷底平野は同層から供給された粘土質
土からなる軟弱地盤となっている。

(7)　その他の成因による軟弱地盤

　以上のような軟弱地盤のほかに、内陸側には次

図4.32 丹那断層（活断層）沿いに形成された凹地に
できた軟弱地盤（1/2万5000、熱海）[2]

のような小規模で断続的な軟弱地盤がしばしば形成されている。

① 火山噴出物によって、谷部がせき止められてできた軟弱地盤（図4.31）
② 大規模な断層によって、活断層沿いの凹地にできた軟弱地盤（図4.32）
③ 地すべり土塊のせき止めによる軟弱地盤
④ 道路や宅地造成などの人工的な盛土によるせき止めによってできた軟弱地盤

図4.31は、天城山北東斜面にある大室山の南西側に形成された、小規模な軟弱地盤である。これは、大室山からの溶岩流が、小河川をせき止めてできたせき止め湖による軟弱地盤で、「池」という地名が、せき止め湖の名残をほうふつとさせる。奥日光の戦場ヶ原なども、この種の軟弱地盤と言えよう。

図4.32は、南北に伸びる丹那断層（活断層）によって形成された凹地にできたせき止め湖による軟弱地盤で、田代北側は断層沿いの船底形平面形をなすのに対し、南側の丹那地区のそれは方形に近く、西方の南方には小規模ながらもせき止め

湖の形跡が残っている。長野県の諏訪湖周辺の低地も、釜無川断層群や下諏訪断層（いずれも活断層）沿いに形成された断層性のせき止め沼沢地跡による軟弱地盤といえる。

後背湿地や谷底平野など、もともと湿潤な土地を横切って鉄道や道路などが盛土で通過しているところでは、下流側への表流水の疎通を良くしておかないと、洪水のたびにこれら盛土によって洪水流が停滞して長い間には上流側が軟弱地盤化することがあるので、注意を要する。

(8) 砂丘

風で運ばれてたまった風成砂（eolian sand）からなる高まりを、**砂丘**（sand dune）と呼ぶ。河岸に形成される河畔砂丘（riverside dune）や湖畔砂丘（lakeside dune）、砂漠の内陸砂丘（inland dune）などもあるが、わが国の砂丘のほとんどは、海岸砂丘（beach dune）である。

砂丘は高さ5～30m程度で、海側の風上斜面が緩傾斜、陸側の風下斜面がやや急傾斜をしている（図4.33（A））。ただ、この形は天塩海岸などで見られるように、海側が波浪で激しく侵食される

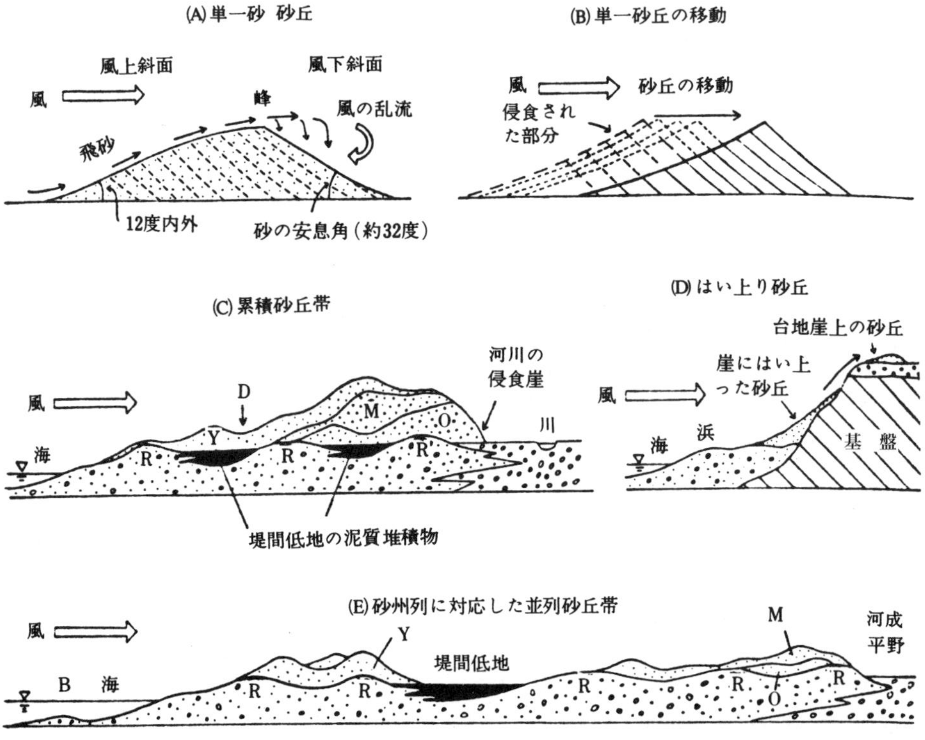

図4.33 海岸砂丘の諸相。（A）～（E）は断面図。図中のDは砂丘間凹地、Rは浜堤、Bは海底州、Oは古い砂丘、Yは新しい砂丘、Mはその中間の砂丘をそれぞれ示す[8]

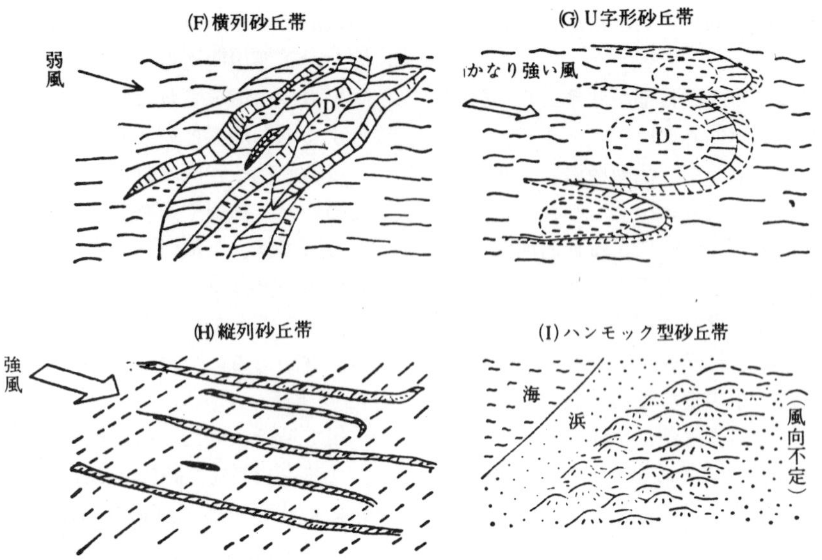

図 4.33　海岸砂丘の諸相。(F) ～ (I) はブロックダイヤグラム。図中の D は砂丘間凹地を示す [8]

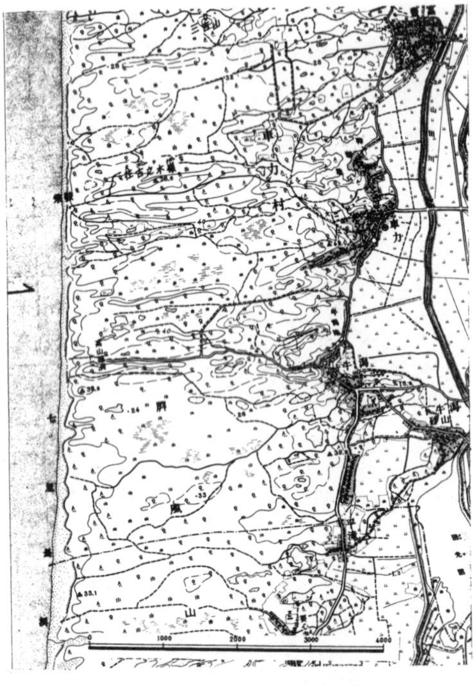

図 4.34　七里長浜付近に発達する縦列砂丘（1/5 万、金木）(矢印は卓越風の方向) [8]

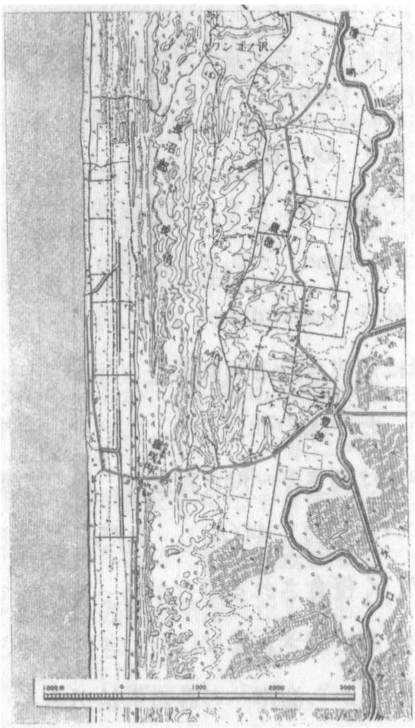

図 4.35　天塩北側に発達する横列砂丘（1/5 万、稚咲内）[8]

場合があって単純ではない（図 4.35）。

　砂丘が形成されるには、次の条件と過程が満たされる必要がある [8]。

① 海から海岸への砂の供給がある

② 海側から卓越風によって砂が移動（飛砂）する

③ 風成砂が定着できるような条件がある

　砂丘は図 4.33（B）のように移動し、いろいろなタイプの形態をもった配列を示すが、それは主に風の方向と強弱によって規制され、風が強い場合には縦列砂丘帯（七里長浜の例、図 4.34）、弱い場合には横列砂丘帯（稚咲内の例、図 4.35）、

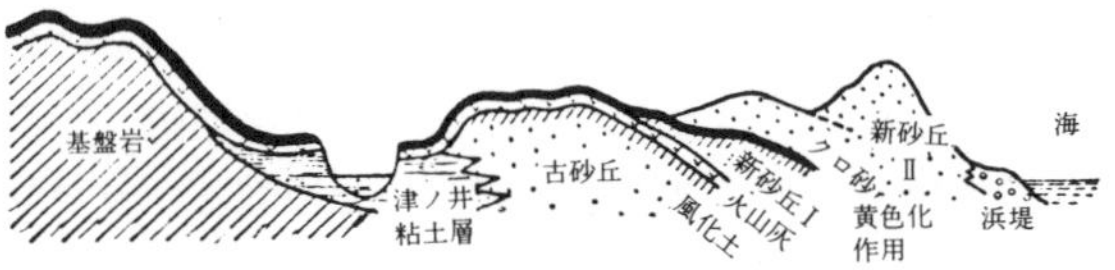

図4.36 鳥取砂丘の概念図 [14]

風向が定まらない場合には、ハンモック型の砂丘帯（図4.33（I））ができやすい。

砂丘は中粒－細粒砂からなり、N値は10～15程度であるが、新しい砂丘の下に古砂丘（ancient sand dune）が分布する場合（図4.36）は、古い地層ほど締まっていてN値も大きくなる。

つまり、砂丘は地盤としては十分の支持力をもっている。しかし、砂丘列間にはたいてい**堤間低地（interlevee lowland）**ができていて湿地化し、シルトや粘土などの軟弱層が分布している（図4.33（C, E））。古い砂丘が移動をやめ、その上に新しい砂丘がはい上がった、比高数10mの累積砂丘帯（図4.33（C））の場合は、砂丘内部に古い時代の堤間低地の堆積物であるシルトや粘土が挟まっていて、軟弱な層がある。したがって、横列砂丘の上の路線などの建設はあまり問題ない

が、縦列砂丘を横切る方向に建設すると問題が多い。はい上り砂丘では、地表下の浅いところに基盤岩があることが多い（図4.33（D））。

新潟地震（1964年）の例にみるように、砂丘部は地震に対しては割合強いが、堤間低地は軟弱地盤で**液状化（liquefaction）**に弱く、構造物の倒壊などを起こしやすい。ただ砂丘部であっても基礎杭がないと地震の震動にゆすられて、高層建築物などは転倒しやすい [8]。

堤間低地には湖沼として地表水が豊富である。砂丘帯の砂丘間凹地にこのタイプの地表水が認められることがある。深井戸を掘ると豊富で良質の水が得られるが、汲み上げすぎると**塩水化（saltwater encroachment）**しやすい。

そのほか土木工学上の問題は、①海岸側の波浪による侵食や、②飛砂（blown sand）による路面の埋没などであろう。このため路線計画などに際しては、時間をかけてこのような点を調査しておく必要がある。海岸侵食の調査には、4、5年おきに数回分の空中写真による比較と、問題区間についての1年間程度にわたる実測などが有効である。飛砂に対しては、たとえば図4.37のような

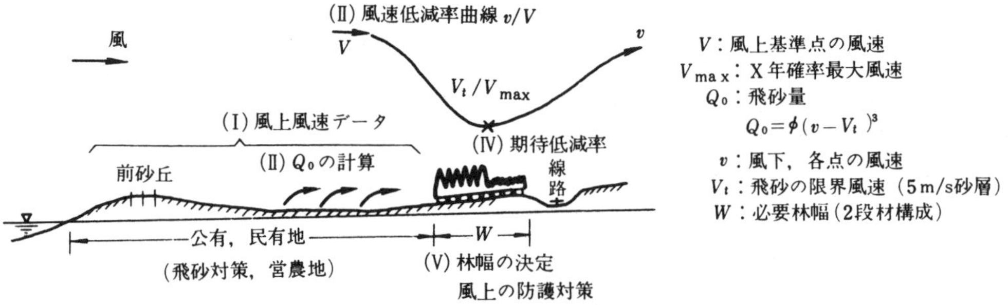

図4.37 飛砂対策の手順（模式図）[15]

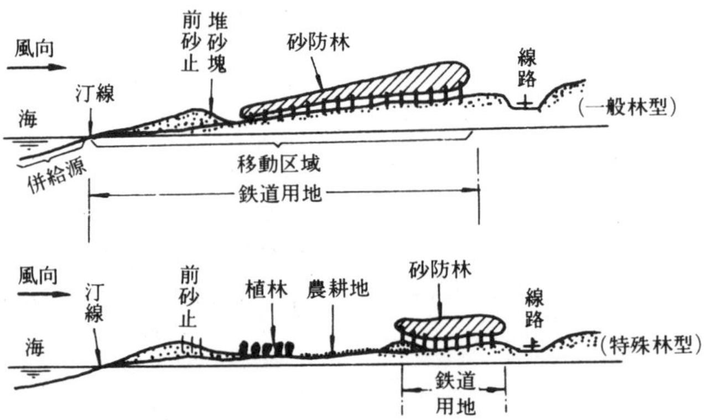

図4.38 鉄道飛砂防止林の設置模式図 [15]

手順で対策を検討し、量が多い場合には飛砂防止林の設置を計画する（図4.38）。飛砂調査の初期段階でも、4、5年おきに数回分の空中写真による経時変化の把握が効果的である。

4.3 低地地盤の工学的問題—軟弱地盤と地形—

4.3.1 軟弱地盤とは？

軟弱地盤（soft ground）という語は、土質工学で使う用語であるが、学術的に明確な定義があるわけではない。ひと口でいえば「その上に施工される構造物の種類・規模・重要性などにより相対的に異なるが、一般には泥炭や有機質土・未固結の粘土・シルトからなる、含水比が高く圧縮性に富む地盤力の小さい土層で構成された地盤をいう」。

つまり実際上は軟弱地盤の範囲は、その上につくられる構造物の種類や規模・構造・重要度・施工工程、あるいは構造物の設計上での許容できる変化限度などによって異なり、単に土質の面だけから推しはかることはできないが、高速道路建設などの際には、表4.6のような基準を定めて定義している。

このように軟弱地盤は文字通り「軟らかい地盤」のことをいうが、そうでない地盤を普通地盤（あるいは非軟弱地盤）と呼ぶとすれば、軟弱地盤と普通地盤の違いはまさにこの地盤の「軟らかさ」にある。この「軟らかさ」は、その地盤の上に盛土や構造物などをつくろうとするときに、地盤がその重さによって変形（沈下や流動など）したり、場合によってはそれが進行して壊れたりしてしまう現象につながる。

「軟らかさ」は、盛土や構造物などの重さに対する地盤の相対的な「軟らかさ」、いいかえれば「固さ」である。つまり軟弱地盤の「軟らかさ」は、基本的に相対的なものであるということにまず留意すべきだ。

表4.6 軟弱層の土性（高速道路設計要領による）

地盤	含水比	q_u	N値
泥 炭 層	100%以上	0.5 kg/cm²	4以下
粘性土層	50%以上	0.5 kg/cm²	4以下
砂 層	30%以上	ほとんど0	10以下

軟弱地盤は、地盤を構成している土の種類に応じた名称で呼ばれる場合には、①粘土地盤、②泥炭地盤、そして③両者の混合した地盤といった種類がある（図4.39）。ここで注意すべきは、泥炭地盤（後に詳述する）である。粘土地盤は非常に細かい（1/256 mm以下の）土の粒子からできているが、泥炭地盤は植物の繊維が腐食・堆積したものである。つまり土質調査とか土質試験などという言い方から同じような土を扱っているという気になってしまうが、粘土と泥炭とでは、材質がまったく違う。質の違う材料に、たまたま同じ調査法や試験法を使っているにすぎないということを認識しておく必要がある。

このような軟弱地盤の上に盛土や構造物などをつくろうとすると、その重さによって地盤は変形したり、場合によってはそれが進行して破壊したりする。ところが、このような軟弱地盤でもうまく技術を使えば、いくらでも高い盛土をつくることができる。それが軟弱地盤技術と呼ばれるものである[34]。

4.3.2 軟弱地盤は「沖積地盤」

では軟弱地盤は、どのような場所に、どのような原因でできたのか。

いま軟弱地盤を前述のように定義すると、軟弱地盤は以下に述べるように、最新の地質時代である完新世に汎世界的に形成された地層—沖積層—の一部としてとらえることができ、その形成は主として次の3つの要素によって規定される。

① 形成時代：約1万年前以降に形成された自然地盤もしくは人工地盤である。
② 形成機構：淡水・汽水に関係なく、いずれも泥水からの堆積による。
③ 形成位置：静穏な堆積を可能とした堆積環境下で形成されている。

これらの条件を満たし得る地層は、いわゆる沖積層である。しかし、4.2で述べた沖積層のすべてが軟弱地盤というわけではない。地震動に対しては沖積層のすべてを「軟弱層」として扱うが、土質工学的な見方では沖積層の一部に軟弱地盤がある（表4.3）。

沖積低地を構成するいわゆる沖積層を「〈完新世〉という時代に形成された堆積物」と定義すると、軟弱地盤を含む沖積層は1万年前以降の堆積

物ということになる。地質学的には「完新世」を1万年前以降の時代と定義しているからだ。

ところが、わが国（世界的にもほぼ類似する）のウルム（Würm）氷期（最後の氷期）以降の海水準の変動をみると（図4.1）、現在より海面が120〜140mほど下がった1万8000〜2万年前のウルム氷期における最大海面低下（Würm maximumと呼んでいる）以降は、だんだん氷が融けて海面が上昇していく海進の時代に入り、その頃の近海では、ほぼ連続して一連の堆積層（**いわゆる沖積層**）が形成されている。

約1万年前、海水準が現在より40〜50mほど下がった頃を起点に再び海面の上昇（**縄文海進**）が続き、厚い粘土層（図4.1の上部泥層：軟弱地盤についていうと、下部の海成粘土層）が、1万年ほど前までに −40〜 − 50mまで下刻されていた谷（この谷が海進によって海面下に没したものを、おぼれ谷という。）を埋めて堆積していった。これが、海浜部の軟弱地盤の主体をなす。汎世界的な海面変動によるためこの時期の粘土層の分布範囲は広範で、したがって地層としては比較的均質である。1万年以上前の更新世末期の堆積物と区別がつきにくいことも多く、**軟弱地盤の主体はこの2万年前以降の海進時代の産物である海域の軟弱地盤（海成粘土層）である**ことに、まず留意する必要がある。

6000年前以降また少し寒くなって海面が下がりはじめたため、臨海部表面には砂層が広く堆積するようになった。これが後に述べる海成粘土層と陸成粘土層の間に分布する砂層（図4.1の**上部砂層**：軟弱地盤についていうと"中間砂層"と称されている）である。

海水準が現在のレベルに近くなると、陸上のあちこちにも軟弱な粘土層が狭い地域に堆積し、陸上の軟弱地盤を形成していった。これが"最上部層"をなす**陸成の軟弱地盤（陸成粘土層）**である。陸上での堆積物であるため分布は断続的・局所的となり、水平方向の分布変化が激しく、地層としても不均質である。陸上ではそれ以前にも当然軟弱地盤は形成されていたはずであるが、古いものは1万年前までの海退時に侵食され、また、その後に陸上で堆積したものは、上部砂泥層として断続的に残っている。

4.3.3 軟弱地盤の堆積環境（低地微地形の成因）

汽水・淡水にかかわらず、粘土層はコロイド状に粘土分を含んだ泥水からの時間をかけての堆積であるから、こういう粘土層の堆積しやすい環境は、粘土分を含んだ泥水が長時間静穏に滞留できる、勾配0.5/1000以下の場所となる。こういう堆積条件を備えた場所は微地形でいうと、以下のようなところである。

① 海の沖合い（三角州の場合も現在の州の沖合い）
② 砂州・砂し・砂丘などによって湾口をせき止められた潟湖（ラグーン）
③ 砂丘列や浜堤列の間の低地部分（砂丘間低地）
④ 大河川の氾濫による土砂の堆積でせき止められた、小河川の下流域低地（せき止め沼沢地）
⑤ 河川の両側に発達する自然堤防と、山地や丘陵地・台地との間に広がる低平地部（後背湿地）
⑥ 三日月湖になった旧河道
⑦ 台地や丘陵地間に分布する細長い谷底平野
⑧ 溶岩流や崩土・細長い断層形成などによって谷の一部がせき止められた場所

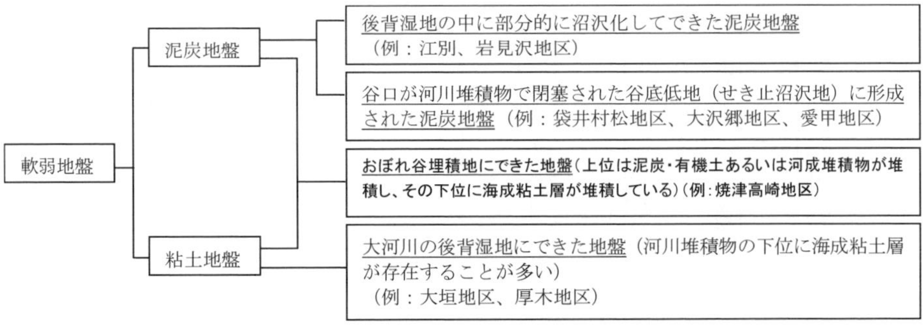

（①②③は海成層）

図4.39 軟弱地盤の地質学的分類 [12]

⑨ 道路・鉄道・造成地など、人工的に盛土され
た地点の上流側

このうち①〜③に堆積する軟弱地盤が海成であ
る以外は、陸域の堆積である（②・③は、海域・
陸域の双方にある）。これらの場所が、軟弱地盤
の形成される環境だ。したがって軟弱地盤の分
布は、このような地形条件を備えたところだとい
える。

図4.40は、大河川の沖積平野で形成された軟
弱地盤を、模式的に分類したものである。

4.3.4 軟弱地盤を示す微地形

沖積層のすべてが軟弱地盤というわけではな

く、①非軟弱地盤（普通地盤）と②軟弱地盤両方
があって、両者の分布上の差異は微地形に示され
ている（表4.3）。

沖積層のうち、構造物の基礎地盤として問題の
少ない**非軟弱地盤**は、①扇状地、②自然堤防、③
砂州・砂丘、④土砂供給量の多い河川の氾濫原、
などの微地形単元をなして分布している。

一方、**軟弱地盤**は、ⓐおぼれ谷埋積地、ⓑ三角
州、ⓒ潟湖跡地、ⓓせき止め沼沢地跡、ⓔ堤間低
地、ⓕ旧河道、ⓖ丘陵・台地内の谷底平野、ⓗ後背
湿地、などの微地形単元をなして分布している。
したがって、**軟弱地盤の分布は、沖積平野の中で
もこれらⓐ－ⓗの微地形単元を抽出することに**

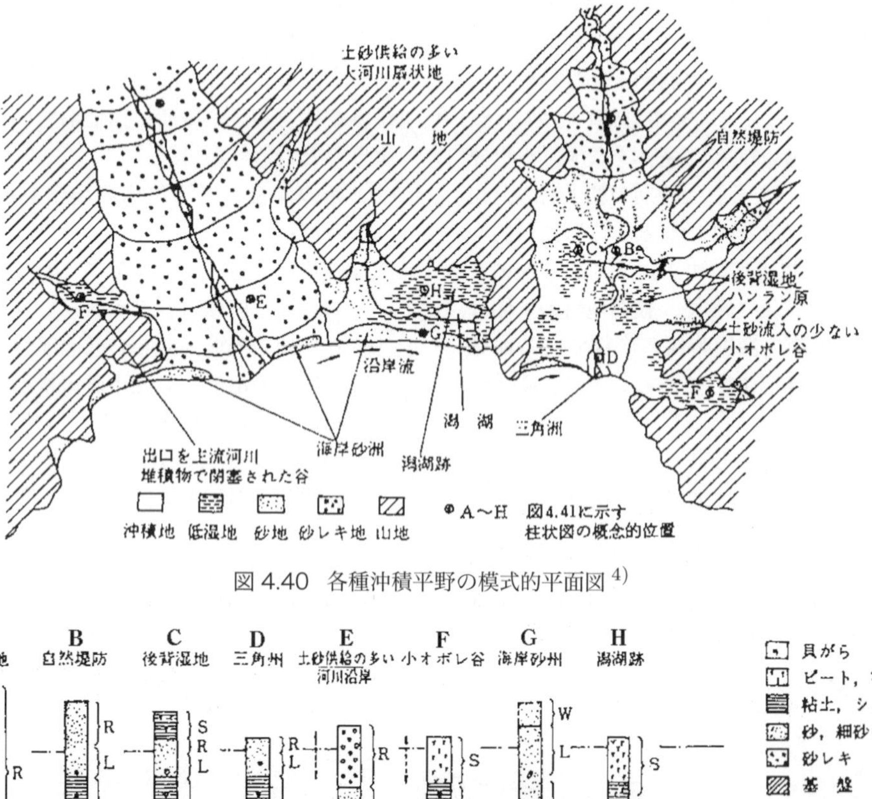

図4.40 各種沖積平野の模式的平面図 [4]

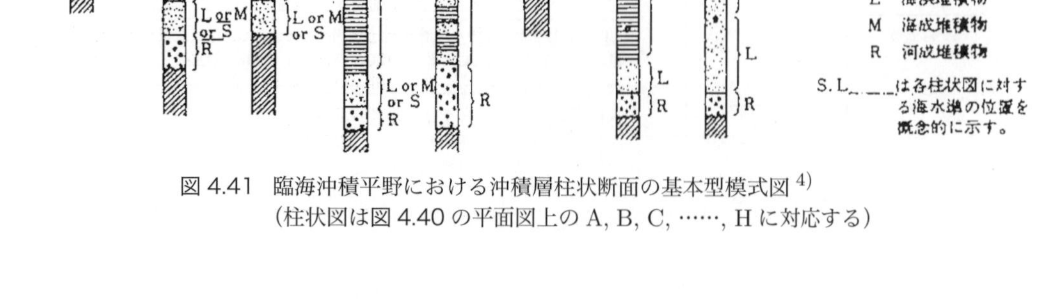

図4.41 臨海沖積平野における沖積層柱状断面の基本型模式図 [4]
（柱状図は図4.40の平面図上のA, B, C, ……, Hに対応する）

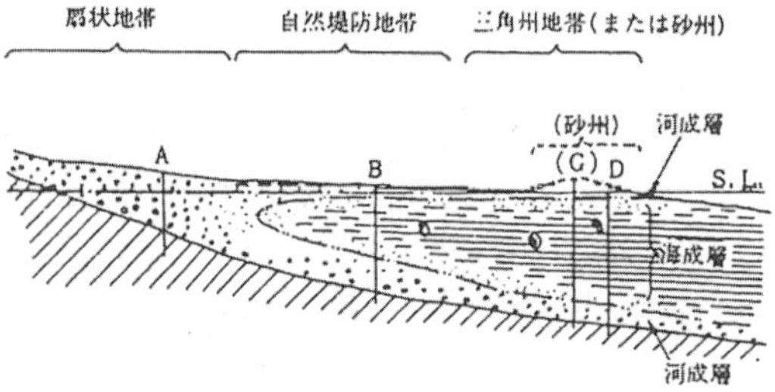

（a）中小河川または内湾に注ぐ大河川沿岸の沖積層

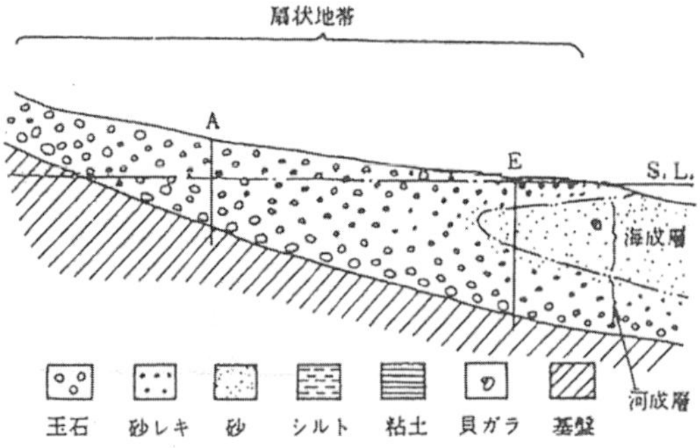

（b）扇状地帯のまま直接海に注ぐ大河川沿岸の沖積層
図 4.42 臨海地域における沖積層の模式断面図 [4]

よって、正しく把握することができる（図 4.40、図 4.41、表 4.3）。

4.3.2 で述べたように軟弱地盤には海成のものと陸成のものとがあり、両者では海成軟弱地盤が下位に、陸生のものが上位に位置している。一方微地形としてみると、**海成軟弱地盤**は①おぼれ谷埋積地、②三角州、③潟湖跡地、④海成のせき止め沼沢地跡、⑤三角州近くの後背湿地などに分布し、**陸成軟弱地盤**は、ⓐ堤間低地、ⓑ河川沿いのせき止め沼沢地跡、ⓒ後背湿地、ⓓ丘陵や大地間の谷底平野、ⓔ旧河道などの微地形として分布している（表 4.2）。

表 4.3 に、微地形単元別にみた構造物基礎としての沖積層の評価の目安を示す。

埋立地・盛土地・道路や鉄道などの盛土による人工的なせき止めによる湿地部分なども、軟弱地盤の範疇に入れておくべきであろう。

4.3.5 日本における軟弱地盤の分布

わが国における軟弱地盤の分布は、前述した軟弱地盤の成因から、容易に知ることができる。軟弱地盤は、マクロには次の 3 点で明確な特徴をもって分布している。

① 低地地盤を構成していること（ただ、必ずしもすべて標高の低いところとは限らない）。
　　　　　　　　　　　　　　　　　　　｜位置｜
② いわゆる沖積層をなす新しい堆積物であること。　　　　　　　　　　　　　　｜形成時代｜
③ 完新統（沖積層）の中でも、粘土分やシルト分あるいは有機質の含有が多くて多湿であるという特徴は、低地微地形と密接な関係があること。　　　　　　　　　　　｜存在形態｜

すなわち、われわれが**軟弱地盤**と呼ぶのは、①低地部を形成する自然もしくは埋立地のような人工の地盤であって、②地質学的には最も新しい時代である完新世（沖積世）に堆積もしくは造成された地層である。③さらに、沖積層（完新統）の中でも、砂や砂礫を主とした「非軟弱地盤（普通地盤）[*6]」と、粘土やシルトを主とした「軟弱地盤」との分布の差異は、地表に現れている微地形に示されている。このため**基本的にはこれら 3 つの特徴を把握することが、軟弱地盤の分布の把握につながる**。

なお、軟弱地盤を示す微地形の性質についてはすでに述べたとおりであるが、微地形単元ではない「泥炭地」については述べていないので、次に詳しく述べる。

4.3.6 泥炭地
(1) 泥炭の定義

泥炭（peat）の堆積しているような低地を**泥炭地（peat land）**と呼んでいる。ただ、「泥炭地」は微地形単元ではない。**微地形単元でいうと、①後背湿地**や、**②潟湖跡地などが泥炭化している**ことが多い。泥炭地は全陸地面積の 6% を占めるといわれ、ロシアなどのタイガ地帯や第四紀に氷河に覆われた地域によく形成されている。日本では、尾瀬ヶ原やサロベツ原野・石狩平野・釧路平野などの北海道地域に主に分布している。

地盤工学会編の『土質工学用語辞典』[30]によると、5% 程度以上の有機成分を含む土を工学的な意味での〈**有機質土**〉といい、有機成分を約 50% 以上含むものを〈高有機質土〉（泥炭・黒泥）、それ以下の含有のものを〈低有機質土〉（黒ぼくなど）としている。高有機質土のうち、「未分解

[*6] 軟弱地盤ではない低地地盤のことを、〈非軟弱地盤〉とか〈普通地盤〉と呼んでいる。

で繊維質のものが**泥炭**」であり、「分解が進んで黒色になったものが**黒泥**」とされているが、明確で定量的な区分はない。

(2) 泥炭の生成

北海道の泥炭地では、主な泥炭構成物質はヨシ・ヤチハンノキ・ヤチダモ・ワタスゲ・ヌマガヤ・ホロムイソウ・ヤマドリゼンマイ・ツルコケモモ・ホロムイスゲ・ミズゴケなどである。

泥炭の基本的な生成過程は図4.43の模式図に示すとおりである[16]。

① まず、湖沼のまわりにヨシ・スゲ・ガマなどの植物が繁茂する。夏期に生育したこれらの植物は秋には枯死して水中に沈み、湖底の土砂と混じって堆積する。これが繰り返されて周囲から次第に陸化が進み、やがて湖沼全体が植物の遺体で埋め尽くされる。この段階が**低位（富栄養）泥炭**である。

② ヨシ・スゲなどの遺体が堆積すると次第に水分の供給が困難となり、植生の主体はヤチハンノキ・ヤチダモ・ヤナギなどの小潅木に代わる。これらの枝葉が堆積したものが**中間（中栄養）泥炭**である。潅木類を含むため潅木泥炭と呼ばれることもあるが、わが国には

この種の泥炭は少ない。

③ 鉱物質の養分が不足し、また十分な水分の供給がなくなると、ミズゴケが主となり、ホロムイソウ・ワタスゲ・ツルコケモモなども繁茂する。これが次第に盛り上がるようにして成長し堆積したものが**高位（貧栄養）泥炭**である。

すべての泥炭地がこのような生成順序で形成されているとは限らず、環境条件の変化によってさまざまな発達過程を示す。

(3) 泥炭の分布

カナダやノルウェーでは国土の約12%が泥炭地盤である。わが国ではサロベツ平野や石狩平野・釧路平野など北海道地域に低地泥炭地として広く分布している。高原泥炭は尾瀬ヶ原や戦場ヶ

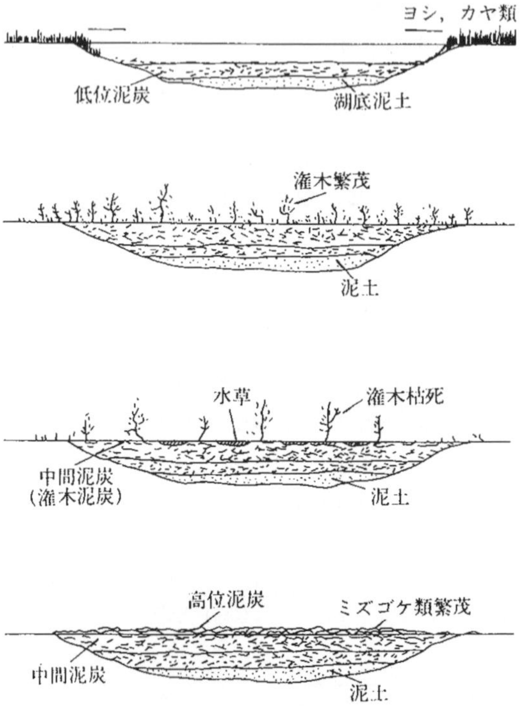

図4.44 北海道の泥炭分布[16]

図4.43 泥炭生成の模式図[16]

図4.45 石狩泥炭地の分布[16]

原などに分布している。図4.44は北海道における泥炭の分布地域である。図4.45には、石狩泥炭地の高位・中位・低位泥炭の分布を示す。

(4) 泥炭の土質

高有機質土は、植物質の有機物のみから形成されたりこれらを多量に含む土をいうが、軟弱地盤を形成する有機質土は、①泥炭と②黒泥とに分けられる。

泥炭とは、湿潤・低温あるいは乾燥などの環境条件のために、枯死した植物の生化学的分解が十分に行われないままに形成された有機質土である。このため、泥炭の一部にはまだ肉眼で識別できる植物繊維が含まれている。

これに対し**黒泥**は、泥炭に無機質が混入したために有機質が完全に分解し、黒色のペースト状を示す有機質土である。泥炭と黒泥との土質的な差異を、表4.7に示す。

高有機質土は、工学的には土のせん断強度が小さく圧縮性が大きくきわめて軟弱な地盤を形成するため、安定性・沈下いずれに対しても問題を生じやすい。

このような有機質土を生成する場所は、湖沼がその周辺に育成した植物の遺体によって埋められ、陸化したところである。したがって高有機質土は、海岸砂州で出口をふさがれた**潟湖**（ラグーン）や、土砂供給の多い主流河川からあふれ出た堆積物によって枝谷や小河川の出口がせき止められた箇所（**せき止め沼沢地**）、台地間の小谷の出口が自然堤防等によってせき止められた箇所（**小おぼれ谷**）などに形成されやすい。小おぼれ谷では支谷の中まで細粒土は入り込むが、谷の奥までは細粒土が入らず、常に埋め残された湿地帯になり、厚い高有機質土が厚く堆積することになる。

泥炭層の堆積速度は平均的には年に1mm前後で行われるので、泥炭層の厚さは10mを超えることはないといわれているが、愛鷹山麓の柳沢では約20mの厚さがある。これは、地盤沈下の影

表4.7 高有機質土の分類[17]

		自然含水比 (%)	比重	有機物含有量
高有機質土 {Pt}	泥炭 (Pt)	300 以上	2.1 以下	50% 以上
	黒泥 (Mk)	300 以下	2.1 以上	50% 以下

備考：最近では有機物含有量の目安を20%にすることが多い

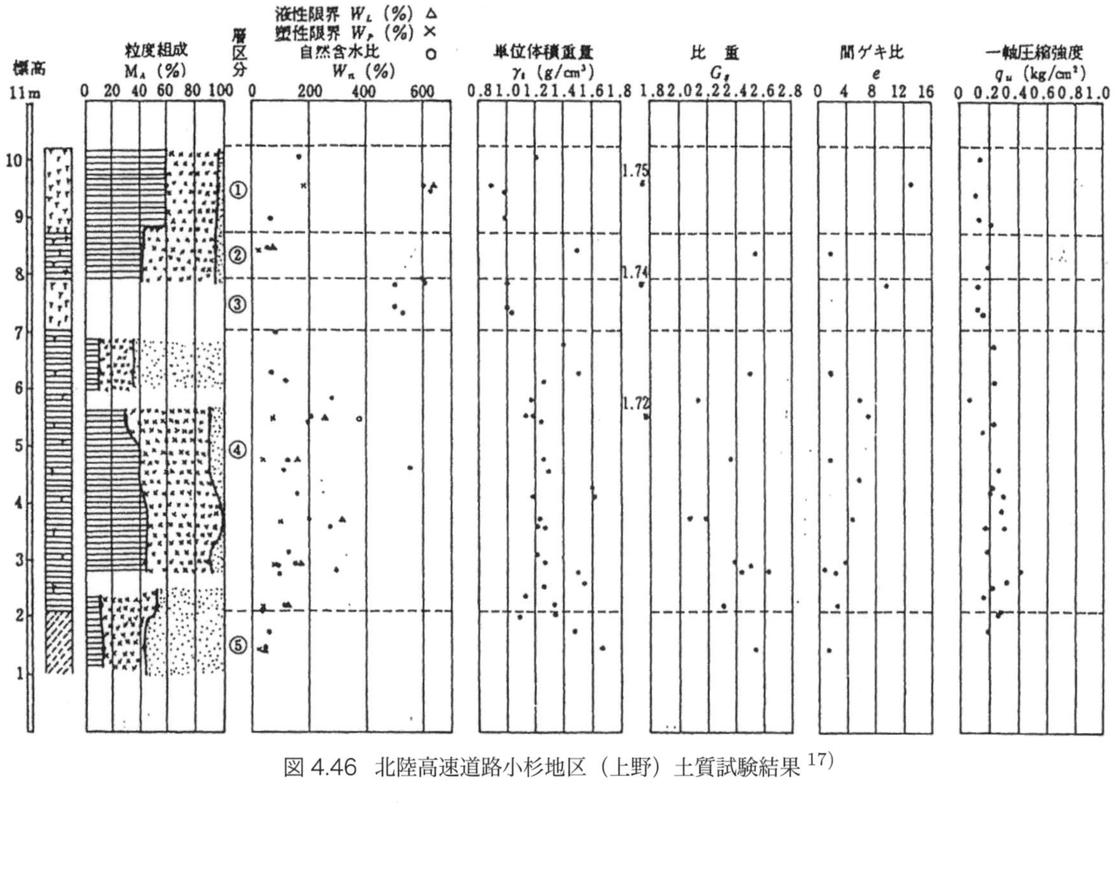

図4.46 北陸高速道路小杉地区（上野）土質試験結果[17]

表 4.8　小杉地区（上野）土質試験結果一覧表 [17)]

層区分	厚さ	土質	自然含水比 (%)	比重	単位体積重量 (g/cm³)	間隙比	コンシステンシー			粒度組成				一軸圧縮強さ (kg/cm²)
							液性限界 (%)	塑性限界 (%)	塑性指数	砂分 (%)	シルト分 (%)	粘土分 (%)	日本統一土質分類	
①	0-1.5	泥炭	220-600	1.75-2.14	1.00-1.16	5.9-9.4	—	—	—	3	53-56	41-44	Pt	0.1-0.14
②	1.5-2.3	粘性土	50-60	2.55	1.63-1.69	1.33-1.36	—	—	—	—	—	—	OH	0.2
③	2.3-3.1	泥炭	220-600	2.09	1.12	6.3	—	—	—	—	—	—	Pt	0.1-0.14
④	3.1-8.1	粘性土	100-400	1.79-2.50	1.09-1.27	2.12-7.19	149-174	65-69	84-105	0-15	66-87	13-34	OH	0.16-0.28
⑤	8.1-9.5	砂質土	30-35	2.60-2.62	1.87	0.81	33.4	18.0	15.4	49-82	11-46	0-25	SW	0.3

*図 4.46 の柱状図の①〜⑤に対応している。

響と思われる。

　未分解の泥炭は非常に空隙が多くて盛土荷重による脱水速度が早く、強度増加も非常に大きい。したがって層厚5m程度未満で、その下に粘土や粘性土層が堆積していない場合には何とか処理できるが、泥炭を含め全体の層厚が10m以上と厚い場合には、土工は非常に困難である。

　図 4.46、表 4.8 に、富山県小杉地区の高有機質土（泥炭）の土質試験結果を示す。

(5)　泥炭地盤の構造物建設上の問題点

　泥炭地盤は一般にせん断強度が小さく、圧縮性が大きい。しかも地下水位が高い。このためこの

ような地盤に各種の構造物を建設すると、地盤のすべり破壊や大きな沈下が起きやすい。また、建設する構造物のまわりの地盤が隆起したり側方流動・地下水位の低下とそれに伴う地盤沈下などが起きやすい。施工機械や交通荷重による地盤振動なども問題となる [6)]。

a)　盛土の安定性

　前述のように泥炭地は通常の地盤に比べて工学的な性質が特異であり、土質工学的に解明されていないことも多く、盛土の安定性には十分な時間が必要である。栗原ら [33), 34)] によると、泥炭地での盛土では情報化施工が効果的である。

Column

堆積物（岩）(Sedimentary rocks) の分類

砕屑物 (Clastic)	未固結のもの	粒径	砕屑岩（固結した岩石名）
礫質 (Psephitic)	巨礫 (Boulder gravel) 大礫 (Cobble gravel) 中礫 (Pebble gravel) 細礫 (Granule)	256 mm 以上 256–64 mm 64–4 mm 4–2 mm	（円）礫岩 (Conglomerate) 角礫岩 (Breccia)（角礫を主とする礫岩）
砂礫 (Psammitic, Arenaceous)	極粗粒砂 (Very coarse sand) 粗粒砂 (Coarse sand) 中粒砂 (Medium sand) 細粒砂 (Fine sand) 極細粒砂 (Very fine sand)	2–1 mm 1–$1/2$ mm $1/2$–$1/4$ mm $1/4$–$1/8$ mm $1/8$–$1/16$ mm	砂岩 (Sandstone) 花崗岩質砂岩 (Arkosesandstone)（長石に富む粗粒砂岩） 硬砂岩 (Greywacke)（岩片を含む硬い砂岩）
泥質 (Pelitic, Argillaceous)	シルト (Silt) 粘土 (Clay)	$1/16$–$1/256$ mm $1/256$ mm 以下	泥岩 (Mudstone) シルト岩 (Siltstone) 粘土岩 (Claystone) 頁岩 (Shale)（剥離面をもつもの） 粘板岩 (Slate)（さらに剥離面の強いもの）

[I] 微地形単元	沖積錐	沖積扇	谷底平野	自然堤防	砂州・砂丘	後背湿地	旧河道	堤間低地	沼沢地跡	せき止め	潟湖跡地	おぼれ谷	三角州
[III] "場"として問題となる営力的な属性（災害現象）	土石流	洪水	洪水	洪水（大規模の時）	地震時の液状化（切土が問題）	液状化に特に弱い	地震災害に大変弱い／洪水災害（外水・内水とも）に弱い						液状化に特に弱い
支持力	◎	◎	○（△）	○	◎	△	×	×	×	×	×	×	△
不同沈下	◎	◎	○（△）	○（△）	◎	△	×	×	×	×	×	×	△
地下水位	◎	◎	△	○	○	△（×）	×	×	×	×	×	×	×
土質特性	巨礫・大礫が多いが支持力としては問題がない	コブシ大以下の砂礫を主とし、地盤としては良好である	緩傾斜の谷底平野は粘土やシルト、やや傾斜のある谷底平野はシルトや砂	旧河道近くでは小礫を含む砂層からなる	中粒ないし細粒砂が厚く堆積していて、粒径は均質である	自然堤防の背後にあって粘土を主とし、表部には有機質土もある	表層数メートルは粘土やシルトから成る地下水位の浅い軟弱地盤	砂丘と砂丘との間にあって粘土やシルトから成る、底部には砂礫層がある	大きな河川から供給された土砂でせき止められた小河川流域に泥炭や粘土が堆積	表層部は泥炭質の有機質土、下部は海成粘土からなる	表部には潟湖成の泥炭や有機質粘土があり、下部には厚い海成粘土がある	表部は砂と粘土の互層が多いが、下部は厚い海成粘土からなる
[II] 土質単元	砂礫	砂礫	シルト・砂・小礫	砂（小礫含）	砂	泥炭／粘土	粘土／砂礫	粘土・シルト／砂	泥炭／粘土	泥炭／粘土	泥炭／粘土	泥炭／粘土	砂／粘土
成層	陸成層				陸成層				海成層				
地盤区分	非軟弱地盤					軟弱地盤							

(注) ◎：大変良好（問題ない）、○：良好、△：時々問題となる、×：不良地盤（問題となる）

図4.47　軟弱地盤のナレッジツリー（原図）（微地形→土質単元→土質特性→災害現象）

b) 盛土の沈下

盛土地盤の沈下は、①弾性的な即時沈下、②間隙水の脱水による圧密沈下、③クリープ的な二次圧密沈下、④側方流動による沈下など複雑で、**残留沈下が長びく**。盛土による泥炭地盤の沈下の算定に際しては、土質調査・土質定数の決定・沈下計算などの方法について十分吟味するとともに、過去の工事データを参考にすることが肝要である。

c) 周辺地盤の変位

盛土によってすべりが生じなくても、周辺地盤が隆起したり側方流動を起こしたり、共下がりを生じて周辺の構造物や水田・畑地などに被害を及ぼすことがある。配水管等の埋設のために泥炭地盤を掘削する際、まわりの地下水位が低下して広域にわたる地盤沈下を生ずることもあるので、盛土直下の地盤だけでなく、周辺地盤を考慮した検

討が不可欠である。

d) 地盤の振動・騒音

　泥炭地盤では、施工の際、普通の地盤より大きな地盤振動が発生して、まわりの生活環境に影響を及ぼすことが多い。泥炭地盤上の低盛土道路では、供用開始後の自動車交通による振動・騒音が問題となりやすい[6]。

4.4 低地と災害

　低地に起こる自然災害は、次のように分けることができる。

　① 水災害（水害）
　　　ⓐ 外水災害
　　　ⓑ 内水災害
　　　ⓒ 高潮災害
　② 地震災害
　　　ⓐ 地震動
　　　ⓑ 地盤の変位
　　　ⓒ 地盤の液状化
　　　ⓓ 津波
　③ 土砂災害（土石流災害）—6章で記述する
　④ 海岸侵食

　このうち、土砂災害の土石流は、多くの場合被害を受けるのは低地部分や台地上であるが、本書では他の土砂災害—地すべりや斜面崩壊など—とともに、山地におけるマスムーブメントの中の一形態ということで、6章の山地のところで詳しく述べる。

4.4.1 水災害（水害）

　台風や梅雨前線などの豪雨によって起こる低地部の水災害（水害）には、次の3つのタイプがある。

　① **外水災害**：河道から水があふれ出したり（溢水・越流）、堤防が切れたり（破堤）して起こる災害
　② **内水災害**：堤内地（堤防で守られる側の土地）の排水不良から起こる冠水・湛水災害
　③ **高潮災害**：台風時に、中心気圧の異常低下や強風による風の吹きよせ、うねりなどによって、高波が沿岸部を襲う災害

　これら①〜③は、発生原因や被害の状況が著しく異なる。

図4.48　信濃川支川の五十嵐左岸の破堤箇所 [18]

(1)　外水災害

a)　外水災害とは

　河川水が堤内地[*7]（堤防で守られる側）へ流出する氾濫形態を、**外水災害**と呼ぶ。河道から堤内地へ洪水が氾濫するのは、①洪水位が堤防あるいは河岸の高さより高くなってあふれ出る場合（越流・溢流）、②堤防が破堤してその決壊口からあふれ出る場合（破堤）とがあり（図4.48）、洪水の規模は破堤の場合の方が大きくなる。

　破堤の原因は局所的な流量集中による越流によって生じるものが多く、洪水流の洗掘によるものがこれに次ぐ。漏水が主因となって破堤する場合もあるが、これは堤体の基礎や埋設管等、施工の不備に関係していることが多い。

b)　外水災害を生じやすい箇所の特徴

　破堤や越流が生じやすい箇所は、次のようなところである。

　i) 河道の屈曲部（水衝部）

　河道が屈曲しているところでは、洪水流は凹

[*7] 堤防によって守られる側を「堤内」という。したがって、集落や市街地のある側が堤内である。これに対して「堤外」とは堤防の外側—つまり河川側—のことをいう。堤内地で起こる水害を「内水災害」、堤外地が原因で起こる水害を「外水災害」という。

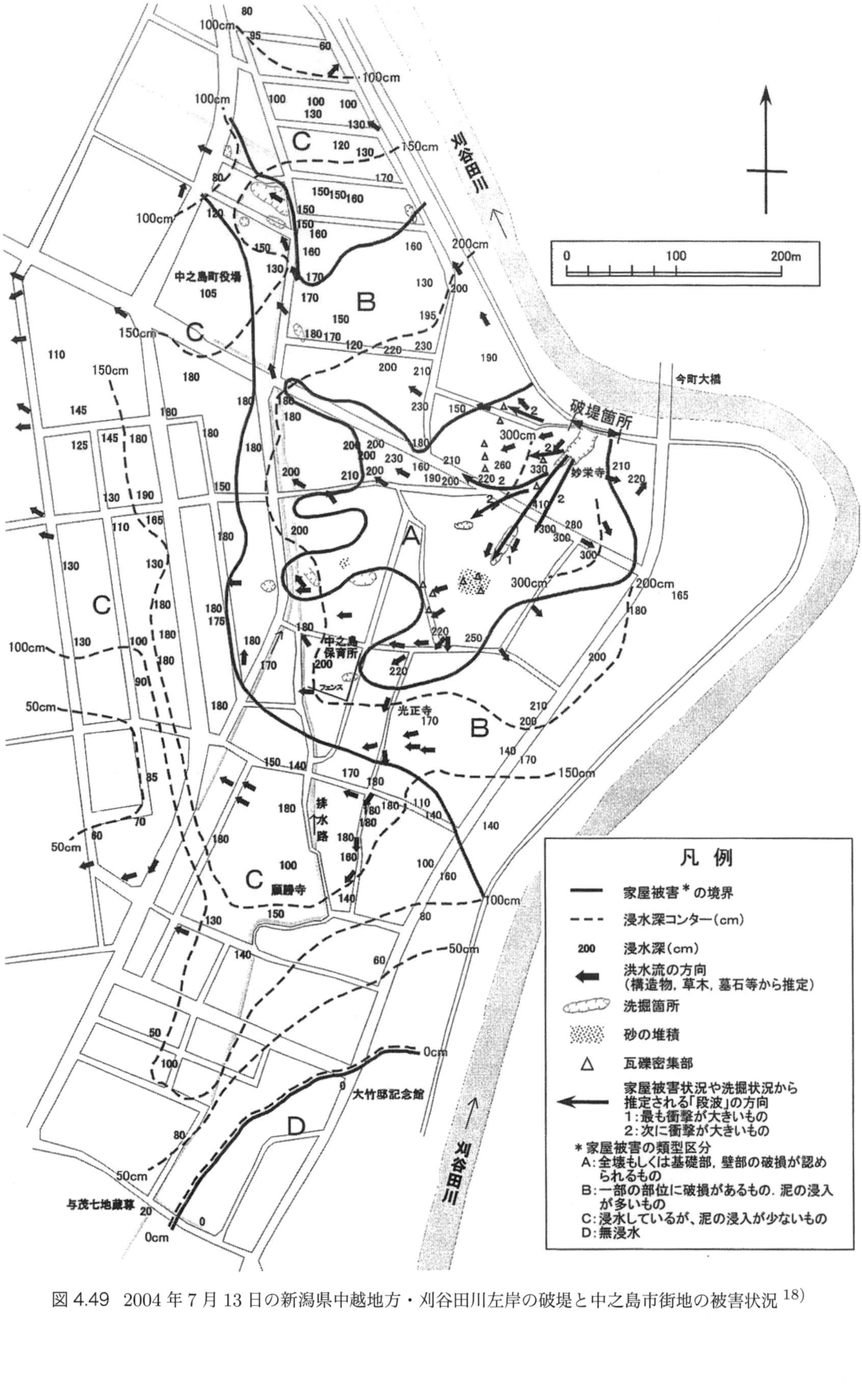

4 章　工学面からの低地地形の見方　*73*

図 4.49　2004 年 7 月 13 日の新潟県中越地方・刈谷田川左岸の破堤と中之島市街地の被害状況 [18)]

岸部（**攻撃斜面（undercut slope）**：水衝部とも呼ぶ）に突きあたってそこを洗掘して、破堤しやすくなる。流れの慣性のために流心が凹岸部に偏り、そこでの水位を高めて越流を起こすことも多い。対岸の凸岸部（**滑走斜面：slip-off slope**）では、流速が低下して砂礫堆（**ポイントバー：point-bar**）が形成されやすい。これが流水をさらに凹岸部に押しやって水位を高め、洗掘をいっそう激しくする。

ii) 河道勾配の急減部

河床の縦断勾配が急に緩くなるところでは土砂流送能力の急減により堆積が生じるので、川床が上昇して氾濫が起こりやすくなる。このような地点を境にして河相が変わり、蛇行が顕著になることがある。河道が人為的に付け替えられたところ（瀬替え部分）では河床勾配が急変して、安定した縦断形状を備えていないことがある。

iii) 河道を横断する工作物付近

橋脚は流水断面積を減少させ、上流側の水位をせき上げる。とくに多量の流木が橋脚にからまると、水位を著しくせき上げて越流の原因となりやすい。同時に大きな水位差のため下流側での河床洗掘が激しくなって、橋梁が破壊される危険性が増す。

堰は洪水流の流向を変えて、河岸侵食を強める。このように河道を横断して設けられていて洪水流の疎通を阻害する工作物の直上流では、越流に原因した破堤の危険性が大きくなる。

iv) 河道の合流点付近

大きな支流との合流箇所では、流量が急増しやすい。とくに本川と支川の洪水のピークが一致した場合に、著しく流量が増える。また、合流点では河積の急増のため砂礫堆が形成されやすく、それによる洪水の疎通障害と河岸への流量集中が氾濫の危険を大きくする。小支川では本川水位の上昇や本川水の逆流のために、合流点上流部で越流・破堤が生じやすい。

v) 河道幅の急変部

両岸に山地や台地（段丘）が迫っている狭さく部などの河道幅が急変する箇所では流水断面積が小さくなるので、せき上げが生じて上流部の水位が上昇する。これは谷底平野の盆地部で多くみられる。河道幅の拡大部では土砂が堆積するので、河床上昇や砂堆の形成が行われやすい。

図4.50 1982年の長崎災害時の外水災害—八郎川下流部と橘湾を望む—（写真提供：国際航業(株)）

vi) 天井川への移行地点

扇状地を流下する河川は扇頂部では扇面を掘り込んで流れ、扇端部では河床が扇面よりも高い天井川となっているところが多くみられる。この中間にある**天井川への移行地点（インターセクションポイント：intersection point）**では、扇面への氾濫が生じやすい。

vii) 水が浸透しやすい箇所

旧河川を締め切ったところ、**旧河道**との接合部（図4.26）、堤防と接して堤内側に池（「落堀」*8と呼ぶ）があるところ、樋門・樋管のあるところなどは水が浸透しやすく、漏水から破堤に至る可能性がある。後背湿地の中で、とくに低い箇所に直接堤防が接しているところ、いいかえれば堤防の内側（堤内側）の地盤高がとくに低いところは、注意を要する箇所である。

（2）内水災害

a) 内水災害とは

内水災害（氾濫）とは、堤内地に降った豪雨の水がはけ切れないために、堤内側が湛水して被害を及ぼす水害のことをいう。

---

*8 過去に越流によって堤内側が窪地状に洗掘されてできた池のことを、濃尾平野では「落堀」と呼んでいる。

図 4.51　内水災害を受けやすい地形の例（a：旧河道、b：後背湿地、c：海岸砂丘で閉塞している海岸平野：立体写真）[2]

内水氾濫は、主に次の原因によって発生する。

① 外水位（大河川など）が内水位より高くなる場合——合流先の大河川の水位が上昇し、それに排水する支川や水路からの流水が排水できないために発生する浸水

② 排水組織の整備不十分による場合——排水系統の流下能力不足や内水排除施設の能力不足。あるいはこれら施設の整備不良に原因する浸水

③ 高位部（標高の高いところ）の流出水が低位部（谷部）に集中する場合——丘陵地や台地に降った雨水が地形に沿って下流側に流下し、低地部（谷部）に集中して発生する浸水

④ 地盤沈下による場合——地盤沈下により、上記①〜③の原因が助長されていわゆる"0メートル地帯"に発生する浸水

⑤ 環境条件の変化による場合——都市化などにより、流域流出率の増大や洪水到達時間が短縮することにより外水位の上昇が早くなったり、従来の内水排除施設の能力を上回る排水量が集中することによって発生する浸水

b)　内水災害を受けやすい微地形単元

内水災害の場合、「どういう地形のところが内水災害を受けやすいか」を知っておいて、そういう地形を読みとって災害に備えることが大切である。内水災害を受けやすい土地の条件として、次の**微地形的な特徴**（図 4.51）があげられる。

i) 大河川中下流域の低湿地

旧河道（a）・後背湿地（b）・三角州・干拓地などでは、本川洪水時（外水位が高くなった場合）に、堤内地から本川への自然排水が不可能となって内水による堪水が起きやすい。臨海低地では潮位が外水に相当するが、干満差が大きい地域では内陸域の低地に比べて排水しやすい。

ii) 砂堆などで閉塞している海岸平野 (c) や谷底平野

海岸沿いに砂州・砂丘が大規模に発達している海岸平野や、砂堆によって谷の出口が閉塞された状態の丘陵地・台地内の小谷底部では、洪水疎通障害や氾濫水の排水障害によって、内水の堪水が生じやすい。このような場所の潟湖・沼沢地起源の低湿地は凹状になっていて、**内水氾濫の常襲地**

となる。人工改変として低地中を横断する道路盛土が、排水を疎外して上流側の堪水をひき起こすこともある。

iii) 開発の進んだ丘陵地・台地内の谷底平野

丘陵地・台地の土地利用が植生の伐採、耕地の宅地化、道路の舗装、側溝の整備等により変化していくと、地表面に一時的に貯留したり地中への浸透が少なくなって、流出率と流出速度が増大する。このため、流出が集中する谷底平野では内水災害を受けやすくなる。大都市域やその周辺では開発による環境変化に排水施設の能力が追随できなくて、内水災害が起きやすい。

iv) 広域地盤沈下地帯や0メートル地帯

地盤沈下域では低湿地がさらに低位化するうえに既設の排水施設の能力も低下するので、内水災害を受けやすいいわゆる"0メートル地帯"では外水位が常時高く、機械排水に全面的に依存せざるを得ないので常に浸水の危険がある。地震時の破堤の危険性も大きい。

v) 台地上の凹地や浅い谷

台地上は安全と思われがちだが、周辺の水が集まりやすい凹地や浅い谷（図4.51、図5.16）は、集中豪雨時に内水災害を受けやすくなる。凹地部がそのまま宅地や道路等に利用されることによって、顕在化することが多い。最近都市化された台地に多い。

c) 内水災害危険箇所の抽出と評価

内水災害による被害自体は小規模であるが、頻発するため問題となる。都市防災上はここに述べたような地形のところを、以下に述べるような方法で抽出・評価した上で対策を講ずることが大切である。

内水危険箇所は、空中写真や地形図等による地形区分作業や土地条件図の読図・写真判読などにより判定する。内水災害が生じやすい前述のような土地では、大雨のたびごとに浸水を繰り返す傾向が強いので、**過去の浸水実績**を収集することによって危険の程度をおおよそ把握できる。ただし、人為的な環境変化が著しい地域では、その変化要素を加えて判断することが大切である。

内水災害の危険性を予測・解析するには、次のことを実施して「洪水ハザードマップ」の作成や「**地域防災計画**」に反映させる。

① 既往内水災害事例の収集と土地条件の整理

② 同事例と宅地利用の変化状況、災害経歴、災害の教訓

③ 誘因（降雨）の整理とその特性

④ 内水災害要注意地域への宅地等の進出実態

⑤ 内水災害の被害想定

内水災害は地震などの災害と比べて発生頻度が高いので、浸水被害の想定は、①既往の内水災害事例に基づく常襲地域と、②微地形的にみて内水により浸水の危険性のある地域に分けて整理するとよい。

内水災害による浸水の危険性の評価は、図4.52の流れに従って実施する。内水氾濫による浸水危険度評価には、一般に①既往の浸水実績調査や②地形学的調査、③水理・水文学的調査などの手法があるが、それぞれ必要資料の量や質・解析に要する労力・解析精度とその解釈に長所と短所がある。また広域を対象とする場合、その中には異なる水系や多くの河川水路がある。これらの地域について、等質な調査をすることは経済的にも負担が大きいので、上記の手法を組み合わせて、合理的かつ効率的な評価ができるように手順を考える必要がある。

各手法には、それぞれ以下の特徴がある。

i) 既往浸水実績による方法

過去に発生した洪水の調査をもとにして氾濫範囲や氾濫水位を知ろうとするものである。この方法の特徴としては、氾濫範囲や浸水深を知ることは容易であるが、洪水の規模がまちまちで将来の河川改修・地盤沈下などによる氾濫水位の変化を予測できないという問題点がある。

ii) 地形学的方法

扇状地・デルタ（三角州）・自然堤防・後背湿地などの微地形が浸水の頻度や湛水時間と密接に関連していることを利用して、これらの地形区分によって洪水の危険度を予測しようとするものである。この方法の特徴は、長い過去の洪水現象を反映した結果が得られることにある。

わが国ではすでにかなりの地域で**地形分類調査**[*9]が実施されており、「**水害地形区分図**[*9]」や「**土地条件図**」などにまとめられている。これら主題図は河川改修や地盤沈下などの効果や影響を

[*9] 筆者は「地形分類」という用語は不適切で「地形区分」とすべきだと考えている。

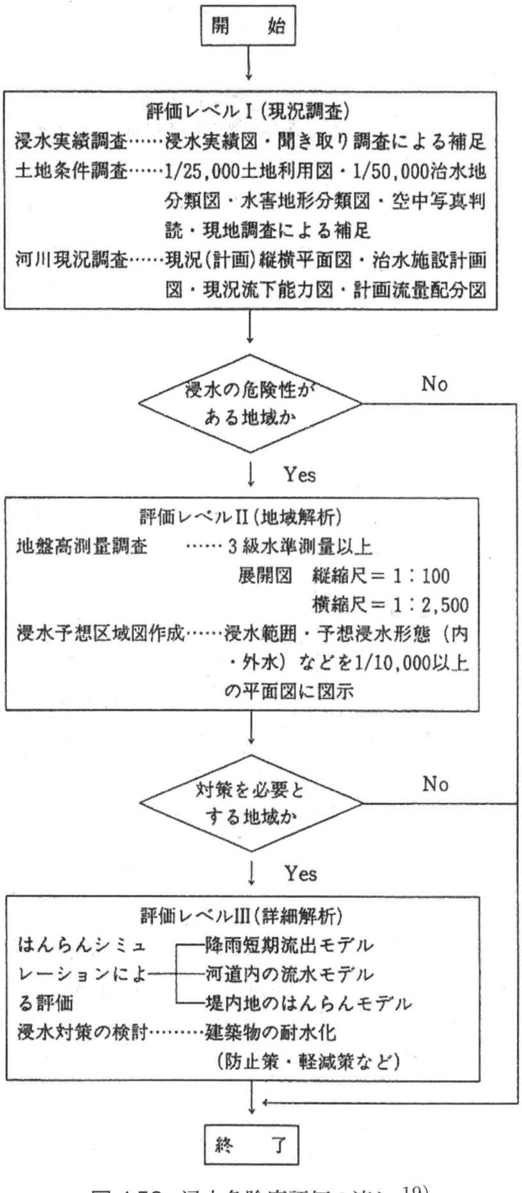

開始

評価レベルⅠ（現況調査）

浸水実績調査……浸水実績図・聞き取り調査による補足
土地条件調査……1/25,000土地利用図・1/50,000治水地分類図・水害地形分類図・空中写真判読・現地調査による補足
河川現況調査……現況（計画）縦横平面図・治水施設計画図・現況流下能力図・計画流量配分図

浸水の危険性がある地域か　→ No
↓ Yes

評価レベルⅡ（地域解析）

地盤高測量調査　……3級水準測量以上
　　　　　　　　　展開図　縦縮尺＝1：100
　　　　　　　　　　　　　横縮尺＝1：2,500
浸水予想区域図作成……浸水範囲・予想浸水形態（内・外水）などを1/10,000以上の平面図に図示

対策を必要とする地域か　→ No
↓ Yes

評価レベルⅢ（詳細解析）

はんらんシミュレーションによる評価　─ 降雨短期流出モデル
　　　　　　　　　　　　　　　　　　─ 河道内の流水モデル
　　　　　　　　　　　　　　　　　　─ 堤内地のはんらんモデル
浸水対策の検討………建築物の耐水化
　　　　　　　　　　（防止策・軽減策など）

終了

図 4.52　浸水危険度評価の流れ [19]

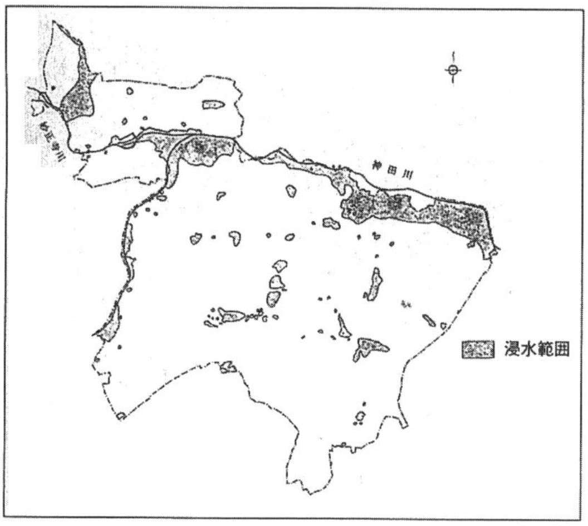

図 4.53　新宿区における浸水実績（1958 年〜1987 年）[19]

この方法の特徴としては、洪水の規模として任意の確率降雨規模を採用でき、将来の河川改修や地盤沈下などによる氾濫水位や氾濫範囲の変化を予測できる。しかし、流出計算モデルには各種の定数が含まれており、これらを適切に設定するには、既往洪水記録による検証を詳細に行う必要がある。

内水氾濫が予測される地域の多くは、地域の中に複数の排水区域や異なる水系や多くの河川・水路がある。このため、規模の大きな河川の破堤・氾濫を扱う外水氾濫とは異なり、内水氾濫を予測してその浸水危険度を評価するには、浸水箇所や原因を特定するための絞り込み作業が必要である。図 4.52 にその手順の一例を示す。

i) 評価レベルⅠ

地域全体の浸水危険度を相対的に評価し、浸水の危険性のある地域か否かの評価を下すレベルである。既往浸水実績を整理し（図 4.53）、新旧の空中写真や現地調査で土地の成り立ちを表す地形区分図を作成し、さらに対象河川やその合流先の河川改修の経緯と将来計画などを整理・把握する。

ii) 評価レベルⅡ

評価レベルⅠで浸水の可能性があると評価された場合、対策を必要とする区域の抽出と被害内容を明らかにするレベルである。

対象区域と周辺水路との高低関係を明らかにする地盤高測量調査や評価項目を総合的に検討し、

反映しておらず、いわば原始河川の状態での氾濫現象を反映しているとみてよい。

しかしこの方法によって、洪水氾濫の区域や氾濫の性質（湛水時間の長短、流速の大小）などは、おおよそ推定できる。

iii) 水理・水文学的方法

この方法は、資料として降雨や流量記録を用い、確率処理により適当な規模（1/50 とか 1/100 など）の洪水を定め、これに対応する水位を水理・水文学的な手法で求めようとするものである。

浸水予想範囲や浸水内容を図示した「**浸水予想区域図**（土地の成因からみて浸水の可能性のある区域）」を作成する。

　iii) 評価レベル III

　評価レベル II で抽出された浸水対策を必要と

する区域について、対策施設の規模や方法を提言するレベルである。

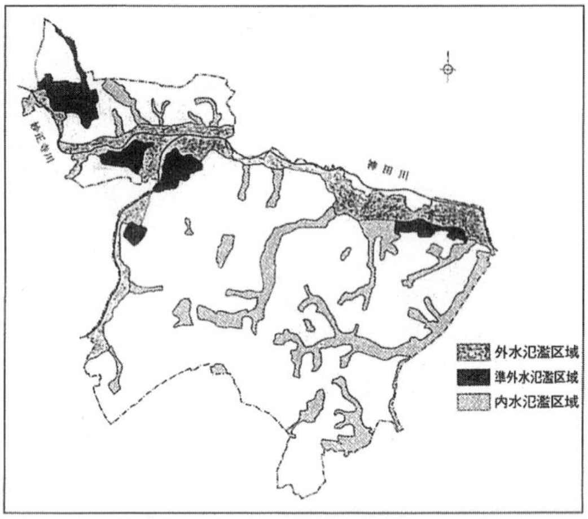

　降雨規模や土地利用・河川改修状況などの変化要因を定量的に確認するために、水理・水文学的手法を用いた内水氾濫解析を実施し、排水不良による浸水状況を推定する。

d)　浸水危険度評価図の作成

　前述した①既往浸水実績、②地形学的方法、③水理・水文学的方法などを用いて、東京都新宿区を対象に作成された**浸水危険度評価図**（洪水ハザードマップ）を、図 4.55 に示す。

　図 4.53 は、1958 年から 1987 年の浸水記録から、主な浸水箇所を包絡して作成したもの、図 4.54 は、1/2 万 5000 土地条件図をもとに作成した地形区分図と先の浸水実績を用いて、浸水に対して脆弱と思われる区域を地形要素をベースに区分したものだ。図 4.55 は、新宿区で公表されている「新宿区洪水ハザードマップ（洪水避難地図）」である。説明には明記されてはいないが、水理・水文解析結果をベースにした浸水危険度評価

図 4.54　新宿区の地形的成因による浸水予想区域 [19]

図 4.55　新宿区洪水ハザードマップ（洪水避難地図）[19]

図である。

e) 台地での洪水も内水災害

台地の水害は短時間の集中豪雨時に起こるもので、低地の場合のように長時間冠水することはないが、川のないところに発生するので別の危険性もある。これは、都市化によって道路の舗装や宅地化が進み、雨水がかつてのように水田で貯留されたり畑地の地面にしみ込んだりしにくくなったうえに、もともと水の集まりやすい凹地があまり気づかれずに宅地化されてしまったため、そこに雨水が一気に集中するのが最大の原因である。このような微凹地は、空中写真で判読するか現地を注意深く歩いてみると、まわりより1m前後低くなっているのがわかる。

なお、台地の洪水災害（内水災害）については5章で詳述するので、ここでは割愛する。

(3) 高潮災害

a) 高潮災害とは

臨海域における代表的な水災害として高潮災害がある。高潮の発生は、①低気圧（主として台風の来襲に伴う）によってもたらされるものと、②その他の原因（たとえば静岡地方を中心として発生した異常潮位）による高潮などが考えられる。これは比較的頻繁にみられる現象で、かつ長時間にわたる。また、伊勢湾台風の時のように満潮時と重なって発生すると、甚大な被害を与える。高潮は閉鎖的な内湾域に発生しやすい。そうしたところは港湾や埋立による工業地域などに利用されていることが多く、その対策については十分な配慮を要する。

高潮災害は、海水が内陸部へ溢流することによる冠水被害をもたらす。一般には、自然地形で見る低地部で被害が大きく、とくに臨海部の三角州や潟湖跡地・旧河道・後背低地などが危険である。さらに最近、臨海部では埋立地による造成が積極的に進められているが、もともと十分な地盤高が確保されているとはかぎらない点や土地利用が高度に進められている点が、被害を大きくする要素となっている。

さらに、臨海部で多量の地下水の汲み上げによる広域地盤沈下が進行しているところでは、被害も大きくなる。一方、海岸線は護岸工などで防護されていることが多いが、このことが逆に一度溢水したあとの排水機能を低下させてしまうという側面もあるから注意が必要である。

b) 高潮の発生原因

高潮は、①台風時に中心の気圧が異常に低いこと、②強風による風の吹きよせ作用、③うねり、の3つの原因が重なって起こる[20]。

i) 気圧と海面の高さ

海面は静力学的状態では気圧とバランスしていて、気圧が高くなれば下がり、低くなれば上がる。その上下は気圧1ヘクトパスカル（hPa）あたり1cmである。したがって台風で気圧950hPaになれば当然63cm（1013 − 950cm）海面が上がる。しかもこの盛り上がりの量は台風の進行とともに移動する。ところがその移動は台風によって強制的に行われるため、海面の上昇は静止状態での気圧変化によるものより、はるかに大きくなる。

ii) 吹きよせ効果

台風で風が陸地や湾内に向かって吹き続けると海水は海岸や湾奥へ吹きよせられ、海面は次第に盛り上がってくる。この**吹きよせ効果は風速30m/sを超えると急に大きくなる**[20]。とくにこの作用は、湾口から湾奥へ向かって風が吹く場合、異常に大きくなる。

iii) うねり

土用波のように台風・低気圧によって、遠方で発生して進んできた大きな波は、台風より早く進むのでその前兆となる。直接的な風による波（風浪）と違って波高に比べて波長が大きく、波向や周期に規則性が認められる。

c) 高潮に襲われやすい地形

高潮の起きやすい海岸の平面形は**V字型やU字型**（津波に襲われやすい海岸地形と同じ）で、太平洋沿岸では南側に開いている湾が危険性が高い。

i) 湾形と満潮

東京湾や伊勢湾で高潮災害を起こした台風の進路を見ると、湾の方向と風向き（風向）が一致し、長時間強風が吹く経路で災害が発生している。**高潮の3つの発生原因**が重なって海面を上昇させ、強い風によって激しい波浪を起こして、海岸域に浸水と激しい波浪による破壊現象が働いて大きな高潮災害をもたらす。とくに**台風の通過と満潮時が重なった場合や、風向が洋上から湾奥に向かう方向と一致する場合に、災害が大きくなる。**

ii) 静振（セイシュ）

　湾の場合には副振動とも呼ばれている。高潮などで湾などのように閉じた領域の海面が一時的に強制的に振動させられた結果、長波が発生してこれが湾岸で反射を繰り返すため、その湾固有（湾の形・大きさ・水深によって決まる）の数分〜数十分周期の水面振動を起こす現象を**静振（セイシュ：seiche）**と言う。日本での台風の進行は南西から北東方向へのコースをとる場合が多い。このとき南寄りの強風が日本列島に向かって長時間吹き続けると、高潮を起こす**吹きよせ効果**や激浪が起きやすい。しかもこれは静振の発生しやすい条件でもある。港湾では湾口と湾奥部を振幅の腹とする波が最もよく発生する。この固有周期に合致する速度で台風が湾上や近傍を通過すると静振が起こり、これが前述した高潮の 3 要因に加わる。

d) 高潮の陸側への侵入速度

　図 4.56 は 1959 年（昭和 34）9 月 26 日の台風 15 号による伊勢湾台風時の名古屋港の潮位記録である。同図から名古屋港付近での潮位の上昇は、10 分間に 1 m という大きなものであったことが読みとれる。この時には、5 014 人が亡くなっている。

　1999 年 9 月 24 日、台風 18 号は九州北部などを通過して日本海へ抜けたが、この間西日本各地で多くの被害を出した。中でも特異なのは、午前 5 時半頃熊本県の八代海の湾奥に面した不知火町松合に高潮が押しよせ、80 戸の集落を襲って 12

人が水死したことである。

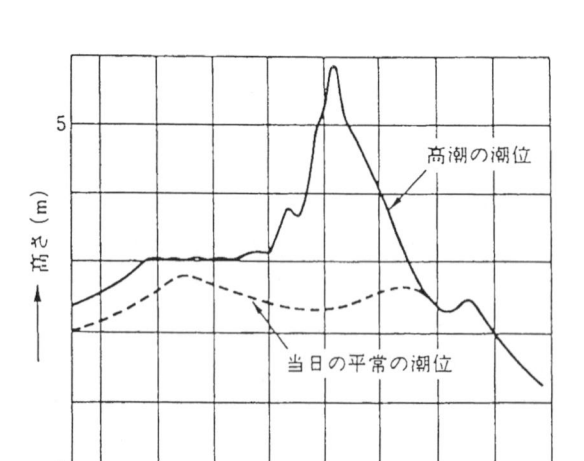

　台風 18 号は不知火町の北西 20〜30 km 先を通過したのだが、熊本市では午前 5 時半過ぎには最大瞬間風速 49 m を記録している。この大きな風速と被災時の満潮と重なったことが、被害を大きくした。

　図 4.57 は、被災前の不知火町松合地区の空中写真であり、図 4.58 は被災の翌日の空中写真から被災状況を判読したもの、また、図 4.59 は、図 4.58 の A–B 部分の模式断面図である。

図 4.57　湾奥にある不知火町松合地区 [21]（災害前：1996 年 5 月：1/2 500）－立体写真－

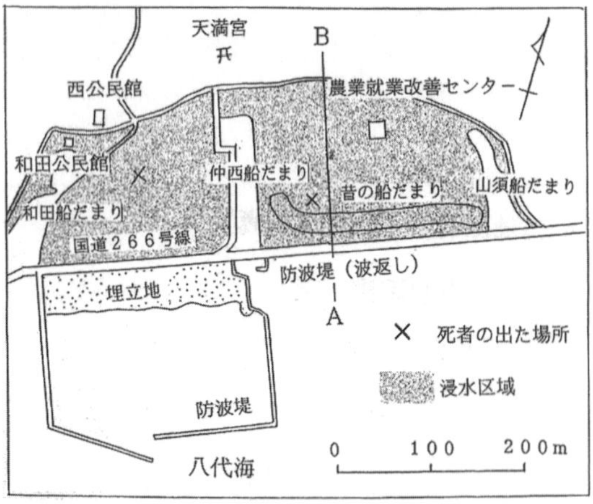

図 4.58　写真判読による高潮被害地区 [21]（A–B は図 4.59 の断面位置）

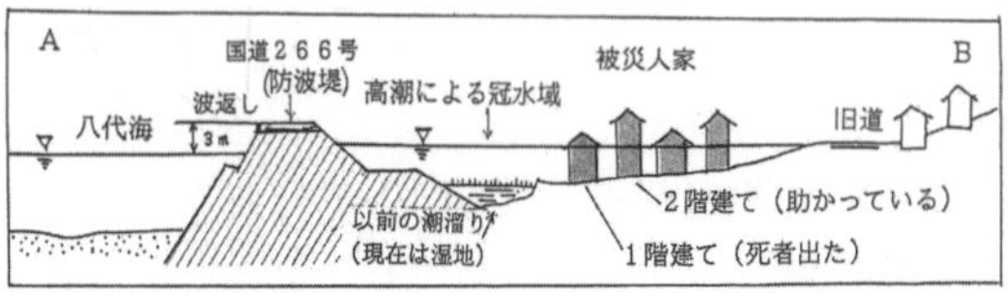

図 4.59　不知火松合地区の被災状況模式断面図 [21]（図 4.58 の A–B の位置）（熊本日日新聞 9 月 25 日付を参考に筆者作成）

図 4.56　伊勢湾台風時の名古屋港の潮位記録 [20]

| Column |

高潮と地形の密接な関係

　伊勢湾台風（昭和 34）による高潮による浸水域（a）と地形（b）を比べると、一定の対応が見られる。すなわち、高潮は地形的に低い干拓地およびデルタに沿って侵入している。また、湛水時間は干拓地と後背湿地で長かったことがわかる。地盤沈下等による 0 メートル地域とともに海岸部の干拓地や三角州・後背湿地等の低地は、高潮に対する注意が必要な地域といえる。

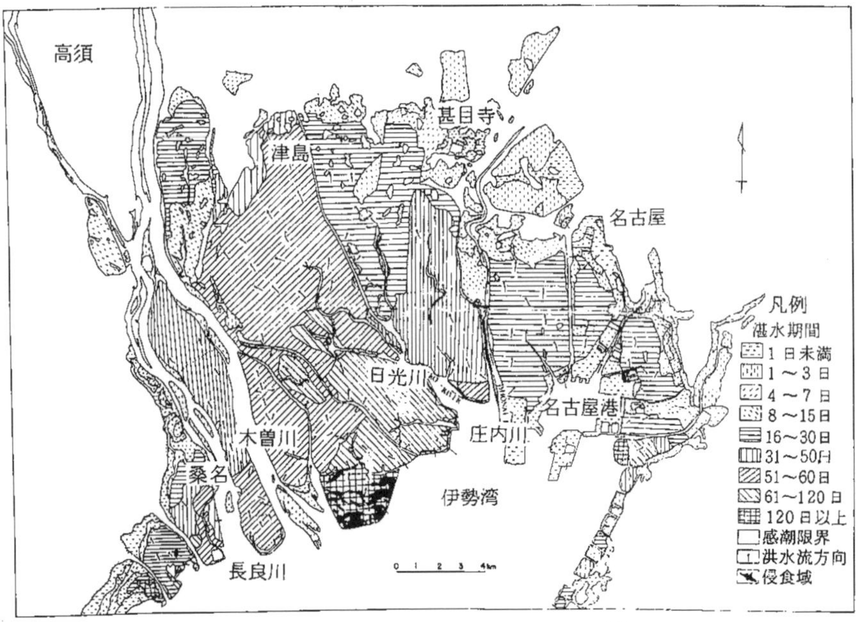

（a）伊勢湾台風時の高潮による浸水状況図[32]

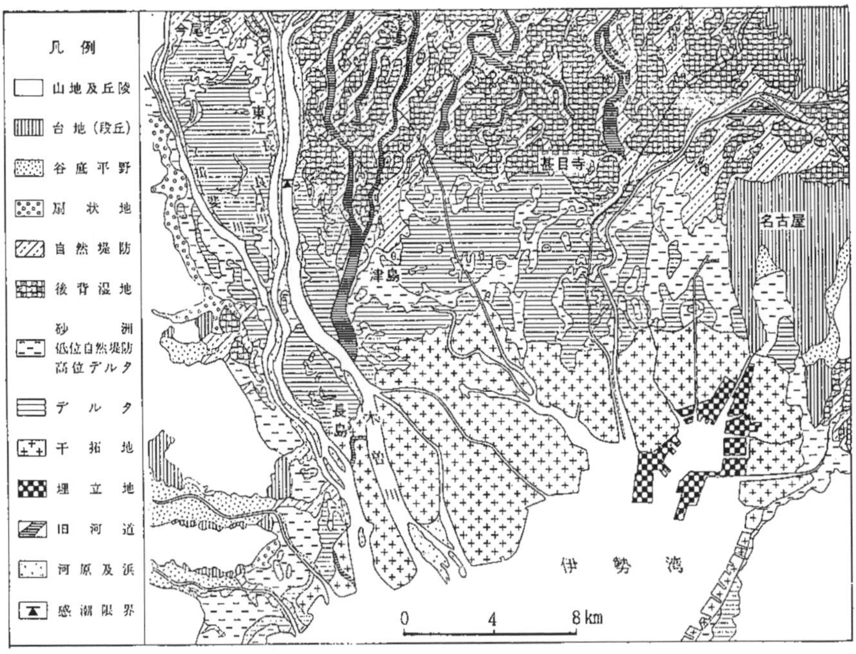

（b）濃尾平野南部地域の地形分類図（治水地形分類図）[32]

4.4.2 地震災害—軟弱地盤と地震—

(1) 地震波の減衰

断層面での地震の発生から自分が今いるところの地震被害が起こるまでの過程は、次のようになる（図 4.60）。

① 発震（地震波の発生）
② 自分の家に来るまでの地震波の減衰
③ 自分の家付近の地震基盤の揺れ
④ 地震基盤の上にある軟弱な地層の**卓越周期**による地震波の増幅
⑤ 建物や構造物の固有周期による共振
⑥ 建物や構造物の倒壊（被害発生）

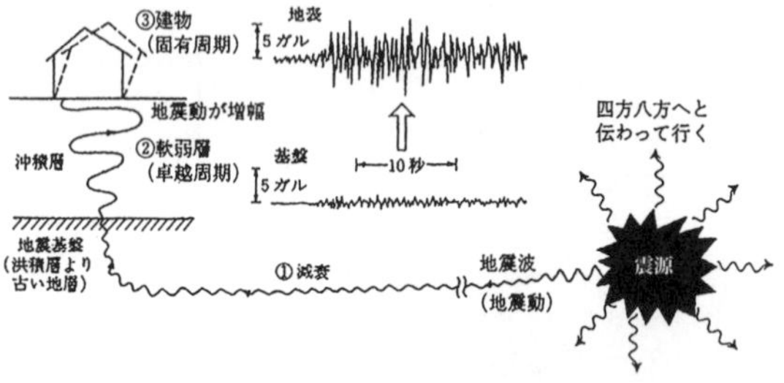

図 4.60 低地部での地震波の増幅を示す図 [38]

つまり、地震波は当然震源に近ければ大きく、遠ければ揺れは小さい。**地震基盤**（第三紀層より古い地盤と考えてよい）の揺れの大きさは、第一に M（地震のマグニチュード）と R（震源から自分の家までの距離）の関数と考えてよい。地震の被害も震央からの距離によって違ってくる（図4.61）。

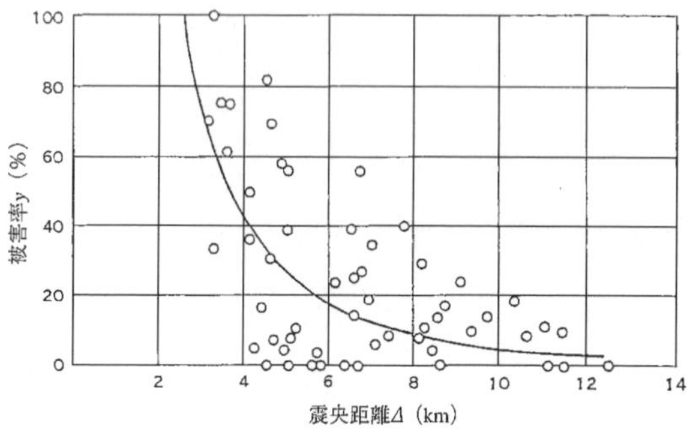

図 4.61 福井地震（1948 年）における被害率と震央距離との関係 [22]

(2) 地震基盤

地震防災分野で使う**地震基盤**とは何か。地表面の地震動には、表層の厚さや局所的に地形の影

響が強く現れる。しかし地盤の振動を問題にする地震防災分野で使う〈地震基盤〉というのは、このような表層部の影響がなく、地下のある深さに沿って地層の表面もあまり激しい凹凸のない、平面的にも相当な広がりをもっていて、それより上部の地層よりは格段に硬い地層をいう。しかも、それ以深の硬さは一定か徐々に硬くなっていて、再度弱い部分が現れたり急に硬くなったりすることのない地層を〈地震基盤〉と言っている。基本的には岩盤が地震基盤となるが、それ以外でも **N値 50 以上の半固結の第三紀層や更新統（河岸段丘など）の地層を呼ぶこともある**。地層や岩石の名称とは関係ない。

地震基盤というのは、地盤の物性から S 波速度 $V_s = 3\,000\,\mathrm{m/s}$ 以上の地層（岩盤）のことをさす。$V_s = 750\,\mathrm{m/s}$ 以上の地層を「工学的地震基盤」と呼ぶこともある。

(3) 建物の固有周期による共振

地震の波は大変複雑に見えるが、これはいくつかの違った周期の波の重ね合わせで表すことができる。**これらいくつかの波のうち最も大きな振幅を示す波の周期を〈卓越周期〉と呼んでいる。軟弱地盤のように軟らかい地層が厚く堆積している地盤ほど、卓越周期は長くなる。**

遠くから地震基盤まで伝わってきた地震波の卓越周期が、その上にある軟弱地盤の卓越周期に近いと〈共振現象〉を起こして地盤の揺れは大きくなる。つまり、地震基盤まで来た地震波の揺れはそれほど大きくなくても、**その上に厚い軟弱層があるとそこで揺れは増幅され、大きくなる**（図4.60）。

建物を自由に振動させた場合、そのものの振動の周期が固有周期（表 4.9）である。建物や構造物の立っている**地盤の揺れ（卓越周期）が建物や構造物の固有周期（一番揺れやすい周期）に近い**

表 4.9 建物の固有周期 [23]

種別	固有周期（数字の単位：s）
超高層ビル	$0.06\,N \sim 0.1\,N$
中・低層ビル（鉄骨）	$0.2\,H$
中・低層ビル（鉄筋コンクリート）	$0.31\,H$
木造家屋 1 階建	約 0.1
木造家屋 2 階建	約 0.3

（注）固有周期 (s) は数値に N：階数、H：ビルの高さ (m) を乗じた値。

と、共振現象を起こして建物や構造物の揺れはだんだん大きくなっていく。建物などの地盤そのものも揺れが大きく増幅されているうえに、それが建物や構造物の固有周期に近いと、さらにそこで共振を起こして揺れはだんだん大きくなり、倒れたり壊れたりする。

（4）　地震被害と地盤種

1906 年のサンフランシスコ地震では、同じ市内でも、埋立地と岩盤の上とでは、被害に 5 倍から 10 倍の差があったことがわかっている。当時地震研究所にいた河住氏はそのときの被害資料に基づいて、それぞれの**加速度の比率**を次のように推定した（大崎：1982）。

　　岩盤 1
　　沖積層地盤 1.5
　　埋立地 5

1948 年の福井地震による被害統計からみて地質状況と震度比をみると次のようになり、第三紀層または洪積層に比べて沖積層地帯では木造家屋の被害が多く、中でも地表が超軟弱な沼沢地では、次のようにさらに大きい被害が出ていることがわかった（大崎：1982）。

　　第三紀層安山岩 0.4 (1)
　　更新統（洪積層） 0.7 (1.8)
　　完新統（沖積層） 1.0 (2.5)
　　沼沢地 1.5 (3.8)

その後 1949 年のシアトル地震の際、ノイマンという人は多くの被害調査から岩盤と軟弱地盤とでは揺れが大きく異なることを示した。

こういった事実から、地震被害を考える場合には、地盤は表 4.10 の 4 つに分けて地震への対応を考えるのが合理的であることがわかった。このため建築基準施工令の中の耐震設計での地盤種ごとの被害係数も、この 4 種に分けて決めている。

地盤については①"お盆の上の豆腐"である軟弱地盤と、②切り盛りした造成地が一番問題だと

表 4.10　地盤種別の地震被害係数[22]
（木造家屋の場合）

地盤種	地震係数
1 種　岩　盤	0.6
2 種　更新統（洪積層）	0.8
3 種　完新統（沖積層）	1.0
4 種　埋立地	1.2〜1.5

いうことができる。

（5）　軟弱地盤が地震に弱いわけ

建物や土木構造物の基礎として"軟弱"な―つまり、軟らかくて基礎地盤として弱い―地盤のことを俗に**軟弱地盤**と呼んでいる（**4.3**）。これは本来の学術的な用語ではなく、土木の分野で使われるようになった言葉だ。軟弱地盤についての明確な定義があるわけでもない。ふつう、「粘土やシルト（粘土と砂との中間的な土）などの細粒な土質からなり、中に有機物をたくさん含んでいて水で飽和された状態で建物や土木構造物などに対する支持力がきわめて小さい地盤」といった意味で使われる。

実際に〈軟弱〉かどうかは、その上に作られる建物や構造物の種類や規模・建設後に許容できる地盤の変状の程度などによって異なる。ただ、大まかにいって〈**N 値 5 以下の地盤**〉とみてよい。では、地盤のどういうところが"軟弱"なのか？

基本的には〈**建物や土木構造物の基礎地盤としてこれらを支える力（支持力）が弱い**〉ということにつきる。支持力が弱いと、地盤として次の問題（地盤の変形）が起こる（図 4.62、図 4.63）。

① 建物や土木構造物が**沈下**する
② 地盤が重さに耐えきれずに側方へ**流動**する（はらみ出す）
③ このため盛土や堤防などが**すべり破壊**を起こす
④ **残留沈下**といって道路などが完成したあとも、何年にもわたって沈下が続く

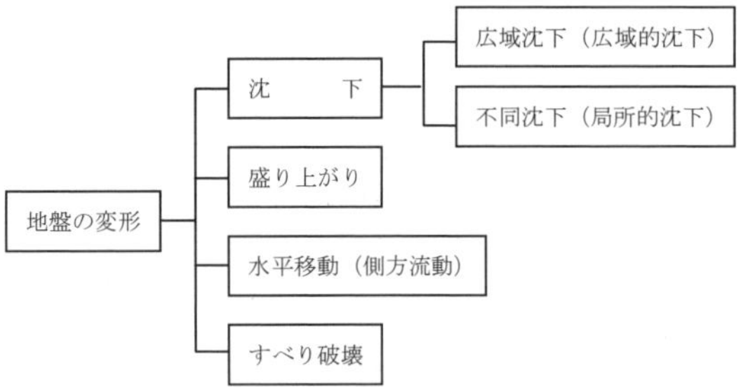

図 4.62　地盤変形のタイプ（原図）

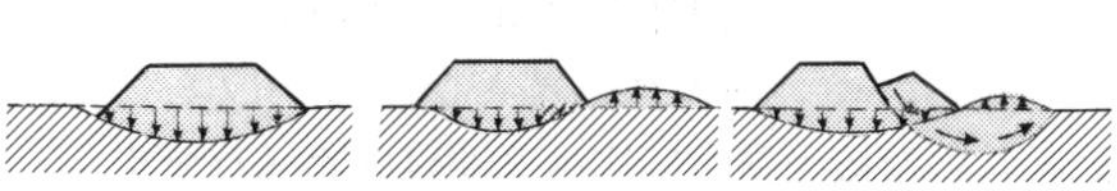

(a) 沈下する　(b) 側方へ流動する　(c) すべり破壊を起こす
図 4.63　軟弱地盤の変形―盛土の場合―（原図）

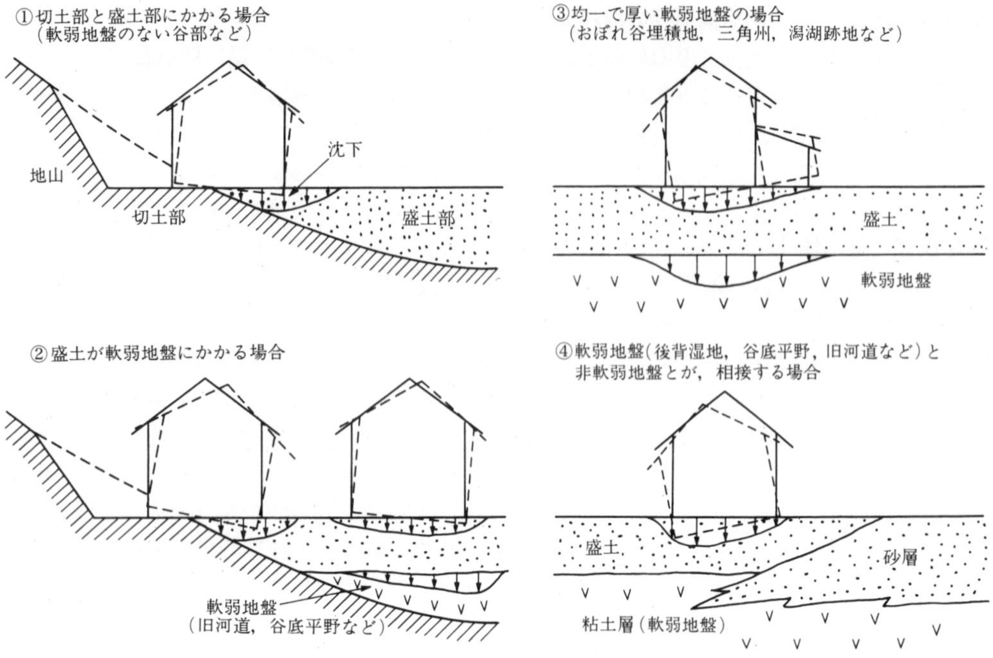

① 切土部と盛土部にかかる場合
（軟弱地盤のない谷部など）

地山
切土部
沈下
盛土部

③ 均一で厚い軟弱地盤の場合
（おぼれ谷埋積地，三角州，潟湖跡地など）

盛土
軟弱地盤

② 盛土が軟弱地盤にかかる場合

軟弱地盤
（旧河道，谷底平野など）

④ 軟弱地盤（後背湿地，谷底平野，旧河道など）と
非軟弱地盤とが，相接する場合

盛土
砂層
粘土層（軟弱地盤）

図 4.64　不同沈下を起こしやすい地盤条件 [1]

⑤ 建物や土木構造物が**不同沈下（場所によって沈下の程度が違う沈下で、不等沈下とも言う：図 4.64）** を起こす

⑥ 地震動がひどく、一部の軟弱地盤は揺れによって**地盤が液状化する**

　このように、**軟弱地盤は“地盤の問題児”** といえる。

　建物や構造物を軟弱地盤上に建造した場合、均等に沈下しないで一方側に多く沈下する現象を**不同沈下**と呼んでおり、次のような場合に起きやすい。

① 地盤が切土部と盛土部にかかる場合（図 4.64 ①）
② 盛土が軟弱地盤にかかる場合（図 4.64 ②）
③ 均一で厚い軟弱地盤の場合（図 4.64 ③）
④ 軟弱地盤と非軟弱地盤とが相接する場合（図 4.64 ④）

　そのほか、軟弱地盤には限らないが、地震の時には建物にも土木構造物や盛土・基礎地盤などにも、揺れによって**慣性力**が働く。重いものは揺れだしにくいが、一度揺れるとなかなか収まらない。このため平常時に比べて地盤はすべりやすくなる。同時に地震動によって土の**せん断強度（ずれに対する強さ）** も低下していて、いっそうすべ

りやすくなる。このため道路の盛土や堤防などは安全性が急に低下して、図 4.65 に示すような被害を受けやすい。

4.4.3　広域地盤沈下

　地盤沈下は①かなり広い地域で地下水を採取することによって起こる**広域地盤沈下**と②建設や掘削に伴う**局所的地盤沈下**の 2 つに区別できる。ここでは前者について述べる。

(1)　濃尾平野の地盤沈下

　濃尾平野は木曽・揖斐・長良の三大河川の豊富な水量が農業生産力のもととなり、また良質で豊富な自噴井の地下水が繊維や化学工業の発展を支え、中京圏の反映をもたらしてきた。

　ところが戦後、この地域の産業・工業の発展に伴い、かつて各地にみられた自噴井も姿を消した。昭和 30 年代後半から水位は年々下がり、地盤沈下の被害が注目されるようになった。このような広域地盤沈下は濃尾平野だけの問題ではなく、わが国の完新世・更新世の地層が分布する低地平野部の各地で起きている。

(2)　地盤沈下被害の現れ方

　過去の地盤沈下の状況は、国土地理院の一等水準点の検測や地方自治体の地盤沈下監視のため

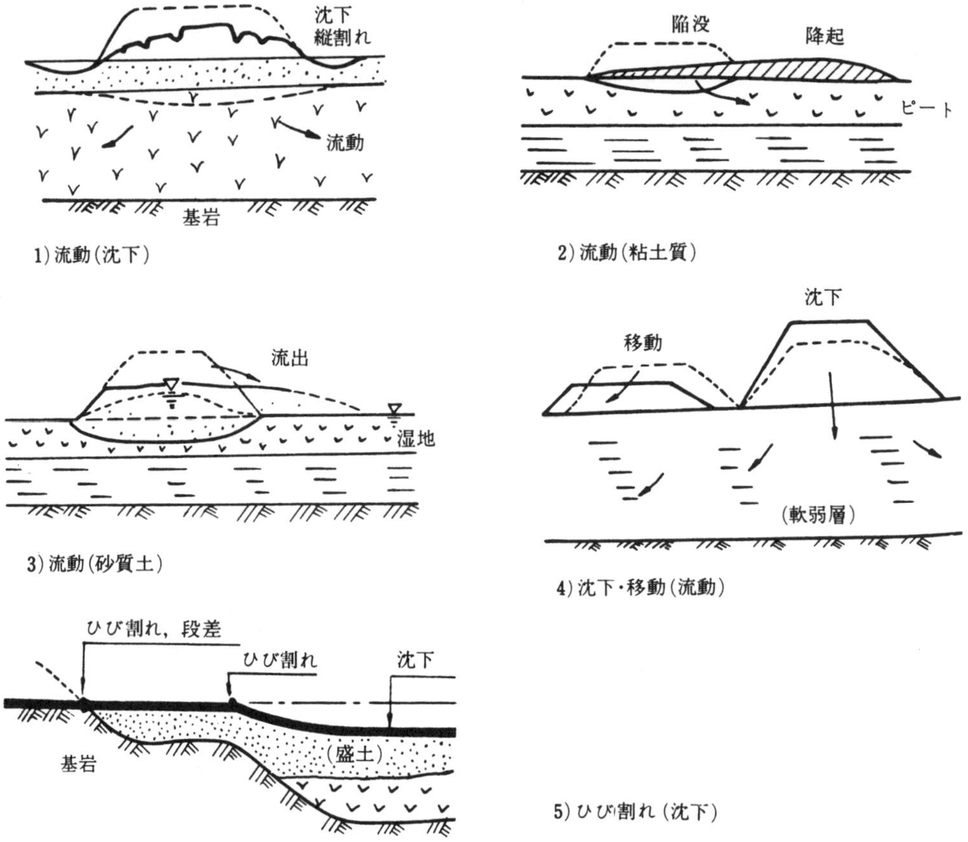

図 4.65　軟弱地盤上の盛土の地震被害例 [26]

の水準測量等により、年間沈下量が調べられている。このような検測結果がなくても、次のような現地調査や聞き取り調査などにより、地盤沈下の実態を明らかにできる。

① 深井戸の抜け上がり
② ビルの入口と道路面との間の段差（建物基礎の抜け上がり）
③ 橋と道路の盛土との間の段差（橋梁基礎の抜け上がりや、橋梁桁下や樋門のクリアランスの減少に伴う通船障害なども同じ）
④ 道路の波打つような局所的沈下
⑤ ガス・水道・下水道・ケーブル等、地下埋設物の破損
⑥ 水路の勾配変化や、建物の傾斜・破損
⑦ 堤防の天端と水面の接近による機能低下
⑧ 内水排水ポンプや排水施設などの機能低下
⑨ 高潮被害や内水氾濫の頻発・拡大
⑩ 海岸地域における河川での海からの塩水塊の遡上や、堤内への塩水浸透の増大と地下水の

塩水化
⑪ 古い地形図と最新の地形図との比較

(3)　地盤沈下の発生原因

a)　海成粘土層

地盤沈下は、沖積低地の中でもとくに海成粘土層（沖積泥層）が厚く分布するところで起こる。約 2 万年前に海底が 120〜140 m ほど低下した際にできた「おぼれ谷」は、その後海面が上昇し、それとともに次第に粘土質の堆積物で埋められていった。こうしたおぼれ谷を生めて堆積した地層が、広い意味での沖積層である。その多くは、厚くて未固結の**海成粘土層**からなり、下部と上部にはたいてい砂層があって、平野部での帯水層となっている。

b)　海成粘土層からのしぼり出し

海成粘土層は水分をたくさん含んでいるが、帯水層とはいえない。帯水層である上下の砂層から地下水をくみ上げると、その量が適切な（砂層中を通って地下水が十分に供給できる）あいだは問

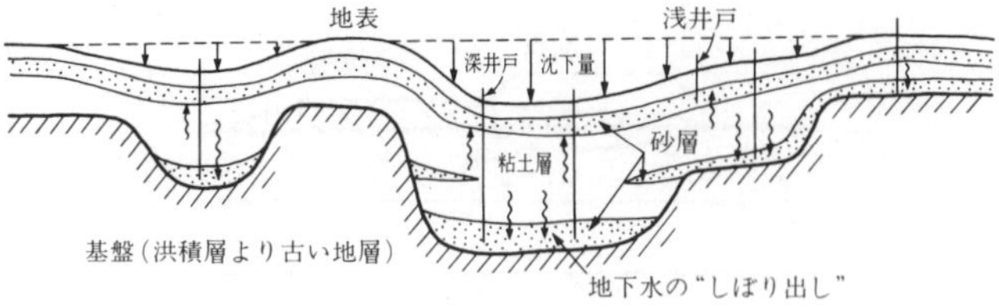

図 4.66 沖積粘土層からの地下水のしぼり出しによって圧縮され沈下することを示す模式図[1]

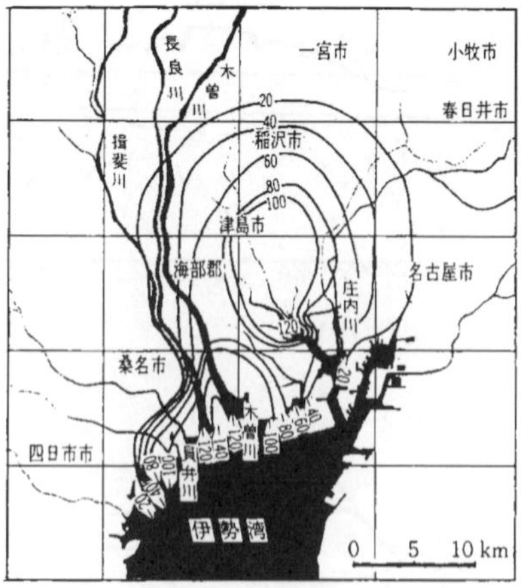

図 4.68 沖積層下部粘土層の層厚分布図[35]
（単位：cm）

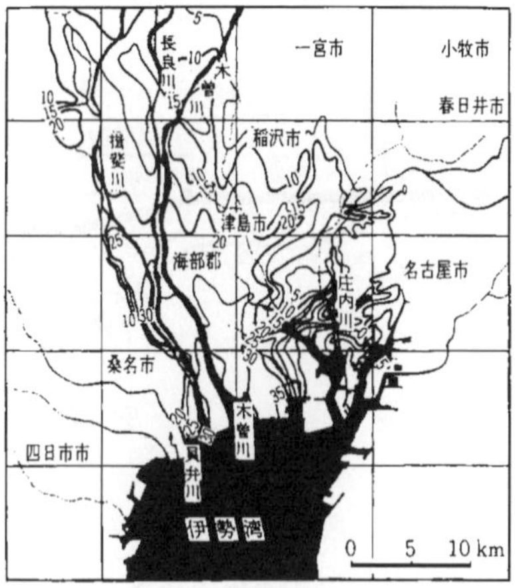

図 4.69 濃尾平野の昭和 36-57 年の累積地盤沈下図[35]（単位：cm）

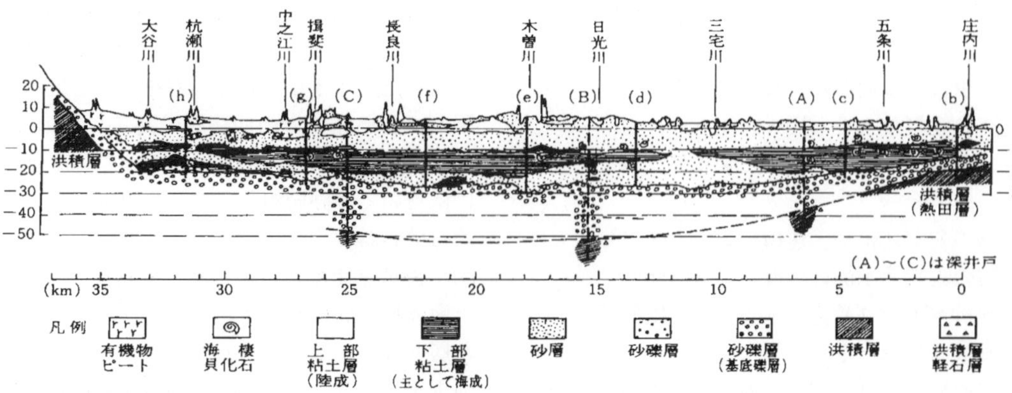

題ないが、過大に汲み上げると上あるいは下にある海成粘土層の中の水までもしぼり出される。粘土層からのしぼり出しが続くと土粒子間の水分がなくなるため、次第に体積の縮小を招き（圧密）地盤沈下をもたらす（図 4.66）。

したがって地盤沈下は、①海成粘土層が厚く分布し（素因）、②工業用水や農業用水あるいは積雪地方での消雪水などのために、地下水の汲み上げが過剰（誘引）のところで起こる。このため、地下水の汲み上げを規制すると、地盤沈下が停止することは、各地で認められている。

c) 濃尾平野の地盤沈下

地盤沈下が大きかった濃尾平野の場合、東海道新幹線沿いで見ると図 4.67 のような地層断面となり、沖積層（**下部粘土層**）が厚く分布している。図 4.68 は沖積層下部粘土層の層厚分布図である。図 4.69 は昭和 36 年から 57 年までの間の累積地盤沈下図である。これらを比較するとマクロに見て海成粘土層の厚いところほど沈下量が大きいことがわかる。実際には場所ごとの地下水の累積揚水量の違いを加味する必要があり、細かい点で一致しないのはその影響と思われる。

図 4.67 濃尾平野の沖積層縦断図（東海道新幹線に沿う断面図）[35]

（4） 広域地盤沈下の起こる微地形

地盤沈下の起こる地域は、海岸沿いの沖積低地の軟弱地盤帯である。軟弱地盤は、地盤沈下を筆頭に次のように土木建設上、もろもろの問題を内包している。

① 沈下量が大きいことによる問題
② 軟弱地盤への盛土などによる周辺地盤の変位による問題
③ すべり破壊による問題
④ 残留沈下の問題
⑤ 地震による地盤振動の増幅や地盤の液状化の問題
⑥ その他

a） 広域沈下と微地形

前述のように軟弱地盤は低地の微地形と密接に関係しており、①おぼれ谷や小おぼれ谷埋積地、②三角州、③潟湖跡地、④せき止め沼沢地跡、⑤堤間低地、⑥後背湿地、⑦谷底平野、⑧旧河道、⑨臨海埋立地などに分布する（図4.47）。このうち広域地盤沈下の起こるところは臨海部に発達する①おぼれ谷埋積地、②三角州、③潟湖跡地、④後背湿地など厚い沖積粘土層からできている低地であり、濃尾平野の場合は三角州地帯とその近傍である。

b） 内陸部の地盤沈下が起こる条件

諏訪盆地の地盤沈下の例のように、陸成の軟弱地盤帯であっても粘土層が広域に分布するところでは、地盤沈下が起こる。ただし、陸成の軟弱地盤ではふつう粘土層が薄いため沈下の絶対累積量は小さく、目に見える被害にはなりにくいだけである。

地盤沈下は臨海部の沖積低地で起こる場合が多いが、昭和50年代からの東京や千葉・埼玉などの台地地域では、年に20cmも沈下するようになってきた。これは、台地部の工場団地や住宅地での地下水汲み上げや、天然ガス採取が原因と考えられている。しかし、台地で地盤沈下の起こる土地は、地表を観察しただけではわからない。沈下の主原因となる厚い粘土層分布が地表の微地形には現れないからである。こういうところでは、沈下量の観測によって、はじめて知られることが多い。

（5） どうしたら地盤沈下は止まるか？

地盤沈下は、軟弱地盤の分布する低地に起こる広域的な公害であって、不同沈下のように個々の建物の基礎処理いかんで対処できる現象ではない。今のところ、地下水の汲み上げを規制する対策しかない。ただ、全国的にみて最近では地下水の汲み上げ規制が功を奏して、広域地盤沈下の被害はほとんどなくなってきている。

図4.70は東京都内の地盤沈下の状況を示したものである。江東区では大正時代初期、江戸川区や足立区では大正時代末期から昭和初期にかけて地盤沈下が発生している。昭和13–15年には沈下の中心は江東区や墨田区にある。昭和19–20年には江東区東部で沈下量が小康状態となったが、昭和25年頃から再び沈下が増加し、沈下域も千葉県境や埼玉県境にも及んでいる。昭和42年頃からは南部へ移り、昭和43年には江東区東部から江戸川区南部にかけて大きな沈下量が見られるようになった。

ところが、昭和47年に天然ガスの採取停止や工業用水の揚水規制がなされたあと地盤沈下は小さくなり、昭和48年からは低地の全域にわたって地下水位が上昇して、地盤沈下は止まっている。

4.4.4 海岸侵食

海岸の構成物（岩石・地層や砂など）が、海の作用で削除されて、海岸線が陸側へと後退していく現象を、広く**海岸侵食**（beach erosion）と呼んでいる。海の作用としては、① 波浪の打撃による直接的な破壊や岩石の空隙における水や空気の圧縮力などと、② ①などで破壊された物質あるいは河川で運ばれた物質が沿岸流によって除去されることによって、陸側が侵食される現象などがある。

このような海の作用からみて、海岸侵食にはマクロにみると次の2タイプがある。

① 千葉県屏風ヶ浦や太東岬あるいは福島県の常磐海岸などのように海に面した直立する崖（海食崖）が、岩盤中の節理や層理などに沿う弱線が波浪による直接的な打撃を受けて脚部が侵食され、トップリングの形式で崩落・倒壊して海岸が後退するタイプ（この場合の侵食の速度は、平均0.5m/年以上のところもある）。

② 砂浜海岸では、海底や海岸の堆積物の移動が容易なため、近くの流入河川や隣接した海岸

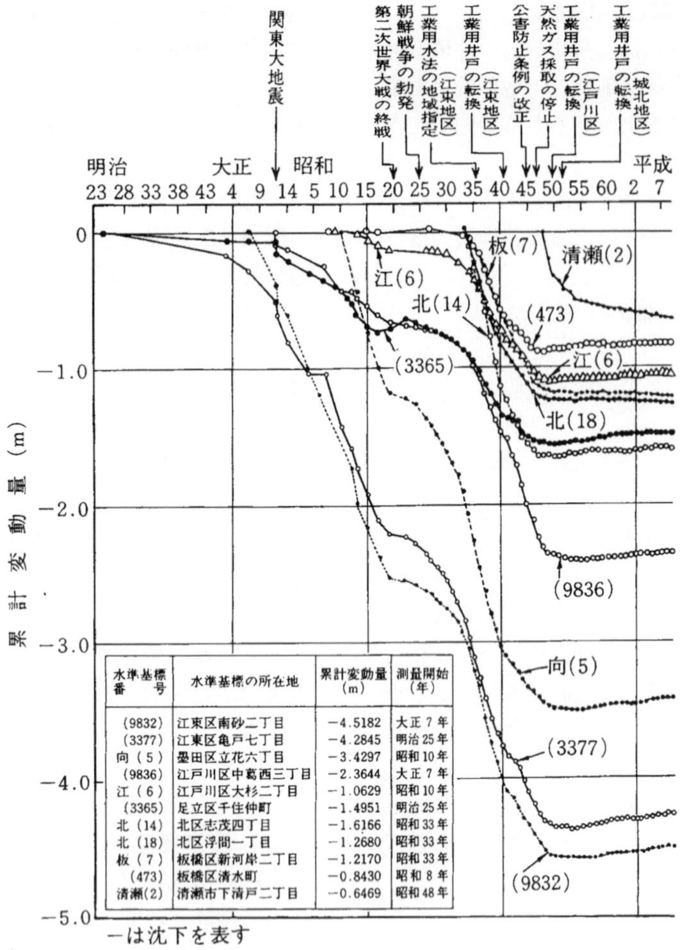

図 4.70 の上部ラベル（左から）：

関東大地震

第二次世界大戦の終戦
朝鮮戦争の勃発
工業用水法の地域指定
工業用井戸の転換（江東地区）
工業用井戸の転換（江東地区）
公害防止条例の改正
天然ガス採取の停止
工業用井戸の転換（江戸川区）
工業用井戸の転換（城北地区）

明治　大正　昭和　　　　　　　　　　　　　　　平成
23 28 33 38 43 4 9 14 3 10 15 20 25 30 35 40 45 50 55 60 2 7

板(7)　清瀬(2)
江(6)
北(14)　(473)
(3365)　江(6)
北(18)
(9836)
向(5)
(3377)
(9832)

水準基標番 号	水準基標の所在地	累計変動量 (m)	測量開始 (年)
(9832)	江東区南砂二丁目	-4.5182	大正7年
(3377)	江東区亀戸七丁目	-4.2845	明治25年
向 (5)	墨田区立花六丁目	-3.4297	昭和10年
(9836)	江戸川区中葛西三丁目	-2.3644	大正7年
江 (6)	江戸川区大杉二丁目	-1.0629	昭和10年
(3365)	足立区千住仲町	-1.4951	明治25年
北 (14)	北区志茂四丁目	-1.6166	昭和33年
北 (18)	北区浮間一丁目	-1.2680	昭和33年
板 (7)	板橋区新河岸二丁目	-1.2170	昭和33年
(473)	板橋区清水町	-0.8430	昭和8年
清瀬 (2)	清瀬市下清戸二丁目	-0.6469	昭和48年

－は沈下を表す

図 4.70　東京都の地盤沈下－主要水準基標の累計変動量－[36]

地区からの堆積物の供給（流入）が減少して、沿岸流による流出とのバランス（流入量と流出量の差し引き）が崩れて流出量の方が多くなると、海岸は陸側へと後退するタイプ。地盤沈下がある地域では、このタイプの海岸侵食が顕著である。新潟海岸は、信濃川分水建設と地盤沈下のために、過去6年間で340mも海岸線が後退している（小池：1974）[37]。

図4.71は、縄文初期から、古墳時代までの過去6000年間における九十九里浜の発達史の模式図である。1点鎖線が現在の海岸線を示している。

宇多[25]などの研究によると、九十九里浜は両端にある海食崖が土砂供給源となって数千年間かけて発達してきた。そして、海浜形状にあずかる波浪外力は現在も作用している。したがって両側の海食崖からの土砂供給量が十分あれば、図4.72

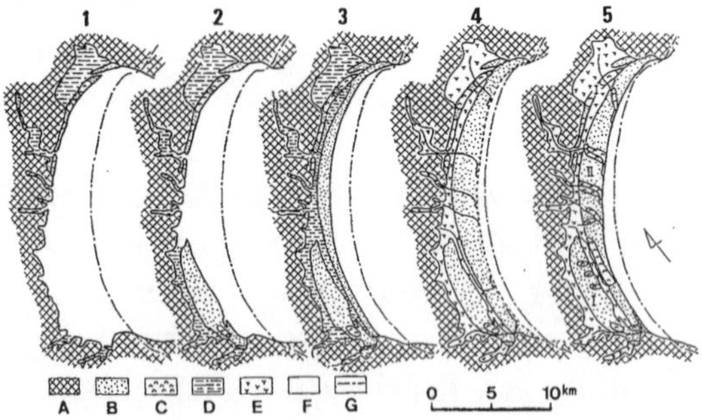

1：縄文時代初期（6000～5500年前）
2：縄文時代初期～中期（5500～4000年前）
3：縄文時代後期（4000～3000年前）
4：縄文時代後期～弥生時代（3000～2000年前）
5：弥生時代～古墳時代（2000～1500年前）
A：台地、B：バリアー、C：砂丘、D：入江またはラグーン
E：沼沢地、F：海、G：現汀線、破線は旧汀線

図4.71　過去6000年間における九十九里浜の発達史[24]

表 4.11 海食崖の断面形状[31]

	断面形状	説　明
A		活発な侵食作用を受けている海食崖で、傾斜 60° 以上。 崖面は広く露岩して植生は貧弱である。崖面には時として明瞭な崖壊跡が認められ、崖下には崩落岩塊が散在する。
B	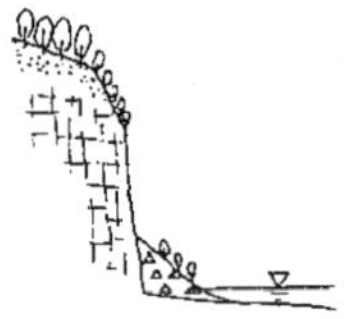	侵食作用が休止〜停止した状態の海食崖で、傾斜 60° 以上。 急崖は安定勾配化する方向で岩盤崩壊を発生し、崖下には崩壊岩塊からなる崩積土が堆積する。比較的緩傾斜化した崖斜面と崩積土には植生の侵入が始まる。 A タイプから C タイプへ移行する過程の中間型であるが、海食作用で崖下の崩積土が運搬除去されると A タイプの海食崖に復帰する。
C	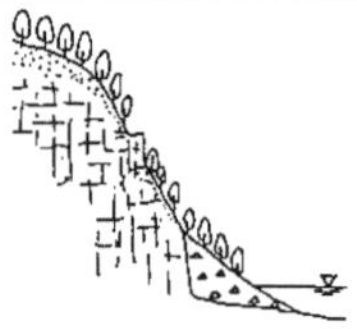	海食による侵食作用が停止してほぼ安定した海食崖で、傾斜 45〜55°。 崖の崩壊物質が運搬除去されず崩積土が成長し、崖面を含めて安定勾配化した断面形状を示す。全体に植生に被覆されるが、部分的に分布する露岩からの小規模な岩石崩壊や落石の発生が認められる。

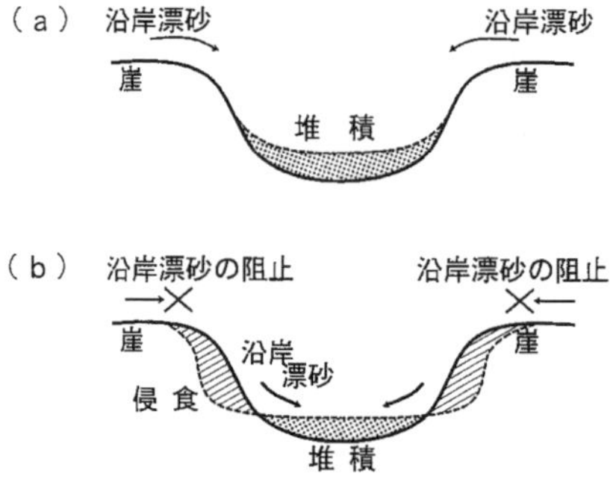

図 4.72 九十九里海岸の侵食機構の要約図
―平面図―[25]

（a）のように今後も海浜の発達が続くはずだ。ところが、九十九里海岸ではその両端部の屏風ヶ浦と太東岬の海食崖で侵食防止工事が進められてきた。海食崖の内陸側も種々の利用が図られているから、その保全の必要性は十分高いものの、海食崖の侵食防止効果が上がれば上がるほど、海食崖からの土砂の供給量は必然的に減少することになり、これらから土砂供給を受けてきた九十九里浜では、海岸は慢性的な侵食状況に変わった。

さらに海食崖から海浜の中央部への沿岸漂砂は、北端では飯岡漁港により、また南端では太東漁港の防波堤により阻止され、たとえ海食崖から十分な漂砂供給があったとしても、もはや九十九里浜中央へは流下できない状態になった。この境界条件の下では、図 4.72（b）に示すように、緩やかな弓状の海岸線の両端部近くの曲率（汀線の沿岸方向曲率を意味する）の大きい部分で侵食が始まり、しかも侵食は端部近傍より中央へと波及し、それを守るために護岸や消波工を設置するとそれらの中央部寄りの端部が再び侵食にさらされることになる。

一方、これとは反対に、九十九里海岸の中央部にある片貝漁港では堆砂に悩まされ、その対策に防波堤の延長や浚渫が行われた。

このような九十九里浜の実態は、沿岸流による土砂移動（漂砂）のバランスの微妙さを如実に示している。この点が、海岸侵食対策の難しさと言えよう。

4.4.5 海食崖の変化

海食崖は常に直立した崖のままであるわけではない。いつも活発な海食を受けている海食崖では 60° 以上の急崖をなし、崖面は露出していて植生は貧弱である（表 4.11（A））。

侵食（海食）作用が休止〜停止した海食崖では、崖下には崩壊岩塊からなる崩積土が堆積し、比較的緩斜面化した崖斜面と崩積土には植生が侵食してくる（表 4.11（B））。

海食による侵食作用が停止してほぼ安定化した海食崖は、傾斜 45〜55° 程度になり、崖の崩壊物

Column

砂州がなかなか動かないのはなぜか？

　干潟の砂州地形は、激しい風波にさらされているのにほとんど動かない。なぜか？　干潟では潮の干満が繰り返される中で、砂州内部の地下水位が毎日変動し、砂に含まれる水分による砂粒間の張力が増減を繰り返すことによって、砂州の表層が締め固められるため、土砂移動の抵抗力が顕著に増す。この

ため砂州は移動しづらいのだという（環境新聞2009年1月28日による）。
　（オリジナルは、佐々真志・渡辺要一：Geophysical Research Letters 誌）
　ただし、東日本大震災の津波では、砂浜や砂州の変動は大きかった（今村）。

は運搬除却されることなく崩積土が成長し、崖面を含めて、安定勾配化した断面形状を示す。斜面全体が植生に被われるが、部分的に分布する露岩からの小規模な岩石崩壊や落石の発生はあり得る（表4.11（C））。

　このように海食崖は時間とともに次第に安定化に向かうものである。

4.4.6　地盤の液状化

　昭和39年の新潟地震（M7.5）の際、昭和大橋が壊れたり、信濃川左岸にあった川岸町の県営アパートが倒れたのをはじめ、新潟市の各地で噴砂・噴泥が起きたり、木杭や浄化槽が浮き上がるなどの被害が多数発生したことは、よく知られるところである。

　千葉県の浦安市は、昭和39年（1964）から干潟の埋立てが始まり、当初の面積 $4.4\,km^2$ から約 $17\,km^2$ と4倍も海側へと広がった。東日本大震災では浦安市や千葉県美浜の幕張などを中心に、埋立地はことごとく液状化の被害を受けている。地中のマンホールが人の背丈くらい浮き上がり、マンションの歩道が隆起して凸凹になり、家屋や電柱が傾くなどの被害が出た。浦安市や市川市・九十九里浜などでは、昭和62年（1987）の千葉県東方沖地震でも、かなり液状化している。

　液状化は新潟地震で注目を浴びたが、それ以前の関東地震（1923）や福井地震（1948）、のときにも起きている。このように地震の際に、地震の揺れで地盤が液体のようになって噴砂・流動する現象を「地盤の液状化」と呼んでいる。昭和58年の日本海中部地震の際には、「流砂現象」という言葉がよく使われた。これも液状化のことで、震度5以上の地震の際、低地部ではほぼ確実に起

こる現象で、次のように考えられている。

　水で飽和された砂質の地盤が、地震の振動を繰り返し受けると、砂粒と砂粒との間にあった隙間が砂粒で埋められ、砂地盤全体の体積が急激に縮まろうとする。ところが、砂粒の間の空隙は水で満たされているため、水は抜け出ようとしても、急には抜け切れない。このため砂粒と砂粒との間にある水の圧力（間隙水圧）が瞬間的に非常に高くなって、砂粒は水に浮いた状態になり、粒子と粒子との間の絡み合いが外れて地盤は液体のような状態に変わる。その結果、この部分が割れ目に沿って噴砂・噴水となって噴き出したり、水より比重の大きな「液体」の持つ浮力で、浄水槽やマンホール・杭など軽いものが浮き上がったり、逆に重いものが沈んだり家屋が倒壊したり流動したりする。

　地盤の液状化は、低地のどこででも起こるわけではない。これまでの実績から見ると、一般に、次のような地盤に起きやすい。

① 旧河道や埋立地など、新しくできたルーズな砂質地盤地域の
② 粒度のわりと揃った砂地盤（中〜細粒の砂地盤）地域で、しかも
③ 地下水位が高い（浅い）地域（地表から2〜3m以浅）

　これを低地の微地形タイプでみると、ⓐ埋立地、ⓑ旧河道、ⓒ三角州（デルタ）地帯、ⓓ砂・泥質で傾斜のゆるい谷底平野、ⓔ自然堤防の周縁部、ⓕ周りの低地と同レベルまで底平に切土した旧砂丘地などに多い。地盤の液状化は低地の微地形と密接に関係して発生するから、微地形タイプによって液状化の危険度をランク分けすることができる。図4.73に、液状化の起きやすい地盤の

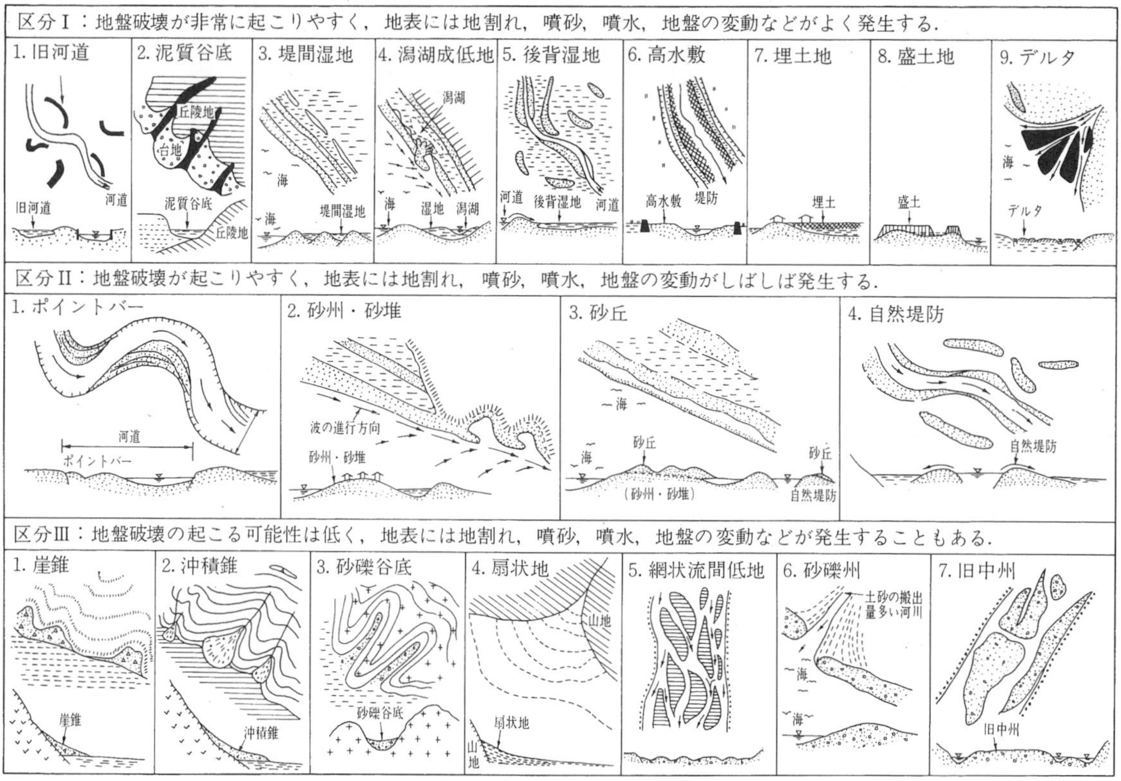

図 4.73 地震時に液状化の起きやすさの微地形別ランク区分（足立勝治原図）[1]

微地形別のランクを示す。

　濃尾平野や福井平野のように、扇状地帯・自然堤防帯・三角州帯の小地形帯に分かれるような低地では、後背湿地と自然堤防が入り交じった自然堤防帯の、自然堤防の周りに多く発生しやすい。これに対し、前述した信濃川や阿賀野川下流域・庄内平野・秋田平野などのように、海岸沿いに砂丘があって、平野の多くが三角州からなるところでは、砂丘背後の低湿地や大河川の蛇行帯の低地に起きている。天竜川や大井川などのような扇状地性の平野では、扇状地末端の湧泉地帯に発生しやすいことが報じられている。

参考文献

1) 今村遼平（1985）：安全な土地の選び方、鹿島出版会
2) 今村遼平（1993）：実用軟弱地盤対策技術総覧、第2章 地形と軟弱地盤、建設産業調査会
3) 今村遼平・岩田健治・足立勝治・塚本哲（1983）：画でみる地形・地質の基礎知識、鹿島出版会
4) 池田俊雄・室町忠彦（1967）：路線土質調査、山海堂

5) Allen, J. R. L. (1970)：Physical Processes of Sedimentation, George Allen & Unwin (Publishers) Ltd.
6) 今村遼平（1984）：地形・地質と軟弱地盤、地球、Vol.6、No.11
7) 小出博（1973）：日本の国土（上）、東京大学出版会
8) 鈴木隆介（1978）：現場技術者のための地形図読図入門、測量、1978年3月号
9) 坂口豊（1974）：泥炭地の地学、東京大学出版会
10) 籠瀬良明（1975）：自然堤防、古今書院
11) 島博保・奥園誠之・今村遼平（1981）：土木技術者のための現地踏査、鹿島出版会
12) 日本道路公団（1971）：東名高速道路工事資料集［土木・舗装編］
13) Kolb, C. R. (1976)：Geologic Control of Sand Bolts Along Mississippi River Levels, Geomorphology and Engineering, Edited by Donald R. Coates, Dowden, Hutchinson & Ross, Inc.
14) 豊島吉則・赤木三郎（1965）：鳥取砂丘の形成について、鳥取大学学芸学部研究報告（自然科学）、Vol.16、No.1
15) 今井篤雄（1973）：鉄道飛砂防止林の機能、昭和48年度砂防学会研究発表会概要集
16) 能登繁幸（1991）：泥炭地盤工学、技報堂出版
17) 日本道路公団金沢建設局（1973）：北陸高速道路

小杉工事動態観測報告書

18) 新潟大学積雪地域災害研究センター（代表：高濱信行）（2004）：平成16年7月新潟・福井豪雨災害に関する調査研究

19) 杉浦正美（2005）：内水氾濫による浸水危険度評価、ハザードマップ—その作成と利用、日本測量協会

20) 萩原尊禮・糸川英夫・円山雅也・今津博・村上保冨・菊本治男・羽鳥徳太郎（1982）：事故トラブル解決百科、講談社

21) 今村遼平（2001）：津波・高潮と海岸侵食、空から読む環境と安全の13章、日本測量協会

22) 大崎順彦（1982〜1983）：地盤と震害、建築技術、No.368–372、建築学会

23) 萩原尊禮監修（1983）：地震の事典、三省堂

24) 森脇広（1979）：九十九里浜平野の地形発達史、第四紀研究、Vol.18、No.1、pp.1-16

25) 宇多高明（1996）：日本の海岸浸食、山海堂

26) 日本道路公団（1977）：道路土工部と地震対策、試験所技術資料、第209号

27) 坂東和郎・斉藤浩之・浦山智晴（2005）：見附市街地における建物の被害と地盤の関係、新潟県連続災害の検証と復興への視点、新潟大学中越地震新潟大学研究団

28) 武田裕幸・篠孝彦（1962）：静岡県大仁付近における狩野川の旧流路と洪水との関係、写真測量、Vol.1、No.1

29) 郷原真保ほか（1979）：土のはなしI、技報堂出版

30) 土質工学会用語解説集委員会（1969）：土質工学用語解説集、土質工学会

31) 上野将司・山岸宏光（2002）：わが国の岩盤崩壊の諸例と地形地質学的検討—とくに発生場と発生周期について—、地すべり、Vol.39、No.1

32) 大矢雅彦（1973）：沖積平野における地形要素の組み合わせの基本形・早稲田大学教育学部学術研究22

33) 栗原則夫（2004）：現場の知とは何か、丸善

34) 栗原則夫・今村遼平（2008）：地盤技術論のすすめ、鹿島出版会

35) 東海三県地盤沈下調査会編（1985）：濃尾平野の地盤沈下と地下水、名古屋大学出版会

36) 東京都土木技術研究所（1997）：平成8年地盤沈下調査報告書

37) 小池一之（1974）：砂丘海岸線の変化について、地理学評論、Vol.47、pp.719-725

38) 今村遼平（2004）：地震タテ横ななめ、電気書院

39) 関東ローム研究グループ（1965）：関東ローム、築地書館

5章 工学面からの台地（段丘）地形の見方

天地は不仁なり。万物を以って芻狗（草で形づくった犬のこと）となす。
（天地には仁慈の心はない。なぜならば、万物はそのなりゆきにまかせておくからだ。これは実は逆説であって、天地が万物を自然のなりゆきにまかせることは不仁に（慈愛の心がないように）見えるが、これこそ本当の仁（愛）なのだ。）
―『老子』五章による―

比較的標高が高く、広い面積の平坦な表面をもち、その一方が急傾斜をもって低地に下っている地形を**台地（plateau or tableland）**と呼んでいる。

われわれが台地と呼ぶものの中には、①段丘やそれ以外の第四紀層のなす台地（upland）と、②山地に分布する溶岩流やシラスのような火山砕屑物のなす台地（tableland or plateau）、場合によっては、③隆起した準平原の削り残しである侵食小起伏面（erosion surface with low relief）などが含まれる。

このうち②、③は地形区分でいえば山地に入るので、ここでは①の、しかも**段丘（terrace）**についてだけ述べる。なお、崖錐は山麓堆積地形であるが、便宜上山地のところで述べることにした。

5.1 段丘地形の区分

5.1.1 段丘の一般的性質

段丘と呼ぶ地形の中には、①広い面積をもった**段丘面（terrace surface）**と、②その端に狭く急崖をなしで分布する**段丘崖（terrace scarp）**の双方を含む。段丘面は一般的には段丘堆積物が堆積した面（堆積面）を表しており、段丘崖はその面が後で削られた面―すなわち侵食面―を表している。

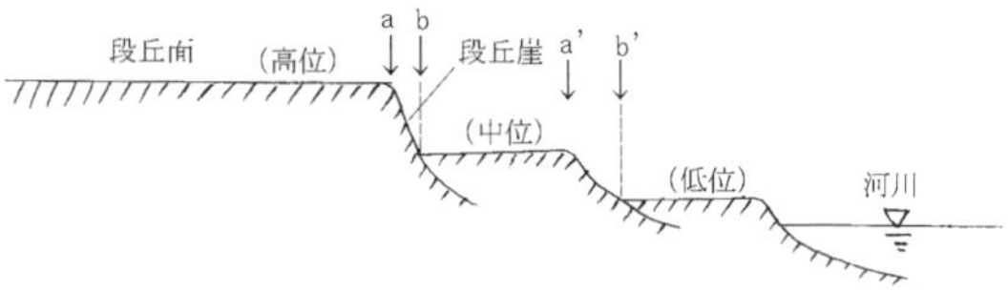

図 5.1 段丘の呼び方と高位・中位・低位の区別（原図）（a–b、a'–b' 間が段丘崖である）

段丘は一段だけでなく数段あることがあり、この場合、その地域で一番高いものを「高位段丘」、中間を「中位段丘」、河岸にあって一番低いものを「低位段丘」と呼ぶが、これらに時代の意味は含まれていない。これら段丘面に関しては、「**高い面ほど古い時代にできたもの**」という原則がある。

東京近郊では、古い方（高い方）から①**多摩段丘**、②**下末吉段丘**、③**武蔵野段丘**、④**立川段丘**という **4 つの段丘面**があり（p.46 のコラム参照）、それぞれに多摩面・下末吉面・武蔵野面・立川面と呼ばれ、関東周辺では段丘の高さや新旧は、これらを標準として論じられることが多い。

地形区分をするときには、段丘面の端（a、a'）と段丘崖の下端（b、b'）に境界線を引く。a–b や a'–b' 間が段丘崖である。

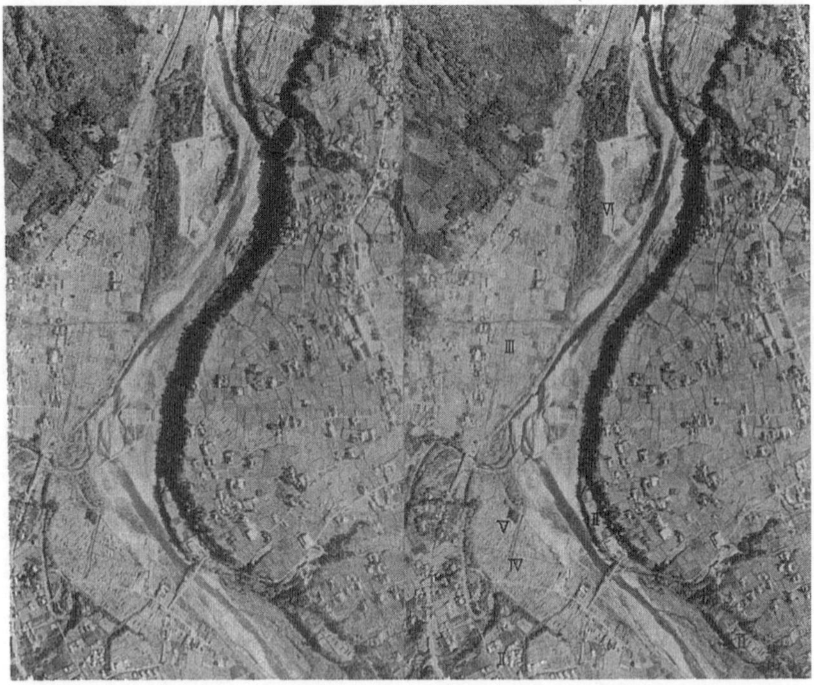

図 5.2 河岸段丘の判読例：高いものから I, II, III, IV, V, VI, の順となり、高いものほど形成時代が古い。ここで現在洪水の影響を受けるものは IV～VI の段丘面である。―立体写真―

5.1.2 河成（河岸）段丘
(1) 河岸段丘とは
　段丘には河岸沿いに発達する**河成段丘**あるいは**河岸段丘**（river terrace）と、海岸沿いの**海岸段丘**（coastal terrace）があり、形成位置の高いものから、最上位・上位・中位・下位・最下位などと記載する。しかし、これは必ずしも地質時代と一致するものではない。
(2) 段丘の分類と性質
　河岸段丘は、**堆積段丘**（fill terrace）と**侵食段丘**（strath terrace）に分けられる。
　堆積段丘は、かつての氾濫原（flood plain）や河床がその後の侵食作用で下刻されて段丘化したもので、別名、砂礫段丘（gravel terrace）とも呼ばれる。
　一方、山腹や扇状地などの一部が削られて平坦面をなすものを侵食段丘[*1]と呼ぶ。段丘面には基盤岩が露出することもあるが、ふつう薄い砂礫層（ベニヤ礫層：veneer gravel と呼ぶ）が載っていることが多い。

[*1] 堆積物が 10 m 以上の厚さのものは堆積段丘、5、6 m 程度のものは侵食段丘と考えてよいであろう。

(3) 段丘のでき方の順序
　段丘では高位のものほど古く、低位のものほど新しい。これが段丘面をみるときの鉄則である。河岸段丘は河川の堆積作用によって**段丘面**（terrace surface）が、その後の侵食作用で**段丘崖**（terrace scarp）が形成され、何段もの段丘面は両者の繰り返しでできる（図 5.3）。古い段丘は埋没していたり、侵食されていたりすることもある。関東平野のように、火山灰が段丘面を覆っていることもある（図 5.5 (B)）。

5.1.3 海成（海岸）段丘
　過去の海面変動（図 4.1）に関連してできた海成の（したがって海岸沿いに分布する）平坦面が陸化して（地形学では「離水して」という言葉を使う）、海岸沿いに階段状に分布する地形を**海成段丘**または**海岸段丘**（marine terrace or coastal terrace）と呼ぶ。これらはほとんど第四紀中期以降に形成されたものである。わが国の場合、とくに①下末吉海進時（12～13 万年前の最終間氷期）と、②縄文（有楽町）海進時（約 6000 年前の後氷期）に形成されたものが多い。

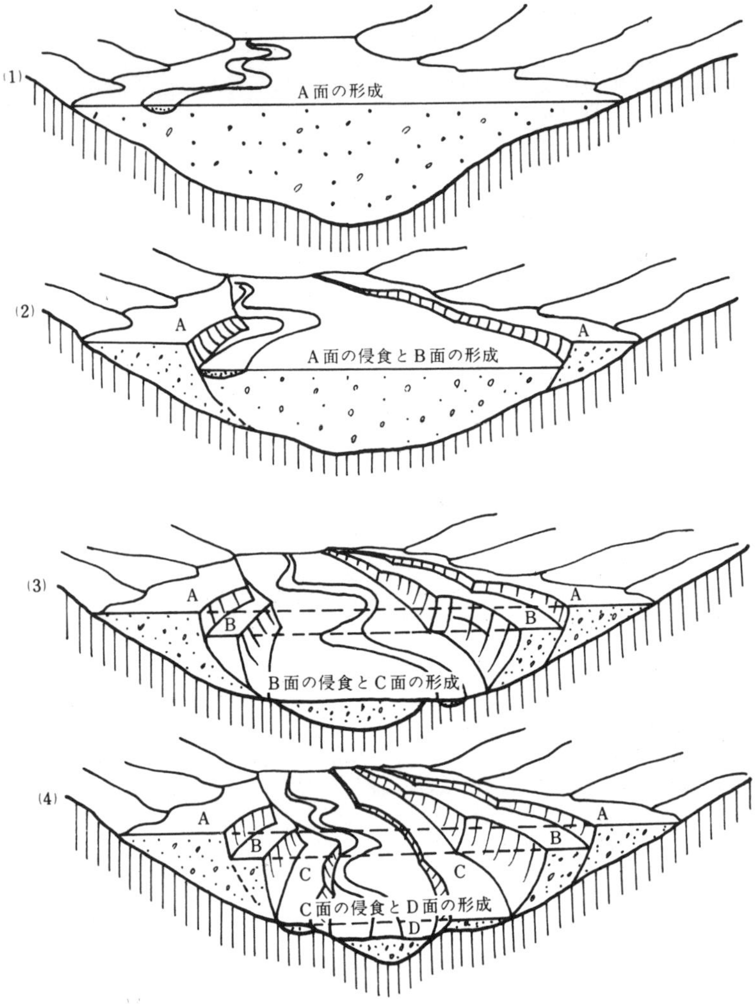

図 5.3 段丘の形成順序 [1] (A、B は堆積段丘，C は侵食段丘)

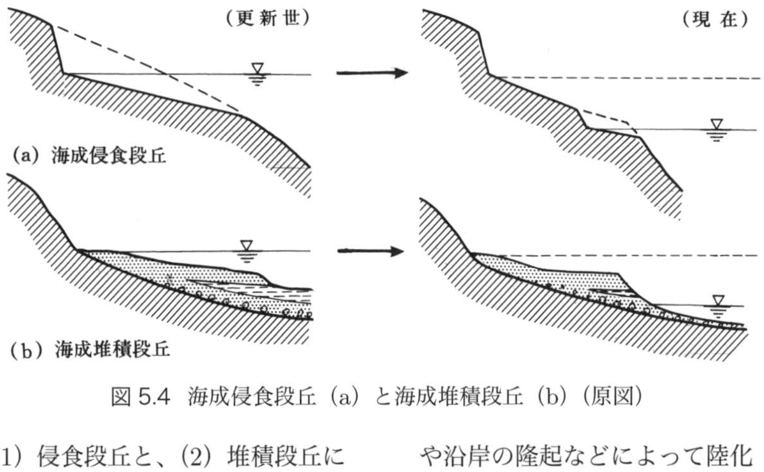

図 5.4 海成侵食段丘 (a) と海成堆積段丘 (b) (原図)

　海成段丘も、(1) 侵食段丘と、(2) 堆積段丘に分けることができる。

(1) 海成侵食段丘

　海成の侵食段丘は波食を受けた岩盤が海面変動

や沿岸の隆起などによって陸化（離水）してできた段丘で、段丘面には堆積物はほとんど載っていないか、ごく薄く（3m以下）かぶっているにすぎない。わが国の場合、海成侵食段丘の分布は少

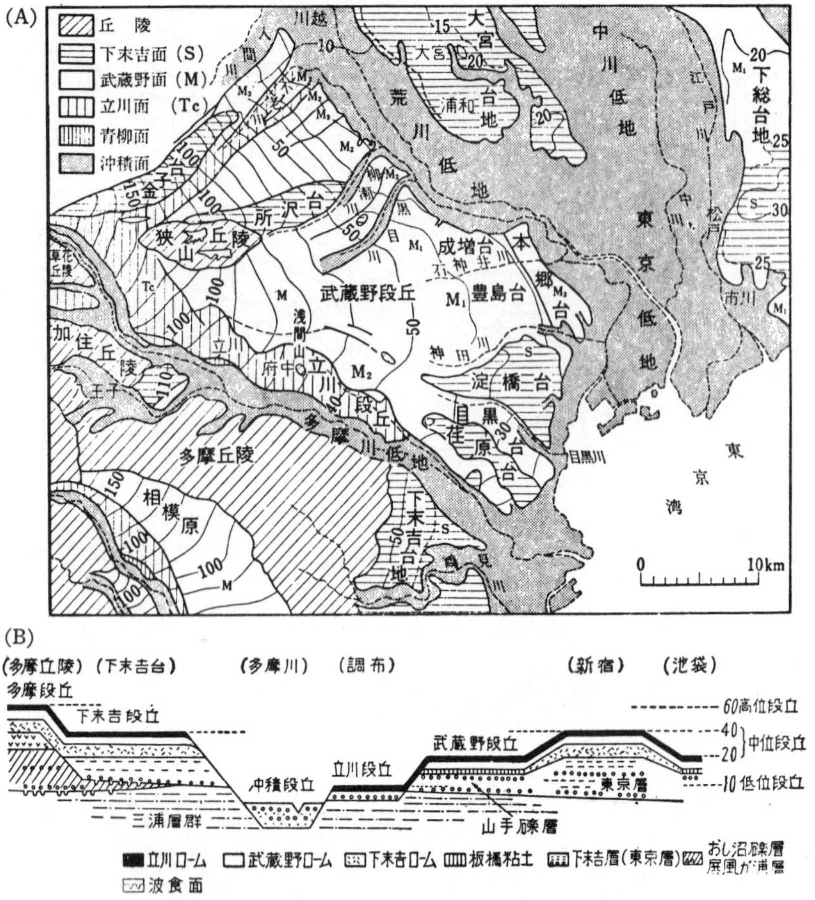

(A)
丘陵
下末吉面（S）
武蔵野面（M）
立川面（Tc）
青柳面
沖積面

(B)
（多摩丘陵）（下末吉台）　（多摩川）（調布）　　　（新宿）（池袋）

立川ローム　武蔵野ローム　下末吉ローム　板橋粘土　下末吉層（東京層）
波食面

図 5.5　関東平野・武蔵野付近の地形面区分（A）[2] と、各段丘面を覆うローム層（B）[3]
　　　　（（A）は貝塚・戸谷：1953、（B）は井尻・新堀：1963 による）

ない。

(2)　海成堆積段丘

海岸に注ぐ河川の河口付近では三角州性ないし扇状地性の堆積面があったところが、陸化してできた段丘面が海成段丘面で、表部には厚い海成堆積物が分布している（図 5.4）。

5.2　段丘の地盤工学的問題

5.2.1　段丘の地盤条件

段丘堆積物は砂礫（円礫であることが多い）からなり、河道面より数 m〜数 10 m 高いところにあるため、水はけも良い。段丘堆積物中に軟弱層が挟まることもないため不同沈下もなく、地盤のN 値は 50 以上で、土木構造物の支持基盤としては問題がない。

ただ、関東平野のように近隣地域に活火山があ

ると、火山灰（わが国ではロームと呼んでいる）層が段丘面を被っているため、古い段丘面ほど何枚ものローム層をかぶっている（図 5.5）。

たとえば路線建設上は、線形の上では段丘堆積物であってもなくても著しい問題ではないが、施工や路線の保護・管理上は、計画路床面が段丘堆積物中にある場合と、下位の不透水層中の場合との差は著しい。

(1)　計画路床面が段丘堆積物中にある場合（図 5.7(a)）：

段丘面は支持力が大きく路床として問題はないが、下位の不透水層近くでは段丘礫層からの湧水が多くなるため、路面の両側やセンターに廃水処理用の"メクラ排水工"を布設するなどの処理が必要となる。

洪水が及ぶ低い沖積段丘面は、道路としてはもちろん不適切である。

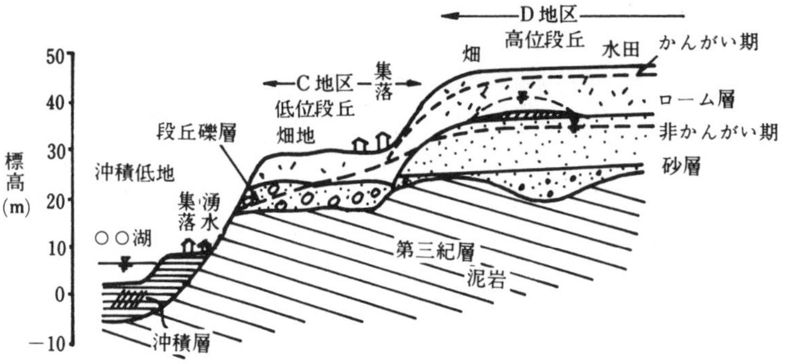

5 章　工学面からの台地（段丘）地形の見方　97

図 5.6　侵食段丘と地下水[4]

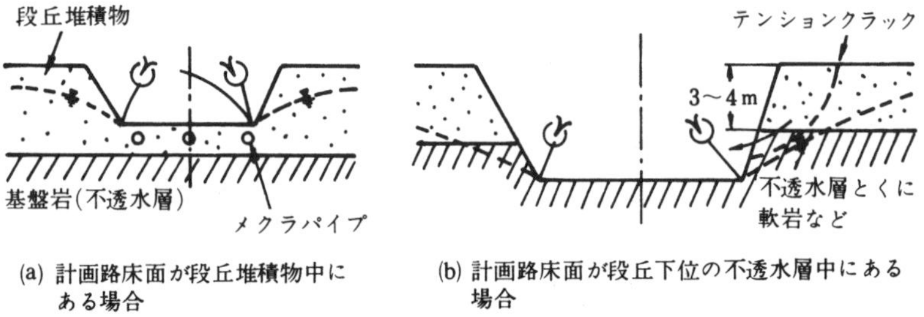

図 5.7　段丘堆積物における問題点[5]

(a) 計画路床面が段丘堆積物中に
ある場合

(b) 計画路床面が段丘下位の不透水層中にある
場合

(2)　計画路床面が段丘下位の不透水層中にある場合（図 5.7(b)）：

段丘堆積物が**不透水層**（impermeable layer）上に不整合にのり、しかも粘土化が著しい場合、法面に下位の岩盤にまで及ぶすべりが発生することがある。これは降雨とは関係なく起こるようで、切土による応力バランスの変化や地下水位面の変化に起因すると考えられる。

切土面は侵食されやすいので、法面から段丘礫の崩落を防止するために法面保護工の選択（法枠工をするか落石防止ネット付設とするかなど）が課題となる。播種による植生工は、種子が育ちにくくてうまくいかない。厚層基材の吹付工も、はげやすくて無理なことが多い。

5.2.2　段丘と地下水

侵食段丘は段丘堆積物が薄い（5, 6 m 以下）ので、地下水をほとんど含まずあまり問題とならない。堆積段丘では、堆積物中に地下水が必ず含まれるとみなければならない。調査では、地表露頭の調査と段丘上の井戸調査により、段丘のでき方の違いと地下水のあり方を明らかにする。

わが国の段丘では、関東平野の段丘のように火山灰層[*2]が段丘面を覆っていることがある。関東ローム層（火山灰）は多摩段丘では 4 部層、下末吉段丘では 3 部層、武蔵野段丘では 2 部層、立川段丘では 1 部層が段丘の上に載っており、沖積台地（完新世の沖積段丘）上には分布しない。

各地層と地下水の関係をみると、沖積層、立川礫層、武蔵野礫層および下末吉（東京層）には**不圧地下水**（背後地からの水圧のかかっていない地下水）が含まれ、下末吉層（東京層）とその下の三浦層群には**被圧地下水**（圧力のかかった地下水で、自噴することもある）が含まれる。武蔵野段丘では、板橋粘土を不透水層として上位のローム層に**宙水**（perched water、図 5.9 参照）が含まれることがある。このようなところは、段丘面上からの水位が 1〜2 m の浅井戸地帯となっている。

一般に台地では地下水位が低く（深く）、表層の火山灰中に水位があることは少ない。これは、下の段丘砂礫層中の有効空隙率が大きく、火山灰のそれが小さいためである。地下水面付近では火山灰が粘土化して透水性が悪くなっていることが多く、降雨直後に一時的に宙水を生じる。

[*2] 段丘中で不透水層をなしていることがある。

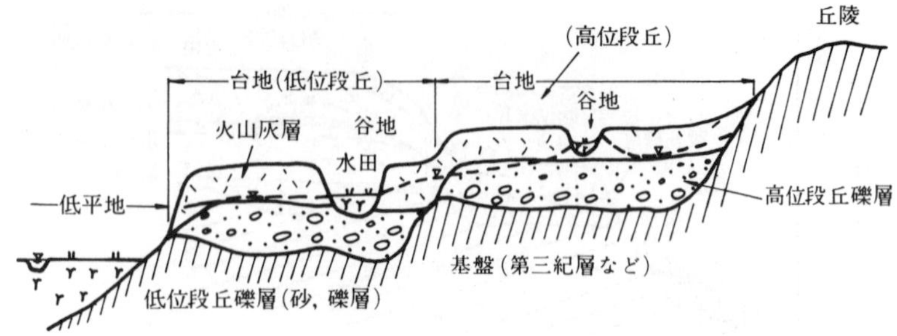

図5.8 台地の模式断面図 [4]

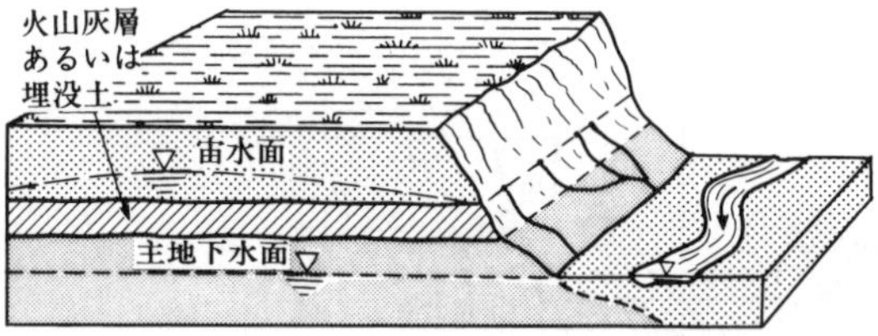

図5.9 台地における2つの地下水面（原図）（主地下水面と宙水の地下水面の2つあることがある）

火山灰層は吸水・浸透能が大きく、50 mm 程度の降雨はほとんど吸収してしまい、表面流出を生じない。このため台地の水収支は地表面からの垂直的かん養、沖積谷への流出、蒸発散および地下水流動に伴う流入・流出が強く関与している。市街地では、地表流出が大きな要素として加わり、井戸揚水も重要となる。

台地での地下水利用は、地下水位が低い（深い）ためあまり多くはないが、古くから集落の発達するところは地下水位がやや高いことが多く、古くからつるべ井戸などで家庭用水を得ている。低位

段丘と高位段丘との境界崖下、低平地、谷地への斜面などでは湧水が利用されていることが多い。

台地に入りくんでいる谷地の農業用水は、台地からの湧水を直接あるいは貯水池と組み合わせて利用していることが多いので、溜池の多い台地ではとくに注意が必要である。火山灰のない地域の段丘上の表土は、細粒堆積物を母材とする赤黄色土となるが、このような地帯でも段丘堆積物中にかつての地表面である埋没土や粘土層が挟まって、宙水域（perched water zone）が形成されている場合がある（図5.9）。

台地での切土が段丘層に及ぶと、法面からの湧水によって地下水位が下がり、周辺地区の従来の取水施設が利用できなくなるばかりでなく、貯留量が減少して安定取水ができなくなることもある。

段丘堆積物の下底、すなわち不透水性基盤の上面の形には大なり小なり凹凸があり、段丘堆積物中の盤上面の凹地形部を流動しているので（図5.11）、井戸の水位測定結果からつくった地

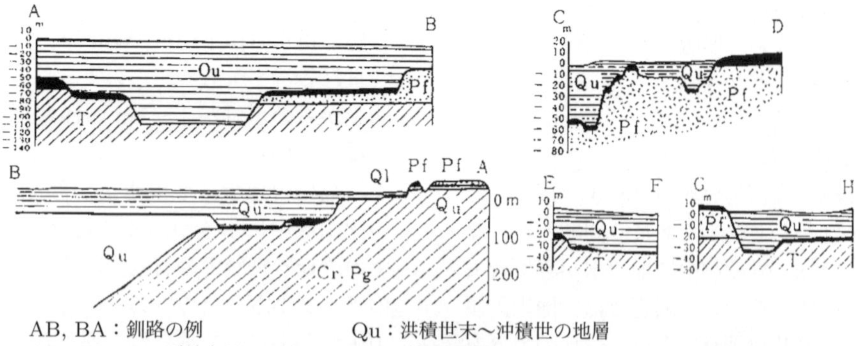

AB, BA：釧路の例　　CD, EF, GH：函館市周辺の例

Qu：洪積世末～沖積世の地層
Ql：下部洪積層, Cr, Pg：白亜紀層および古第三紀層
Pf：軽石流（低位段丘の時代）, T：第三紀層
黒色：埋没段丘礫層または段丘礫層

図5.10 埋没段丘の例 [6]

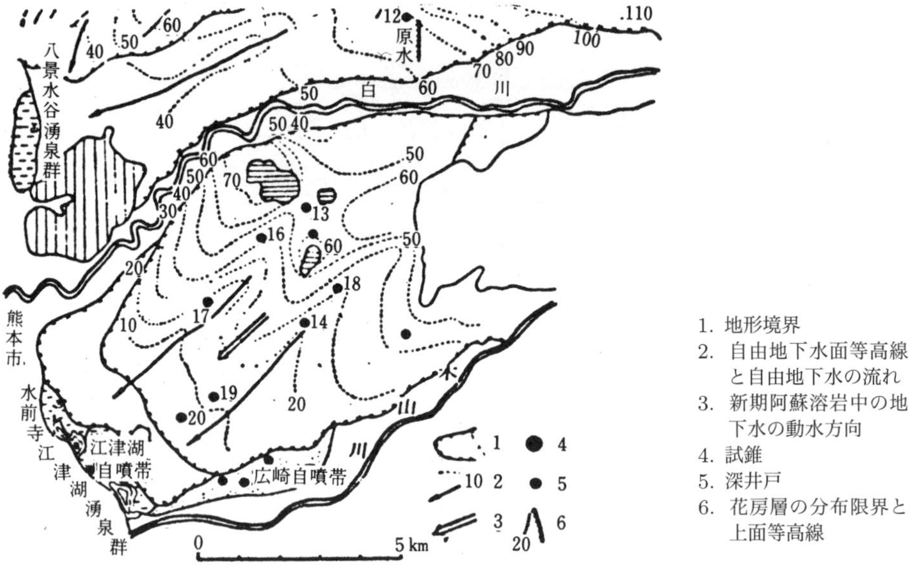

図 5.11 基盤岩の凹地に沿って流下する自由地下水 [7]

凡例:
1. 地形境界
2. 自由地下水面等高線と自由地下水の流れ
3. 新期阿蘇溶岩中の地下水の動水方向
4. 試錐
5. 深井戸
6. 花房層の分布限界と上面等高線

下水位等高線の形状や、地表地質調査（水文地質図の作成）・電気探査・ボーリングなどの結果から、**埋没段丘**（buried terrace：図 5.10）や**埋没谷**（buried valley：化石谷とも呼ばれる）の位置を見出すことが大切である。地下水の流路となっている埋没谷の部分を切土すると、広域から集まってくる大量の水が噴きだし、甚大な被害を及ぼすだけでなく、近隣地区の地下水位低下をもたらし、被害は広域に及ぶ。このような段丘堆積物中の地下水の量は、段丘の規模が大きく堆積物が厚いほど多くなる。

5.3 段丘と災害

台地（段丘面）における自然災害は、①山地の渓流から台地面上への土石流の流下・氾濫、②段丘崖の崖崩れ、③都市化地域での台地上の浸水（台地洪水：内水氾濫）などである。①は山地のところで述べるので、ここでは②、③について述

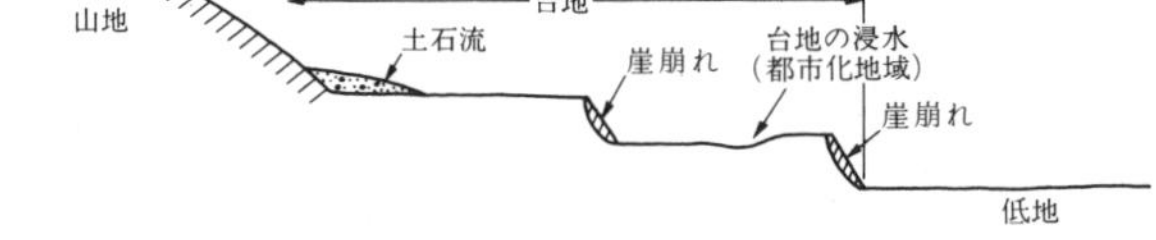

図 5.12 台地における災害発生の位置 [8]

べる。

5.3.1 段丘崖の崖崩れ

段丘崖は侵食崖であり、30°以上の傾斜をなしているため、崩壊や落石が起きやすい。1969 年に制定された「傾斜地の崩壊による災害の防止に関する法律」では、次のような条件のところは〈急傾斜地崩壊危険区域〉に指定されている（図 5.13）。

① 急傾斜地の高さが 5 m 以上
② 地平面とのなす角度（要するに斜面傾斜）が 30°以上
③ 斜面上または下側に民家が 5 戸以上ある（ただし官公署や学校・病院・駅・旅館などがある場合は 5 戸未満でも該当する）。

急傾斜地崩壊危険地の指定は段丘崖に限るわけではないが、市街地やその近郊にある段丘崖が、この条件に合致するケースは多い。

以上のようなことから、台地の崖の上と崖下の安全性は、図 5.14 のように考えておけばよいであろう。

このような崖崩れの大半は、①豪雨とくに雨水が地盤の中にしみ込んで土の強度（せん断抵抗力）を弱くするとともに、②水を含んで土の重量を著しく大きくするために、それまでは一応安定していた急崖のバランスが崩れる。これは図

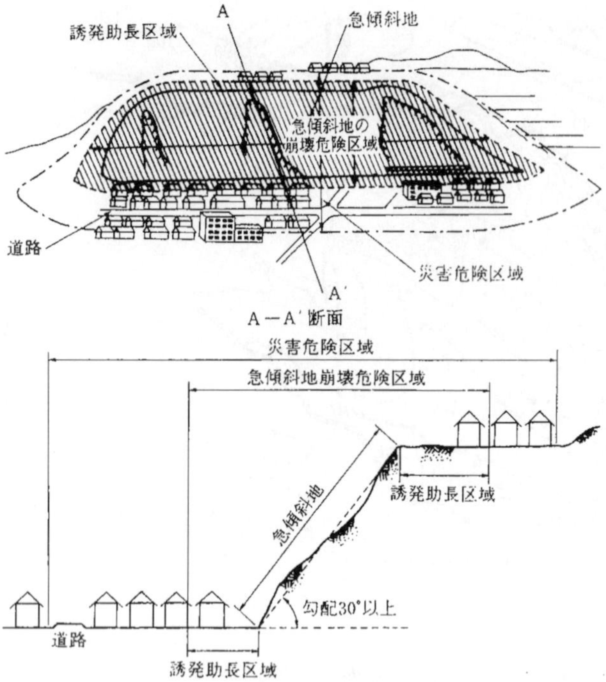

急傾斜地崩壊危険区域模式図

誘発助長区域　A　急傾斜地
急傾斜地の崩壊危険区域
道路
災害危険区域
A'
A－A'断面

災害危険区域
急傾斜地崩壊危険区域
急傾斜地
誘発助長区域
勾配30°以上
道路
誘発助長区域

図 5.13　急傾斜地崩壊危険区域模式図 [12]

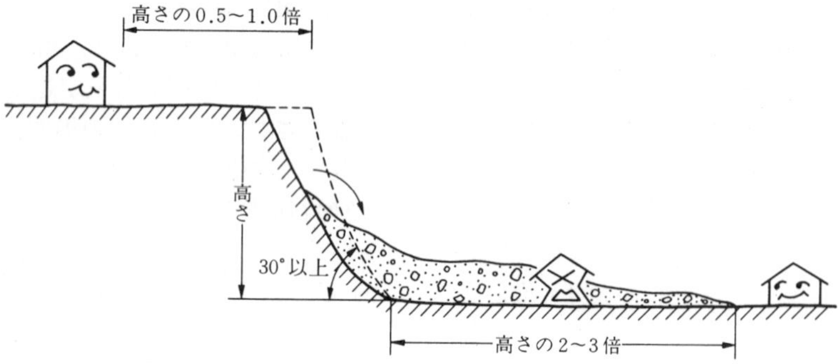

高さの0.5～1.0倍
高さ
30°以上
高さの2～3倍

図 5.14　崖の上・下の安全性（崖下は崖の高さの 2～3 倍、崖上は崖の高さ以上
離れていれば、まずは安全） [8]

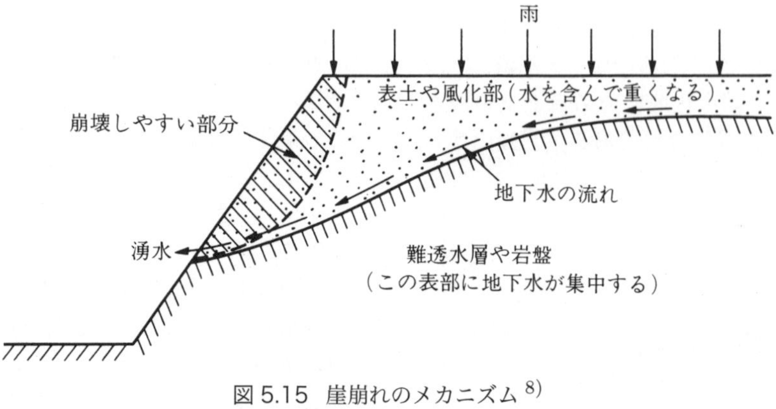

雨
表土や風化部（水を含んで重くなる）
崩壊しやすい部分
地下水の流れ
湧水
難透水層や岩盤
（この表部に地下水が集中する）

図 5.15　崖崩れのメカニズム [8]

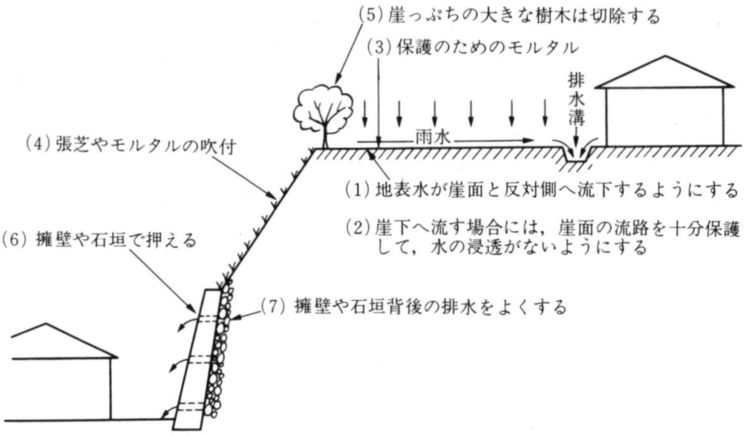

5 章　工学面からの台地（段丘）地形の見方　　*101*

図 5.16　崖地での防災対策 [8]

5.15 のように表される。③崖の上の樹木が強い
風で揺れて地盤が緩み、そこに地表水が流れ込ん
で崩落することもある。このため、高速道路の法
面などはあまり樹高が大きくなった木は切除して
いる。

　これらのことを勘案すると、台地の崖地での防
災対策は、基本的に図 5.16 のように表すことが
できよう。

5.3.2　段丘以外の台地の崖崩れ

　段丘ではなく第三紀層であっても、台地状に表
部が侵食されたところではやはり台地の端部で
崖崩れが起きやすい。千葉県の成田層からなる
台地（図 5.17）、横浜市近郊の台地あるいは大阪
層群の崩れなどがこのタイプにあたる。これら
の崖崩れの誘因は豪雨であるが、**一連の総降雨
が 100 mm を超すと、急に崖崩れが起きやすく
なる。**

　台地の崖崩れは、ふつうあまり大規模ではない
が、前兆現象が少なく（まったくないとは言えな
いが）急激（瞬時）に崩れるため、下側に家屋が
あると、たとえば千葉県下の昭和 46 年災などの
ように致命的な被害をこうむりやすい。

　このような崖崩れでは、次のような傾向がある

Column

N 値（標準貫入試験の値）とは？

① 標準貫入試験（standand penetration）は、サ
ウンディングの一種で、K. Terzaghi と R. B.
Peck によって 1948 年に公表され、アメリカで
発達した。わが国では 1961 年に JIS に制定さ
れている。

② 内径 35 mm・外径 51 mm・長さ 810 mm の

サンプラーをボーリング孔の孔底におろし、
63.5 kg のハンマーで 75 cm の落差から打撃
し、サンプラーが 30 cm 貫入するのに要する
打撃回数を N 値という。N 値が 50 以上だと、
土木構造物の基礎として問題ない。

① 標準貫入試験は、自然の土を採取して土を観察するために行われるもので、これによって土質柱
状図が得られる。これなしのボーリングは単なる削孔だけで「土質調査」にはなり得ない。
② 同時に基準仕様に基づいて N 値を求める。これによって土の「工学的性質」を概略値として知
ることになる。
③ ①と②の情報によって地盤の地質学的考察を行い、工学的な判断の資料とする。
　この 3 点が一体となってはじめて N 値が生きてくるのである。
（N 値の話編集委員会：1998, p.5 による。） [13]

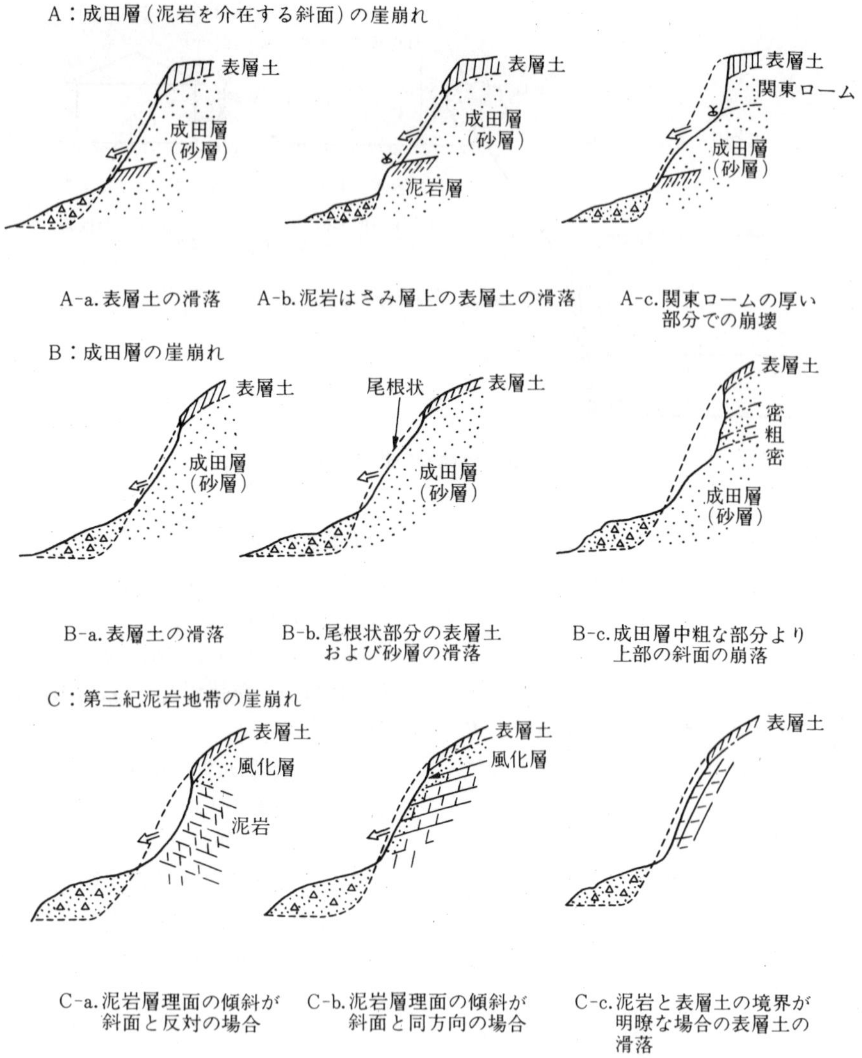

A：成田層（泥岩を介在する斜面）の崖崩れ

表層土
成田層
（砂層）

表層土
成田層
（砂層）
泥岩層

表層土
関東ローム
成田層
（砂層）

A-a. 表層土の滑落　　A-b. 泥岩はさみ層上の表層土の滑落　　A-c. 関東ロームの厚い
部分での崩壊

B：成田層の崖崩れ

表層土
成田層
（砂層）

尾根状　表層土
成田層
（砂層）

表層土
密
粗
密
成田層
（砂層）

B-a. 表層土の滑落　　B-b. 尾根状部分の表層土
および砂層の滑落　　B-c. 成田層中粗な部分より
上部の斜面の崩落

C：第三紀泥岩地帯の崖崩れ

表層土
風化層
泥岩

表層土
風化層

表層土

C-a. 泥岩層理面の傾斜が
斜面と反対の場合　　C-b. 泥岩層理面の傾斜が
斜面と同方向の場合　　C-c. 泥岩と表層土の境界が
明瞭な場合の表層土の
滑落

図5.17　千葉県下の昭和46年災の台地の崖崩れの分類模式図[9]

（図5.17、大久保・服部：1973）。

① 崖（斜面）の高さが10mを超すと崩れの
発生率が急に高くなり、20m以上のものが
70%を占める。

② 崖崩れの起こる斜面の傾斜は40〜80°の間
が多く、30°以下になるときわめて少なく
なる。

③ 崩れた土砂の流下距離と崖の高さとの比をみ
ると多くが2.0以下であり、0.2〜1.2の間が
多い。つまり、斜面の高さの2倍程度の範囲
（95%）が、崖崩れの被害の危険度が高いと
ころといえる。

5.3.3　段丘面上の洪水

段丘面を詳しく見ると、表面のローム層堆積以
前に刻まれていた浅い谷（埋没谷）が、ローム堆
積後にも埋めきれずに1m前後の凹地をなして
いることがある（図5.19、図5.20（b）、（c））。
このような部分は通常は気付かれないが、そのま
ま都市化されると豪雨時に周囲の雨水が急激に凹
地に集中し、冠水騒ぎを起こしやすい。いわゆる
「台地洪水」（内水災害）である。

台地の水害は短時間の集中豪雨時に起こるもの
で、低地の場合のように長時間冠水することはな
いが、川のないところに発生するので別の危険性
もある。これは、都市化によって道路の舗装や宅

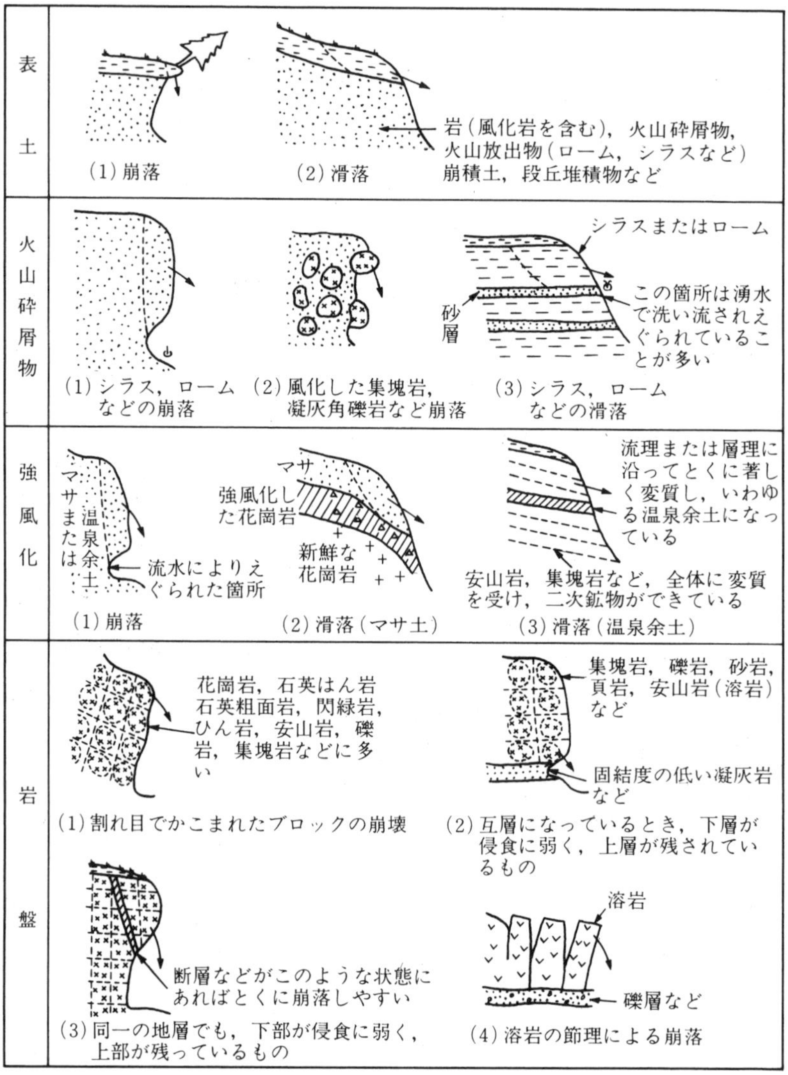

表土	(1) 崩落　(2) 滑落　岩（風化岩を含む），火山砕屑物，火山放出物（ローム，シラスなど）崩積土，段丘堆積物など
火山砕屑物	(1) シラス，ローム などの崩落　(2) 風化した集塊岩，凝灰角礫岩など崩落　(3) シラス，ローム などの滑落　シラスまたはローム　この箇所は湧水で洗い流されえぐられていることが多い　砂層
強風化	(1) 崩落　マサまたは温泉余土　流水によりえぐられた箇所　(2) 滑落（マサ土）　強風化した花崗岩　新鮮な花崗岩　(3) 滑落（温泉余土）　流理または層理に沿ってとくに著しく変質し，いわゆる温泉余土になっている　安山岩，集塊岩など，全体に変質を受け，二次鉱物ができている
岩盤	(1) 割れ目でかこまれたブロックの崩壊　花崗岩，石英はん岩，石英粗面岩，閃緑岩，ひん岩，安山岩，礫岩，集塊岩などに多い　(2) 互層になっているとき，下層が侵食に弱く，上層が残されているもの　集塊岩，礫岩，砂岩，頁岩，安山岩（溶岩）など　固結度の低い凝灰岩など　(3) 同一の地層でも，下部が侵食に弱く，上部が残っているもの　断層などがこのような状態にあればとくに崩落しやすい　(4) 溶岩の節理による崩落　溶岩　礫層など

図 5.18　崖崩れのタイプ（渡正亮：1972 をまとめたもの）[11]

地化が進み、雨水がかつてのように水田で貯留されたり畑の地面にしみ込んだりしにくくなったうえに、もともと水の集まりやすい凹地があまり気付かれずにそのまま宅地化されてしまったため、そこに雨水が一気に集中するのが最大の原因である。このような微凹地は、図 5.19、図 5.20 のようなところで、現地を注意深く歩いたり自転車で走ってみると、まわりより 1m 前後低くなっているのがわかる。

台地洪水のもう一つの大きな原因に、背後山地や丘陵地などからの地表水の流入がある。背後に山地・丘陵をひかえている市街地や造成地では、都市化に伴う保水能力の低下とあいまって、この

ような後背地からの地表水の流入と、市街地から下流側への排水能力のアンバランスが生じやすく、それが原因で浸水被害（内水災害）が起こることがある。

したがって現地では、①排水溝の幅が十分広いかどうか、②背後地の谷や沢の下流延長部には十分の排水対策が施されているか、といった常識的な面に目をつけて台地面を観察することが大切である。

台地を造成した土地では
① 凹地の平面的な分布、
② まわりの地形が、水の集まりやすい環境かどうか、

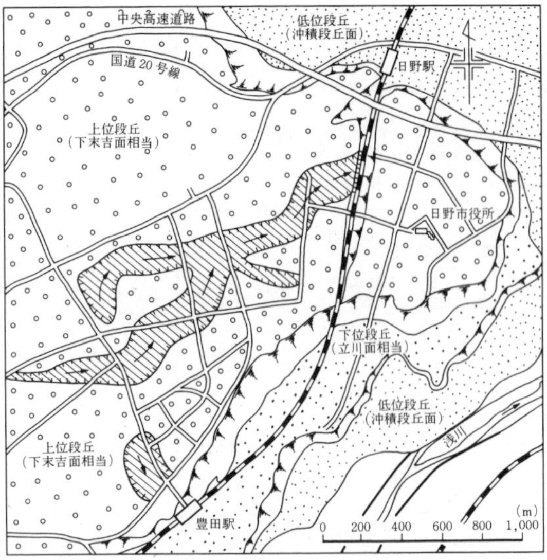

図 5.19 台地面上の凹地の分布例（斜線部分）[8]
　　　　―内水災害を受けやすい部分―

③ どういう性質の凹地であるか（凹地のでき
　方、図 5.20 参照）

などをよく調査・検討して土地を選べば、台地で
の浸水被害に遭わない土地選びができる。

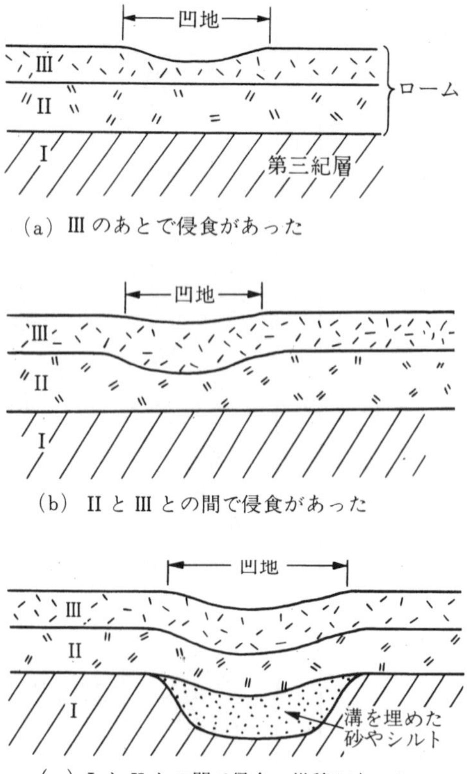

5.3.4 洪水指標としての段丘面

　段丘面―ことに低位段丘面―の高さは、その面
の洪水流や土石流に対する将来の危険度を知る
指標となる。その場所での洪水や土石流などの
被害発生頻度の概略は、段丘面の現河床からの
高さと各沖積段丘面上の植生指標（樹木編年学：
dendrochronology）から求めることができる。

　図 5.21 は、こうして求めたある時点（1975 年）
での足尾・神子内川中流部の河道横断模式図で、
表 5.1 は、聞き込み調査による河道沿いの災害発
生結果である。

（a）Ⅲのあとで侵食があった

（b）ⅡとⅢとの間で侵食があった

（c）ⅠとⅡとの間で侵食・堆積があった

図 5.20　台地の凹地の成因例[8]（こういう凹地に
　　　　水が集まり、浸水騒ぎが起きやすい）

　災害痕跡は、河道付近での沖積段丘の調査や樹
齢調査結果とよく対応する。100 年オーダー以下
を問題とする現時点では、Ⅰ面は土木地質的には
問題外だが、Ⅱ～Ⅳは問題となる。このうちⅡ
面は 30～40 年といった時間オーダーでの危険性
をもち（明治 35 年や昭和 13 年にはこの面まで洪
水流にみまわれ、被害を受けている）、Ⅲ面は 15
年前後、Ⅳ面は 3～5 年程度のオーダーで洪水発
生の影響を受ける危険性のある面である。

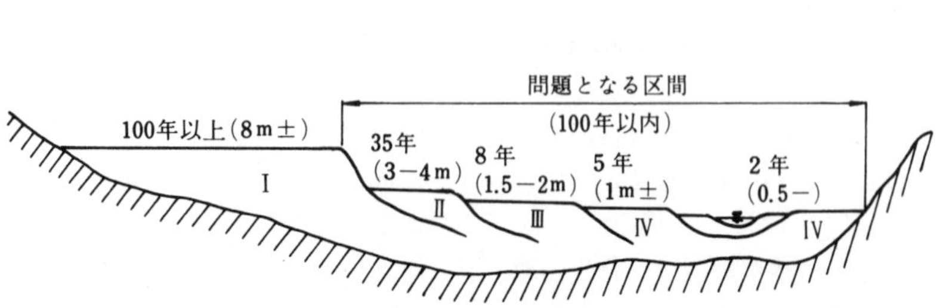

図 5.21　沖積段丘の土石流や洪水流に対する危険度―足尾・神子内川の例―[10]（土木
　　　　地質的に問題となるのは段丘Ⅱ～Ⅳで、このうちⅣが最も危険でⅡが最
　　　　も安全である）―樹木を使った編年：樹木編年学（dendrochronology）―

表 5.1　神子内川流域に発生した主な洪水災害の時期[10]

災害発生時期*	河道調査結果との対比
(a) 1902（明治 35 年）　　……72 年前	植生指標は使えないが、II 段丘面上へ溢流したことは確実である。
(b) 1906–1908（明治 39–41 年）……67 年前	
(c) 1919（大正 8 年）　　……55 年前	II 面以下への溢流・氾濫
(d) 1938（昭和 13 年）　　……36 年前	II 面上への溢流・氾濫
(e) 1967（昭和 42 年）　　……7 年前	IV 面の形成と III, IV 面上への溢流・氾濫
(f) 1972（昭和 47 年）**　　……2 年前	樹木変形に現れている （小洪水は 3〜4 年ごとに起きているようである）

*調査は 1974 年に実施
**この年にも洪水は起きたが、災害にまでは至っていない。

5.4　段丘の見分け方

土木計画に際しては段丘について、現地踏査や空中写真などから次のことを明確にしておく必要がある。

① 段丘砂礫層の厚さ
② 基盤岩の凹部の（埋没谷など）の分布
③ 埋没段丘の有無と広がり
④ 地下水の利用実態や地下水位

河岸段丘の識別は容易でとくに問題はないが、しいてあげれば下記のようなことが識別の手がかりとなろう。

① 旧河川や現河川沿いの片岸や両岸に階段状に平坦な面が分布する。
② 表面は平坦面をなすが、古いものは開析されて多少の凸凹を示すことがある。
③ 一般に段丘面は川側へ多少傾斜しており*3、さらに下流側へきわめて低角度で傾斜している。
④ 段丘面上は畑や水田・宅地などに利用されているが、段丘崖は急崖のためほとんど林地として残っている。
⑤ 平滑な山腹斜面の下部にごくわずか緩傾斜部分があり、山裾部ではまた急傾斜となるところには緩傾斜部に段丘が残っている可能性があり、地すべり地と誤読しやすい図 6.52。

段丘面の相対的な時代区分は、空中写真上や踏査では、

---

*3 古い段丘で急傾斜で川側へ傾斜している場合は、山地側が隆起した可能性もある。

Column

段丘面の交差が示すことは？

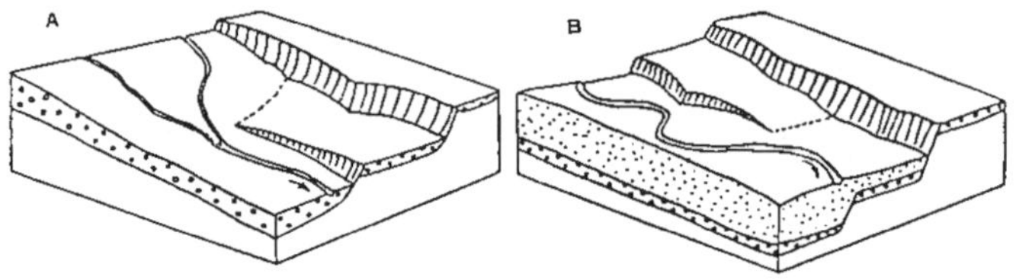

段丘面の交差の 2 例

段丘面が交差しているのは、
① 新しい段丘堆積物が多量に供給されたか（A）、あるいは
② 侵食基準面（海水面と考えてよい）が上昇した場合（B）、
と考えてよい。つまり、段丘面の交差はこのような事実を示しているのである。

なお、①の場合は、侵食基準面の低下が同時に起きている（つまり、氷期の河川中・上流域の現象）と考えられる。一方②は上流川で下刻（岩屑の供給減少）が起きている（後氷期の河川中・下流部の現象）と考えられる。

> **Column**
>
>
>
> **地形工学上重要な4種の段丘区分**
>
>
>
> **1）フィルトップ段丘 (filltop terrace)**
>   段丘砂礫層の厚さが約5m以上のもので、"砂礫段丘"とか"堆積物頂段丘"と呼ばれ、谷底堆積低地や扇状地などの河成堆積低地、あるいは海成堆積地起源の段丘。
>
> **2）フィルストラス段丘 (fillstrath terrace)**
>   上記のフィルトップ段丘が侵食されて、その上の新しい段丘堆積物が薄くなった侵食段丘をフィルストラス段丘と言い、"砂礫侵食段丘とも言う。ある、侵食されて薄くなった砂礫段丘の下に、厚い旧フィルトップ段丘があるもの。
>
> **3）ストラス段丘 (strath terrace)**
>   侵食性の低地起源で、段丘砂礫層が3m以下と薄く、段丘内部の大部分が基盤岩からなる侵食段丘のことをストラス段丘、または岩石侵食段丘（rock-cut t.）と言う。
>
> **4）谷側積載段丘**
>   フィルトップ段丘の亜種で、かつての谷壁斜面の基部（基盤岩石）を下刻し、そこに幅の狭い峡谷を形成した場合、見える段丘前面の段丘崖の多くが基盤岩からなっている。
>

① 段丘の比高
② 開析の程度（一般に古いものほど開析が進んでいる）
③ 堆積層の厚さ
などを目安に行うが、他地域との対比には地質学的手法、すなわち段丘構成物中に含まれる特定年代を示す動植物化石や人類の遺物・遺跡・火山噴出物・あるいは段丘面上に載る特定年代を示す火山灰の対比[*4]などが必要となる。

参考文献

1) 今村遼平（1982）：地盤の構成、土質調査法の2章、土質工学会
2) 貝塚爽平・戸谷洋（1953）：武蔵野台地東部の地形地質と周辺台地のTephrochronology、地学雑誌、Vol.62、pp.59-68
3) 井尻正二・新堀友行編著（1976）：新版地学入門、築地書館
4) 日本道路公団（1977）：道路における地下水調査の手順と方法を考えるための基礎資料、試験所技術資料第208号

5) 武田裕幸・今村遼平（1976）：建設技術者のための空中写真判読、共立出版
6) 湊正雄（1961）：埋没段丘について、西田彰一退官記念論文集、新潟大学理学部地質鉱物学教室研究報告
7) 九州農政局計画部（1972）：阿蘇カルデラ火山の地質と地下水、九州農政局
8) 今村遼平（1985）：安全な土地の選び方、鹿島出版会
9) 大久保駿・服部泰英（1973）：千葉県で発生した崖崩れの特徴について、新砂防、Vol.25、No.3
10) 今村遼平（1977）：静的地形・地質情報からの土木地質に必要な動的地質情報の把握に関する研究(I)、応用地質、Vol.17、No.1
11) 渡正亮（1972）：自然斜面の安定、施工技術、Vol.5、No.4
12) 建設省河川局砂防部（1991）：がけ崩れ対策の手引き、全国地すべりがけ崩れ対策協議会、p.248
13) N値の話編集委員会（2004）：改訂N値の話、理工図書
14) 鈴木隆介（2000）：建設技術者のための地形図読図入門、第3巻 段丘・丘陵・山地、古今書院

[*4] 火山灰での対比のことを、テフロクロノロジー（tephrochronology）という。

6章 工学面からの丘陵地・山地地形の見方

> 天地の道は、極まれば則ち反り、盈つれば則ち損ず。
> （春が過ぎ夏秋冬が過ぎれば、また春にかえり、満月もまた三日月となる。過ぎればかえり、満つれば欠ける。これが天地の道理であり、人間界の常理でもある。）
> ―『淮南子』泰族訓による―
> この言葉は、ここに書いた解釈のほか、もっと広範な意味を含んでいることを知る必要がある。

6.1 丘陵と山地の違い

山地と台地のあいだの中間的な地形を**丘陵地（hill-land）**と呼んでいる。地形学的に明確に定義されたものではないが、慣用的に台地や低地の周囲で山地の前縁に位置し、新第三系[*1]ないし下部更新統からなる比高300m程度以下のものをいう。丘陵地は開析されても尾根の高さはほぼそろった定高性を示し、一部に元の堆積原面を断面的に残していることがある（図6.1）。

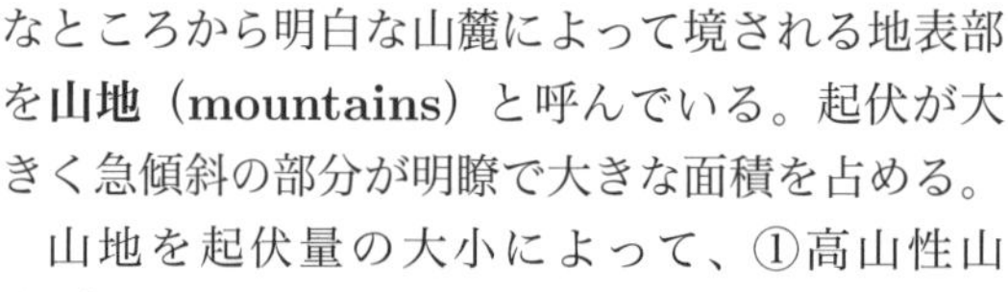

図6.1 山地と丘陵地・台地・低地の違い

標高が300m以上で起伏が大きく、周囲の低平なところから明白な山麓によって境される地表部を**山地（mountains）**と呼んでいる。起伏が大きく急傾斜の部分が明瞭で大きな面積を占める。

山地を起伏量の大小によって、①高山性山地（2000m以上の起伏をもつ）、②中山性山地（1000m内外かそれ以下）、③低山性山地（500m

以下の起伏）または丘陵地の3種に分けることもある（地形学辞典：1981）。

成因からみると山地は、①火山活動によってできた火山と、②地殻運動によってできた山地とに分けられ、②に属する山地として、Ⓐ曲隆山地、Ⓑドーム状山地、Ⓒ褶曲山地、Ⓓ断層山地、Ⓔ傾動山地などがある。侵食作用に基づいてできた山地としては、ⓐ水食山地とⓑ氷食山地がある。一方、侵食輪廻のステップに着目すると、幼年山地・早壮年山地・満壮年山地・晩壮年山地・老年山地などに分類される。

山地と丘陵地は形態的に似たところもあるが、人間の居住領域に近い点で防災上は丘陵地の方がより重要といえよう。

6.2 山地・丘陵地の地盤工学的問題

6.2.1 山地の地形区分

山地を見る場合、漫然と見ていても有意義な情報は何も得られない。何を目的に山を見るかによって、見方を変える必要がある。その際、まず**地形区分（landform division）**を念頭において見るのが有効である。山地の地形区分は目的―つまり、山地を見てそこから何を知ろうとするのか―によって、いろいろの見方・区分の仕方がある。表6.1に、山地の地形区分とその目的を示す。

[*1] 新第三系というのは、「新第三紀時代の地層」という意味である。

表 6.1 山地の地形区分とその目的 [1]

着眼点	区分	区分の目的
地形の侵食サイクル	①幼年期 ②壮年期 ③老年期	①地形・地質を考えるうえでの基礎 　（空中写真などで地質を同定する場合にも、侵食のステージを考慮する必要がある。同一地質でもステージによって違って見える。）
斜面に働く作用	①侵食地形 ②堆積地形	①侵食部分（崩壊、地すべり、崖崩れなどの起こる部分）と堆積部分（土石流、洪水などの起こるところ）の区分 ②土地利用の可能性（とくに傾斜、土壌など）の検討
地形規模	①大地形 ②中地形 ③小地形 ④微地形 ⑤超微地形	①土木上問題となる地形（微地形の方がより現実的な問題として身近である）の抽出 ②大局的なルートや位置の選定（大地形を念頭において行われる）
斜面発達の仕方	①正常地形 ②異常地形（災害地形）	①土木上問題となる地形の抽出、あるいは今後の災害発生の予測
斜面形態	①上昇（凸）斜面 ②平衡（平滑）斜面 ③下降（凹）斜面	①崩壊の発生位置の予測 ②侵食地、堆積地の区分の手がかりを得る。 ③表土の厚さ、含水状況などを大まかに知る手がかりを得る。 ④土地利用の可能性の検討
斜面での位置	①尾根（山稜） ②斜面 ③山麓 （④鞍部）	
斜面傾斜	①　　急 ：　　： ：　　： ⓝ　　緩　{度数によって4～5区分する。}	①土地利用の可能性の検討 ②崩壊や地すべり、土石流などの現象発生と斜面傾斜との関連を知るため
地形の形状	①斜面（山地） ②台地{ⓐ小起伏面 ⓑ溶岩台地}	①侵食（崩壊、地すべり、崖崩れ、土石流 etc.）の営力の及ぶ範囲を知る（台地には及ばない）。 ②土地利用の可能性の検討

6.2.2 河谷（谷）の形成と侵食現象
(1) 侵食とは何か

　地表面には常に①外的な作用と②内的な作用がいろいろな形で働いている（表 6.2）。流水や地下水・氷河・風・波浪・海流・潮汐といった**営力（agents）**—これらを侵食営力（erosional egency）という—が地表面に働いて、地表面が削られて低くなる現象を侵食（erosion）と呼んでいる。

　基本的にこれらの現象は地形営力によって**地表物質が重力に従って位置エネルギーを低下させる現象**—すなわち、エントロピーの増大（熱力学第**2 法則**）—と言える。地形学の本には「侵食作用は物質の運搬を含むが、静的な風化作用や重力作用による**物質移動（mass movement：集団移動とも呼ぶ）**を含まない」と記されている（『地形学辞典』：1981）。「侵食」を古来そう定義して

いるのかどうかわからないが、この定義はなんとも不可解である。侵食現象の中に、重力の作用が関与していない現象は何一つとしてないからだ。

　現在、少なくともわが国で見た場合、侵食をうながす営力として最大のものは流水である。流水は地表を削る作用（これを侵食と定義すれば）に直接関与している。流水による営力は大きく分けると、次の 3 つになる。

① 斜面一般での面的侵食（sheet erosion）
② 河谷における下刻（deepword erosion）や側刻（lateral erosion）
③ 地すべり・崩壊・土石流といったマスムーブメント（集団移動：mass movement）による土砂移動

　これらのうち、わが国で現在最大のものは③であり、土木工学的にもこれらが最も問題となる。

6章　工学面からの丘陵地・山地地形の見方　109

表6.2　地形形成に働く作用・営力と災害現象（原）

作用		営力	働き方	変動地形	災害現象（初生的）
外的作用 （地形営力）	1）風化作用	機械的風化 科学的風化		組織地形	（土砂災害の素因づくり）
	2）侵食作用	流水	河食	河成地形	洪水、土石流、地すべり、崩壊
		地下水	溶食	（カルスト地形）	地すべり、崩壊、陥没
		潮流	海食	海岸地形	海岸侵食・津波・高潮
		波浪	（波食）		
		風	風食	風成地形	高潮・台風・ハリケーン、飛砂
		氷河	氷食	氷河地形	なだれ、氷河性洪水
		雪	（雪食）	（周氷河地形）	なだれ、豪雪
		重力	マスムーブメント	地すべり地形 （重力断層）	地すべり・斜面崩壊
		生物	付着	（サンゴ礁地形）	―
内的作用 （地質営力）	1）火成作用	マグマの貫入・地震		変動地形	地震・断層形成
	2）火山作用	噴出		火山地形	噴火諸災害
	3）地殻変動	褶曲・断層 隆起・沈降		変動地形	断層形成・地震・津波・崩壊

これまでの地質学的な時間をかけて風化した地表面に①や②が働いて、今日われわれが見る山地や河谷が形成されているわけだが、その間にも地質学における「斉一説」が示すとおり、今日と同様に過去にも③が最も大きく関与してきたことは論を待たない。

現在の侵食現象の最大のものは、山地斜面における、ⓐ地すべり、ⓑ崩壊、ⓒ土石流といったマスムーブメント（集団移動）だと考えるのが実際的である。ただ、①・②も無視はできないので、ここではむしろ①・②を中心に述べ、③は **6.3** で別個に大きくとりあげて記す。

（2）　雨滴侵食から侵食作用は始まる

流水による侵食は、**雨滴侵食（raindrop erosion）** から始まる。雨つぶの1つひとつが裸地斜面に落下すると、土粒子は飛散し、落下点には小さな窪みができる。軒下の雨だれも侵食の一形態と言えよう。雨滴侵食は植生被覆のない地表面では、ごく一般的に起こる現象である。

雨滴が斜面上に落下すると、まったく水平な地表では左右同じに飛散するが、一般斜面では土粒子の飛散距離は斜面の下方に向かって大きく、斜面上方に向かっては小さい。この飛散距離の差が、流水による斜面上の土粒子移動の主原因であって、たとえ表流水が生じなくとも、斜面物質は斜面下方に向かって移動することになる（図6.2）。

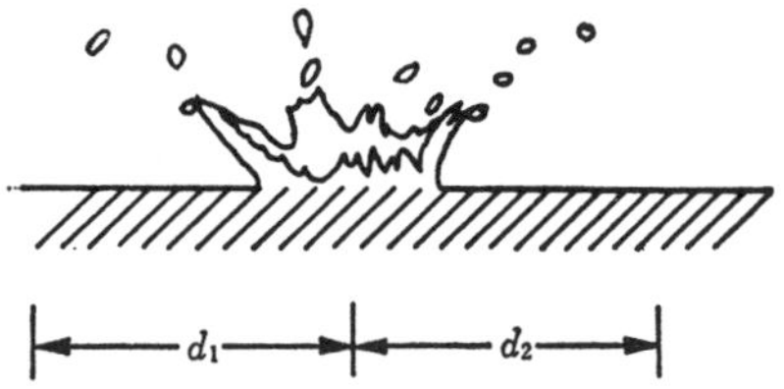

（a）平地の場合　d_1 と d_2 は等しい

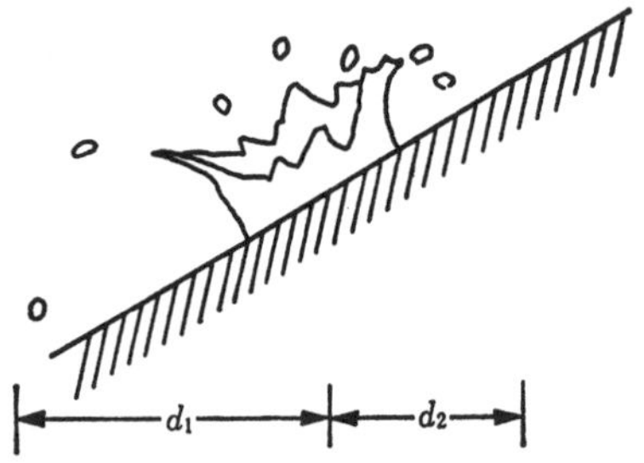

（b）斜面の場合　d_1 の方が d_2 より大きい
図6.2　雨滴による表土の移動距離 [2]

（3）　ガリー侵食

土壌が過飽和状態になったり、降雨量が浸透量を上回ると表流水が生じる。表流水は地表の低所に向かって流れ、合流を繰り返すうちに目立った侵食力をもつようになる（図6.3）。整地して間もない造成地に、細長くしかも谷幅のわりにやや深い谷状の溝をよくみかける。こういう地形をリル（rill：細溝）と呼び、固定された最も初期の流路である。それがもう少し拡大したものをガリー（gully：雨裂）と呼ぶ（図6.3、図6.4）。リル・

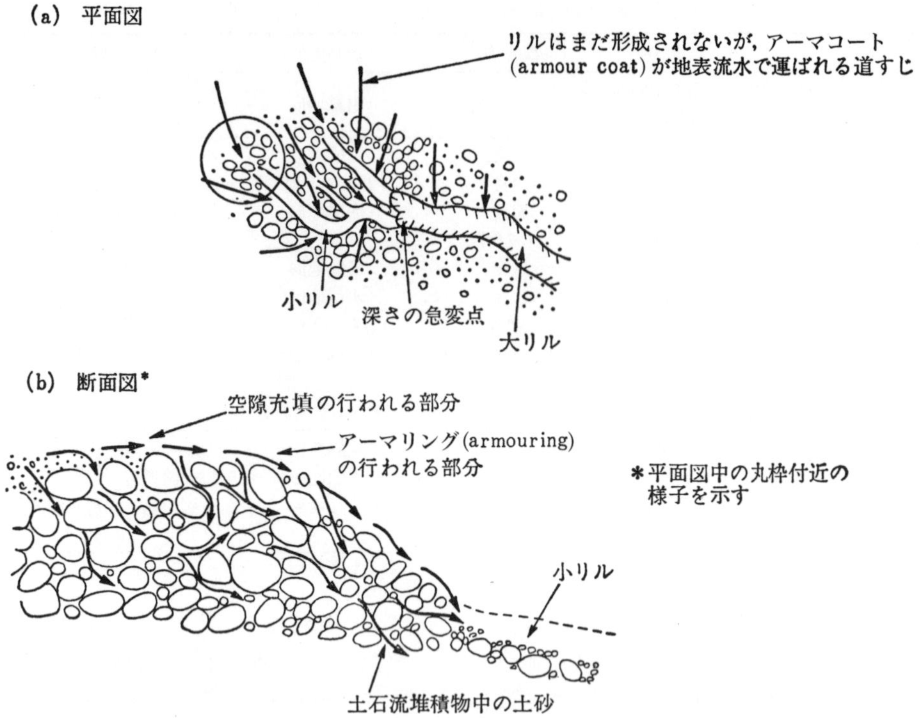

(a) 平面図

リルはまだ形成されないが，アーマコート
(armour coat) が地表流水で運ばれる道すじ

小リル　深さの急変点

大リル

(b) 断面図*

空隙充填の行われる部分

アーマリング(armouring)
の行われる部分

*平面図中の丸枠付近の
様子を示す

小リル

土石流堆積物中の土砂

図 6.3　リル先端付近（(a)の○印）における土砂の流出過程を示す模式図（ただし定常時）[2]

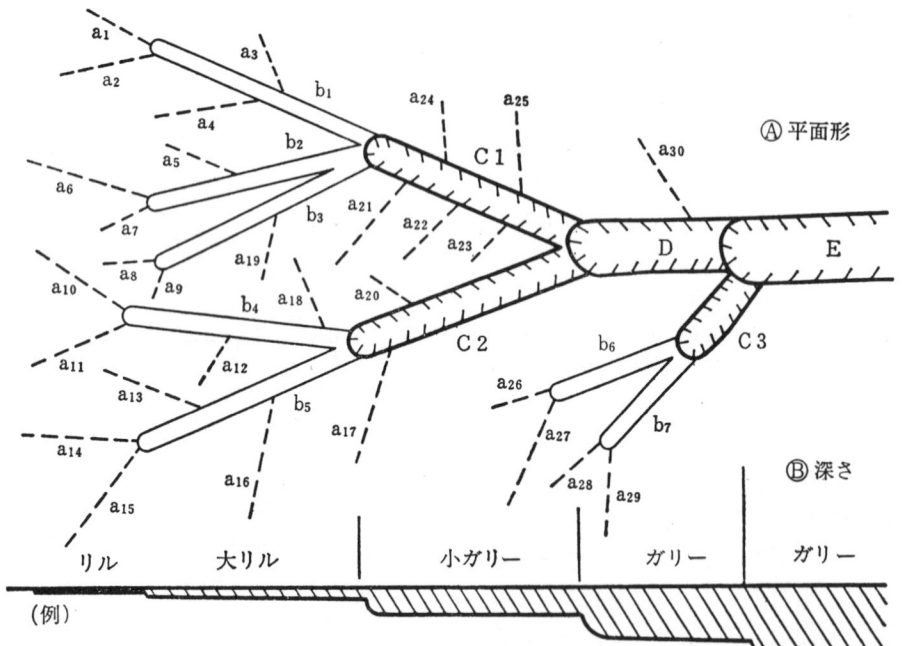

Ⓐ 平面形

C 1

D　E

C 2

C 3

Ⓑ 深さ

リル　　大リル　　小ガリー　　ガリー　　ガリー

(例)

図 6.4　リルやガリーの規模の不連続性を示す模式図（深さの違いは画然としている）[2]

ガリーとも流域が狭いため、定常流をもつことは
なく、雨のときだけ流水が生じて侵食が起こる。
これらは、地表面の水系発達の初期における侵食

の一形態である。

　ガリーは、①平常時には流水がなく降雨時や降
雨後のしばらくの間だけ水が流れる溝、②耕う

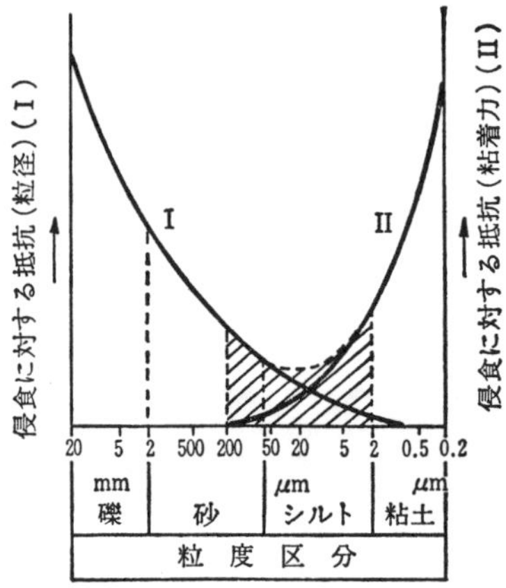

図 6.5 粒径と水に対する抵抗力との関係を示す模式図（E. C. J. Mohr、1944 による）[3]

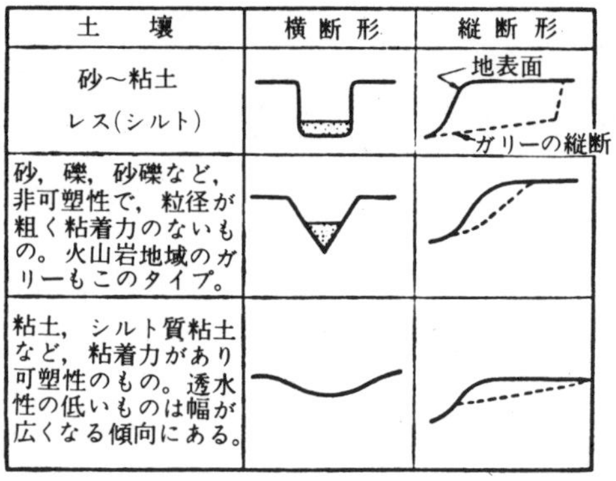

土　壌	横断形	縦断形
砂〜粘土 レス（シルト）		地表面／ガリーの縦断
砂、礫、砂礫など、非可塑性で、粒径が粗く粘着力のないもの。火山岩地域のガリーもこのタイプ。		
粘土、シルト質粘土など、粘着力があり可塑性のもの。透水性の低いものは幅が広くなる傾向にある。		

図 6.6 土壌の性質と形成されるガリーの断面形の違いを示す模式図（Robert E. Frost、1960 に加筆）（武田・今村：1976 より引用）[3]

んによって回復不可能な溝、③深さ 30 cm 以上の溝、④底が地下水面まで到達せず降雨時にだけ流水がある細溝、などといろいろに定義されており、これらの定義はいずれもガリーの一面の性格をよく表している。

しかし、ガリーに関して今のところ明確な定義はない。これは、実際にガリーを見るとわかるとおり、区分基準となる規模や地形的な特徴が明確でないことに起因するようである。邦語訳にも統一性がなくて誤解を生じやすいので、"ガリー"とか"リル"とした方が無難であろう。ただ定義は明確ではなくとも、地形成長の過程から rill → (rivulet) → gully → valley という規模別の概念は確立されている。

ガリーは、火山山腹や扇状地・シラス台地・段丘などによく認められる。明確な谷（水系）がその地域の構成岩石の岩質をよく反映しているのに対し、**リルやガリーは地表に分布する未固結堆積物の特性をよく反映している。**

図 6.5 に示すように、ガリーの形成は表層を構成する物質の粒径と粘着力に関係し、同一条件のもとでは、シルトや細砂あたりが最もガリー侵食に弱い。このことは、軟岩地域の切土面でよく認められる。また、ガリーの縦断形や横断形と表層物質との関係は、図 6.6 のような傾向を示す。火山砕屑物からなる火山山麓では、V 字型を示すことが多い（図 6.8）。

いくつかのリルが合わさったところから、小規模のガリーができる。小型のガリーが 2 つ以上合わさってさらに大型のガリーとなる。この規模の変化は画然としていて、リルとガリーの間にはもちろんのこと、小型のガリーとそれより大型のガリーの間にも、**明らかな深さの不連続がある**（図6.4）。

理論的には、ガリーは斜面勾配が 45° のときに最もできやすい。また、扇状地面のように比較的均質な物質からなり平滑な地形のところにできるガリーは、ほぼ一定間隔を保持してできやすいようだ。

(4)　ガリーの形状

扇状地面、シラス台地、風化層の厚い山腹などには、ガリー（gully）が形成される。後述するように山地の水系が通常その地域の構成岩盤の岩質を反映しているのに対し、**ガリーは地表に分布する未固結堆積物（unconsolidated deposits）の特性を反映している**（図 6.5、図 6.6）。したがって、同一地域にタイプの異なった 2 つの水系が重複して形成されることがあるのを、忘れてはならない（図 6.7）。

(5)　水系の形成

山地斜面ガリーがいくつか集合し、ある程度の流域面積（10^2 m^2 のオーダー）になると、**0 次谷（窪地）**が形成される。さらに、流域面積が大きくなると、1 次谷、2 次谷……とだんだん高次の水系が形成されていく[*2]。

ここで、地形学や砂防工学でよく使う**水系次数**

[*2] 水系の次数は合流のしかたで決まり、流域面積とは直接的な関係はない。しかし、一般的には広い流域の方が水系次数は高くなる。

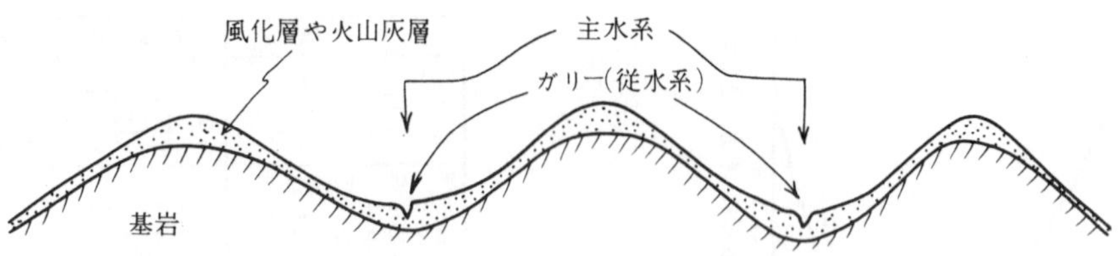

図6.7　水系の二重性を示す模式図（原図）[3]

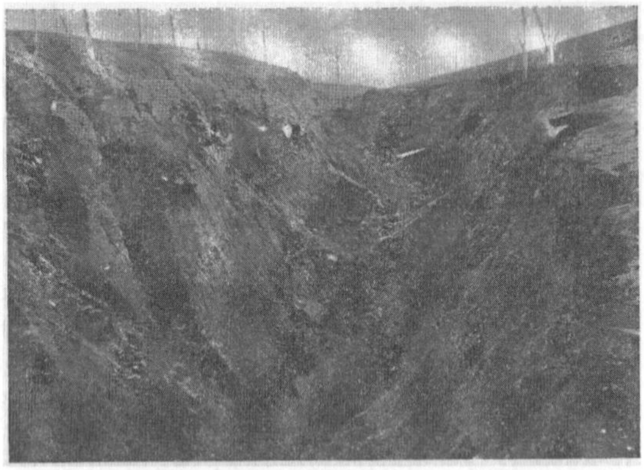

（図の中のラベル）風化層や火山灰層　主水系　ガリー（従水系）　基岩

図6.8　北海道有珠山火口原にみられるガリー[2]

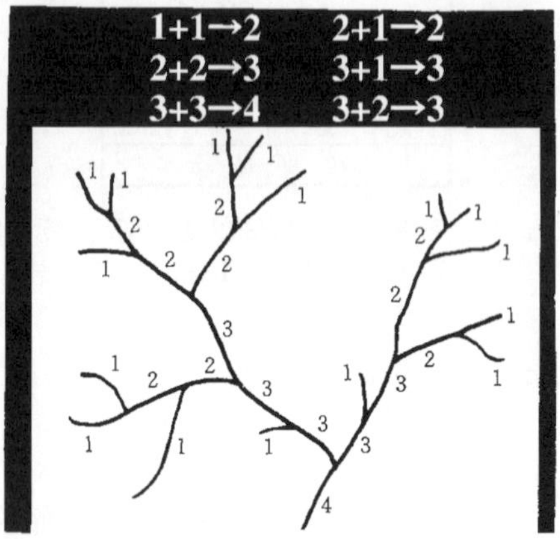

図6.9　水系の次数の増加（Strahler による
次数解析）[21]

（stream order）についてひとこと触れておきたい。定常的な水流をもつ小谷のことを1次水系と呼ぶ。地形的には水流の有無とは関係なく谷部の等高線を見たとき、その横幅よりも奥行きの方が大きくなる地点をもって、1次水系と呼んでいる（図6.31）。ただ、多くの場合、1次水系付近から定常的な水流があると考えてよい。

　水系の次数は、Strahler の方法に基づいて図6.9のように決めている。つまり、「同等の次数が合わさると1つ次数が上がるが、下位の次数のものが合わさっても次数は変化しない」、と決めている。

　ただ、使用する地形図の精度（縮尺）が高く（大きく）なると水系次数も高くなるから、次数解析結果の比較は、あくまでも同一縮尺の地形図による解析結果でないと意味がない。

　谷が大きくなるにつれて、流水の動きは変化していく。河川水は上流ほど流速が大きく、下流ほど流速が小さくみられがちであるが、河道全体でみると、上流部ではしばしば渦が生じ、逆の成分の流向を生じる。下流部はそうしたことは少なく、常に一定方向の流向をもつ。そうしたことから、河道全体で見ると上流の方が流速が小さく、下流の方が流速が大きい。上流での流速の低下は

河床や河岸での摩擦熱におきかえられ、その結果として、〈土砂の運動〉というエネルギー変換が起こるのである。

（6）　水系模様の示すもの

　水系模様（drainage pattern）は、地形図や空中写真判読によって地形・地質を解析する際に、有効な手がかりとなる。

a）　水系密度

　水系密度と岩種とは密接な関係があり（図6.10）、第三紀以降の砂岩や礫岩のように粗粒で有効空隙率（effective porosity）が大きく、したがって透水性（permeable）の岩石地域の水系密度は粗い（coarse textured）。一方、シルト岩・粘土岩・頁岩など細粒で有効空隙率が小さく不透水性（impermeable）の岩石地域の水系は、細かく密（fine textured）である。

b）　水系模様の形状

　水系模様の形状は、岩相（岩種）や地質構造などと密接な関係があるが、その地域の雨量（概して多雨のところは同一岩種でも密になる傾向がある）、侵食のステージ（erosional stage：幼年期、青年期、壮年期、老年期などに分けて考える）などにより、著しく変わる（図6.13、図6.14）。し

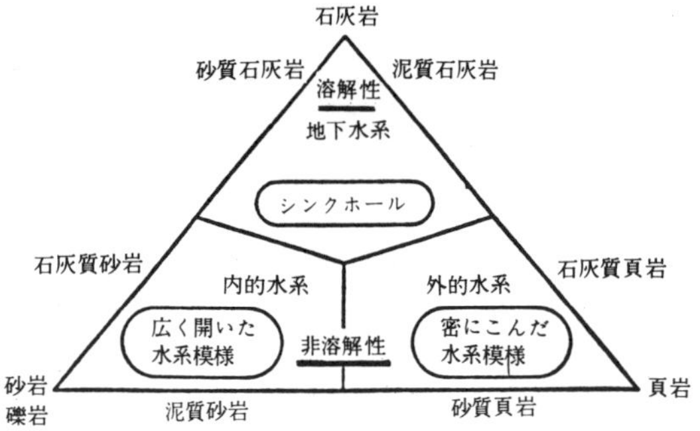

図6.10 堆積岩と水系の関係（Von Bandat、1960による）[3]

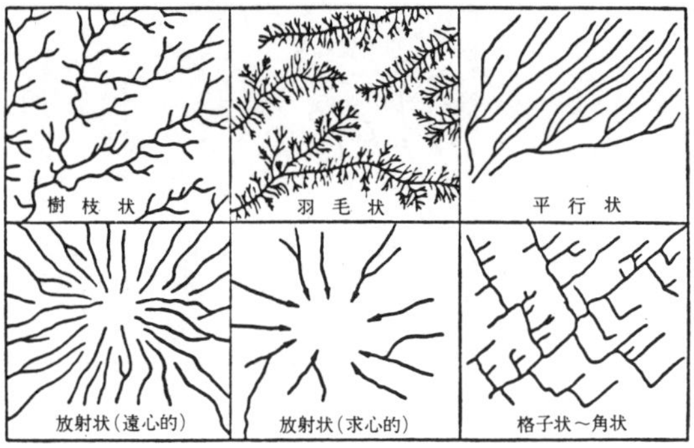

図6.11 主要な水系模様[3]

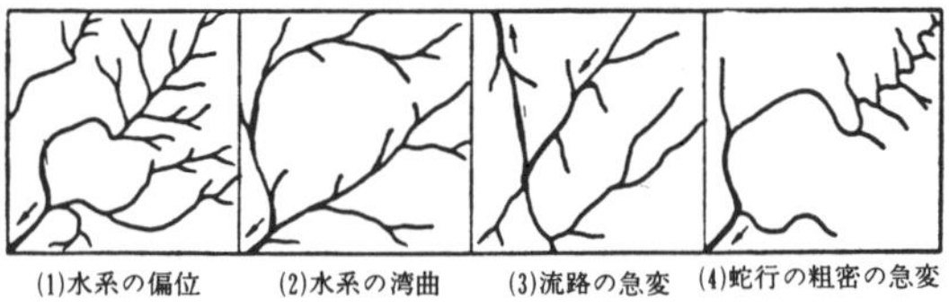

図6.12 水系異常の例[3]

かし相対的に次の特徴があって（図6.11）、空中写真による地質判読の有効な鍵となる。

① **樹枝状**（tree-like or dendritic）：水系の基本的な模様で、水平で均質な地層中にできる。同じ樹枝状でも頁岩のように不透水性のものは密で、砂岩のような透水性のものは粗い。花崗岩や閃緑岩などの深成岩類も均質なため樹枝を示す。黄土（レス：loess）や粘土岩（clay stone）のように細粒・均質で水平に堆積しているところでは、樹枝状模様が極度に緻密な**羽毛状**（feather like）をなす。

② **平行状**（parallel）：ある地域全体が一方へ傾斜していると、平行水系ができる。火山麓の水系も、局部的にみると平行水系をなす。

③ **放射状**（radial）：成層火山やドーム（dome）のように、円錐形に突出したところには遠心的（centrifugal）な放射状水系、カルデラの内側や盆状凹地などには求心的（centripetal）な放射状水系が形成される。

④ **格子状〜角状**（trellis or angular）：断層や大規模な節理などの地質構造の影響を強く受けたところには、格子状や角状の水系が発達し、割れ目系の判読の有力な鍵となる[*3]。

c）水系異常

水系模様が、必ずしも岩種の違いや地質構造などを的確に表しているとは限らない。土木関係の諸調査や地質構造の調査では、①水系の偏位、②水系の湾曲、③流路の急変、④蛇行の粗密の急変といった**水系異常**（anomalous drainage：図

─────────────
*3 このように、褶曲や断層などの地質構造に支配されて形成された谷を、**適従谷**（subsequent valley）という。

6.12）に注目し、それが何に起因するかを現地で十分検討する必要がある。

これらの**水系異常**は多くの場合、次のことを示している。
① 局所的な岩質の差異
② 断層の存在
③ ドーム（dome）や凹地（depression）のような特殊な構造の存在
④ 地すべりの存在

水系異常だけでなく水系が斜面中途で消滅する場合も、なんらかの問題点がかくされていると見た方がよい。

d）水系模様と侵食のステージ

同一岩種でも、侵食のステージによって水系密度が著しく異なる。図6.13はインドネシア共和国スラウェシ島の同一の花崗岩地域の水系図であるが、G_1とG_2では著しく密度に差がある。これはG_2が侵食輪廻（erosion cycle）からみて前のステージの準平原（peneplain）であるのに対し、G_1はさらに侵食が進んで壮年期に達した状態である。同じ違いは、図6.14の氷礫土（till）の侵食過程の違いにも現れている。したがって、水系密度（density of valley）や形状の違いが地質や土質の違いを表していると速断はできない。

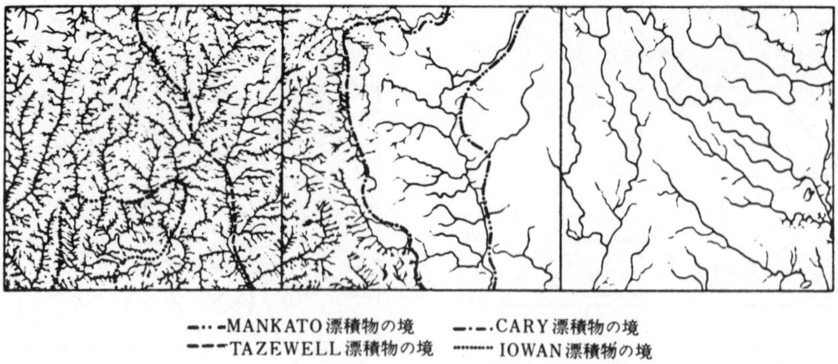

--·--MANKATO漂積物の境　　--▪--CARY漂積物の境
---TAZEWELL漂積物の境　　·······IOWAN漂積物の境

図6.14　アメリカ、アイオワ州の第四紀ウイスコンシン階の氷堆石上にみとめられる4つの水系の違い。Iowan漂積物（drift）やTazewell漂積物とCary漂積物の間には、著しい地形的な不連続があることがわかる（R. V. Ruheによる）[3]。

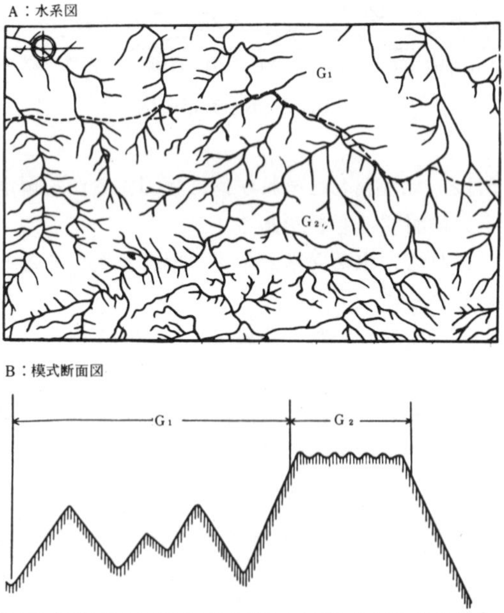

（a）侵食性の谷床（谷床平坦面）

（b）堆積性の谷床（埋積谷）

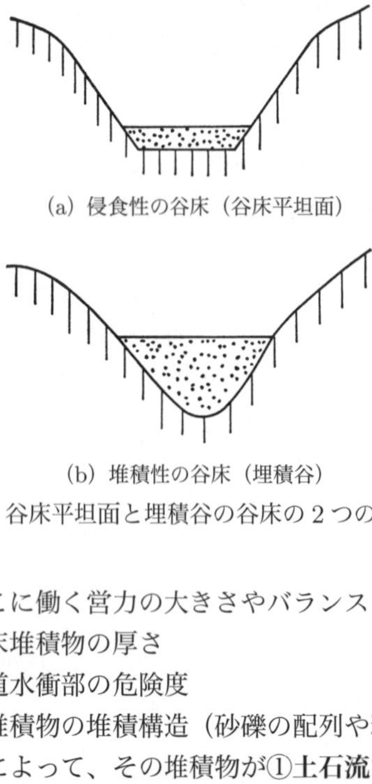

図6.15　谷床平坦面と埋積谷の谷床の2つのタイプ[2]

水系模様	粗	非常に密
地形の起伏	大きい	小さい
山稜の形	とがっている	まる味をおびている

図6.13　侵食のサイクルの違いによる地形の差。G_1とG_2は同一の花崗岩であるが、侵食のステージの違いにより地形がまったく異なる。このことは水系図にも明らかである[3]。

(7)　河谷─河道・河床─地形の示すもの

河道（river channel）は、水と土砂の流路という事実のほかに、次のような情報をわれわれに提供してくれる。

① 土砂の流送形態

② そこに働く営力の大きさやバランス

③ 河床堆積物の厚さ

④ 河道水衝部の危険度

河床堆積物の堆積構造（砂礫の配列や粒度構成など）によって、その堆積物が①**土石流**で運ばれたのか、②**掃流**によるものかを知ることができる。土石流によって運ばれた堆積物は雑然としていて巨礫が多く礫間にはびっしりと粘土を含む土砂が詰まっている。掃流堆積物は大まかに層状をなし粘土分を含まないでサラサラしている。したがって、河床礫の断面を見ればその区間が土石流区間か掃流区間かを知ることができる（次頁のコラム参照）。

谷底が比較的広くて平坦な部分を谷床（valley floor）といい、そこが図6.15（b）のように厚さ数m〜数十mの堆積物（砂礫）で埋められている

> **Column**
>
> ### 土石流堆積物は、掃流堆積物とは堆積構造が違う[5]
>
> 　扇状地（沖積錐）面上に刻まれたガリーの壁面で　　以上に達することもある）の部分とそれらの間を埋
> みると、土石流堆積物の断面は層状構造をもたない　　める粘土分（一般には径5mm以下の礫や砂・シル
> のに対し、後続流の掃流による堆積物は層状構造を　　ト・粘土など）が著しく多いのに対し、掃流堆積物
> もつ。　　　　　　　　　　　　　　　　　　　　　は粘土分以外のいろいろの粒径のものをほぼ均等に
> 　土石流堆積物には巨礫（径20～50cmが多く、2m　　含む。
>
>
> 　　　　(a)　　　　　　　　　　　(b) 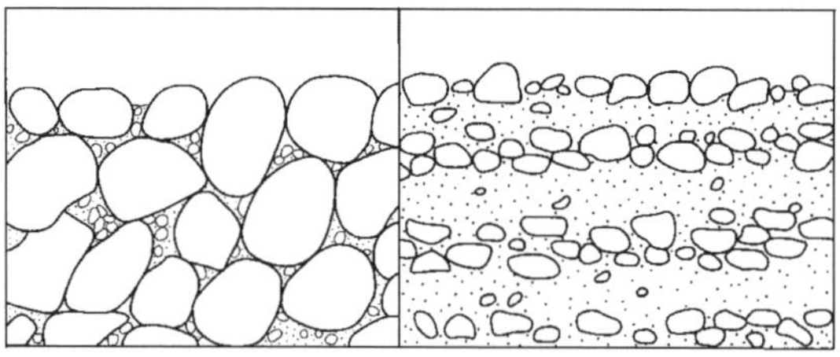
>
> 土石流堆積物（a）と掃流堆積物（b）の堆積構造の違い

場合を、**埋積谷**（waste-filled valley）と呼ぶ。
埋積谷は谷の両側の谷壁や谷頭部から供給される
土砂量の方が、谷床部での土砂の侵食・運搬能力
よりも多い場合にでき、成因からなる次のような
タイプに分けられる（日本道路公団、1982）。
a)　上流部の巨大崩壊に伴って形成されるタイプ
　①　静岡県安倍川上流の大谷崩れから供給された
　　埋積地（図6.16）
　②　高知県佐喜浜川上流の加奈木崩れに伴う谷中
　　の堆積地
　③　長野県浦川の稗田山崩れ・富山県常願寺川の
　　鳶崩れなどの巨大崩壊に伴う埋積谷
　④　岐阜県揖斐川支流の白谷のように、山腹崩
　　壊が谷をせき止めて、一時的に形成された埋
　　積谷
b)　火山山腹や火山麓扇状地の侵食谷が、軽石・
　　スコリア（岩滓）・火山灰・火山砂礫などの火
　　山性堆積物で埋められたタイプ
　いずれも谷壁や谷頭からの供給土砂量が非常に
多く、これらが土石流や土砂流として流送されて
堆積したもので、一時的には安定状態にある。流
域の大きさや上流やまわりからの供給土砂の多寡
によって幅や勾配は異なるが、ふつう10°以下で
ある。
　谷の下流端は扇状地性の地形になっていること
が多い。山地渓流では雑木林や杉の植林になって

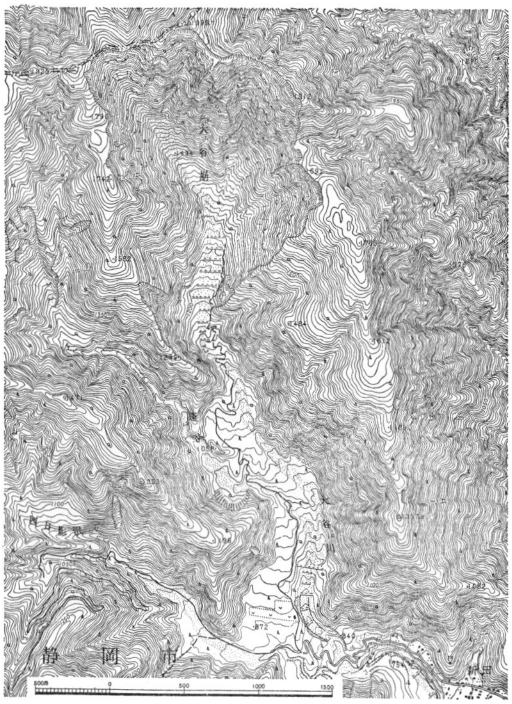

図6.16　大谷崩れからの土砂でできた大谷川の埋積谷
　　　　（1/2万5000、梅ヶ島）[2]

いることが多いが、里近くになると水田・畑・宅
地などに利用されている。
　埋積谷は平坦でその中を流れる流路も比較的小
さく、人が飛び越えられるほど幅の狭いものもあ

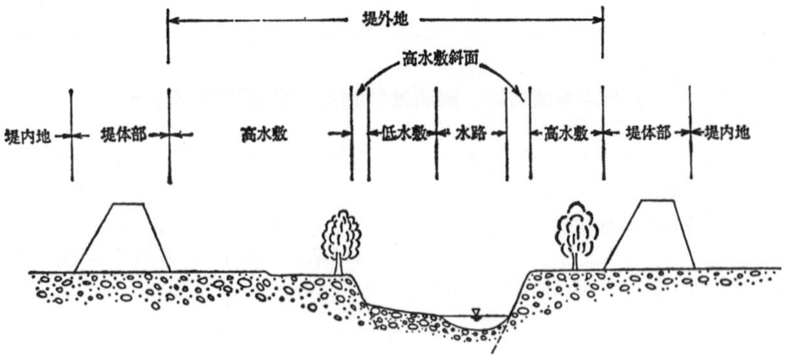

図 6.17　河道の横断図 [2]

り、一見安定してみえる。しかし、もともと上流部には大量の土砂を供給する要因があって埋積されている土砂量も多いので、**豪雨時には上流側の山腹崩壊などを引き金に土石流となって一気に流出し、川沿いや下流に多大な被害をもたらす。**

(8)　河道の地形

　河道の地形を横断面でみると、いくつかの段がみられる（図 6.17）。高い方の段を**高水敷（major bed）**、低い方を**低水敷（low water channel）**と呼ぶ。高水敷は洪水時に冠水し土砂が堆積した面で、洪水頻度がまれであれば農地として利用されたり樹木が生育したりしている。都市近郊で河川敷の広いところは公園などに利用されている。高水敷の高さは河川によって、また、上流とか下流といった位置によって異なるが、平常時の水面より 1〜5 m ほど高い。

　低水敷は豊水時には冠水する部分で、砂や礫が露出している。低水敷の高さも河川によって異なるが、平常時の水面より 0.5 m〜2 m ぐらい高い。高水敷ほど平坦ではなく細かな凹凸がみられ、堆積物の粒径変化が大きいのが特徴である。堆積物は洪水流で運ばれるため、山地部や扇状地の発達しているところでは礫を多く含んだ混合砂礫になりやすい。その場合、後続流によって細粒物質は選択的に運搬されて流亡し、大きな礫だけがその場に残される。こうした現象を**アーマーリング（armoring）**と呼び、低水敷に大きな礫だけが残される原因になる[*4]（図 6.18）。

　河道の地形で忘れてはならないものに、天井川

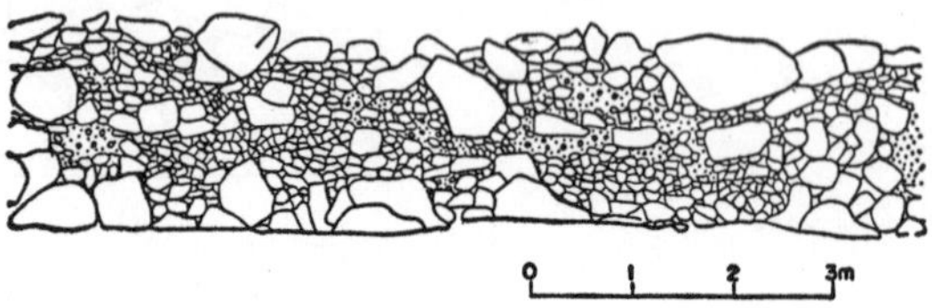

図 6.18　河床断面にみられるアーマーコート（地表近くで細粒土砂が流亡して粒径の大きな礫が残された部分）[2]

図 6.19　河床礫のインブリケーション（礫の長軸が上流側に傾いている）[2]

（raised bed river）がある。天井川にも河道の下を道路や鉄道が通っているような大規模なものから周辺の地表面よりやや高い程度のものまでいろいろある。天井川は河川の氾濫を抑えるのに築いた堤防の間に、上流から供給された土砂が堆積して河床が上昇し、さらに高い堤防を築いたために河床がどんどん高くなったものである。したがって河道の整備が古くから行われ、上流からの土砂の供給が多い河川ほど天井川になりやすい。

　琵琶湖の西にある百瀬川などは、典型的な天井川である。天井川の分布をみると、やはり開発の歴史が古く、山地からの土砂生産の多い近畿地方や濃尾平野西端などに多い。天井川になるような河川は、必ず**土石流扇状地（沖積錐）**を形成していることも記憶すべきことであろう。

(9)　河道の変遷

　人間の時間スケールでみると、強固で長大な堤

[*4] 比較的等粒径で扁平な礫の多いところでは、礫が上流に向かって将棋倒しのように傾いた**覆瓦構造（imbrication）**を伴うことが多い（図 6.19）。

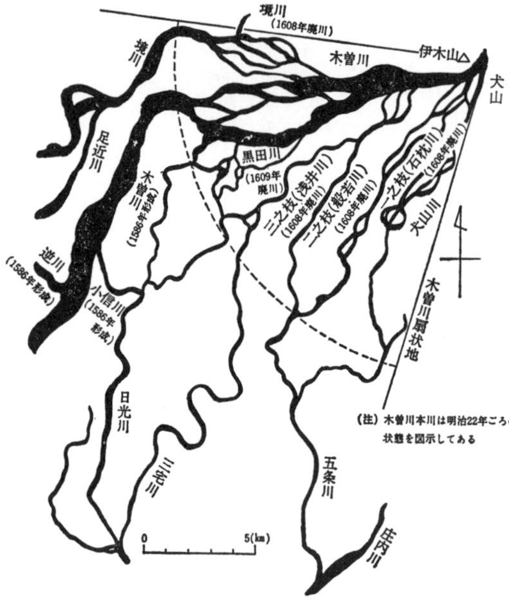

6章　工学面からの丘陵地・山地地形の見方　*117*

図 6.20　空中写真から判読した木曽川扇状地上の旧河道（扇状地の "首振り現象" がわかる）2)

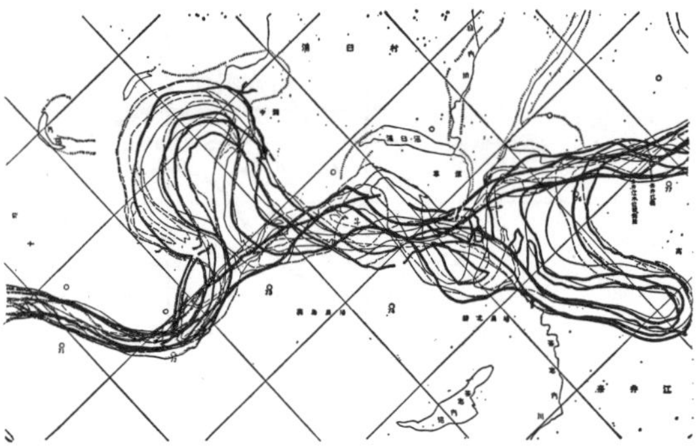

図 6.21　石狩川・奈井江付近における河道の変遷状況 2)

防の築かれた河道（river channel）の位置が、少しずつあるいは突然変わるようには思えない。しかし、長い時間スケールでみると、山地・丘陵・台地などの変化よりもはるかに速い速度で、河道は変動している。

実際、わが国の大河川の多くが、歴史時代に入って大なり小なりの変遷をたどっている。たとえば、木曽川をみると、聖徳太子の時代には現在の庄内川や日光川の方向に流れていたが、その後北方に大きく変わって、現在岐阜市内を流れる境川が豊臣秀吉の時代の本川であった。ところが 1586 年に大洪水があり、それを契機に大規模な河道改修が行われ、ほぼ現在の位置に変わった（図 6.20）。このように、河川の河道位置が変わることを、**河道変遷（river channel changes）**という。

河道の変遷には、石狩川の変遷などのように比較的継続的に少しずつ進行するタイプ（図 6.21）と、木曽川の例のようにある洪水を契機に急激に変わるタイプがある。前者は水量の多い平野部の蛇行河川でよく認められ、後者は大河川の扇状地部に多い。

しかし、人工的に堤防がつくられたり上流に治水ダムができたりすると、河道変遷はほとんど停止するか著しく鈍化する。

河道が変わって水がほとんど流れなくなった旧河道は地形図からもわかるが、空中写真を使うと非常に正確に把握できる。写真判読で得た旧河道の位置と古文書などの資料に残る記述とを対比させると、河道の変遷を時間を追って把握することができる（図 6.20）。過去における河道の変遷を知ることによって、その河川の性格が明確となり、河川計画や防災のうえで有効な情報が得られる。

(10)　河川の蛇行

低地平野部の河道が蛇の走向のようにくねくねと曲流して流下することを**蛇行（meander）**という。

蛇行帯（meander belt）の地形は、地形学上は図 6.22 のように呼んでいる。**攻撃斜面（undercut slope）**とは河岸の平面系が凹型になっているところで、文字どおり河流れが谷壁や堤防を攻撃するところで河床には堆積が少なく、多くの場合、岩盤が露出したり堤防が洗掘されるところである。土木の分野でいう**水衝部**はこの部分にあたる。

滑走斜面（slipoff slope）は河岸の平面形状が凸型になっているところで、緩く湾曲したいく筋かのポイントバー（point bar：蛇行州）*5 がみられる。

ポイントバーは旧河道沿いにも認められる（図 6.23）。小河川ではポイントバーは凸岸側から凹岸側に向かって緩く傾斜した凹凸の少ない斜面をなすことが多く、背後に発達する後背湿地より 0.5〜2 m 前後高い。

---

*5 寄州・突州などとも呼ぶ。

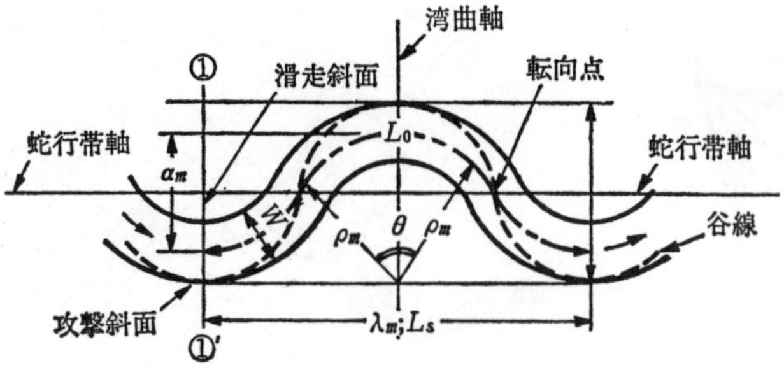

図 6.22 蛇行部の名称 [4]

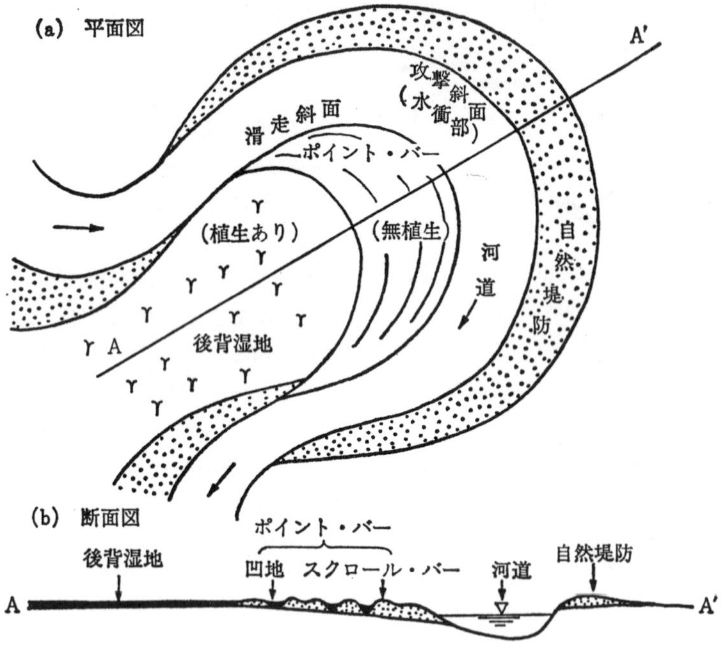

α_m, A : 蛇行振幅（蛇行幅）
B : 蛇行帯幅
W : 流路幅
ρ_m : 蛇行半径
L_0 : 蛇行流路の長さ
L_s : 蛇行軸に沿う直線距離
λ_m : 蛇行波長
θ : 湾曲部の中心角

図 6.23 ポイントバーの模式図（現成のものの例） [2]

ポイントバーの中の微凸地の部分を、スクロールバー（scroll bar）とかメアンダースクロール（meander scroll）と呼び、微凹地を谷とか凹地（swales）と呼ぶ[*6]。わが国の河川ではポイントバーの発達はあまり良くなく、あってもスクロールバーや凹地の発達は少ない。とくに旧河道沿いでは土地利用が進み、人工的な改変でほとんど平坦化されてしまっていることが多い。それでも、土地利用や土地区画割りにその痕跡が残っていることが多い。大河川では微凸地と微凹地との高さの差は 5、6 m に達することもある。

ポイントバーの部分は上述のように砂地盤を基本とするため地盤条件は比較的良いが、旧河道部分であることには変わりなく、やはり大きな洪水などの際には冠水しやすい。ポイントバーが、堤防の下で堤防に対して鋭角に分布しているようなところは、漏水や噴砂（boil）が起きやすい。

山地部を下刻しながら深い谷を作って流れる河川にも蛇行がみられる。あまり広い谷底平野をもたず、平野部の**自由蛇行**（free meander）に対して**穿入蛇行**（incised meander）と呼ばれている。

6.2.3 山腹形状（地形）の工学的な意味
(1) 山腹斜面の基本形

山腹斜面（mountain slope）の尾根から山脚までは、次の 4 つの部分の組合せからなる（図

[*6] 微凸地を氾濫原堤（flood plain bar）、微凹地を氾濫原濠（flood plain swale）と呼ぶこともある。

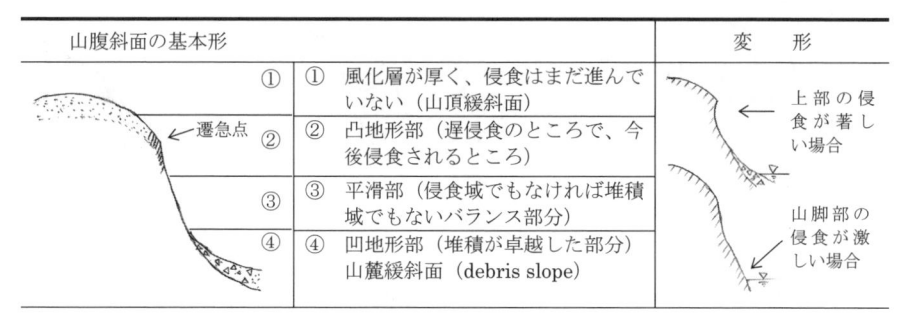

山腹斜面の基本形			変　形
	①	① 風化層が厚く、侵食はまだ進んでいない（山頂緩斜面）	上部の侵食が著しい場合
遷急点 ②	②	② 凸地形部（遅侵食のところで、今後侵食されるところ）	
③	③	③ 平滑部（侵食域でもなければ堆積域でもないバランス部分）	
④	④	④ 凹地形部（堆積が卓越した部分）山麓緩斜面（debris slope）	山脚部の侵食が激しい場合

図 6.24　山腹斜面の基本型（原図）

6.24）。

① 山稜部の山頂緩斜面（crest slope or waxing slope）の部分
② 山稜に続く急斜面上部の凸斜面部（上昇斜面もしくは凸斜面：spur-end slope）
③ ②に続く平滑斜面部（平衡斜面または等斉斜面：valley-side slope）
④ 山脚の凹地形部（下降斜面もしくは凹型斜面：valley-head slope）

　山稜部はまれにナイフリッジをなしていて新鮮な岩盤が露出していることもあるが、多くの場合、侵食がほとんど進んでいなくて、比較的厚い風化層や風化岩からなり丸みを帯びているため、**山頂緩斜面**と呼ばれる。

　④は、**山麓緩斜面（debris slope）** と呼び、主に斜面上部からの崩落土砂（debris）からなる崖錐のなす斜面である。②の凸地形部はまだあまり侵食が進んでいないところで、その末端部すなわち②と③の接点（遷急点）付近が、侵食作用が最も強く行われる**侵食前線（erosional front）** をなしている。これに対し③の平滑斜面は**急斜面（free slope）** であり、侵食は時々行われるが土砂が堆積する場所ではない。

　縦断方向での崩壊発生をみると、**豪雨型崩壊（表層滑落型崩壊）** は、②の部分すなわち凸斜面の下端付近の@**遷急線付近**かそのやや下あたりの、⑥**0次谷（山ひだ）** の部分に起きやすい。

　斜面崩壊は豪雨による崩れと地震による崩れでは発生位置が微妙に違い、図 6.25 のように、

① 豪雨による崩れは横断（水平）方向でみると明らかに**谷型斜面**―つまり水の集まりやすい斜面―に起きており、
② 地震による崩れは、横断方向では**尾根型**や直線（平滑）型斜面、縦断方向でみると、複合

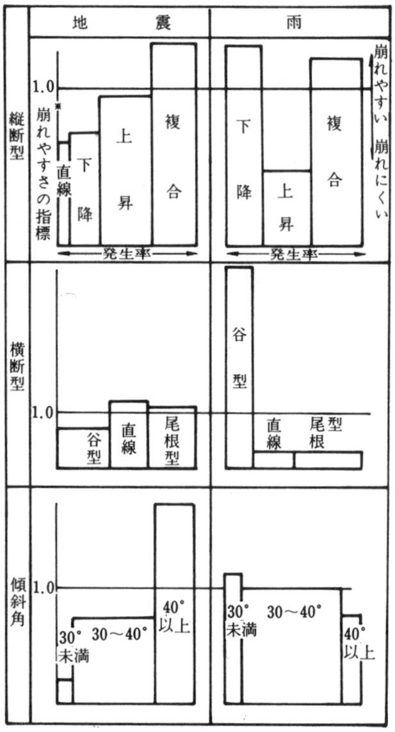

図 6.25　山腹地形と崩壊[7]

型で 40° 以上の斜面に起きやすい（図 6.26）ことがわかる。

（2）　遷急線（侵食前線）

　山腹はたいていどの部分かで傾斜が変わっている。このような傾斜変換点（knick point）のうち、上からみて傾斜が緩く変わるところの連続を**遷緩線**、急になるところの連続を**遷急線**と呼ぶ（図 6.27）。

　遷急線は、"侵食の強弱の境目"で、そこより上側は侵食がおだやかだが、下側は激しいことを示している。とりわけ遷急線付近は新たな侵食（崩壊と考えてよい）が最も高頻度に起こるところ

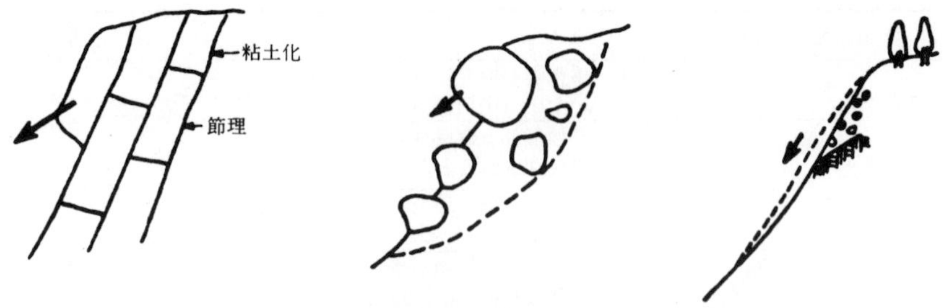

(a) 節理面沿いの岩の崩落
（県道田野一庄内線）

(b) 崩積土中の転石の崩落
（県道田野一庄内線）

(c) 自然斜面の表層滑落

図 6.26　大分県中部地震の斜面崩壊[7]

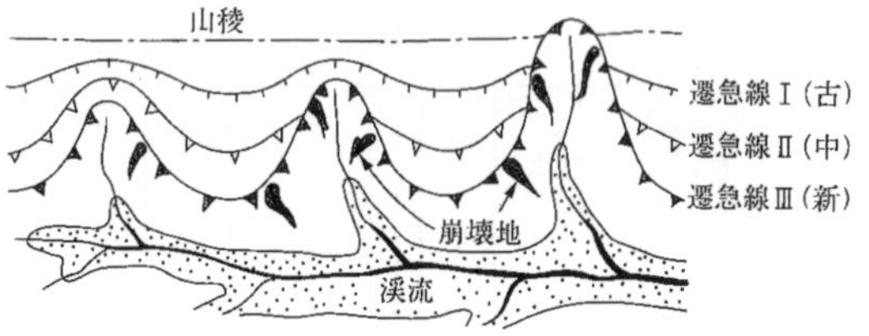

山稜

遷急線Ⅰ（古）
遷急線Ⅱ（中）
遷急線Ⅲ（新）

崩壊地

渓流

図 6.27　遷急線と崩壊の発生位置[5]

で、**侵食前線**とも呼ばれる。

　遷急線の実態と侵食に対する斜面の安定性を図 6.28 に示す。

　実際、**表層崩壊の多くは遷急線付近に起き**、長年には次第に上側へと移行してゆく（図 6.29）。逆にいうと、こういった山崩れが頻繁に起こるために、そこから下で傾斜が急になったとも言える。また遷急線付近は、豪雨時に土中に浸透した雨水が飽和状態となって噴き出すところで、地形的・水文地質的に崩れが発生しやすい条件を備えている。

　一方、**遷緩線**は、崩壊・地すべり・なだれなどで堆積した土砂の堆積面とそうでない面（急斜面）との境界にあたる。そのほか、遷急線や遷緩線の上側と下側とでまったく地質が違うことがある。つまり、侵食に対する抵抗力の差に原因して斜面傾斜が変わることもまれにある。このようなタイプの線がほとんど一直線に続く場合には、そこが断層になっていることが多い。

　表層滑落型崩壊（豪雨型崩壊）の崩壊地点の予測は難しいが、その多くは、遷急線より下側のしかも0次谷の部分に起きやすい（図6.30）。このため、崩壊危険地は、①**遷急線の下側斜面で**、②**しかもそこの 0 次谷の部分**を探すのがよい。つ

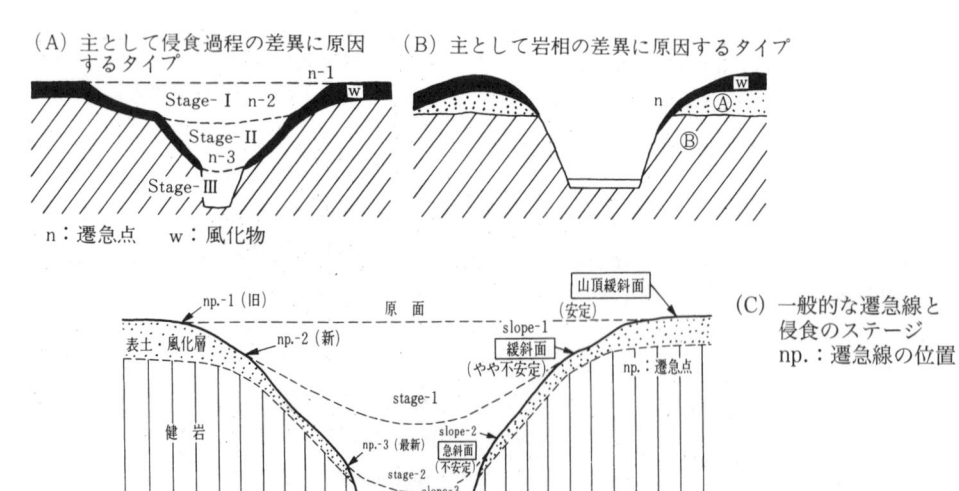

（A）主として侵食過程の差異に原因するタイプ

n-1
Stage-Ⅰ　n-2
Stage-Ⅱ
n-3
Stage-Ⅲ
w

n：遷急点　　w：風化物

（B）主として岩相の差異に原因するタイプ

n
w
Ⓐ
Ⓑ

np.-1（旧）
原面
山頂緩斜面
（安定）
slope-1
表土・風化層
np.-2（新）
緩斜面
（やや不安定）
np.：遷急点
stage-1
健岩
slope-2
np.-3（最新）
急斜面
（不安定）
stage-2
slope-3
stage-3　急崖

（C）一般的な遷急線と
侵食のステージ
np.：遷急線の位置

図 6.28　遷急線の形成タイプと侵食に対する斜面の安定性[6]

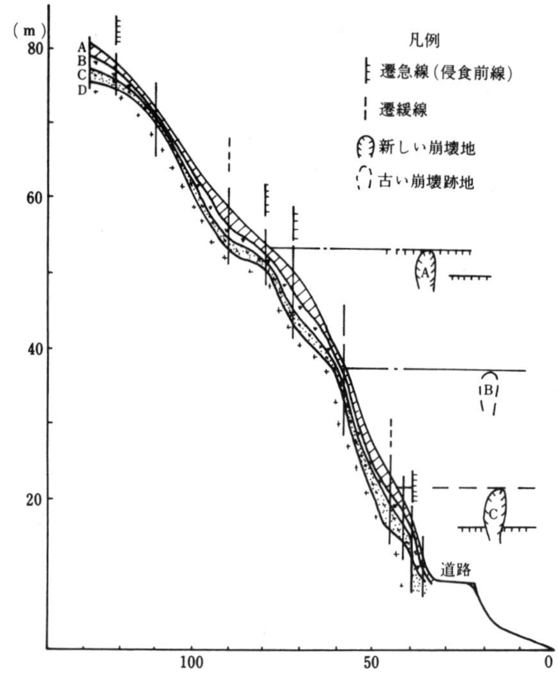

（m）
80

60

40

20

凡例

┤ 遷急線（侵食前線）

┤ 遷緩線

⊓ 新しい崩壊地

⊓ 古い崩壊跡地

[A]

[B]

[C]

道路

100　　　　　50　　　　　0

図 6.29　崩壊地は遷急線付近に発生しやすい—淡路島北部花崗岩地域の例—表土、崩積土、風化基盤の厚さは誇張して描かれている [8]

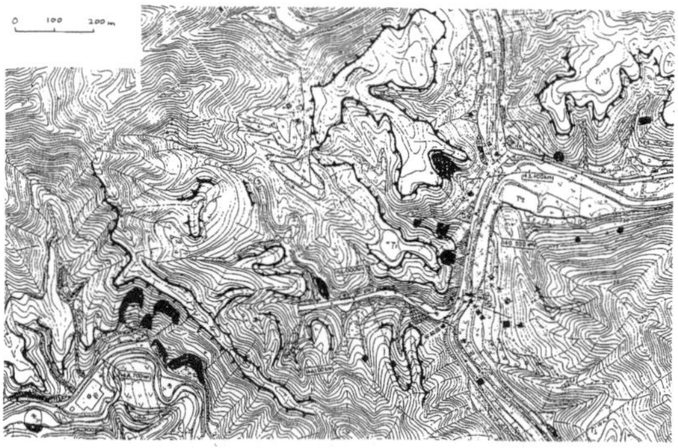

図 6.30　豪雨型崩壊は遷急線の下に多く発生している（原図）

まり①と②でアミをかけるのが、豪雨型崩壊の発生地点を予測する 1 つの方法である。

（3）　0 次谷

図 6.31 のような等高線の谷部分で、等高線の幅よりも谷の奥行きが大きくなった部分から下を、1 次谷と呼ぶ。1 次谷にまで侵食されていない $a > b$ の区間は、1 次谷でないことから俗に **0 次谷**（砂防分野で使う俗語）と呼んでいる。

地形発達の観点からすると、谷の成長がとりもなおさず山地での主な侵食現象（erosion）であ

0 次谷
$(a > b)$

1 次谷 $(a \leqq b)$

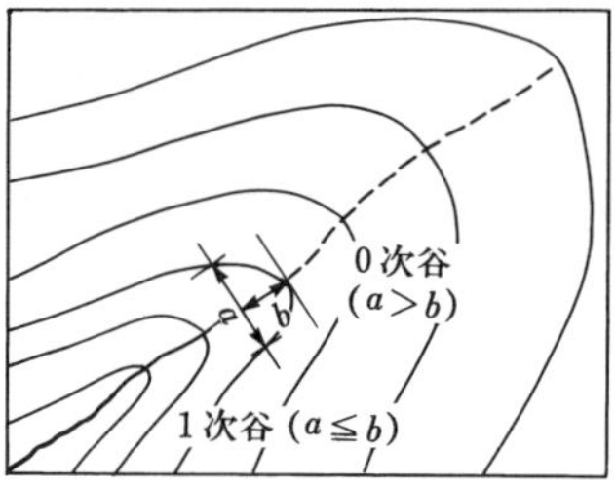

図 6.31　0 次谷（破線部分）（原図）

る。したがって水系末端部には侵食の進展を示す地形があるはずで、これが山腹にみられる"山ひだ"である。塚本ら（1973）はこれを、まだ 1 次水系にまで成長していない谷ということから、**0 次谷（ephemeral stream）** と呼んでいる。

これまでの調査・研究の結果からみると、山崩れやガリーは 0 次谷の中に発生しやすく、細粒風化堆積物を主とする地域での"豪雨型山崩れ"は 0 次谷を単位として発生することがわかっている（塚本ら、1973）[39]。それらを整理すると、次のようになる。

① 0 次谷の中に、ほぼ 1 個の山崩れの発生可能地点（谷の成長点）がある。

② 成長点の位置は 0 次谷の谷線上にある。

③ 成長点が崩壊を起こすと、0 次谷の 5〜10％程度の面積が崩壊し、崩壊による山腹下部の損傷もあわせると、0 次谷の 15〜20％ が裸地化する。

④ **山崩れは 0 次谷の上半部谷線上に発生するものが多く**、これらは他のものに比べて山腹下部に大面積の損傷地帯をつくる。

豪雨時の山崩れの発生やガリーの形成が、主に地表水の集まりやすい 0 次谷であることから、これらを空中写真や 1/2 000 程度以上の大縮尺地形図から読みとることが、山崩れの発生やガリー形成の予知につながる（図 6.32、図 6.33）。ことに伐採跡地は、次のことからも細かく読みとる必要がある。

① 切土予定地に隣接する 0 次谷は豪雨時に集水地となり、集められた表流水は切土法面を損傷するから、このような部分では、法面肩部の排水を良くする設計が望まれる。

② 地すべり土塊の上に 0 次谷が数多く分布するところでは、豪雨時に地すべり土塊が再移動しやすい。

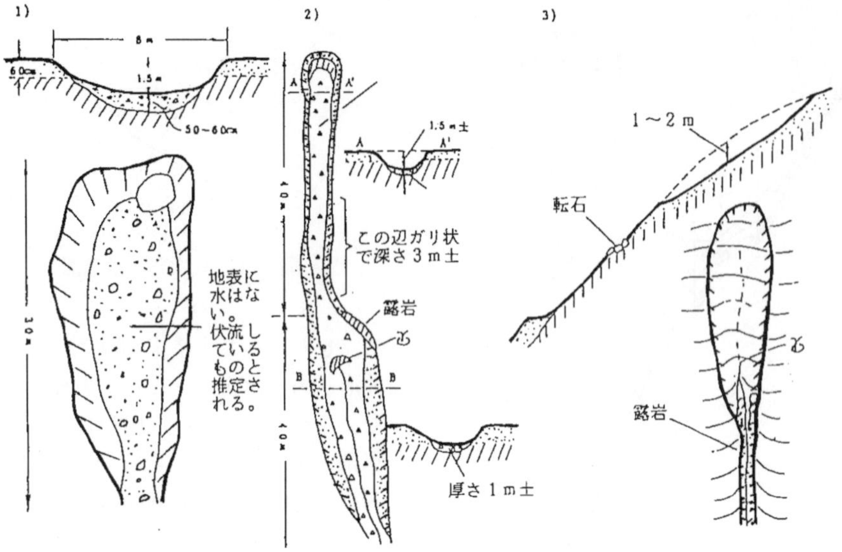

図 6.33　0 次谷の形態実例（原図）

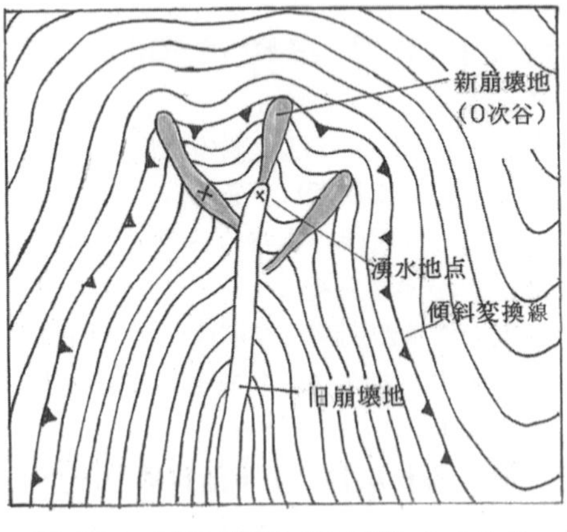

図 6.32　傾斜変換線（遷急線）と 0 次谷
（×は湧水地点を示す）（原図）

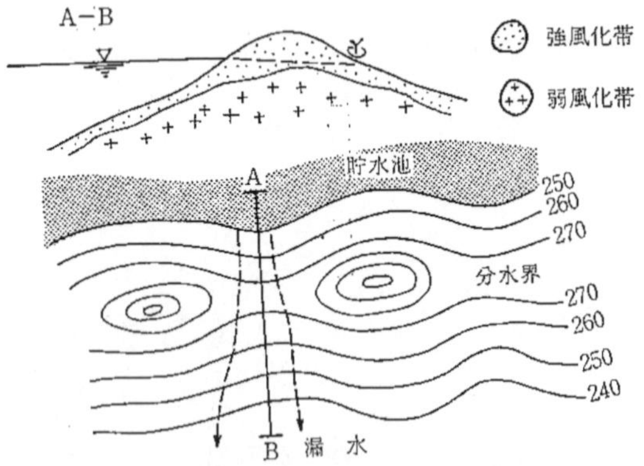

図 6.34　分水尾根の鞍部の風化と漏水模式図[9]

6.2.4　山稜の鞍部地形は要注意地点

山稜（尾根）はふつう上から下へスムーズに下降しているものである。ところがときどき尾根に**鞍部（saddle）**があることがある。このような鞍部は、土木工学・地盤工学上は次のような理由から問題があることが多い。

（1）　ダム貯水池としての問題点

a)　鞍部という地形的条件とそこが風化部分であることが、漏水の主な原因となるもの

このタイプは最も一般的なもので、図 6.34 に示すようにとくに花崗岩地帯の丘陵性山地などに多い。

b)　地質構造が主な原因となるもの

i) 断層・破砕帯

分水界をなす**山稜の鞍部には、断層や断層破砕帯が認められることが多い**（図 6.38）。破砕帯の幅が 200 m にも及び、これを通しての漏水とパイピングの危険性が問題となった例がある。

ii) 不整合面・基底礫層

一般に地質時代の新しい、新第三紀中新世末期から第四紀にかけて形成された不整合面とその上に分布する基底礫層は固結度が低くルーズで、透水性がきわめて高いため、広い範囲に及ぶ漏水の原因となることが多い（図 6.35）。

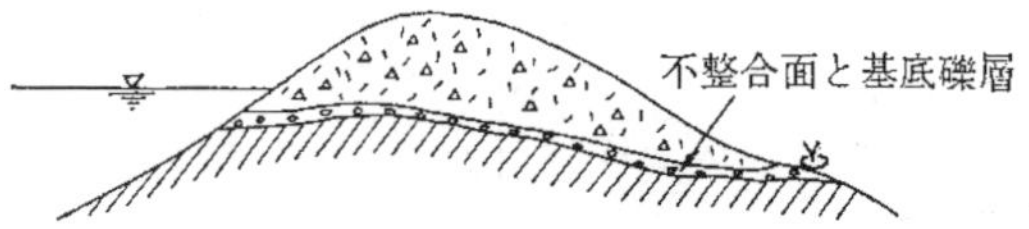

図 6.35 不整合面と基底礫層に関係した漏水模式図

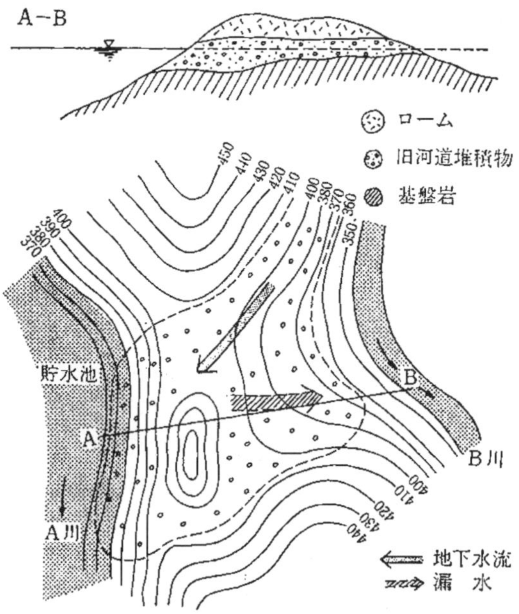

図 6.36 分水尾根部に残る旧河道堆積物と漏水模式図 [9]

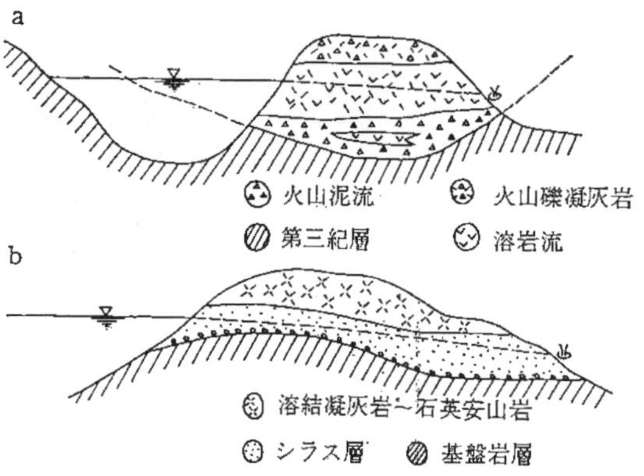

図 6.37 新期火山岩類に関係する漏水模式図 [9]

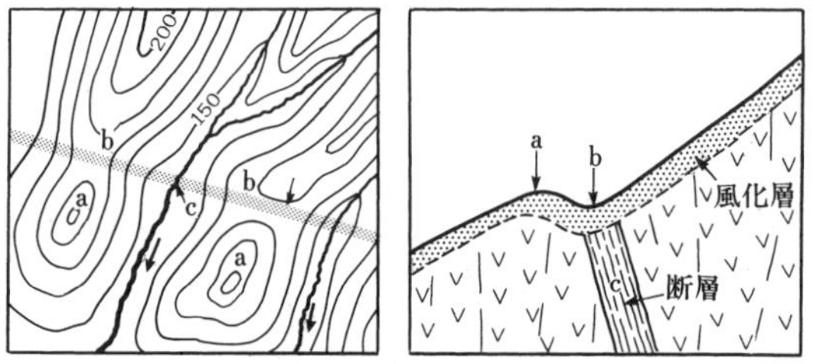

a：ケルンバット、b：ケルンコル、c：断層
図 6.38 断層鞍部の平面図と断面図 [3]

c) 特殊な岩質や地層が主な原因となるもの

i) 旧河道堆積物（地下谷の堆積物）

図 6.36 に示すように旧河道堆積物（ルーズな砂礫からなる）が現在の尾根部の地下に残っていて、貯水後そこからの漏水が問題となることがある。とくにローム層に厚く覆われている場合は、単なる高位段丘と判断されがちであるから、注意を要する。

ii) 新期火山岩類

図 6.37 の a は第三紀層の古い谷地形部を新期の火山岩類が埋めている。b は基盤岩層をシラスや溶結凝灰岩類が広く不整合に覆っている。いずれの場合も、ダム貯水後にパイピング（piping）などによって漏水しやすい。

(2) 断層通過地点としての問題点

山稜の鞍部のことをケルンコル（kerncol）、その下側の出っぱりをケルンバット（kernbat）と呼んでいる。ケルンコルの部分は断層線に沿って形成されたもので、断層部分は破砕されていて侵食を受けやすいためにできた凹地形（鞍部）である。断層鞍部（fault saddle）と呼んでもよい。

断層鞍部（ケルンコル）は送電線の鉄塔位置などに選定されやすいが、極力断層鞍部を避け、ケルンバット部（凸部）に変更するのが望ましい。

6.2.5 崖錐の危険性

(1) 崖錐とは

山腹急斜面や崖面上の風化した自由面（free face）の岩屑が、重力の作用で崖下に落下してできた半円錐状の堆積物を崖錐（talus or talus cone）[*7]と呼び、地形を示す用語ではない。その構成斜面を崖錐斜面（talus slope）と呼ぶ。基本的に水の営力によって運ばれたものではないから、供給源も堆積地に近い。ただ、崖錐の脚部には、たいてい初生的な堆積物が流水によって流出し、二次堆積土砂の面を形成している（図 6.39）。

(2) 崖錐の分類と性質

崖錐の性質は、形成過程や風化程度によって異なる。崖錐についてはこれまで A. Rapp[50] や

[*7] talus は、フランス語のタリュ（talus：緩やかな斜面の意味）に由来する。

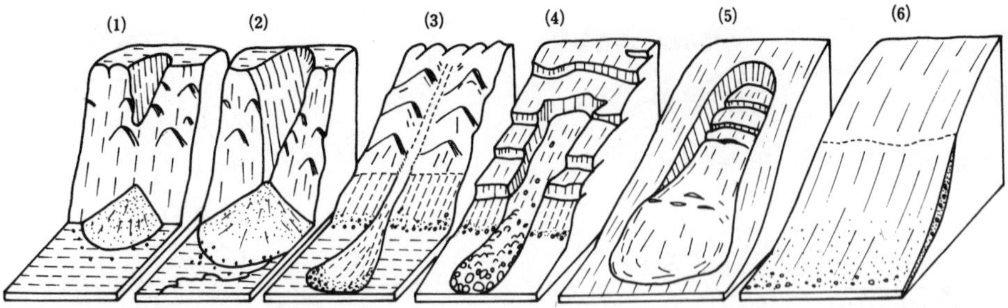

(1) 崖錐（狭義）　(2) 急傾斜沖積錐　(3) なだれや土石流による舌状堆積物　(4) 崩壊残土
(5) 地すべり土塊　(6) 麓屑

図6.40　広義の崖錐の分類──(1)〜(4)はRapp：1957に基づく[50]。IMAMURA：1976に加筆[3]

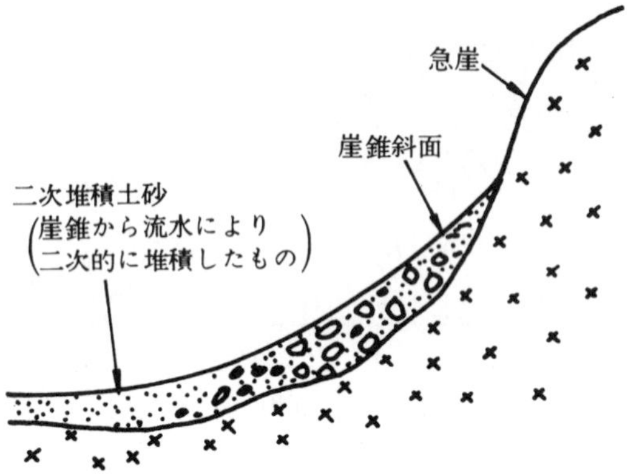

図6.39　崖錐の縦断面構造[3]

S. E. White などにより分類されており、それらを基礎に土木工学的見地からわが国の広義の崖錐を厳密に区分すると、以下のようになろう（図6.40）。

① 崖錐（talus cone）：裸地地域などで、日常的な風化・削剥によって生産された山腹上の土砂が重力の作用で落下し、崖や急傾斜山腹の裾部に半円錐状に堆積したもので、崖錐脚部（下方）に大礫、錐頂部（上方）に細礫が多い。このような分級を grainsize grading（粒径級化）とか fall sorting（落下分級）と呼ぶ。転落が卓越する場合は分級度が良く、乾燥岩屑流が卓越する場合は大まかな層理が発達する。この場合、単層の中では上部が粗粒で下部が細粒の分級をなしている。

② 急傾斜沖積錐（steep alluvial cone）：①同様に直接落下することもあるが、主体は小渓流の上流部から土石流的な押出しによって繰り返し供給された土砂が、沢口に小型の扇形に堆積した扇状地のヒナ型のようなもので

ある。構成物は集合運搬的に押し出されてくるため、大小雑多に入り混じっている。

③ 土石流やなだれによる舌状巨礫堆（avalanche boulder tongue）：わが国の場合は主として土石流（場合によっては沢なだれ）によって形成された堆積物で、山裾直下から離れたところに舌状に分布する。構成物の粒径は②ほど雑多ではなく、舌状の先端部付近には大礫が多い。

④ 崩壊残土（rock-slide tongue）：山腹崩壊の下には崩壊した岩塊や土砂が舌状に残存する。礫径は源岩の性質により異なるが、硬い岩盤の場合は巨塊をなすことが多い。一般に堅硬な岩盤の残土は傾斜が急で厚く、第三紀のシルト岩・砂岩などの崩れで生産された土砂は緩傾斜で薄く、粘質である。

⑤ 地すべり土塊（landslide mass）：山腹の一部が重力の作用で落下・堆積したもので、重力だけでなく水の営力による堆積物の性質の点でも、土木地質的分類としては"崖錐"の中に含めることがある[*8]。

⑥ 山の大小には関係なく、山麓部には山地から供給された土砂が"崖錐"としてたまっており、これをとくに麓屑（piedmont debris）と呼んでいる。初生的なものと二次的なものがあるが、多くは山腹上方から長時間をかけて崖錐匍行（talus creep）してきたものである。

───────────────
[*8] 実用上は"地すべり土塊"あるいは"地すべり崩土"と記述して、崖錐とは別に図示した方が使う側としては使いやすいと思われる。

（3） 崖錐のもつ土木工学的問題点

崖錐の堆積地域は土木計画・施工上、次の点で問題となる。

① これらは古い時代の崩壊物であることも、今日の日常的な風化・侵食で生産されたものもある。したがって、ほとんどルーズな角礫だけからなる場合や、風化物からなる粘性土に角礫が固結されて多少緻密な場合など構成に多様性があるが、いずれも未固結で、ガリー侵食に弱い。

表 6.3 崖錐の内容と斜面形 [3]

崖錐の内容	崖錐斜面の形状
構成物の粒径	分級作用により、一般に錐頂部が細粒で裾部が粗粒となる
構成物の形状	角ばると急傾斜となる
構成岩片の硬さ	花崗岩や硅岩のように硬いものは急（35°～40°）で、泥岩のように軟質なものは緩やか（35°以下）となる
構成物の表面の状況	表面が粗いものほど急となる
構成物密度	大きくなると緩やかとなる
構成物の落下高	高いほど緩やかとなる
構成物の含水量	飽和に達するまでは増加するに従い急となるが、それを超えると緩やかとなる
構成物が堆積する前の元地形	無関係

② 崖錐と基盤との間は一種の不整合で、地層の不連続面がある。崖錐は全体的に透水性が大きく、基盤との境付近は水の通り道となる。崖錐下部の末端からは平常時でも地下水がしみ出していることが多い。このため、岩盤と接した崖錐下端部の粘土化が進み、そこをすべり面とした地すべりを起こしやすい。

③ 現在形成されつつある崖錐は場合によっては 35° 以上の急傾斜をなし、非常に不安定である。しかし、すでに植生が侵入したものは、現状では力学的にほぼ平衡状態にある。したがって、その上に盛土する場合は、耐えうるかどうかという判定（調査によって十分に確かめる必要があろう）以外、ほとんど問題はない。ただし、不安定な崖錐の場合は、路線などを上・下いずれかへシフトさせる必要が生じる（図 6.41）。

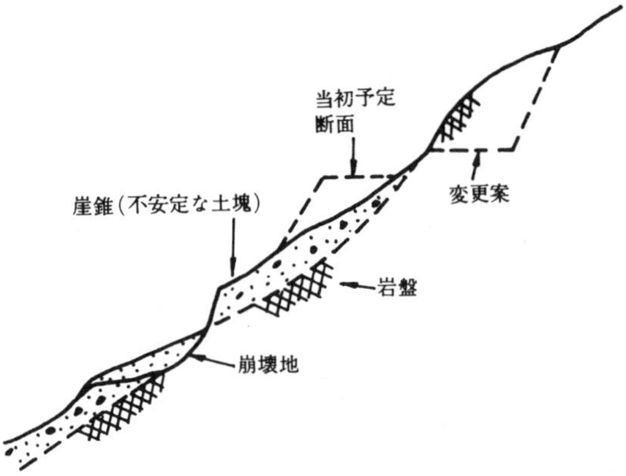

図 6.41 崖錐を避けて上方へシフトさせた高速道路の例 [10]

崖錐の中腹や裾を切土したり、崖錐が川によって側方侵食を受けると、堆積物は下部の支えを失って崩壊や地すべりを起こしやすい。とくに崖錐が不透水性岩盤上にあったり、基岩部分が水の集まりやすい凹地形の場合は境界付近に滞水しやすく、その量が多くなると地すべりを起こしやすい。

④ 急激なすべりを起こさずとも、崖錐は長いあいだには下方へとクリープ（崖錐匍行：talus creep：年間数 cm 程度の移動）する（**6.3.2** の地すべりの項参照）。また堆積物は空隙が多いため、切土すると温度変化や凍結・融解の繰り返しによっても緩慢なクリープを起こす。断層や破砕帯に起因する崖錐はふつうの山腹斜面のものよりも規模が大きく滑動しやすいし、下位の岩盤は破砕を受けているから注意を要する。

⑤ 急傾斜の崖錐ほど、危険性が大きい。池田（1971）[11] によると、崖錐の斜面長さ S と平均傾斜 a との間には表 6.4 の関係があり、安定性を知る目安となろう。

表 6.4 崖錐の安定性の目安 [11]

安定性	条件
安定している	$a < 39 - 4\log S$
やや不安定で、外的条件によっては崩壊のおそれがある	$39 - 4\log S \leqq a$ $< 44 - 4\log S$
非常に不安定で、崩壊の危険性がある	$a \geqq 44 - 4\log S$

S：崖錐の斜面長、a：崖錐の平均傾斜

⑥ トンネル工事の場合は、偏圧や変形移動による事故が起きやすいので、坑口部分の崖錐は完全に除去する。

⑦ 渓床沿いのものは、豪雨時に大量の水と混ざりあって土石流源になりやすい。

⑧ 新しい崖錐の分布するところは、今後もその上の山腹から落石の危険性がある。

⑨ 粘土化した大量の崖錐は、ダムのコア材や盛土材（ことに粘土分不足の砂礫質材との混合材）として利用できる。

以上のように崖錐は、基盤と不連続面をもつ点で問題となる。トンネル坑口や切土法面などで崖錐が厚く分布していると、上述の①～⑦のような問題を生じ、ことに基岩との境が露出していて水が出ている場合には、すべりの危険性がある。

(4) 崖錐の見分け方

崖錐は地形的に次の性質があり、識別の上の有効な手がかりとなる。

① 河川に臨接する山麓以外の崖や山腹斜面の裾部に位置し、表面は上方にやや凹の35°前後の傾斜を示す。

② 山腹斜面の中途（岩盤部分）から崖錐部に入ると、傾斜が急に緩やかとなる。地形図上でみると、崖錐の部分は等高線がスムーズで間隔が広い（図6.42）。

③ 堆積物の表面は滑らかで未固結の土砂からなり、地表水は伏流するため山腹でみられた小水系が崖錐部分に入ると消滅することが多

い。山肌には俗に0次谷と呼ぶ細かい山ひだがあるが（**6.2.3** 参照）、山麓や中腹で山ひだがなくなってスムーズな斜面になっているところは、崖錐で埋められている可能性が強い（図6.42）。

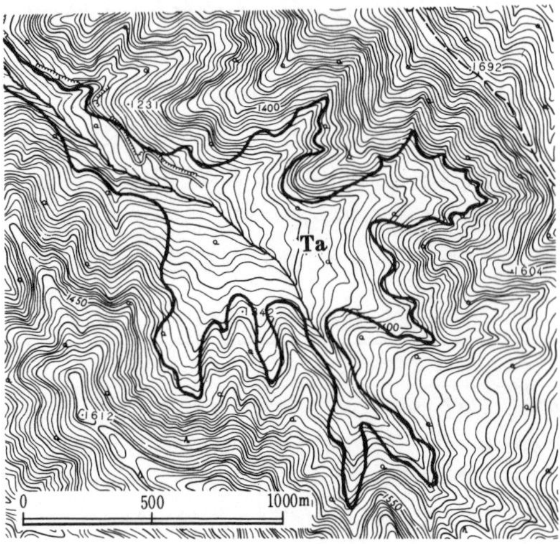

④ 新しく形成されたものや現在形成されつつあるものでは土砂移動が頻繁なため、空中写真上では明灰色を示し植生の定着が悪いが、崖錐の裾部からは徐々に植生が侵入している。

⑤ 土砂供給が停止した古いものでは風化による粘土分が多いため水分が多く、また厚い地層で根が張りやすいため植生の生育が良好で、スギのような深根性の樹林になっていることが多い。

⑥ 傾斜の緩い山の谷あいに、函状の断面をもったガリーが分布するところには、たいてい風化して粘土化した崖錐が厚く分布する。

⑦ 人里に近い地域では畑地に利用されていることが多く、崖錐下端沿いの道路では、数段の腰石積を設けたところもある。

空中写真上では、1～2m以上の厚さをもった崖錐であれば、その分布を容易に判読できる。

(5) 崖錐の不安定度

崖錐はクリーピング（匍行：creeping）やすべりを起こしやすいことから、道路建設などの際には、計画線上やその近くに分布するものは地すべり地と同様に扱い、規模や不安程度によってランク分けをしておくとよい。

① 大規模なもの（分布面積）、形成の新しいもの（植生の侵入度合いにより判断）ほど、不安定度のランクが高くなる。

② 傾斜が急なものはランクが高くなる。

③ 裾部が河川に隣接しているものや断層や破砕帯に起因する崖錐は、ランクが高くなる。

④ 崖錐表面の植生と近くの山地部分の植生とが同じ場合は一応安定しているとみてよく、ランクは低くなる。

⑤ 基岩との境付近から水が出ている崖錐は非常に危なく、不安定度のランクが高くなる。

崖錐を盛土材として使う場合、下記のような事項を鍵に、崖錐の厚さ別のランク分けをするとよい。坂梨地区（日本道路公団、1973）では、①10m以上、②5～10m、③2～5mの3段階に区分した[40]。

図6.42 地形図による崖錐の読みとり例
（1/2万5000、広河）

ⓐ 分布面積の大小（ふつう大きいものはその分布面積に見合う厚さをもつ）。

ⓑ 周囲の地形との関係（崖錐斜面のなす傾斜が山腹斜面と近い場合には薄く、著しく変わる場合には厚い。小谷を埋めて分布する場合は、埋めた面積の広いものは厚く、狭いものは薄い）。

ⓒ 侵食された河岸の崖面露頭に示された崖錐幅の厚さ。

6.3 山地・丘陵と災害

6.3.1 マスムーブメント（集団移動）地形
(1) 地盤に働く営力

地盤に働く営力（agency）には、①外営力（exogenic agents）である地形営力（geomorphic agents）と②内営力（endogenic agents）である地質営力（geological agents）とがある。**地形営力**というのは、大地を構成する物質を生産（侵食）し、運搬する能力をもった自然の媒体（natural medium）のことで[41]、①流水・②地下水・③波浪・④潮流・⑤津波・⑥氷河・⑦雪・⑧風などがあり、根本的には重力が関与している。

一方、**地質営力**というのは地質内部に起因したⓐ火成活動・ⓑ火山活動・ⓒ地殻変動（断層活動やそれに伴う地震などを含む）などをいい、地球内部のマグマの活動やプレートの移動に原因した応力（stress）などである。しかし一般的に「営力」というと、上記①–⑧のような「地形営力」を指すことが多い。

(2) マスムーブメントの土砂移動における位置づけ

「地層の堆積」あるいは「地層の形成」は、運搬された物質が「半永久的に安定的な状態におかれた（堆積した）形態」をいい、そこに至るまでには必ず、①風化（weathering）と②いろいろの地形営力による侵食（erosion）や③運搬（transportation）という過程（process）を経る。この過程のうち侵食→運搬には、ⓐ堆積する粒子が水や氷・風などの営力によって個別的に侵食され運ばれる**各個運搬（individual transportation）**と、ⓑある大きさをもった地表物質がマス（岩塊・土塊など）として自重で動いて運ばれる**集合運搬（mass transportation）**とがあり、後者をマスムーブ

メント（mass movement）とかマスウエスティング（mass wasting）と呼んでいる。

これらマスとして運ばれた物質は一時的な安定状況を得て静止状態となって堆積層を形成しているが、長時間にわたって安定した状態にはなく、再び同一もしくは別の移動形態をとって、もっと安定した場所へと移動・堆積していく。つまり「地層の形成」や「地層の堆積」という地質学的な観点からみると、マスムーブメントは侵食・運搬のひとつの過程を示すものであって、「不安定状況下にある移動形態」と見ることができる。

(3) マスムーブメントと土砂災害現象

このようにマスムーブメント[*9]は広く考えると地表の削剥作用（denudation）のひとつであるが、水や氷・風などによる物質の個別的な運搬ではなく、直接的には、自重（重力）による物質（岩石や未固結堆積物）の移動現象である。①**マスムーブメント**は地すべりなどのように一つにまとまったマスとしての移動のことを言い、②**マスウエスティング**は重力に支配された地表構造物の移動のすべてを含むというように区別して使われることもあるが、現在では同義的にしかも「マスムーブメント」の方を使うことが多いようである。

マスムーブメントは、後述するように移動の様式から、①落下・②トップリング（転倒）・③滑動・④流動・⑤匍行などのように区分され（図6.43、図6.44）、いずれの移動様式もこれらの働きかたのⓐ強弱やⓑ働く場所が人間の生活圏であるかどうかによって、災害をもたらす現象となりえる。前出の表6.2は営力と災害との関係を示す。

このように「災害」はあくまでも「人間の生活圏」とかかわる現象であって、現象そのものは自然的なエントロピー拡散（増大）の一形態にすぎない。すなわち、マスムーブメント自体はごく自然的な土砂移動現象に過ぎないが、そこが人間の生活圏内かどうかが問題となるのである（図2.2、図6.44）。

[*9] 地すべり学会では、地すべり（landslides：広義）を従来のマスムーブメントやマスウエスティングの代わりに用いた方がよいという意見もあるが（2003年8月の地すべり学会での意見など）、私はそれは混乱を招くだけで、従来の定義の方が妥当と考えるので、従来の定義に従って記述する。

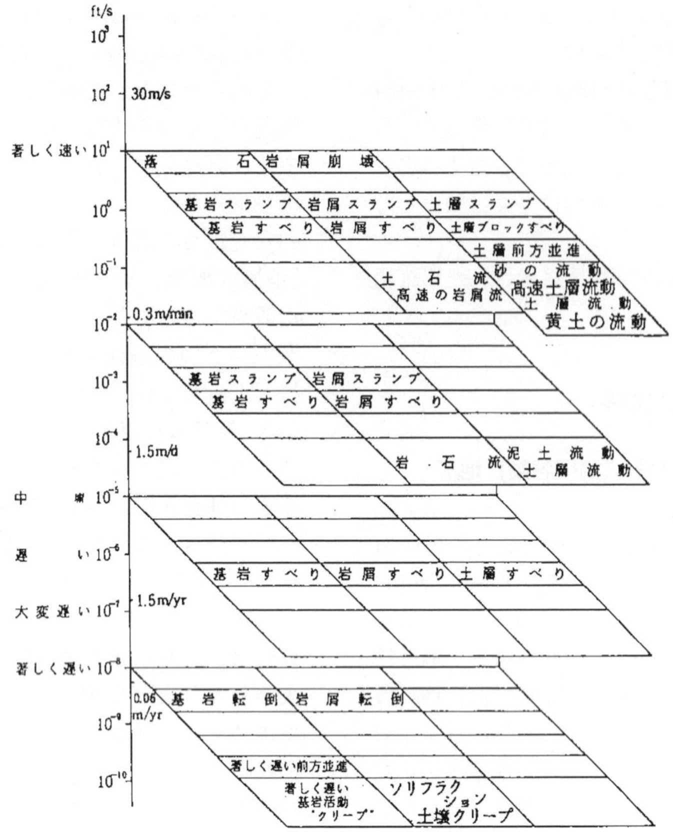

図 6.43 Vernes（1978）の分類に，分類基準として移動速度を加えた場合の試み。
一般的には各タイプは書かれた平面の上下に広がる領域に入りうる[12]

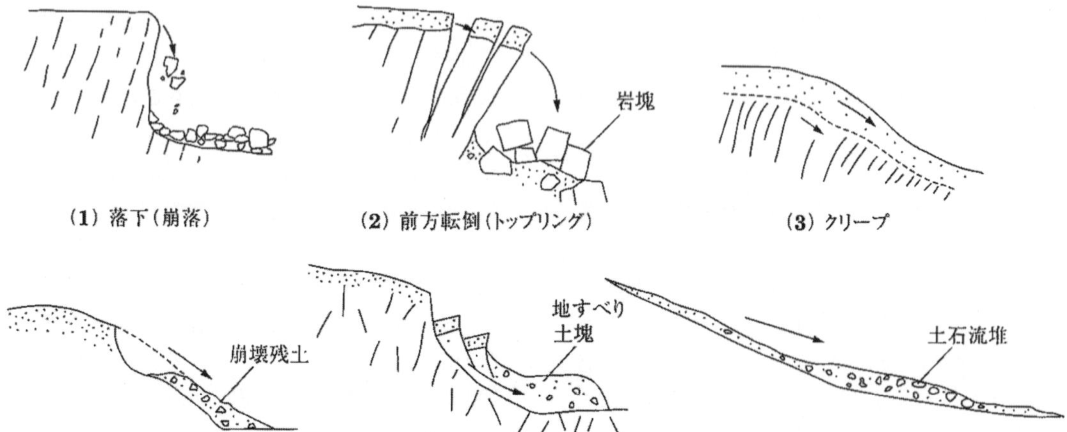

（1）落下（崩落）　　（2）前方転倒（トップリング）　　（3）クリープ

（4）山崩れ・崖崩れ　　（5）地すべり　　（6）土石流

図 6.44　マスムーブメントの分類[5]

（4）　マスムーブメントの分類

マスムーブメントはいろいろに分類されている
が（Sarpe, C. F. S. : 1938）、①移動様式・②物
質の種類・③原因・④移動速度・⑤含水量・⑥内
部摩擦の性質・⑦物性などが分類基準にされる。
わが国では最近では、Vernes, D. J. : 1978[42] を
もとにしたものが使われることが多いが、ここで
は繁雑さを避けるために簡単な図（図 6.44）を

Column

接峰面図

接峰面図（summit level map）は切峰面図ともいう。複雑な山地地形をマクロに見たい場合に、よく接峰面図を作って検討する。接峰面図を作るには、①方眼法と②埋谷法（谷埋法）とがある。方眼法は対象地域を 2〜3 km の方眼に分け、各方眼の中の地形の最高点をプロットし、その位置と高さを用いて内挿法によって新たな等高線（仮想等高線）を描く。

接峰面図と地形図（現在の地形）とを比較すると、①概略の侵食の程度を推定できる。②地盤運動による地形（段層崖などは、比較的直線状の急斜面となる）、③新旧侵食面の境界（段丘面の違いなど）、④

侵食によってできた硬軟岩石の境、⑤溶岩流の末端など（溶結凝灰岩なども含む）を読み取りやすい。このため接峰面図は、土木建設の計画段階や予備調査段階で広域の地形を概観するのに有効である。

埋谷法（谷埋法）は、ある谷幅以下の谷を埋めた場合の等高線（接谷面：river level）を描き直す方法で、台地や丘陵地の原地形復元などに用いられる。そのほか、接谷面図からは、①分水嶺西側の侵食基準面の高さや分水嶺の移動、②谷の縦断図に現れる遷急点の存在、③複数の侵食面の存在、④地塁・傾斜地塊・地溝の存在などを推察できる。

示す。

われわれが防災上問題とするのは次のような狭い意味での「マスムーブメント」が主であって、移動速度の著しく遅いソリフラクションや土壌クリープなどはあまり問題とはならない。

① 落下（崩壊）..........................落石
② トップリング（前方転倒）........転倒崩壊
③ 滑動.....崩落（山崩れ・崖崩れ）・地すべり
④ 流動.............土石流・流動型地すべり
⑤ クリープ（匍行）...........クリーピング

a) 落下（fall）

岩石や地層の一部が壁や急斜面をなす地盤からはずれて落下する現象で、これにも①斜面をなす地盤の一部がひとつの塊となって移動するものと、②風化岩塊・岩層が個々に落下する場合とがある。

b) トップリング（toppling）

岩壁の一部が柱状節理や片理面・層理面などを分離面として前方（自由空間側）に傾き、ついには転倒する現象である。

c) 滑動（slide）

地盤の中の明確なすべり面やせん断面を境にして、その上にある物質があまり変形しないで後方へ回転したりしながら移動する現象である。基岩の円弧すべり（slump）、岩層のすべり（debris slide）、岩石すべり（rock glide）などがあり、一般にいう山崩れ・山地崩壊・地すべりというのは、このタイプが多い。

d) 流動（flow）

土石流（delris flow：古くは山津波・鉄砲水・山

瀬などと呼ばれた）や流動型地すべりなどのように、地盤の一部が流動性を帯びて流下したり（流動型地すべり）、山崩れの発生などをきっかけに渓流沿いの土砂が水と混然一体となったかゆ状になって流動したりする（土石流）[10]。乾燥地帯や富士山大沢源頭部などで見られるように、まったく水のない乾燥状態で岩層が流動する現象もあり、これはとくに**乾燥岩屑流（dry fragment flow：岩屑なだれ）**と呼んでいる。

e) 匍行（creep）

土砂移動のうち最もゆっくりとした移動現象で、①まず地盤の表層部が斜面上位からの圧力でゆっくりと変位し、②続いて変位した土塊が水分や温度の変化あるいは地表部分の凍結融解などによって、斜面下方にゆっくりと（年間に数 cm といったオーダーで）移動する現象である。地表を構成する物質の違いによって岩屑（あるいは崖錐）クリープ（talus creep）や土壌クリープ（soil creep）、岩盤クリープ（rock creep）などがある。

(5) 切土法面の崩壊形態

岩盤の強度は、割れ目のきわめて少ない新鮮な岩盤と断層・層理・節理・片理などの不連続面をもった岩盤とでは、後者の方がはるかに小さい。このため、岩盤の切土法面の変状・破壊の発生の有無や規模・形状などは、不連続面の状況に規制されやすい。不連続面に規制されて発生する法面形状や法面破壊は、不連続面の位置や傾き（走向・傾斜）によって、図 6.45 に示すように 4 つの基

---

[10] 土石流については **6.3.4** で詳述する。

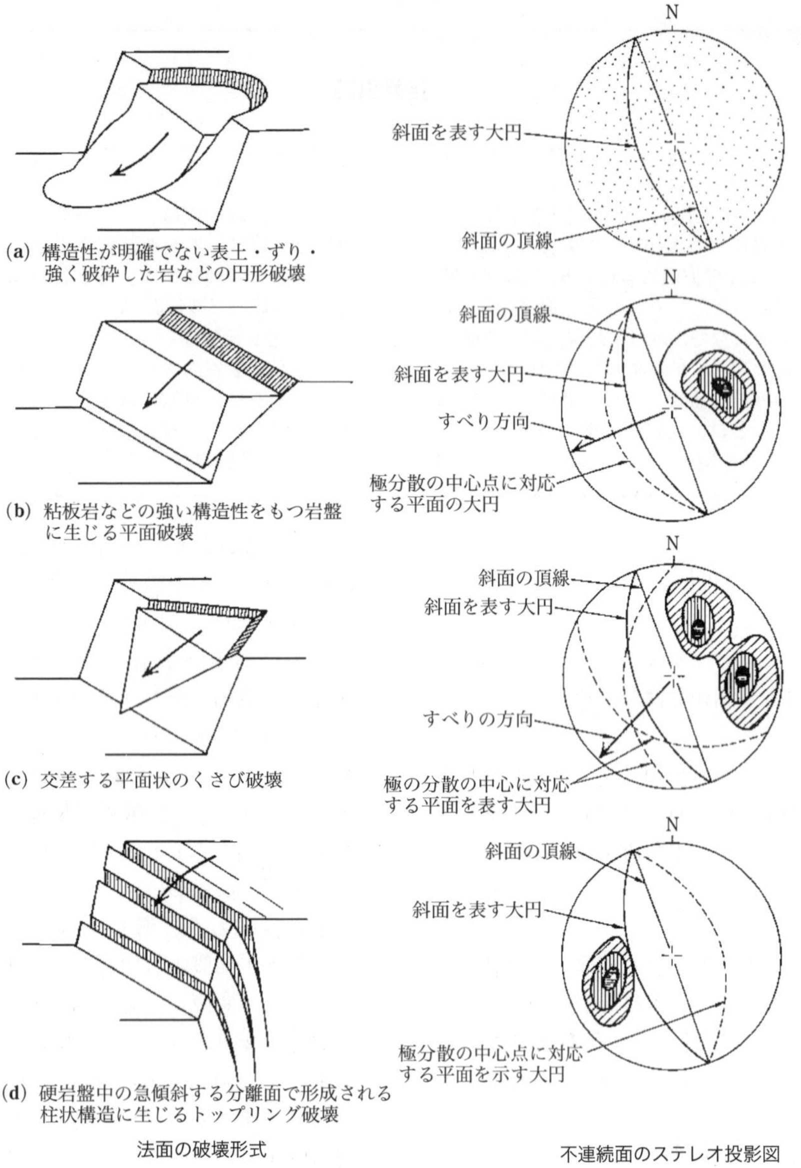

(a) 構造性が明確でない表土・ずり・強く破砕した岩などの円形破壊

斜面を表す大円

斜面の頂線

(b) 粘板岩などの強い構造性をもつ岩盤に生じる平面破壊

斜面の頂線

斜面を表す大円

すべり方向

極分散の中心点に対応する平面の大円

(c) 交差する平面状のくさび破壊

斜面の頂線

斜面を表す大円

すべりの方向

極の分散の中心に対応する平面を表す大円

(d) 硬岩盤中の急傾斜する分離面で形成される柱状構造に生じるトップリング破壊

斜面の頂線

斜面を表す大円

極分散の中心点に対応する平面を示す大円

法面の破壊形式　　　　　　不連続面のステレオ投影図

図 6.45　不連続面と法面破壊の形式 [13]

本的なタイプ（①土砂地盤に起こる円形破壊、②岩盤に起こる平面破壊、③くさび破壊、④トップリング破壊）に分かれる。

(6)　土砂災害の免疫性とその本質

土砂災害には、"免疫性"がある。これは生物学的な意味あいとは違うが、土砂災害は一度起こるとその同じ地点に同じ現象は起こりにくい性質がある（小出, 1973）。すなわち「免疫性がある」というのは、ある任意の山地空間にひとつの災害現象が起きたあと、その空間での同一現象の発生

は、周辺よりもきわめて低い確率でしか起きないことをいう。

このような山地災害現象に免疫性が生まれる根本原因は、"貯留現象"の有無、すなわち貯留現象が自然に起こり得るかどうかにある。

貯留とは「水など物質がたまること」、つまり①ある"容れ物"があって、②それにある"物体（物質）"が静的に容れおかれている状態をいう。それが時間とともに増大したり減少したりすることが"貯留の変化"である。これは"解放されや

6 章　工学面からの丘陵地・山地地形の見方　　*131*

| Column |

マスムーブメントの発生要因 [42)]

I　せん断応力を増加させる要因
① 水平支持の除去（斜面下部の侵食－斜面の増傾斜）
　ⓐ 河川による侵食
　ⓑ 氷河による侵食
　ⓒ 波の作用
　ⓓ 風化
　ⓔ 先行する崩落や滑動、沈下、断層（斜面の増傾斜）
　ⓕ 採石場、根きり穴、用水路、貯水池などの建設
　ⓖ 湖や貯水池における水位の変化
② 荷重付加
　ⓐ 雨、雪、パイプラインや下水管あるいは用水路からの水、による荷重
　ⓑ 崖錐の堆積
　ⓒ 植生、樹木
　ⓓ 透過水の圧力
　ⓔ 埋立、貯水、建物の建設
③ 一時的な土中応力
　ⓐ 地震
　ⓑ 発破、交通機関などによる振動
　ⓒ 風による立ち木の揺れ
④ 下方支持の除去
　ⓐ 河川や波による侵食
　ⓑ 地中での溶解、鉱山の採掘
　ⓒ 下にある塑性物質のしぼり出し
⑤ 横からの圧力
　ⓐ 割れ目内の水
　ⓑ 割れ目内の水の凍結
　ⓒ 膨潤（粘土や硬質石膏の水和）
　ⓓ 残留応力の解放（応力解放）

II　せん断強度を低下させる要因
① 風化とその他の物理化学反応
　ⓐ ひびの入った粘土の軟化
　ⓑ 粒状岩石の物理的分解（霜の作用、熱膨張など）
　ⓒ 粘着性を低くさせる粘土鉱物の水和、膨潤
　ⓓ 塩基の交換（物理的特性が変化）
　ⓔ 粘土や頁岩の乾燥－ひび割れ、粘着力の喪失－水の進入
　ⓕ 溶解による膠結物質の除去
② 含有水分による粒子間にかかる力の変化（間隙水圧変化）
　ⓐ 飽和－浮力、粒子間圧力と摩擦の減少、毛管粘着の消滅
　ⓑ 物質の軟化
③ 構造の変化
　ⓐ 頁岩や固結した粘土のひび割れ
　ⓑ レス、砂、鋭敏性粘土の再生（remoulding）
④ 生物
　ⓐ 動物による穴
　ⓑ 木の根の腐食

（出典：Varnes、1978）

表 6.5　主要な災害現象と"貯留現象" [14)]

主要な災害現象	貯留のタイプ	貯留される物質	"容れもの"（貯留空間）	備考
1. 洪水流	－	－	－	免疫性はない
2. 鉄砲水	物質の貯留	水	渓床	
3. 土石流（土砂流）	物質の貯留	岩塊・土砂（水）	渓床	これらに水の貯留が加味される。／免疫性がある
4. 地すべり	せん断低下部の貯留　風化層の貯留	風化層（水）	山腹	
5. 斜面崩壊	せん断低下部の貯留　風化層の貯留	風化層（水）	山腹	
6. 崖崩れ	不安定部の貯留*　風化層の貯留	不安定風化層（水）	急崖	
7. 落石	不安定部の貯留*	不安定石礫　風化層	急傾斜	
8. なだれ	物質の貯留	雪（雪の高さ）	"なだれ斜面"	貯留時間がきわめて短い

*必ずしも風化を伴う必要はない。

すい位置エネルギーの貯留"といいかえることができる。

　ある"容れ物"の中の"貯留量が増える"ことは、そこの"解放されやすい位置エネルギー部分が増大する"ことであり、エネルギー解放に至る1ステップと考えることができる。それが解放されやすいエネルギーであるほど、"免疫性の増大"につながる[71]。

　土砂災害の免疫性の本質である"貯留"に着目して災害現象との関係をみると、表6.5のようになる。したがって土砂災害現象の発生の危険性を正しく知るには、土砂の貯留量が限界にきているかどうかの把握が大切となるが、まだその把握手法は十分に確立されてはいない。

6.3.2　地すべり地形
(1)　地すべりの定義

　全国地すべり対策協議会は「地すべり (landslide) とは、特別な地質状態の地域にある土地の一部が、地下水などに起因して移動する現象を、山崩れと区別して呼んでいるもので、両者はいずれも土地が移動する現象ではあるが、地すべりはまず最初に緩慢な現象が現れ、これが次第に加速

度を増し、ときには急激な土地の移動を起こすこともある。この点が突発的で急激に崩壊する山崩れと区別されるところである」と定義している。

　土木工学上、地すべり地形に関して調査の初期段階でまず大切なことは次の5点である。**これら5点が明らかになっていないと、これに続く調査や防災対策は、まちがった方向に行きやすい。**

① 過去の地すべり地形を、**見逃すことなく抽出**する
② 1つの地すべり地内を、いくつかの「**移動ブロック**」に区分する
③ 地すべり（移動ブロックごとに）を、**平面形態と運動様式によって分類**する
④ 移動ブロックごとの、**すべりやすさのランク区分**（A、B、Cランクなど）をしておく
⑤ 移動ブロック相互の関係や動きを勘案して、**地すべりのメカニズムを明らかにする**

(2)　地すべり地形の特徴

　図6.46に地すべりの一般的な形態を示す。ただ人間の顔が一人ひとり違うように、地すべり地も一つひとつ違う形をしている。したがって、図6.46はあくまでも一般形である。

　地すべり地は大きくみて、①旧地形を示す**滑落**

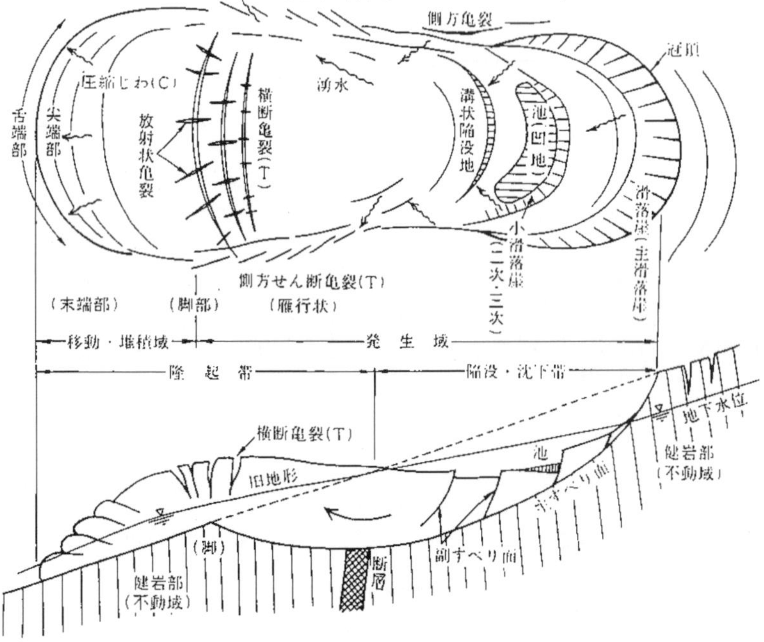

図6.46　地すべり地の一般的な形態－地すべり地の微地形－（原図）

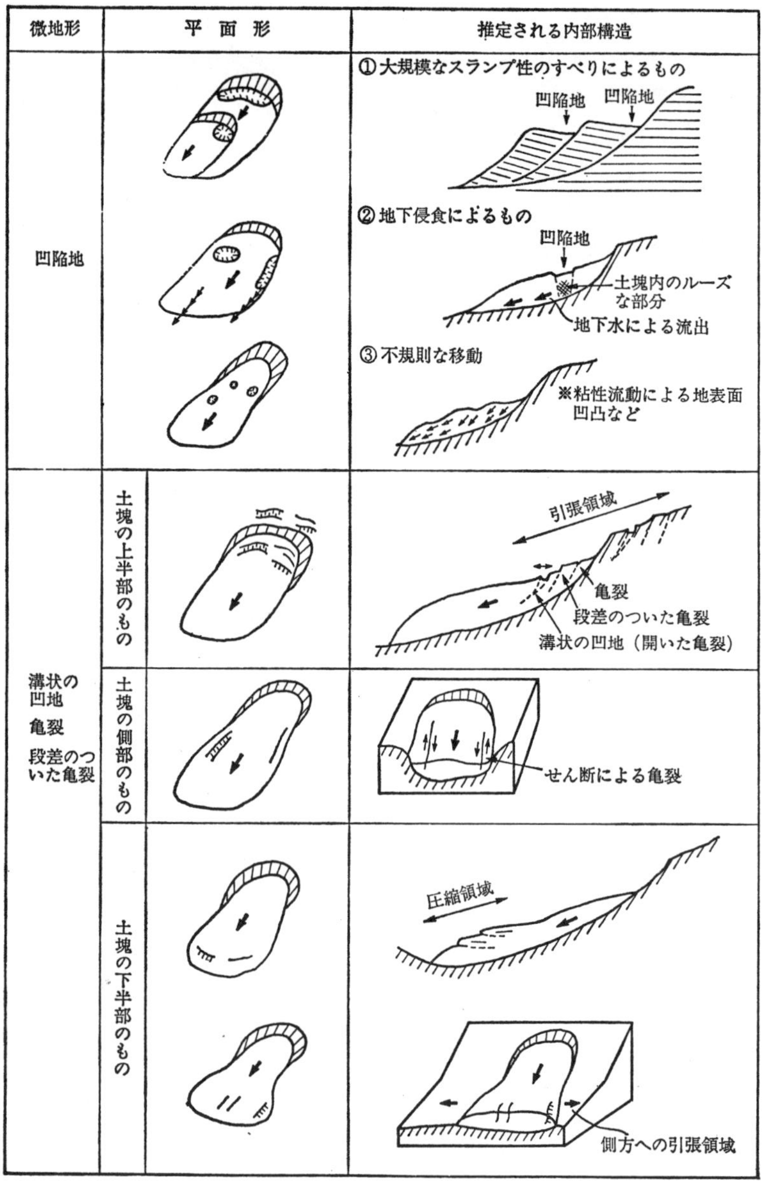

微地形	平面形	推定される内部構造
凹陥地		①大規模なスランプ性のすべりによるもの 凹陥地　凹陥地 ②地下侵食によるもの 凹陥地 ※土塊内のルーズな部分 地下水による流出 ③不規則な移動 ※粘性流動による地表面凹凸など
溝状の凹地 亀裂 段差のついた亀裂	土塊の上半部のもの	引張領域 亀裂 段差のついた亀裂 溝状の凹地（開いた亀裂）
	土塊の側部のもの	せん断による亀裂
	土塊の下半部のもの	圧縮領域 側方への引張領域

図 6.47　地すべり地の微地形と、推定される内部構造[2]

崖（landslide scarp）と②旧地形から分離してすべった**地すべり土塊**（landslide mass）からなり、両者を現地や空中写真・地形図などで認めうるかどうかが、地すべり地識別の鍵となる。

a)　滑落崖の特徴

滑落崖は**馬蹄形**をなし（方形に近いこともある）、頂部の落差が最も大きく下方ほど小さくなる。崖面が急傾斜で植生のない地すべりは、非常に新しいことを示している。急傾斜であっても樹木が繁茂しているところは、古くに形成されたと考えてよい。さらに古くなると、滑落崖は侵食されて傾斜が多少緩くなる。1回の急激なすべりでできる滑落崖の高さは2〜3mからせいぜい5m程度が多い。したがって、滑落崖が数10mもある地すべりは、長年にわたってすべりが継続しているとみてよい。

滑落崖の外側には崖に平行した**側方亀裂**（side crack）と呼ぶ引張り亀裂（tension crack）ができており、そこを境に新たに上方や側方に地すべりや崩壊が進む。

b) 地すべり土塊の地形的特徴

滑落崖内側のブロックが地すべり土塊であり（図6.46）、滑落崖側を頭部（head）、下流端を先端（tip）という。地すべり土塊は円弧状に回転してすべるため[*11]、地表傾斜は原地表面（original ground surface）より緩くなる。

地すべり土塊の頭部には二次的な滑落崖（minor scarp）ができることがある。二次滑落崖にまでならなくとも、移動方向に直交した引張り亀裂が形成される。すべりが激しく回転運動が大きいと、土塊の一部が大きく崩落して陥没地（depression）ができ、そこが池や湿地になっていたりする。

滑落崖に続く地すべり土塊両側の崖面を側面（flank）といい、上部ほど落差が大きく、回転運動の末端（これを脚部：toe と呼ぶ）付近で落差はなくなり、それより下方では、地すべり土塊の方が盛り上がって原地表面より高くなる。脚部の土塊上には移動方向に直交した引張り亀裂が、また、先端付近の隆起部には、放射状の圧縮亀裂（compression crack）ができやすい。

これら地すべり地形の特徴（図6.46）を、a)やb)と地すべりの内部構造と関連づけて示すと、図6.47のようになる。

(3) 地すべりの移動ブロック区分

大きな地すべり土塊は、二次滑落崖などによっていくつかの移動土塊に細区分される。移動ブロックを細区分する際のキーポイントを、図6.48に示す。細区分された移動ブロックは必ずしも同一方向に動いているとはかぎらない。したがって、今後の動きを予測し防災対策を施すためには、まず、**地すべり地の中をいくつかの移動ブロックに細区分することが大切**である（図6.48、図6.49）。

(4) 地すべりの運動様式による分類

道路・鉄道・送電線などの路線建設計画やダム建設計画など土木工事と直接結びついた地すべり調査では、**地すべりの動きをタイプ区分する必要がある**。タイプによって動きに特色があるからである。その方法は、

① 今後の動きがどういう様式で行われるか（運

[*11] 岩盤すべり（glide）タイプのものは、ほとんど回転がなく、ほんの少しすべり落ちた形状をなす。

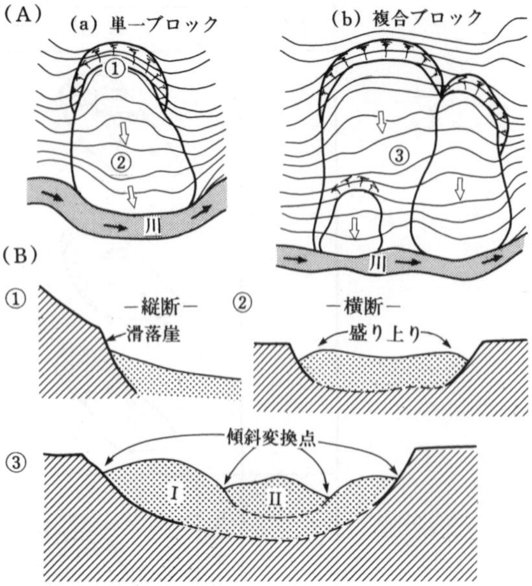

図6.48 地すべり移動ブロック区分（A）と、区分する際のキーポイント（B）（原図）

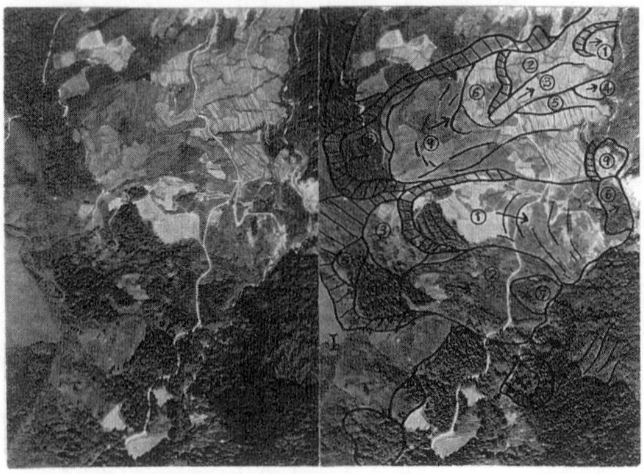

図6.49 移動ブロック細区分の例（立体対）

動様式）を判定しやすいこと

② しかもそれが空中写真判読や地形図の読図、地表踏査などで認識しやすい"地すべり形態"（平面的形態）と結びついていた方が分類しやすいこと

③ わかりやすい単純明快な分類であること

などの要求を考えると、表6.6のような**平面形態に現れた運動様式による分類**が実際上行いやすく、また使いやすい。

a) 崖錐クリープ（talus creep）

区分の際の手がかりは地すべり地の形態であるため、形の不明確なクリープ性地すべりは地すべり地そのものの認識が困難なことが多い。し

たがって、急傾斜の崖錐や地すべりに隣接する崖錐、あるいは大規模な地すべりの滑落あとに未固結の表層物質の残存が認められる場合は、崖錐クリープ性の地すべり地としてマークしておくのが望ましい。

b) 流動型すべり（flow）

谷部を流下する溶岩流のように幅数 10 m、長さ数 100 m（1 km に及ぶこともある）にわたって流下し、末端は溶岩流と同様まるく盛り上がって止まっている。旧地形に支配されて流下し、あまり厚くはない。すべり土塊には流下方向に平行したグルーブ（groove：しわ状の高まり）ができており、空中写真上ではこれが流下状況を明確に示している。まわりの地形に比べて非常にスムーズで低平なため、容易に識別できる。

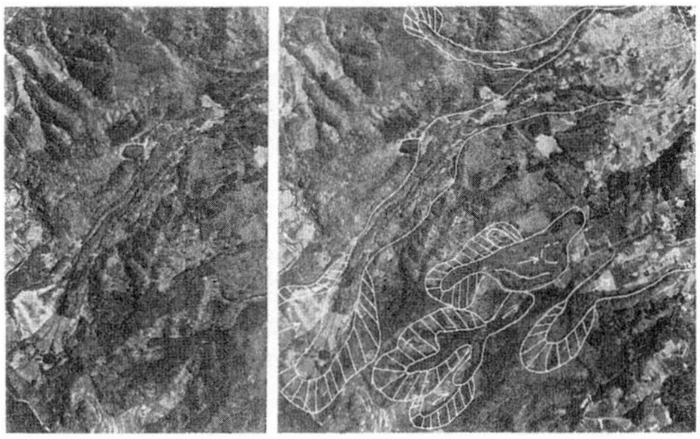

図 6.50　流動型地すべりのタイプの例—月夜野付近—[18]

c)　弧状すべり（slump）

図 6.46 や図 6.51 のように回転を伴った典型的な地すべり地形を示すのは、弧状すべりである。

弧状すべりのうち小型のものは、①山腹斜面中腹に残る段丘堆積物、②山腹中腹にたまった崖錐、あるいは③段丘の侵食による削り残しの部分などを、それと誤読しやすい（図 6.52）。判読に

図 6.51　地すべり地の判読—弧状すべりタイプ—矢印は地すべりの方向、F：断層、Ta：崖錐[17]

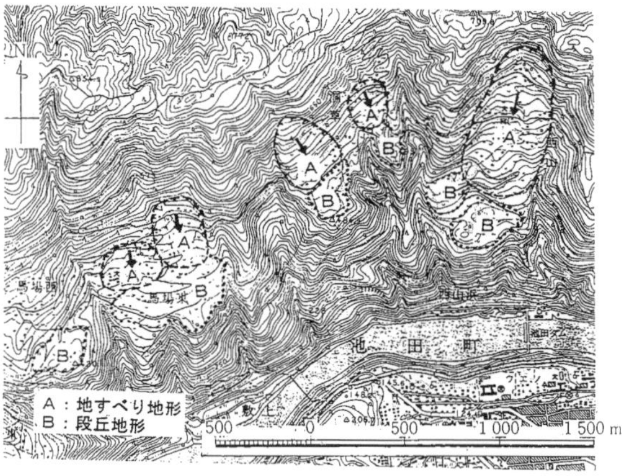

図 6.52　誤読しやすい段丘と地すべり地形[26]

際し、ある明確な段丘面付近でそれとほぼ同じレベルかやや低いところに、地すべり地形のようなものがある場合は段丘の疑いがあるから、段丘本来の平坦面が残存しないか、あるいは地すべりの存在を示す滑落崖が残っていないかに注意する必要がある。

それでもなお何とも判定しがたい場合には、"疑わしきは罰す"という考えにたち、「区分の不明確な異常地形」として別に表示しておき、現地チェックを待つのが望ましい。

Column

地すべり地調査で重要なこと 5 つ

① 地すべり地を、100%（見逃しなく）抽出する（空中写真、地形図、現地調査などによる）。
② 地すべり地の中を、移動ブロックに区分する。
③ 地すべりの運動様式により分類する（ⓐ崖錐クリープ、ⓑ流動型、ⓒ弧状、ⓓ岩盤）。
④ すべりやすさの危険度区分（3〜4 区分：A, B, C, D などのランク区分）をする。
⑤ 地すべりのメカニズムを明らかにする（防災対策上、大切なことである）。

表 6.6 運動様式による地すべりの分類[3]

地すべりのタイプ	形 状		すべりの様式	規 模	発生場所の地質状況	すべり塊の状況	識別の難易	
	縦断形	平面形					現地踏査	写真判読
クリープ (creep)	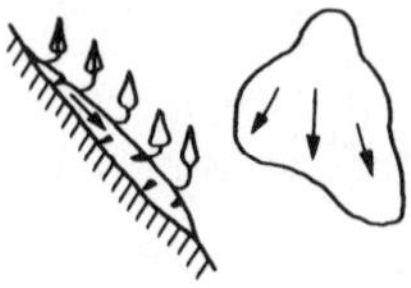 （形は一様でない）		崖錐や風化表層部が、ふつう平面的に緩慢に動くが、動くにつれ粘土化が進むため、いっそう動きが大きく、継続的となる傾向がある。	小さいものから大きいものまであるが、"地すべり塊"としてはなかなかつかみにくい。厚さは5〜10m程度。	崖錐部分や大きい地すべりの滑落跡あるいは末端部などに発生しやすい。	すべり土塊は著しく乱されており、これが水で飽和されるといっそう活動しやすくなる。	かなり難しい	難しい
流動型すべり (flow)			はじめ豪雨などのとき、一気に水を流下するものと思われる。一度停止した後は、すべり土塊内での多少の移動はあるようだが、著しく動くことはない。	比較的大規模なものが多い（長さ 100〜数100m）。厚さは 5〜10m 程度。	凝灰岩、凝灰角礫岩などの地域に多いようである。	すべり土塊全体が著しく乱されており、溶岩流と同様、流下方向に平行した"しわ"ができている。末端は少しまるく盛り上がっている。	比較的容易	容易
弧状すべり (slump)			円弧すべりをなす。すべりは比較的緩慢であるが、連続降雨や融雪などを機に、かなり急激に動くことも多い。	厚さ 10〜15m、長さ 30〜50m 程度のものを slump、厚さ 15〜30m 程度でいくつものブロックに分かれて運動するような大規模なものを slide として区分することがある。	砂質礫岩、シルト岩、凝灰質砂岩、泥岩などの風化した第三紀層地域、あるいは、結晶片岩類、緑色岩類などの変成岩地域などの、流れ盤部分に発生しやすい。	すべり土塊の末端部は比較的乱されないことも多いが、中〜先端は土塊が回転運動をしているため、著しく乱されている。	比較的容易	容易
岩盤すべり (rock glide)	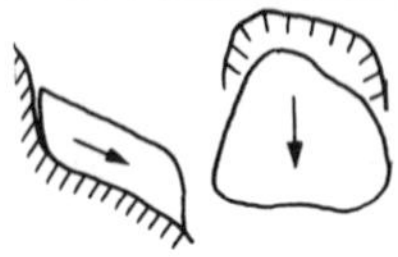 （先が広がった舌状）（椅子状）		岩盤中の層理面や節理面、断層面などから外れ落ちるようにしてすべる。すべりは突発的で急激である。	長さ 30〜50m、厚さ 10〜30m 程度と大きさのわりに厚いのが特徴。	断層や破砕帯の多いところ、あるいは貫入岩の多いところなどの岩盤地域に発生しやすい。	すべり岩塊はほとんど乱されず、ただずり落ちた感じである。椅子のようなすべり面をなすのが特徴。	難しい	容易

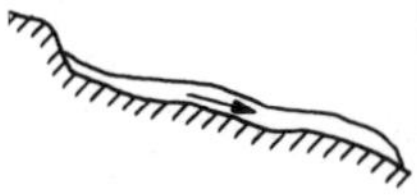

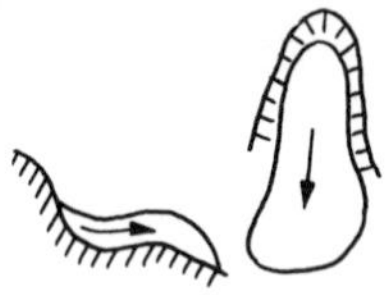

d) 岩盤すべり（rock glide）

岩盤すべりは明確な地すべり地形を示さないか、わずかしか地形に現れていなかったりして現地では見落しがちである。空中写真での判読に際しては、①椅子状の平面形状や、②ほとんど乱されておらず単に山体の一部がわずかにずり落ちたような様相を示す、③すべり岩塊は平面規模のわりには厚い、④背後にずり落ちたすべり岩塊がそのまま収まる相似形の滑落崖が認められる、などの特徴から識別できる（図6.53）。空中写真上で岩盤すべりを発見しても現地でみると、すべり岩塊があまり破砕もしておらず一見動いていないよ

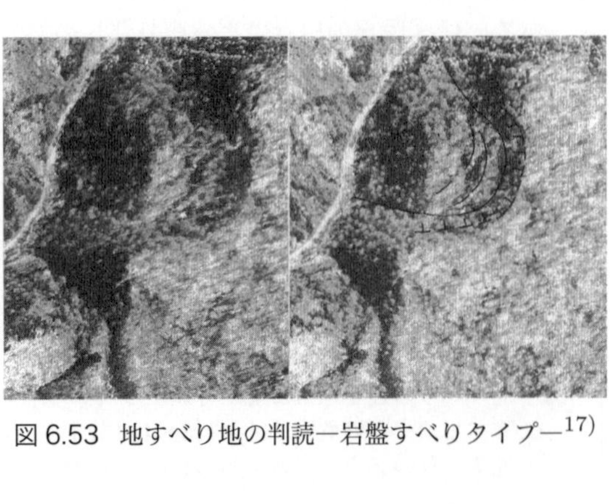

図 6.53 地すべり地の判読—岩盤すべりタイプ—[17]

うに見える。地すべり土塊の深さは3タイプ中最も大きい。

(5) 地すべり地形の土木工学的な問題点

地すべり地として移動している箇所や断続的に移動を繰り返している箇所の約90%は、過去（約3万年前以降）に地すべりや地すべり性崩壊を起こしたところの二次すべりである。現在は安定していても、施工時の切土で地すべり地が動き出した例は多い。したがって、地すべり地を知ることは今後の地すべりの予知には欠かせず、問題となる地すべり地の多くは地すべり地の読みとりで予知できるといっても過言でない。

地すべり土塊が土木施工上問題となるのは、次のような理由による。

① 地すべり地ではすべりが停止する際、土塊中の内部応力はどこかに集中しており、このような部分を切土で取り除くと再び滑動しはじめる。再移動は少しの切土によっても起こり、移動が急激な場合には致命的な災害を招く。

② 地すべり土塊の頭部（上流部）に大きな盛土をすると安定のバランスが崩れ、すべりが再開することがある。載荷量によるバランスの崩れがなくても地すべり土塊の下側に盛土したため基礎地盤の透水性が小さくなって間隙水圧が上昇し、上側のすべり土塊が再移動を始めることもある。

③ 施工中にすべりは発生せずとも、土工完成後に切土除荷の影響や透水性の増大によって風化速度が増し、すべりや法面の"盤ぶくれ"を起こす場合がある。

(6) 地すべり地形の見分け方

地すべり跡地を見分けるには、**地すべり土塊**や**滑落崖**の識別が大切で、このためには空中写真の利用が効果的である。小規模なものは現地でもすべりで乱された土塊を観察したり対岸から眺めるなどして、地形の概略を知ることができる。しかし規模が大きくなると、現地観察では地すべり土塊かどうかの判断に苦しむことも多い。このような規模の大きいものも、空中写真上では言うに及ばず、1/5万〜1/2万5000程度の地図上ではよく識別できる。

ここでは、地すべりの空中写真判読や地形図の読図に必要な地形的な特徴を述べる。

① 地すべり土塊は地形が滑らかではなく、周囲と隔絶した乱れた地形を示している。

② 侵食の進んだ地すべり地（老年期）では、凹凸の多い緩斜面が滑落崖直下から地すべり末端の谷まで続き、その中に沼地や湿地が認められることがある。

③ 地すべり土塊は舌状や馬蹄形をなし、その長軸方向が運動方向と考えてよい。傾斜は周囲の健岩部よりも著しく緩い。

④ 地すべり土塊の末端付近には圧縮亀裂、頭部付近には引張り亀裂やそれに派生する陥没地などが生じており（図6.46）、小規模の池や沼が形成されていることもある。

⑤ 地すべり土塊の中がさらに階段状の小ブロックに細分割され、それらの向きから**移動ブロックごとの運動方向**を推測できる（図6.48）。

⑥ 地すべり土塊の側方は谷をなすことが多く、これが地すべり土塊の境界となっている。壮・老年期の地すべりでは土塊の厚さが厚いほど側面部にも急崖を生じていて深い谷をつくりやすく、二次すべりを発生していることもある。

⑦ 地すべり土塊の上には、馬蹄形や弓形をなしてまわりの山腹より急傾斜の滑落崖があるが、形が不明確なこともある。滑落崖の外側にこれと平行した側方亀裂や段差を生じていることがあるから、判読には細心の注意を要する。

⑧ 地すべり地背後の尾根の下端は凹地形をなし、先端部が広がって鼻形をなすことが多い。

⑨ 地すべり地内には二次・三次の小地すべりが発生して、山腹斜面が著しく緩やかとなり、しかもすべり面には地すべり粘土（landslide clay）ができて保水能力が増しているため、水田（千枚田・棚田）に利用されることが多い。山間部で沖積地や段丘以外のところに水田があるところは、地すべり地の可能性がある。

⑩ 現在移動中か最近停止した地すべりでは、地すべり土塊の押出しにより先端部で川幅が狭くなったり曲流していることがある。

⑪ 地すべり土塊内や滑落崖の外側に分布する亀裂を読むことにより、将来の運動方向が推定できる。さらに、地すべり地の識別には、次

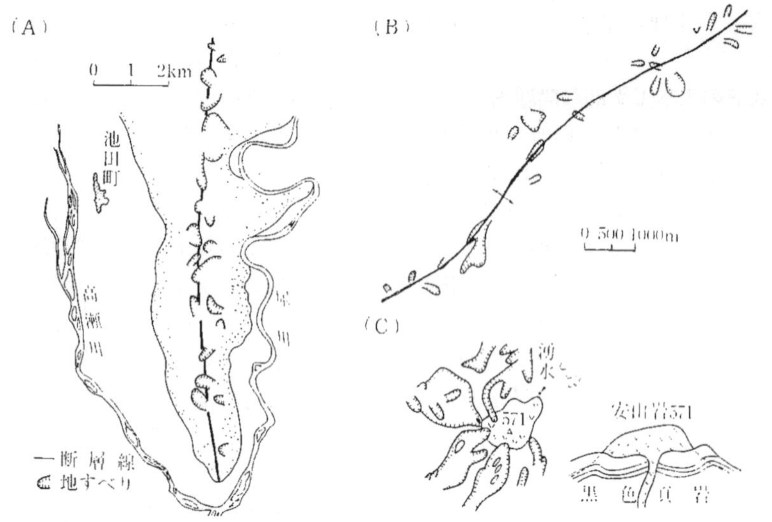

図 6.54 地質構造に支配された地すべりの発生－ (A) 断層に沿うもの、(B) 背斜軸に沿うもの、(C) キャップロック構造に規制されたもの [21]

の点にも留意すべきである。

ⓐ 崖錐性の堆積地が、地すべり地（クリープ性のものが多い）のことがよくある。しかし、写真判読では崖錐としての識別はできても、動きの識別は非常に難しい。

ⓑ 地質構造線（大規模の断層や断層破砕線）は、地すべり発生の原因となりやすいため、地すべり地の分布が地質構造線に沿っていることが多い（図 6.54）。逆に地すべり地がある一定の傾向をもって分布する場合には、その方向に断層が分布する可能性が高い。

ⓒ 直線状か一定曲率で建設されたはずの在来道路が局部的に突出している場合は、地すべり地の可能性がある。

(7) 地形図からの地すべりの読みとり

地すべり地形は空中写真から読みとるのが一番良いが、そのほかに地形図からもある程度読みとることができる。その際の読図の鍵は、基本的には「地形を読む」点では空中写真と変わらないけれども、次の点で空中写真とは差異があり、読みとり精度が多少劣る。

① 微妙な地形的変化―つまり微地形―が地形図にうまく表現されないため、小規模な地すべりや、グライド・タイプなどほんの少し動いただけの地すべりなどは読みとりにくい。地すべりブロックの中の微地形や移動ブロック

の区分なども読みとりの精度が落ちる。

② 地形図にも地表面の植生状況は示されてはいるものの、地形と関連させて直観的に把握しにくい。

③ ①に示したようなことから、移動に経年変化があっても読みとりにくいし、ましてや動きの定量的な測定はほとんど無理である。

一方、空中写真にない次の長所もある。

① 立体視しなくても読みとれる

② 地名などの判断を加えることもできる。

③ 精度は劣るが、地すべり地形の縦断形状などを手軽に描くことができるし、地形量の測定が容易である。

④ 空中写真で読みとりにくい大規模な地すべり地を読みとりやすい。

地形図から地すべり地形を読みとる場合の鍵は、空中写真の場合と同様、典型的な地すべり地形の形態を頭に入れておき、それと思い比べながら地形を見ていくことであるが、基本的には等高線の間隔をよく読みとることにほかならない。次のような等高線の特徴を読みとることが、地すべり読図の鍵である（図 6.55）。

① まわりの地形に比べ、等高線が著しく乱れている（図 6.55（A））。

② 等高線の向きが、斜面上部と下部で逆になっている（図 6.55（B））。

③ 等高線が基本的には①、②の要素を備え、し

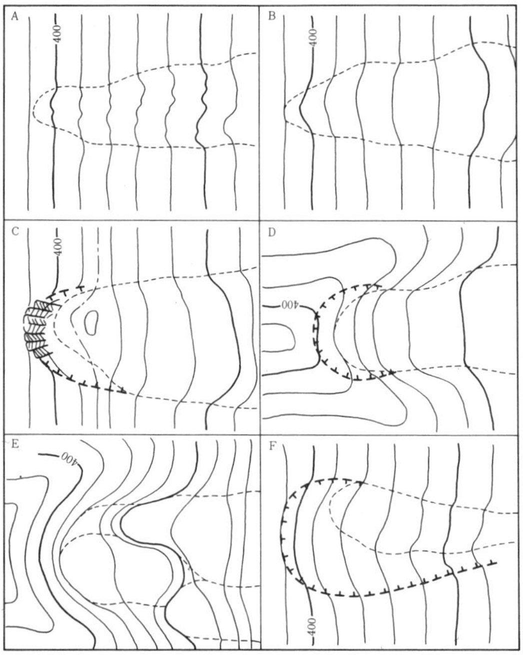

6章 工学面からの丘陵地・山地地形の見方 **139**

図 6.55 地形図の等高線の特徴からの地すべりの読みとり

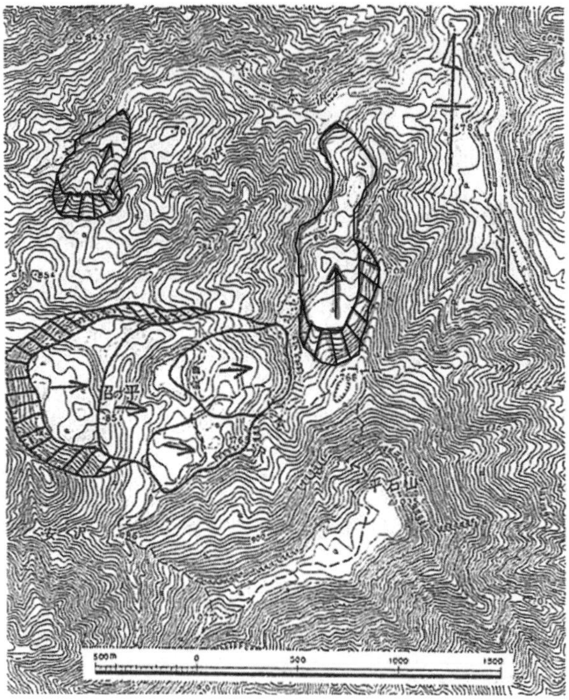

図 6.56 地形図による地すべりの読みとり例 (1/2 万5 000、只見)

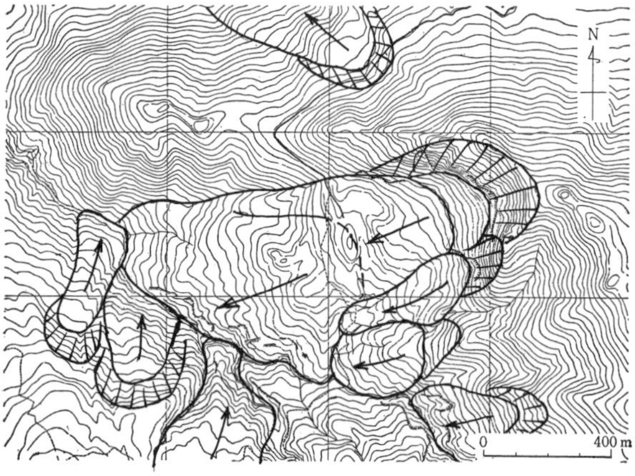

図 6.57 姫川支川の大所川中流部の典型的な地すべり地形を示す地形図（1/1 万地形図）

かも斜面上位からみて、最急（もしくは崖）→最緩→緩→急、と変わっている（図 6.55 (C)）。

④ 緩斜面の背後急傾斜をした尾根が、鼻のような形をなしている（図 6.55 (D)）。

⑤ 急斜面と緩斜面とが連続した、多段式の地形をつくっている（図 6.55 (E)）。

⑥ 全体的にゆったりとした谷地形をしている（図 6.55 (F)）。

ただ地形図による地すべり地形の読みとりも、ここに示したような特徴が単に知識として記憶されているのではなく、多くの訓練を積んで感覚的に体得されていないと実際の役には立ちにくいし、誤った判断を下すことにもなりかねない。また、地形図上で読みとった地すべり地形も、空中写真上で再判読してみるとか、現地で細かく再調査するなどの処置をしないと、意味がない。図6.56〜図 6.58 に、地形図による地すべりの判読例を示す。

(8) 超大型地すべり地形の見分け方

超大型地すべりは大規模すぎて、現地ではその存在すらわからないことが多く、縮尺 1/5 万の地形図か 1/4 万〜1/2 万 5 000 程度の空中写真から

読みとる。その際の目安はふつう規模の地すべりと変わらないが、とくに次の点に注意する。

① 氷河谷でありながら U 字谷の段面形を示さないところ（北ヨーロッパなど）

② 地すべりの起きたところでは谷幅が狭くなっており、場合によっては峡谷をなす

③ 谷が破壊されてはいないが、谷底部にブロック状の物質がある場合

Column

氷河地域の超大型地すべり

わが国には、数平方キロの大きさをもつ超大型地すべり（massive landslide）は少ないが、氷河の影響を受けた北ヨーロッパ地域のＵ字谷沿いにはしばしば認められる。これは、氷河の侵食によって両岸が急峻化し、その後氷河の後退に伴って谷部のせん断抵抗力が弱まり、節理が密に発達した場所や破砕帯など、地質構造的に弱いところからすべりを起こしてきたと考えられている（H. E. Disaw : 1967）。岩盤だけではなく、氷河堆積物のすべりもある。

▼大型地すべりにおける岩盤すべりと氷河堆積物すべりとの判別 [3]

岩盤のすべり	氷河堆積物のすべり
①岩盤が崩れ落ちたという感じ（glide タイプ）。	①地表部が円弧状にすべったという感じ（slump タイプ）。
②すべりの深さが深い。	②すべりの深さが浅い。
③滑落崖が歴然としている。	③滑落崖はみとめられるが低いため、すべり部分との段差が少ない。
④すべり塊はブロック状で、引張り亀裂はきれいな円弧状ではない。	④引張り亀裂が、円弧状にはっきりしている。
⑤川や湖に面する部分は谷を狭めている。	⑤すべり塊部は非常にルーズになっているため、すべり末端が側方洗掘を受け、かえって正常な部分よりも、湾入した岸を示すことが多い。

④ 河や氷河谷を埋めてできた湖（氷河湖：glacial lake）の中に島が見られる場合

⑤ 湖や川の岸が不規則な場合

⑥ 基盤岩が広域にわたって深く破壊されている場合

⑦ 流れやフィヨルド*12（fiord）の中に速い流れがある場合

⑧ 谷斜面上に池や水の流れない凹地などが分布する場合

本来滑らかであるべき谷の断面に異常な地形の乱れを探すことが、氷河地形部分に分布する超大型地すべりを識別するポイントと言えよう。一地区だけ等高線が緩くなっているところも、超大型地すべりの可能性がある（図6.58）。

(9) 超小型地すべり地形の見分け方

土木施工の規模、とくに送電線路の塔基位置などからいえば、幅10 m から数10 m 程度の小型地すべりも問題となるが、このような小型地すべりは調査段階で見過ごされがちである。現地踏査前に空中写真をよく判読しておき、現地でそれを確認することが大切である（図6.59）。

小型の地すべりは、次のタイプが多い。

① 旧崩壊の崩土

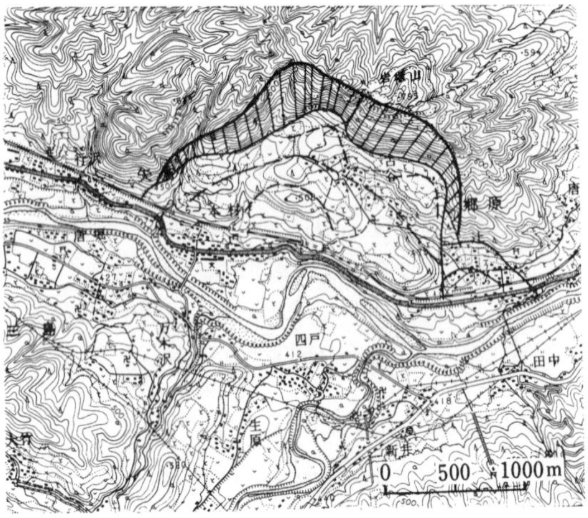

図6.58 超大型地すべり地の読みとり例（1/5万、中之条）[17]

② 小さな崖錐のすべり（クリープを含む）

③ 小規模の円弧すべり

崩土の存在を知るには、まず崩壊地形がないかどうか観察する。新しい崩壊地だけでなく植生が復旧したものでも、馬蹄形の崩壊跡地の下半部からその下流側に崩土の小さな高まりがないかどうかをよく見る。崩土はクリープしやすいだけでなく、知らずに切土すると確実にすべりを起こす。

空中写真や現地で、狭い崖錐や中腹にある薄い

---

*12 氷食によってできた谷が、海面下に沈んだためにできた奥深い湾。

6章　工学面からの丘陵地・山地地形の見方　*141*

(1) 旧崩壊の崩土すべり、(2) 小崖錐のすべり、
(3) 小規模の円弧すべり

図6.59　超小型地すべりの例

崖錐[*13]をよく読みとる。小型の崖錐は切土した
ときにすべりやすいだけでなく、急斜面上のもの
はふだんもゆっくりとクリープ（creep：匍行）し
ている。

　小規模な円弧すべりの識別は、基本的にはふつ
う規模の地すべりの判読と同じであるが、小型の
ため高い樹木が繁茂していると地すべり地形が写
真上にうまく表現されない。したがって、空中写
真を使う場合、植生被覆の少ない晩秋〜初春に撮
影されたものや、伐採後の年月が浅いものを探す
とよい。

(10)　新規に地すべりの発生が懸念される箇所

　過去の地すべり地の再移動（90％はそう考えて
よい）とは別に、何の前ぶれもなかったところに
地すべりが発生するケースも10％ほどある。こ
のような**地すべり発生予想地**を前もって判定する
のは非常に難しいが、次のような点は、危険地も
しくは懸念地としてマークしておいた方がよい。

① これまでにも地すべりが発生している岩種
　で、断層が分布したり急傾斜の流れ盤となっ
　ているところ（堆積岩の場合）のうち、河道
　の**攻撃斜面（水衝部：undercut slope）**は、
　増水時に側方侵食を受けて河岸崩壊を起こし
　やすい。それを機に地すべりを誘発すること
　がある。ことにその部分が崖錐や未固結堆積
　物の場合は、危険性が大きい。水衝部が硬い
　露岩の場合はむしろその両側が危ない。

② 上記のような箇所や他の理由で危険と目され

───────────
[*13] 薄い崖錐は、まわりとほとんど傾斜の差がない。

るところあるいは切土予定箇所では、急傾斜
部ほど地すべり発生確率は高い。ただ危険度
の比較の際、未固結堆積物や崖錐などと堅硬
な岩石からなる地域とを同等には扱えない。

③ 不透水性第三紀層上を、割れ目の多い透水
　性の火山岩が覆っていたり（たとえば長崎県
　や佐賀県の玄武岩地域など）、また不透水性
　の火成岩（たとえば粘土化した凝灰岩や凝灰
　角礫岩など）の上に、新しい固結度の悪い堆
　積岩がのっているところ（いわゆるキャップ
　ロック構造）のうち、山腹の等高線方向かや
　や斜交する方向に断層が走るところでは、断
　層を含む両岩にまたがる土塊はすべりやすい
　（図6.60）。

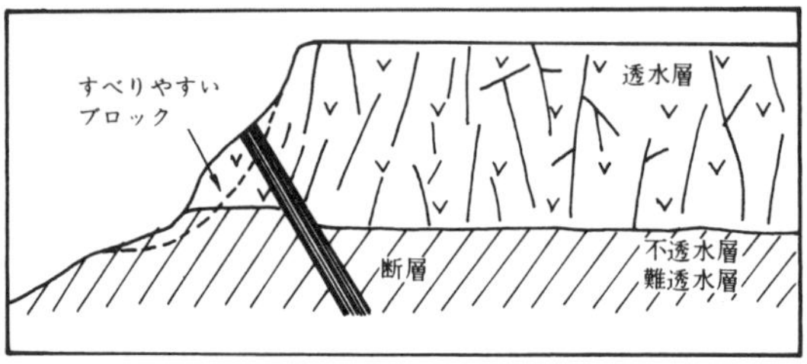

図6.60　地すべりの起こりやすい地質条件（キャップ
　ロック構造と断層部分）[3]

④ 河川の曲流部で横断的にも不自然な凸地形を
　示し、ことに河岸が側方侵食によって崩壊を
　起こしている場合は、その上側に地すべりや
　地すべり性崩壊が起きやすい。

⑤ 山腹斜面の中途に水をたたえた小凹地があ
　るところで、下流側がやや盛り上がっている
　場合（図6.61 (a)）や、水系があるブロッ
　クをう回して流下するところ（図6.61 (b)）
　は、すべりを起こす可能性は大きい。このよ

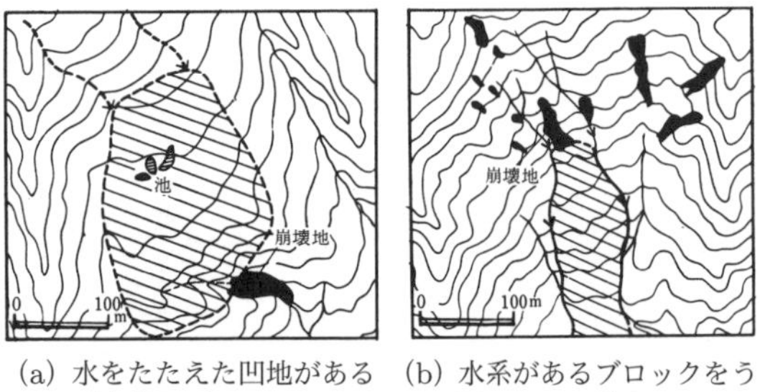

(a) 水をたたえた凹地がある　(b) 水系があるブロックをう
　不自然なブロック　　　　　回している場合

図6.61　水系と地形からみてすべりやすい箇所の例
　（斜線部）[3]

うな地表水の浸透は小凹地からだけでなく、溜池・貯水池・用水路などからも行われ、これらのレベルより下位で切土すると、地下水の流れを断ち切ることになり、すべりを発生しやすい。

⑥ たいていの地すべり発生には地表水や地下水が関与している。既存の地すべり地でみると、高所から流下してきた水が地すべり塊のところで伏流していたり（伏流水は地すべりの末端付近で湧出し、すべりをいっそう助長する）、その両側か片側を流下しているケースが多い。したがって①～⑤のような地点で、さらにその上流側に水系が認められると

ころはすべる可能性が大きい。

（11）　地形から見た地すべり地形のすべりやすさ（危険度）評価

以上のように既往地すべり地の分布は、空中写真判読や地形図の読図・現地踏査などによって把握できる。そこで識別された地すべり土塊が現在動いているかどうか、動いている場合の動きの大きさはどうか、現在動いてはいなくとも動く可能性があるかどうか、などの判断は上述の手段だけでは難しいが、将来の調査計画や設計・施工計画などをたてるうえでは欠かせない。

空中写真判読だけで判断する場合には、次のような基準が有効である（図 6.62）。

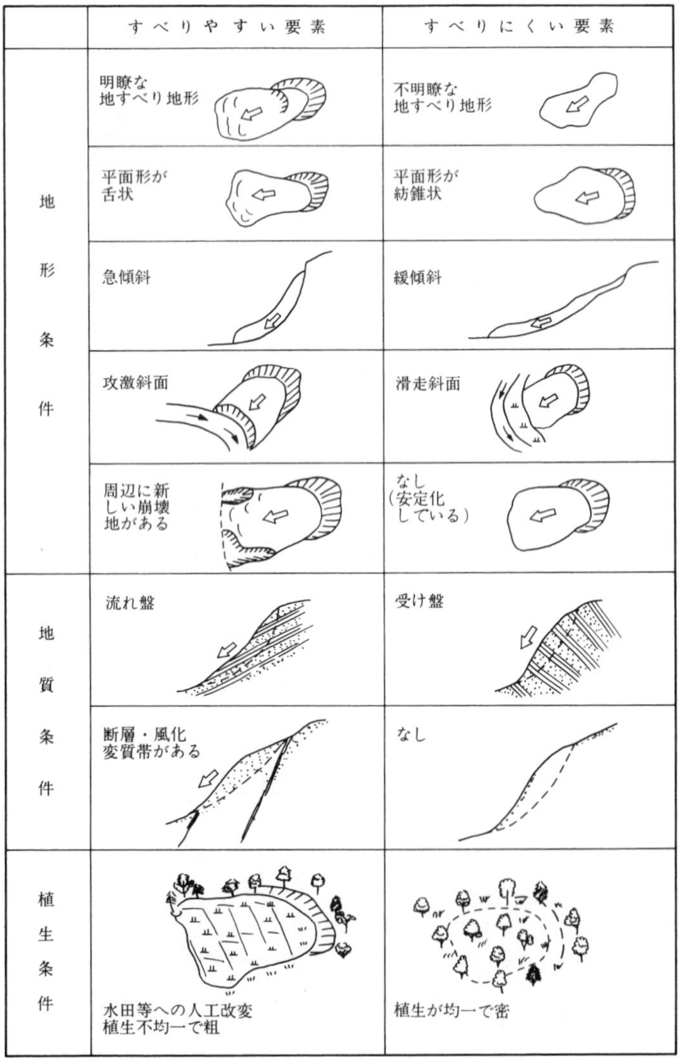

	すべりやすい要素	すべりにくい要素
地形条件	明瞭な地すべり地形	不明瞭な地すべり地形
	平面形が舌状	平面形が紡錘状
	急傾斜	緩傾斜
	攻撃斜面	滑走斜面
	周辺に新しい崩壊地がある	なし（安定化している）
地質条件	流れ盤	受け盤
	断層・風化変質帯がある	なし
植生条件	水田等への人工改変 植生不均一で粗	植生が均一で密

図 6.62　すべりやすさの判定要素模式図 [15]

6章　工学面からの丘陵地・山地地形の見方　　*143*

表 6.7　建物・構造物等に見られる地すべりによる変動状況[6)]

建物・構造物	変動・変状・破壊の状況
建物	①壁にクラックの発生　②壁の剥落　③床下やタタキにクラックや段差（落差）の形成　④建物の傾動 ⑤建物の土台（地盤）に段差
擁壁 土止壁	①縦方向クラックの形成　　⎫ 圧縮クラック（地すべり末端付近に多い） ②縦方向段差の形成　　　　⎭ ③水平方向クラックの形成　⎫ 引張クラック（地すべり頭部付近に多い） ④水平方向段差の形成　　　⎭ ⑤壁面全体の傾動（脚部の動く方向が地すべりの動きの方向） ⑥壁面全体の沈下
側溝	①横断方向にクラック形成　⎫ ②横断方向に段差形成　　　⎬ 圧縮によるもの（地すべり末端付近に多い） ③側溝の圧損*　　　　　　⎭
道路	①路面がある幅にわたって帯状に隆起もしくは沈降（起伏形成）　②路面横断方向にクラック形成 ③切土法面にクラック形成　④路面の水平移動（線形のはらみ出し）　⑤切土法面から湧水 ⑥山側端部舗装の盛り上がり
トンネル	①横断方向にクラック形成　　　⎫ ②横断方向に段差（落差）形成　⎬ 圧縮によるもの（地すべり先端付近に多い） ③側溝の圧損　　　　　　　　　⎭ ④水路トンネルからの水漏れ
電柱	①電線の弛緩——地盤の圧縮による（地すべり末端部に多い） ②電線の緊張——地盤の引張による（地すべり頭部に多い） ③電柱の傾動——ふつう地すべりの移動方向と反対に傾動
耕地	①棚田の分布　②畦畔にクラック　③畦畔の移動　④水田の傾斜　⑤湧水田　⑥水抜け田　⑦荒地化 ⑧ヨシ等湿生植物の侵入
井戸	①井戸にクラック形成　②井戸の切断　③井戸の傾動　④地下水位の変動（急増や急減） ⑤井戸水の濁り（白濁、赤褐色、臭気）
その他	①砂防ダムの袖部にクラック形成　②砂防ダムの破損　③溜池の減水　④墓石の傾動　⑤用水の濁り ⑥局地的隆起・陥没

* 寒い地方では、凍上によっても側溝が圧損を受けることがあるので、注意を要する。

① 明確な地すべり地形をもつものは最近すべったと考えられ、地すべり土塊が完全に安定状態にないかぎり、すべりやすい

② 地すべり地形の明確さやその他の条件が同程度の場合は、山腹傾斜が急なところほど不安定である

③ 地形的に不自然なものは、自然なものよりすべりやすい

④ 舌状に末広がりのものは、紡錘形や下すぼまりのものよりすべりやすい

⑤ 他の条件が同じ場合は、流れ盤に分布するものは受け盤のものよりすべりやすい

⑥ 断層や断層破砕帯にかかるものは、ランクが高くなる

⑦ 地すべり地の植生被覆が不均一で薄いのは、過去に繰り返し表層土塊が移動したところで、樹木の定着が悪くすべりやすい

⑧ 河川の攻撃斜面（水衝部）のものは、滑走斜面*14や山腹の高・中位にあるものよりすべりやすい

⑨ 地すべりは崩壊発生を契機に起こりやすい。地すべり土塊の下部や上部に新しい崩壊地のあるものは、ないものよりすべりやすい

⑩ 岩盤の破砕や変質の著しい部分に分布するものは、健岩部分のものよりもすべりやすい

⑪ 上下に重複・連続するもののうち、下位に不安定な（すべりやすさのランクの高い）地すべり塊がある場合は、上位にくるものもすべりやすい

　現地踏査を行った場合には、上述の基準以外に、次の点も加味して判断する（表 6.7）。

① 地すべりブロック前面や側面に湧水がみられ

――――――――――――――
*14 河川蛇行部の凸側河岸をいう。水衝部の対岸側。

たり、亀裂や凹陥地内に表流水が流入している
ところはすべりやすい

② 頭部付近に引張り亀裂や凹陥地、両側方に側方亀裂、あるいは末端部に隆起が生じている地すべりは活動中とみた方がよい

③ 建物・擁壁・道路・電柱・トンネル・石垣・墓石などが傾いていたり、それらに亀裂が生じている場合は、動いている可能性が強い

④ 地すべりブロック上の樹木に著しい根曲がりを生じているものは、活動中の可能性が強い

⑤ その他、総合的にみた調査者の判断

以上のような事項をもとに、定性的に、たとえば次のようにランク区分する。しかし、崖錐クリープのように、本来地すべり地形を示さないものは判断に苦しむことが多い。

Ａランク：非常にすべりやすいと考えられるもの

Ｂランク：ややすべりやすいと考えられるもの

Ｃランク：中程度ないし、ややすべりにくいと考えられるもの

Ｄランク：地すべりの中では最もすべりにくい部類に属するが、地すべり地以外のところと比較すればすべり発生の頻度は高いと考えられるもの

（12）　そのほかの視点に基づく重要度のランク分け

空中写真判読によって地すべり地の分布状況を把握し、それらのすべりやすさについての評価ができたら、次の段階として、調査対象別の**重要度区分**や調査計画への提言などが必要となってくる。地すべり調査の目的としては、次のようなことがあげられる。

① 農地や家屋の保全

② 既設あるいは新設路線の保全

③ ダム貯水池の保全

④ ダム堤体の保全

⑤ 河川の保全

⑥ 送電線の保全

⑦ 公共施設その他の保全

以上にあげた調査対象ごとに地すべり地の重要度（影響度）の評価方法は若干異なるが、ほぼ表6.8のような判定区分が妥当と思われる。

同表で区分したランクは、次のような意味をもっている。

表6.8　重要度ランク区分の基準表 [15]

重要度ランク	すべりやすさのランク	規模	対象物への影響
Ⓐ非常に重要度が高い	A	大	直接的
	A	大	間接的
	A	小	直接的
	B	大	直接的
Ⓑ比較的重要度が高い	A	小	間接的
	B	大	間接的
	B	小	直接的
	C	大	直接的
Ⓒ比較的重要度が低い	B	小	間接的
	C	大	間接的
	C	小	直接的
	D	大	直接的
Ⓓきわめて低い	C	小	間接的
	上記以外すべてのD	—	—

① **重要度Ⓐ**：今後詳細な調査を必要とし、その結果いかんによっては建設計画全体に影響を及ぼすもの。

② **重要度Ⓑ**：今後詳細な調査を必要とするが、対策工によって対応できるもの。

③ **重要度Ⓒ**：大きな問題はないと思われるが、一応の調査をしておくことが望ましいもの。

④ **重要度Ⓓ**：ほとんど問題がないと思われるもの。

ここで述べた重要度は、調査対象によってかなり異なる。たとえば非常にすべりやすいが小規模な地すべりは、ダム本体への影響は大きいが貯水池周辺では影響が小さい。また、すべりやすさはＢランクで大規模な地すべりがあったとき、新設道路計画では地すべり頭部を切土あるいは末端部に盛土するような方法で通過できるが、既設路線では大規模な対策工が必要となる。

どんなにすべりやすい地すべりであっても、施工箇所に直接影響がなければ大きな問題にはならない。一方、安定して見える地すべり地でも、計画路線や土木構造物にかかる場合は、新たな切土・盛土などの土工により安定度は変わる。したがって、実際の土木計画や施工面から考えると、

① 各地すべりのすべりやすさのランク

② 土工箇所*15との位置関係（図6.63）

---

*15 ダムなどの場合には、貯水池や付替道路・ダム本体・代替地などを含める。

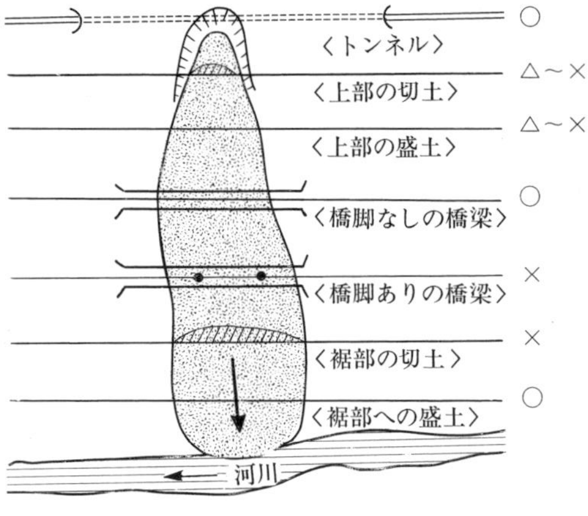

（○：可能　△：できないことはない　×：不可能）

図 6.63　一般的にみた道路の地すべり地横過ルートの良否（原図）

表 6.9　路線調査における地すべり土塊の規模による評価（山田ほか：1971 より作成）[58]

ランク	地すべり土塊の規模
イ	a：幅 30 m 以下、長さも 50 m 以下のものは、すべり層厚も 5〜10 m であるから、回避することが難しければ、対策工を行って通すことが可能である。 b：幅 30 m 以下でも、長さが 50 m 以上のものになると、老年期の形態をとるので、回避した方がよい。ただ条件が許せば、ノースパン（橋台は地すべり地域外におく）が可能である。
ロ	a：幅 30〜50 m、長さ 50〜100 m のものは多くはすべり層厚が 15〜20 m ほどであるから地質地形をみたうえで、青年期ならば、この地すべりの安定性を損なわないように道路建設することができる。しかし、もちろん回避した方が有利であることに変わりない。通す場合には、対策工の規模も相当大きくなるし、十分な調査を必要とする。 b：幅 30〜50 m で長さ 100 m 以上に及ぶものは回避した方がよい。
ハ	a：幅 50〜100 m、長さ 100〜150 m のものは、たいてい地すべり層厚が 20〜30 m である。青年期のものならば頭部を大きく切土するか、あるいは末端部を盛土する形で、道路を通すことも可能であるが、多額の経費を必要とするし、調査も前項の数倍行う必要があろう。 b：幅は同じ、長さ 150 m 以上のものはできるだけ回避する。
ニ	これ以上の大規模なものになると、すべり層厚も大きくなり、対策工には膨大な経費を必要とするので、よほど特殊な場合でないかぎり回避するのを原則とする。

の双方を加味して評価する必要がある。

　路線調査の場合は、次のような重要度のランク区分の例がある（武田・今村：1976）[3]。

① 施工や施工後の保全が非常に困難なものが計画線上に分布する場合には、路線変更するのを原則とする。

② 今後詳細な調査を要し、路線変更もありえるもので、一般的には、施工や施工後の保全について何らかの対策を必要とするもの

③ 大きい問題はなく、今後の調査でその状況を確認しつつ施工すればよいもの

④ まったく問題ないと考えられるもの

　ダム貯水池周辺の地すべり調査では、次のようなランク区分も参考になろう。

① 湛水地域では地すべり地を回避できないため排土してしまうなどの処理が必要なもの、道路では極力回避して計画すべきで、建設済みの道路であれば地すべり地全体を排土するほどの処置を要し、今後詳細な動態調査をする必要があるもの

② 今後詳細な調査を必要とし、湛水以前に何らかのすべり防止工事を要するもの

③ 大きい問題はないが一応調査し、今後注意をおこたらないのが望ましいもの

④ 問題ないと考えられるもの、あるいは今のところ何ともいえないもの

　この段階の評価で①、②にランクされたものは、以後の調査で詳細な現地調査やボーリング孔を利用した各種計測（地中の水平変位測定など）

を実施する必要があろう。

（13）　地すべり形成のストーリー（発生のメカニズム）を明らかにすることの重要性

　地すべり対策を計画するためには、①対象とする地区の地すべりの構造を明らかにし、②移動土塊の細区分をしたうえで、③その地すべり地がどういうメカニズムで現在に至っており、④今後の施工によってどういう動きを再発する可能性があるかどうかといったことを、明確なストーリーとして描くことが大切である。それによって防災対策の立て方が絞られてくるからだ。

　たとえば、図 6.64 のように複数の移動ブロックが連なっている場合、調査は全体を手落ちなくやるにしても、移動ブロック全体の対策工を実施するのと、対象構造物に近い一つの移動ブロックの対策工で済む場合とでは、施工費にきわめて大きな差異が出てくる（10 億円と 20 億円といった差になる）。しかも現実的には、連なる地すべりブロックの最下位（対象構造物至近）の対策工が

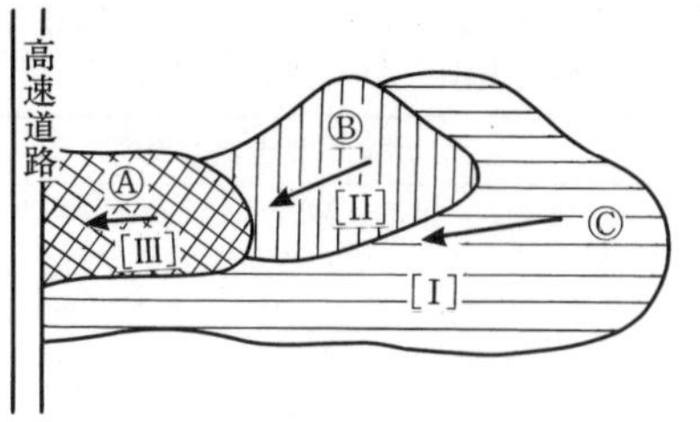

図6.64 複数の移動ブロックで、対象構造物に近い
[III] (すべりやすさのランク④) の対策工を
十分にすれば、[II] や [I] には手をつける
必要がないケースの例 (④・⑧・©は、すべ
りやすさのランク区分)(原図)

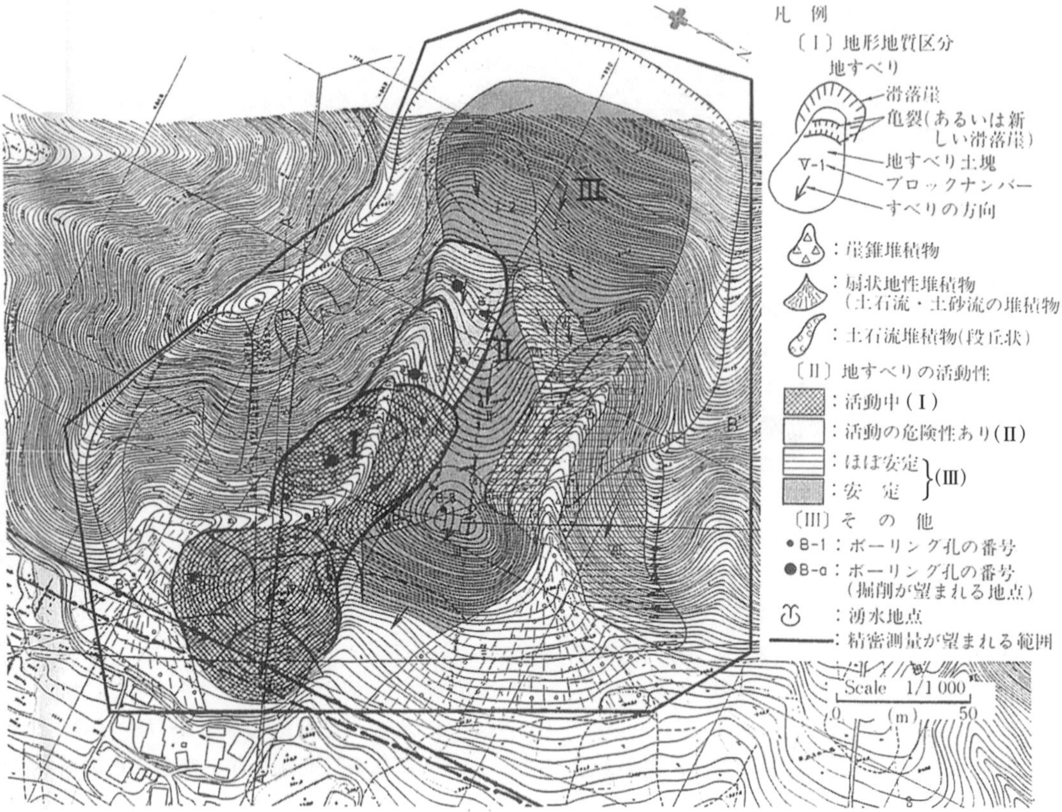

凡　例
〔I〕地形地質区分
地すべり
滑落崖
亀裂(あるいは新
しい滑落崖)
地すべり土塊
ブロックナンバー
すべりの方向
：崖錐堆積物
：扇状地性堆積物
(土石流・土砂流の堆積物)
：土石流堆積物(段丘状)
〔II〕地すべりの活動性
活動中(I)
活動の危険性あり(II)
ほぼ安定
安　定 }(III)
〔III〕その　他
●B-1：ボーリング孔の番号
●B-a：ボーリング孔の番号
(掘削が望まれる地点)
：湧水地点
：精密測量が望まれる範囲

Scale　1/1 000

(a) 平面図

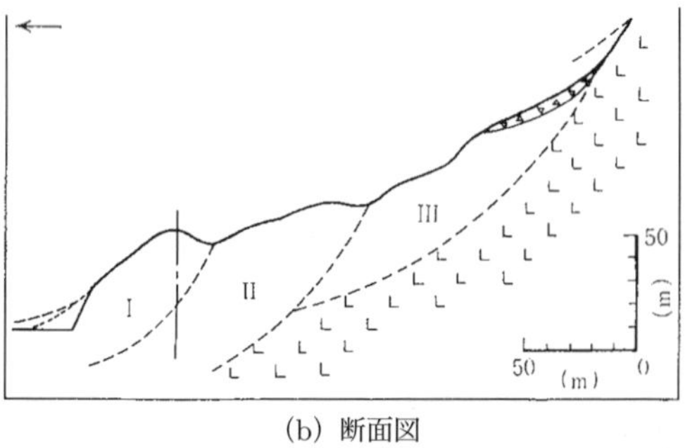

(b) 断面図

図6.65 切土によって動き出した地すべりの例 (原図)

十分であれば、その上位の移動ブロックの動きも
封じ込められるケースが多い。
　こういうことから、**地すべり形成のストーリー**

(発生や動きのメカニズム) を明らかにすること
は定性的なことであるが、防災対策上きわめて重
要である。

> **Column**
>
> ### 平家の落人伝説のある部落は地すべり地であることが多い
>
> 　平家の落人が未開発の山地に入り、そこですぐに農業を営めたかどうかは疑問である。多くの場合、落ち着いたところは地力が大きいため、すでにある程度耕地化されていたところで、こういう落人たちが入り込んできても、多少の開墾を行う程度で、増加した人間を養う余力があったとみた方が無難であろう。山地部でそれが可能な土地は、傾斜が緩く、水もちの良い地すべり跡地よりほかにはあまりない。四国の祖谷山村などはその好例である。

表 6.10　地すべり、崩壊と崩壊性地すべり [16]

		地すべり	崩　　壊	崩壊性地すべり
①地	質	特定の地質または地質構造の所に多く発生する。	地質との関連は少ない。	地質および地質構造が素因となる。
②土	質	主として粘性土をすべり面として滑動する。	砂質土（マサ、ヨナ、シラス等）の中でも多く起こる。	粘性土をすべり面とすることは少ない。
③地	形	5〜20° の緩傾斜面に発生し、とくに上部に台地状の地形をもつ場合が多い。	20° 以上の急傾斜地に多く発生する。	20° 以上の急傾斜地に多く発生する。
④活動状況		継続性、再発性。	突発性。	突発性。
⑤移動速度		0.01〜10 mm/d のものが多く、一般に速度は小さい。	10 mm/d 以上で、速度はきわめて大きい。	速度はきわめて大きい。
⑥土	塊	土塊の乱れは少なく、原形を保ちつつ動く場合が多い。	土塊はかく乱される。	土塊はかく乱される。
⑦誘	因	地下水による影響が大きい。	降雨とくに降雨強度に影響される。	降雨・融雪水に影響され地下水が被圧されていることが多い。
⑧規	模	1〜100 ha で、規模が大きい。	規模が小さい。	規模が大きい。
⑨徴	候	発生前に、亀裂の発生、陥没隆起、地下水の変動等を生ずる。	徴候の発生が少なく、突発的に滑落してしまう。	徴候の発生が少なく、突発的に滑落する。

6.3.3　斜面崩壊

（1）　斜面崩壊の定義

　斜面の異常のひとつに、**斜面崩壊（collapsed form）**[16]がある。斜面の破壊形には、

- ① 豪雨型崩壊（heavy rain type or torrential rain type failure：表層滑落型崩壊ともいう）
- ② 岩盤崩壊（rock basement failure）
- ③ 地すべり（landslide）
- ④ 火山性爆裂（volcanic explosion）[17]

などがあり、これらは斜面形状から容易に読みとれる。

　自然斜面や法面の一部が降雨や地震などの**誘因（incentive factor）**によって急激に崩落する現象を、**斜面崩壊**とか**山崩れ（slope failure）**と呼んでいる。地すべりが大規模で緩慢に発生するのに対し、崩壊は比較的小規模だがほとんど前ぶれもなく急激に発生する（表 6.10）。「地すべり性崩壊」あるいは「崩壊性地すべり」のように、分類が判然としないものもある。道路などの法面崩壊も広義には斜面崩壊であるが、ここでは自然の崩壊斜面を中心に述べる。

（2）　斜面崩壊地の地形的特徴

　崩壊地[18]の形態は地すべりと同様、基本的には①崩壊源の滑落崖と②崩壊した土塊（崩壊残土：崩積土ともいう）からなる。しかし、崩壊物が山腹や支渓をある距離流下して堆積した場合、途中にあまり侵食を受けない流送部があって、さらにその下に堆積域として崩壊物（崩壊残土と俗称す

---

*16 地形の開析はこういった斜面破壊や地すべりなどの繰り返しによって行われるもので、そのほか裸地などでは、面状の侵食（sheet erosion）やガリー侵食（gully erosion）も行われる。

*17 火山性爆発によってできた馬蹄形の谷の下流側には、たいていその爆発による崩壊物が厚く残存する。

*18 崩壊地のうち植生が復旧して、かろうじて馬蹄形の形状をとどめているにすぎないようなものを"崩壊跡地"と呼ぶ。

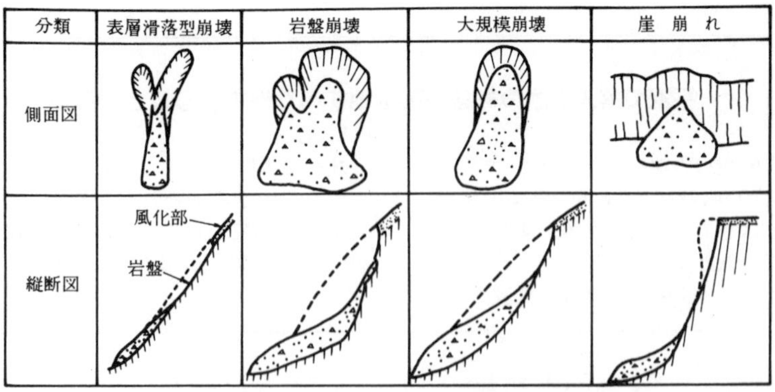

分類	表層滑落型崩壊	岩盤崩壊	大規模崩壊	崖崩れ
側面図				
縦断図				

図 6.67　崩壊地の分類 (ただし巨大崩壊を除く) [17]

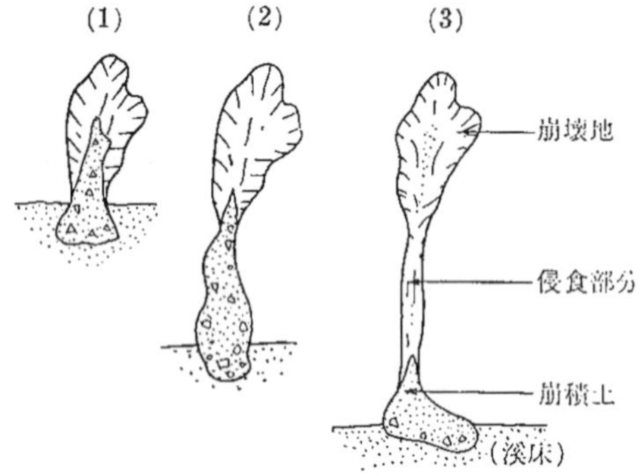

移動域を伴わない場合 (1、2)、移動域を伴う場合 (3)

図 6.66　崩壊地と崩積土の位置関係

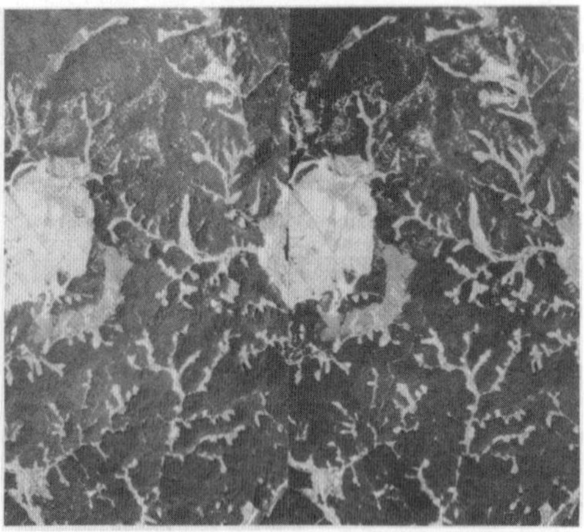

図 6.68　花崗岩地域に形成された豪雨型崩壊
(昭和 47 年西三河災害の例) (立体視)

る) が分布することもある (図 6.66 の (3))。

(3)　斜面崩壊の分類

自然斜面の崩壊は、図 6.67 のように分類される[*19]。

a) 表層滑落型崩壊 (豪雨型崩壊)

b) 岩盤崩壊

c) 大規模崩壊

d) 崖崩れ

a)　表層滑落型崩壊

このタイプの崩壊は降雨で地下水位が急激に上昇したために起こるもので、"豪雨型崩壊" とも呼ばれ、集中豪雨の際に密集して発生しやすい。ことに花崗岩地域 (図 6.68) には高密度に形成される。厚さは地表の風化部や崖錐部など 1～2 m (1 m 前後が多い) 程度で地質構造に支配されることも少なくなく、ほとんど新鮮な岩盤部まで達しな

い。沖縄や九州では 5～6 年、中部・関東地方などでも 7～8 年すると植生が復旧し、10 年もするとほとんどまわりと見分けがつかなくなる。このタイプの崩壊地では、崩壊残土を排土し、盛土の場合にも水の処理さえ十分であれば、土工上支障はない。

表層滑落型崩壊の起きやすい斜面には、以下のような特性がある。

i) 斜面構成物の不均一性

崩壊の発生をみると、素因 (causative factor) のひとつに斜面構成物の不均一性 (heterogeneity) があげられ、崩壊のほとんどが次のような斜面を構成する不連続面をせん断面 (shearing surface) として起きている[*20]。

[*19] そのほかに鳶山の崩壊、眉山の崩壊のように巨大崩壊もあるが、このようなところは特殊な場所で、とうてい土工の対象とはなり得ないのでここでは省略する。

[*20] 不連続面より上部の崩壊によって動く可能性のある表層部分を、可動物質と呼ぶこともある (国土地理院：1976)。

6章　工学面からの丘陵地・山地地形の見方　*149*

Column

雨は終わっても、土砂崩れは終わらない

斜面崩壊の発生は、豪雨のピーク前、ピーク時、ピーク後など、地形・地質状況・先行降雨の量などによってまちまちで、崖崩れはむしろ雨量ピークの2〜3時間後に起きやすい。豪雨のピークが過ぎた

り雨があがったからといって、すぐに避難先から家へ帰ったり、崖の見まわりに出かけたりするのは危険である。少なくとも1日はおいた方がよい。筆者の先輩はそれで亡くなった。

---

① 風化部と未風化部（あるいは強風化部と弱風下部）との境
② 地層と地層の境[*21]
③ 岩盤とその上に堆積した未固結堆積物（崩壊土、崖錐・段丘などの堆積物）
④ 断層・シーム（厚さ数mmの粘土化した分離面）・節理などの分離面との境

これら不連続面を境とした構成物質のもつ物理的差異—ことに透水性の差異—が降雨により土層中の間隙水圧を高めたり、地下水湧出に伴うパイピング（piping）を起こす原因になる。したがって、上記①〜④のような不連続面の存在を前もって知ることが、未崩壊斜面での崩壊予測につながる。しかし②や④は地表に現れていないし、その他の要素も斜面上での確認が難しい。このため、次のii)とiii)が重要ポイントとなる。

ii)　遷急線の存在

山腹を山稜側からみて、急傾斜に変わる部分の水平方向への連続を**遷急線**と呼び（**6.2.3 (2)**参照）、豪雨型崩壊の発生は遷急線付近に多発している。遷急線は精度の良い地形図からも求められるが、空中写真による方がより正確に追跡できる。

iii)　0次谷の存在

崩壊は斜面の**0次谷**（**6.2.3 (3)**参照）部分に発生しやすく[39]、1次谷になると起こりにくい。0次谷の発達するところは風化物など表層が厚く、水が集まりやすい。これら0次谷の多くは、日常的な地下水の湧出地点付近かそれよりやや上流側に発達している。

b)　岩盤崩壊

a)と同様、豪雨時に起こるが、そのうち大きな

節理や断層など地質構造—ことに分離面の新鮮な岩盤の存在—と関係して形成され、地表下5〜10mの部分にまで達する崩壊で、渓岸に発生しやすい。復旧が遅く10年、20年たっても土砂供給が続く。このタイプの崩壊は地質構造的にも問題となるところが多いので、ルートや土木構造物の位置選定に際しては、回避した方が無難である。

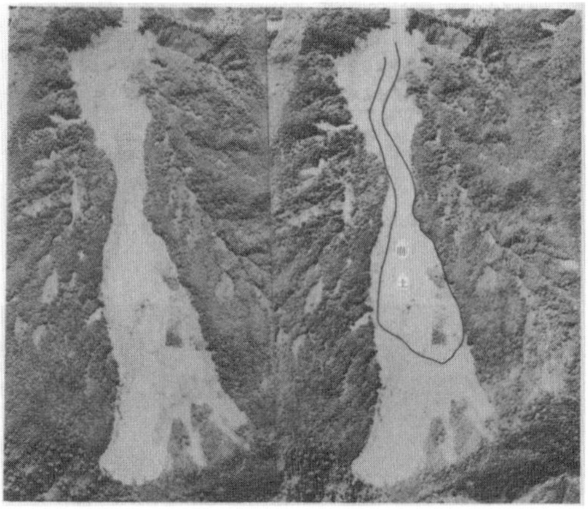

図6.69　大規模崩壊地：根尾川右支川、八谷の例

c)　大規模崩壊（地すべり性崩壊："深層崩壊"）

山地をたんねんに見ると、幅数10mから数100m、長さ数100mに及ぶ古い**大規模崩壊地**（**massive failure**）が多数分布している（図6.69）。それらはa)、b)、d)のように必ずしも一気に崩壊したものではなく、地質構造と関係して地すべりのように断続的に長時間をかけて形成されることが多いようである。このため表面には植生があることもあって、初心者には識別しにくい。

崩壊初期には滑落崖の比高は小さく土塊の乱れも少ないが、晩期になると滑落崖の比高も大きくなり、土塊は渓流まで押し出してきて一時的に流れを止めてダムアップすることがある。したがっ

[*21] 厚さ数cmの粘土層や凝灰岩層が問題となったり、厚い地層の表面にある凹凸が原因であったりすることが多い。

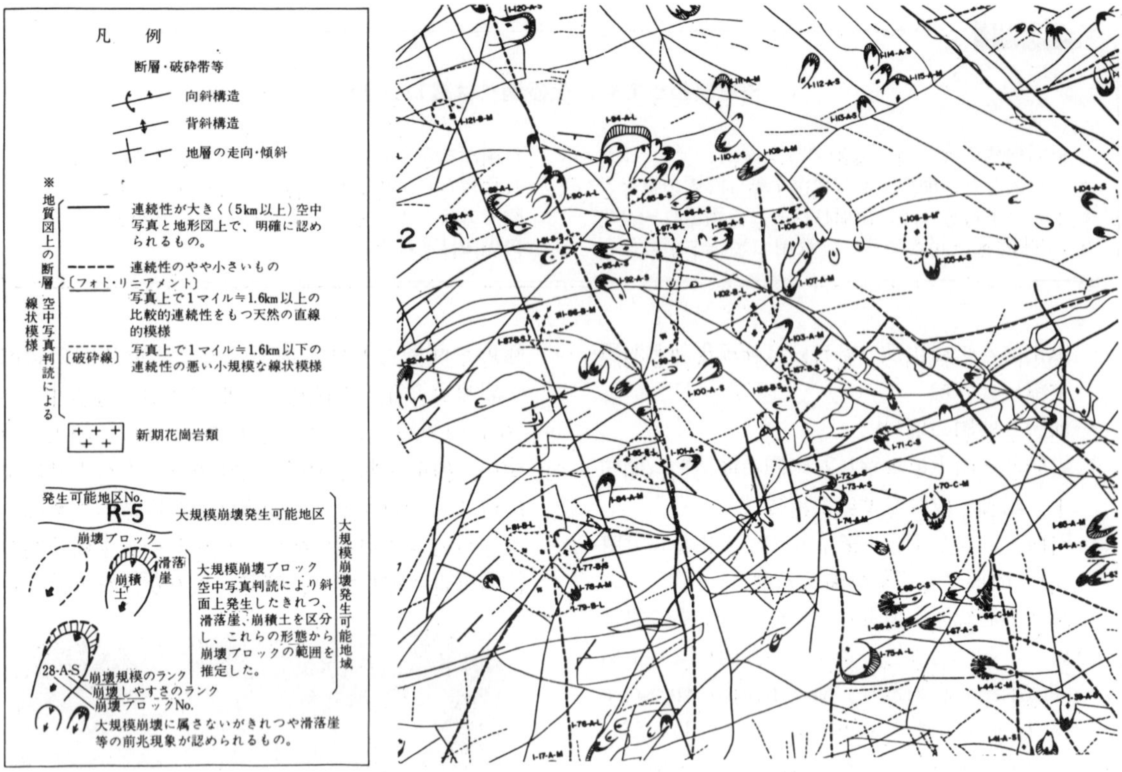

凡 例

断層・破砕帯等

向斜構造

背斜構造

地層の走向・傾斜

※地質図上の断層／線状模様（空中写真判読による）

連続性が大きく（5km以上）空中写真と地形図上で、明確に認められるもの。

連続性のやや小さいもの［フォト・リニアメント］写真上で1マイル≒1.6km以上の比較的連続性をもつ天然の直線的模様

［破砕線］写真上で1マイル≒1.6km以下の連続性の悪い小規模な線状模様

＋＋＋ 新期花崗岩類

発生可能地区No.
R-5 大規模崩壊発生可能地区

崩壊ブロック
滑落崖
崩積土

大規模崩壊発生可能地域

大規模崩壊ブロック空中写真判読により斜面上発生したきれつ、滑落崖、崩積土を区分し、これらの形態から崩壊ブロックの範囲を推定した。

28-A-S 崩壊規模のランク／崩壊しやすさのランク／崩壊ブロックNo.

大規模崩壊に属さないがきれつや滑落崖等の前兆現象が認められるもの。

図 6.70 大規模崩壊地の分布と地質構造線（足立原図）[17]

て、このタイプの崩壊は地すべりと同様、ルート選定時には極力避けるべきである。最近問題視されている「深層崩壊」も、このタイプの崩壊が多い。

d) 大規模崩壊の起きやすい斜面の特性

図 6.70 は大規模崩壊地（地すべり性崩壊を含む）と、断層やフォト・リニアメントなどの地質構造線を図示したものである。これらは①滑落崖の比高の大小、②崩落土塊の斜面における位置、③崩壊の形状などから、岩盤すべり型（rock glide type）と、円弧すべり型（slump type）に分けられ、それぞれ初期・中期・晩期のものに分けられる（図 6.71）。

大規模崩壊の直接の誘因は降雨や地震であるが、発生場所は地形・地質的に次の特徴がある。

i) 破砕帯の存在と“クラック地形”

滑落崖付近や崩落土塊の下には、たいてい断層や破砕帯が分布する（図 6.72）。これが直接の原因となって降雨や地震などを機に引張り亀裂（tension crack）が入り、山腹には“クラック地形”ができる。それがガリーに発展し、分離した

ブロックも次第に滑落して最終的には渓岸に達して安定する。一度少し動いて“二重山稜・多重山稜”をなしていることもある。すべり土塊が渓流をせき止めて堆砂地をつくることもある（図 6.72）。

一方、断層や破砕帯が直接関与するのではなく、粘土化したそれらによって地下水位が上がり、地表部が粘土化したりせん断抵抗力が低下したりして、すべりを起こす場合もある。いずれにしろ断層や破砕帯などの分離面が、大規模崩壊の発生に関係していることは確かである。

ii) キャップロック

揖斐川流域の根尾白谷やナンノ谷の大規模崩壊地（図 6.69）では、下位の輝緑凝灰岩の風化とあいまって水の貯留場所となっている。石灰岩中にかん養された地下水は石灰岩と輝緑凝灰岩との境界部からの輝緑凝灰岩の風化部を通り、断層破砕帯にせき止められ地表に流出している。

このように水の貯留場所や、下位層に対してオーバーハングしたかたちとなるなどの点で、キャップロックが大規模崩壊の発生に関与してい

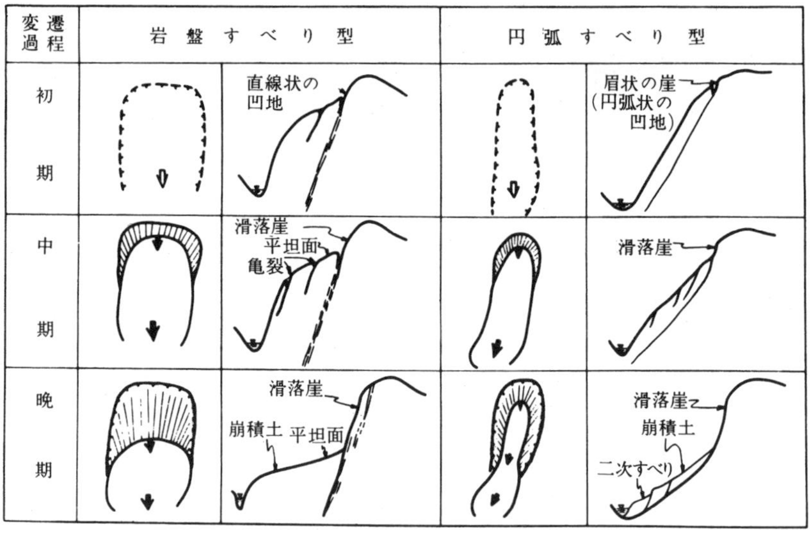

6章　工学面からの丘陵地・山地地形の見方　*151*

図 6.71　崩壊ブロックの微地形と変遷過程区分（足立原図）[17]

るといえる。

　iii）上昇型斜面（上に凸の斜面）の存在

　豪雨型崩壊が、地質構造にあまり関係なく表層風化部に集められた水を誘因としているのに対し、大規模崩壊は地質構造に規制されて集められた水を誘因とする。

　それは斜面のタイプの違いにも反映されていて、凸地形をなす上昇斜面に大規模崩壊は多い。この点が下降斜面や平滑斜面に多い豪雨型崩壊と著しく違う。

　iv）岩層と風化物質

　揖斐川流域の例でみると、大規模崩壊は花崗岩地域にはほとんどないのに、輝緑凝灰岩や粘板岩地域には密集している。花崗岩地域に地すべりや大規模崩壊が少ないのは、他の地域でも認められる。岩相の違いは、風化物質の差異となっても現れ（輝緑凝灰岩や粘板岩は破砕を受けやすく粘土化もしやすい）、これらがからみあって、大規模崩壊が発生しやすい岩相としにくい岩相の差をもたらすのであろう。

　v）大規模崩壊地やその危険地の見分け方

　大規模崩壊地は、

① 背後に滑落崖をもつ

② その前面には、崩落土塊が原斜面よりやや緩傾斜で分布している

③ 滑落崖と崩落土塊との間に、二重山稜や多重山稜・引張り亀裂（クラック地形）などがみ

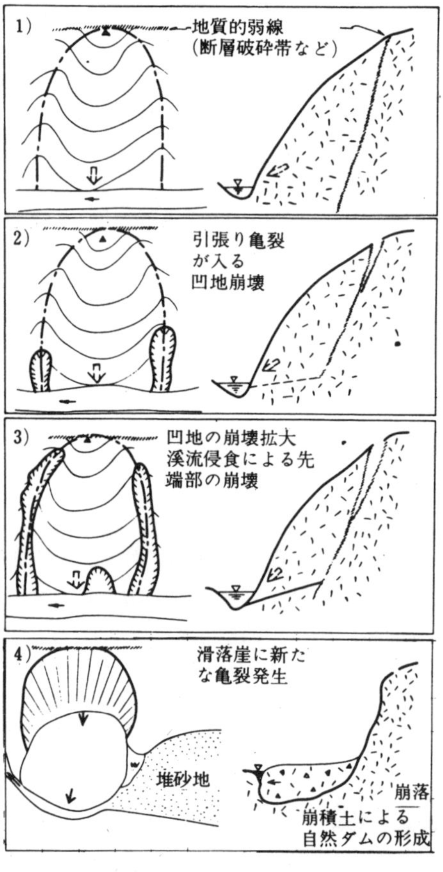

図 6.72　クラック地形の発達過程（足立原図）[17]

られることがある

④ 崩落土塊の両側や片側にも、引張り亀裂から

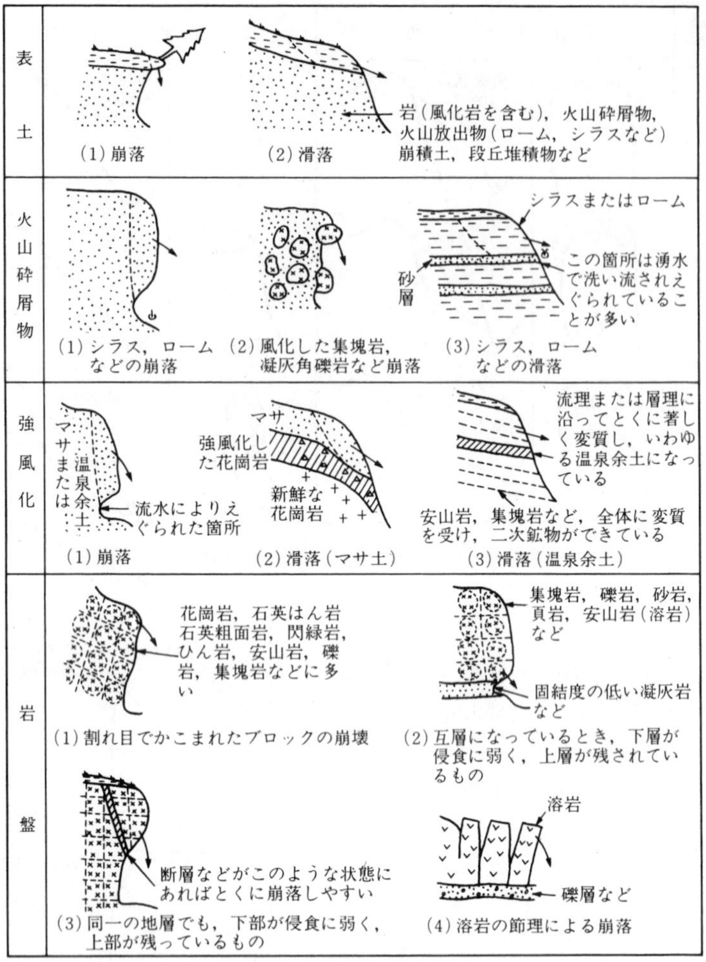

図6.73　崖崩れの様式（渡：1972 をまとめたもの）[43]

進展したガリー（gully）がある
⑤ 渓流をせき止めるように山腹がせりだしてきている

といった地形的特徴から抽出される。したがってまず重要なことは、写真判読や現地踏査でこのような"前兆地形"を抽出することである。次にそれらを崩壊のしやすさによってランク分けすれば、崩壊ブロックごとの重要度がわかる。その結果に基づいて、精査や経時測定などの点的（詳細）調査を実施する。

　要するに、大規模崩壊地の場合は、地すべり調査と同様の考え方や方法・工程で調査するのが望ましい。

e）　崖崩れ

　鹿児島・宮崎のシラス台地や関東の下総台地のような急崖部の出っぱった部分（図6.73）が、

Column

今までに崩れたことのない崖は一番危険（？）

　"崖崩れ"は侵食現象のひとつである。長い目でみると常にどこかの崖が崩れていって崖は次第に後退していくもの。崩れないという例外はない。

　何10年も崩れたことのない崖は、逆にいえばそれだけ危険度は迫っていると見ることもできる。崖下の家では、この点を肝に銘じておく必要がある。

豪雨時に緩んで崩落する現象を**崖崩れ**（slope failure）という。崖上の樹木が風に揺れて地盤の緩みを助長して、崩落することも多い。切土法面の勾配や、法肩の水の処理を十分考慮すれば比較的問題は少ない。

（4）　崩壊地のもつ土木工学的問題点

　既存の崩壊地（existing failures）やそこから供給された崩積土（崩壊残土）の分布・規模・性質などを知ることは、路線やダムなどの建設計画上、次の点で重要である。

① 既存の崩壊地から、新たに土砂供給が行われることがある（崩壊の拡大や下刻の進展）
② 崩壊地の山腹で片切・片盛などの土工をすると、法面が不安定になりやすい

③ 古い崩壊物中で切り盛りを行うと、基盤との境界付近に降雨による浸透水が滞留して、新たなすべりや崩落を起こしやすい
④ 既存崩壊地の分布状況は、将来の崩壊発生を考えるうえでの目安となる

　このため既存の崩壊地については、①崩れのタイプ、②形態、③残土の堆積位置と量、④現在の変動動向などを、的確に把握しておくことが大切である。

　渓岸近くで崩壊が起こると崩土のほとんどは渓流に流出するが、山腹中位で発生すると一部は残土として斜面上に残る。そこに植生が復旧すると、現地でも崩土の存在が見すごされやすい。崩壊地内やその下部では微地形をよく読み、局所的

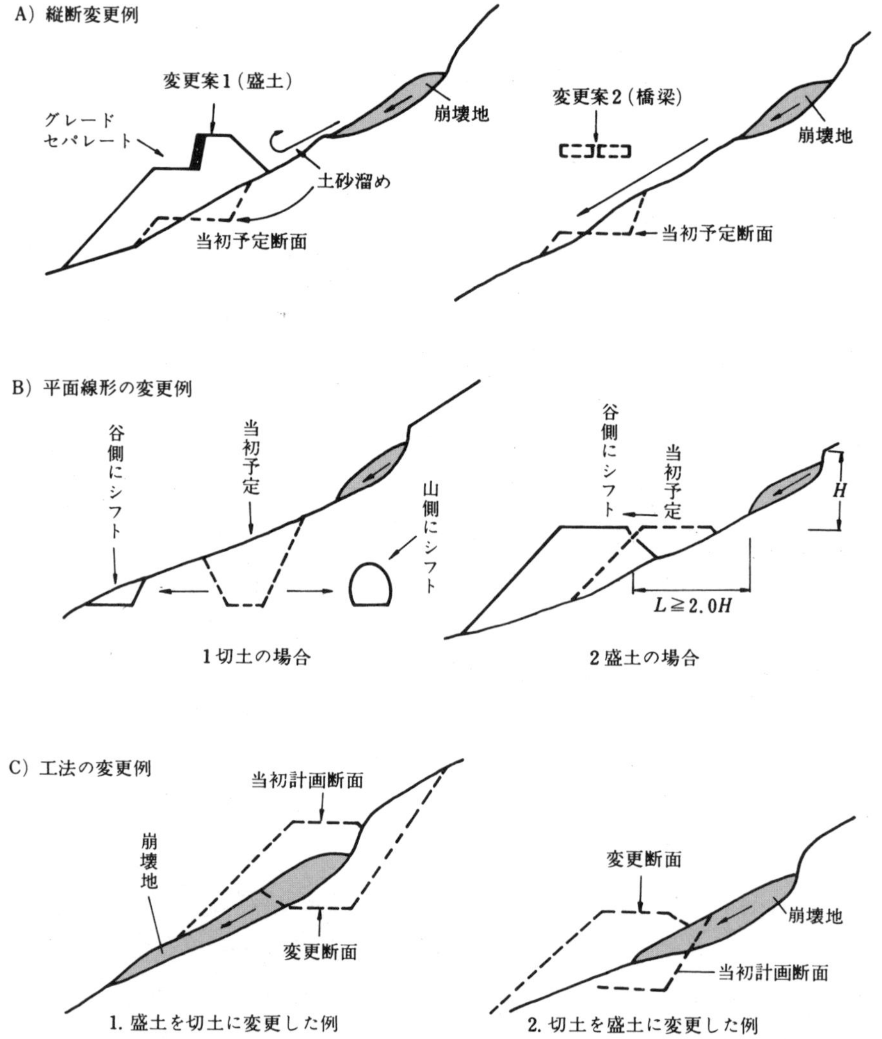

図 6.74　崩壊地に対する計画ルートの変更例 [10]

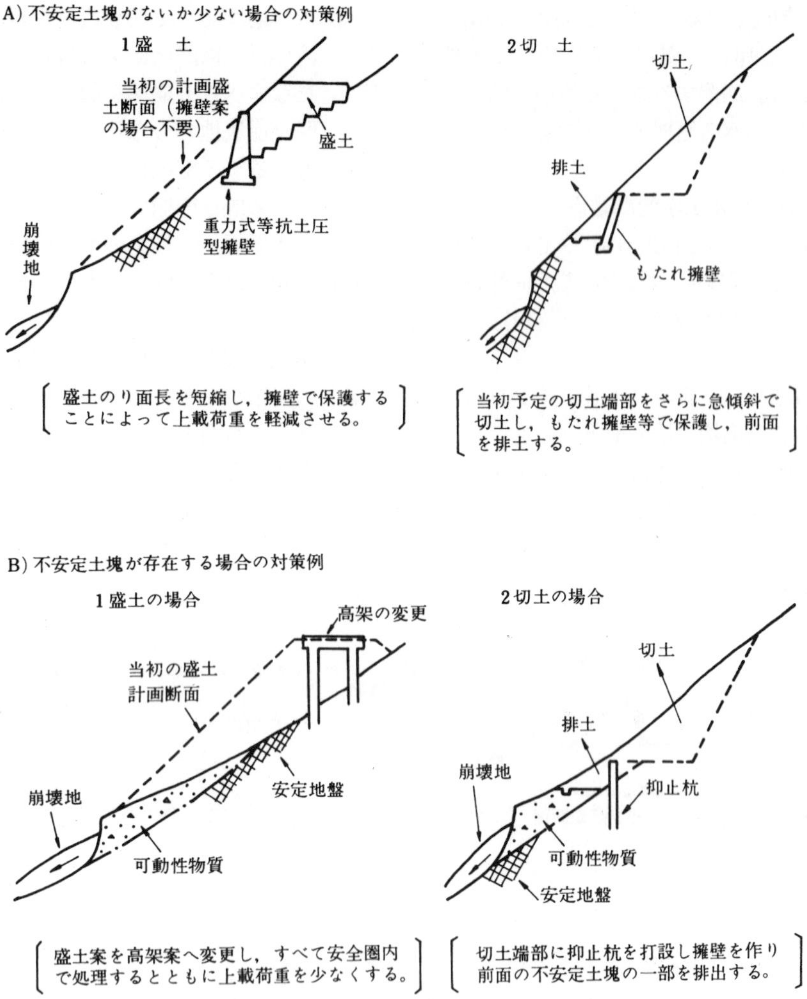

A) 不安定土塊がないか少ない場合の対策例

1 盛　土

当初の計画盛
土断面（擁壁案
の場合不要）

盛土

崩壊地

重力式等抗土圧
型擁壁

[盛土のり面長を短縮し，擁壁で保護する
ことによって上載荷重を軽減させる。]

2 切　土

切土

排土

もたれ擁壁

[当初予定の切土端部をさらに急傾斜で
切土し，もたれ擁壁等で保護し，前面
を排土する。]

B) 不安定土塊が存在する場合の対策例

1 盛土の場合

高架の変更

当初の盛土
計画断面

安定地盤

崩壊地

可動性物質

[盛土案を高架案へ変更し，すべて安全圏内
で処理するとともに上載荷重を少なくする。]

2 切土の場合

切土

排土

崩壊地

抑止杭

可動性物質

安定地盤

[切土端部に抑止杭を打設し擁壁を作り
前面の不安定土塊の一部を排出する。]

図 6.75　崩壊地の上流側ルートに対する対策例 [10]

な等高線のふくらみや乱れなどを鍵に，残土の有
無を見当づけておく必要がある[*22]（図 6.76）。

　道路のルート選定に際しては，崩壊地がある場
合には，

① 縦断形を変えるか工法を変えるかして，崩壊
　　地の影響が及ばないように対処する（図 6.74
　　A））

② 崩壊地の部分を避けて，ルートをその上流か
　　ら下流へと変更する（図 6.74 B））

③ 崩壊地そのものを切土したり，上に盛土した
　　りして通る（図 6.74 C））

などの判断が必要となる。

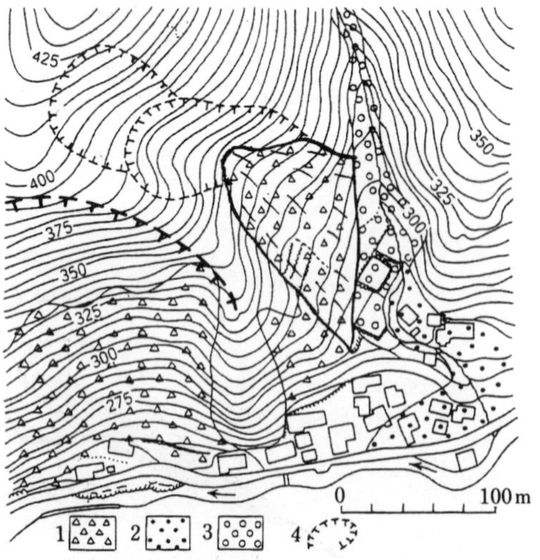

[*22] 崩壊残土（崩積土）は一種の崖錐である（**6.2.5** 参照
のこと）。逆に崖錐分布地の上は古い崩壊地である可能
性が高い（図 6.76）。

（1：崖錐、2：土石流堆（新）、3：土石流堆（旧）、4：崩壊地）

図 6.76　**古い崩壊性地形の下に分布する崩積土** [18]

6.3.4 土石流と地形

わが国には土石流災害が多い。土石流に関する研究は、1960年代後半頃から活発となり、1968（昭和43）年の土石流による飛騨川バス転落事故以来建設省でも精力的に研究が進められ、既往の土石流堆積物の調査が盛んに行われるようになった。1975年の四国仁淀川の災害や1974（昭和49）と1976（昭和51）年の小豆島の災害などが全国規模での土石流調査のきっかけとなった。

1970年代後半頃までに、①既存の土石流堆積物の実態調査、②この頃発生した土石流の被害実態ならびに堆積実態調査、③動態観測、④模型実験など多角的な調査・研究が精力的に行われた結果、土石流の実態はほぼ明らかにされ、それらの成果が1978（昭和53）年以降の**「土石流渓流および危険区域調査要領」**の作成となって結実し、1978-1980年の3カ年にわたる第1回の全国規模での土石流調査へと発展していった。さらにこれらの調査研究結果は、全国での**「総合土石流対策事業」**という国家的な防災事業へと反映され、今日に至っている。

(1) 土石流の定義

渓床や山腹斜面に堆積していた土砂あるいは山腹で発生した山崩れで生産された土砂が、**多量の水を含んで集合運搬の形態をとって"かゆ"状の流体として流動する流送形態を土石流という。**

土砂が水で運ばれる場合、①泥水のように水に浮いて流れる現象を浮流または**浮遊（suspension）**、②洪水時に礫が水の力で押されて河床を飛びはねたり転がったりして流れるのを**掃流（traction）**、③コンクリートミキサーで混合したばかりの生コンクリートのように、水と土砂とが渾然一体となって"かゆ"状に流れる流送形態を**土石流（debris flow）**と呼んでいる。なお、ここでは、可溶性物質を化学的に溶解して河川水が運ぶ"溶流"は含めない。

砂防学会（1976）は、「水量より土石の量が多く、水が土石流を流すのではなく、水を含んだかゆ状の土砂が土砂自身の力で移動する現象を（土石流と）いう。雨に伴って生じ、非常に大きい運動量をもっているために直進性があって、流下する途中の渓岸や渓床を侵食し、著しい災害を発生させる」と定義している。つまり、「土石流」というのは物のことではなく、**土砂と水との混合流体の「流れ方」**のことを言うのである（図6.77）。

(2) 土石流の発生

土石流の発生は斜面崩壊の発生が引き金（trigger）になることが多い。土石流の発生形態は引き金となる崩壊の位置から、次の3タイプに分けられる（図6.78）。

このほか1925年の十勝岳や1993-1995年頃の雲仙普賢岳の例のように、火山噴火による発生ケースもあるが、まれである。

① 源頭崩壊型——多量の水を含んだ源頭部付近の新期崩壊土砂が山腹斜面を流れ下って、そのまま土石流となる場合……1次水系に多い。最近では**0次谷**からの土石流も増えている

② 渓岸崩壊型——大規模な渓岸崩壊地の土砂が渓流を一時せき止めて天然ダムをつくり、こ

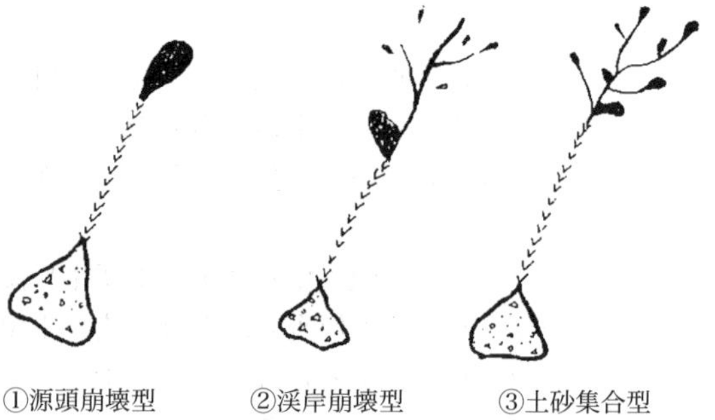

①源頭崩壊型　②渓岸崩壊型　③土砂集合型

図6.78　土石流の発生のタイプ模式図

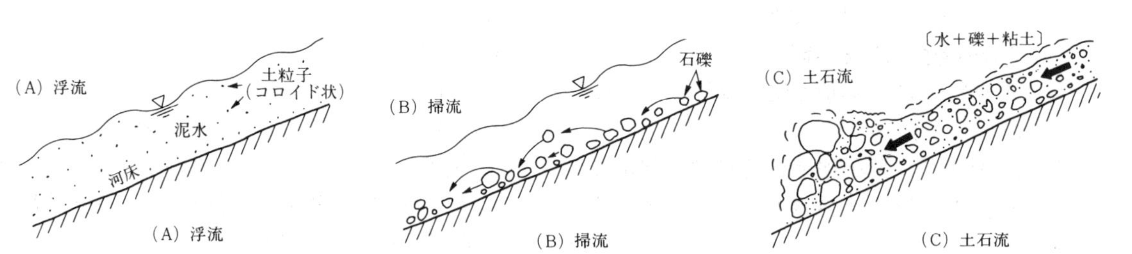

図6.77　水による3つの土砂流送形 [6]

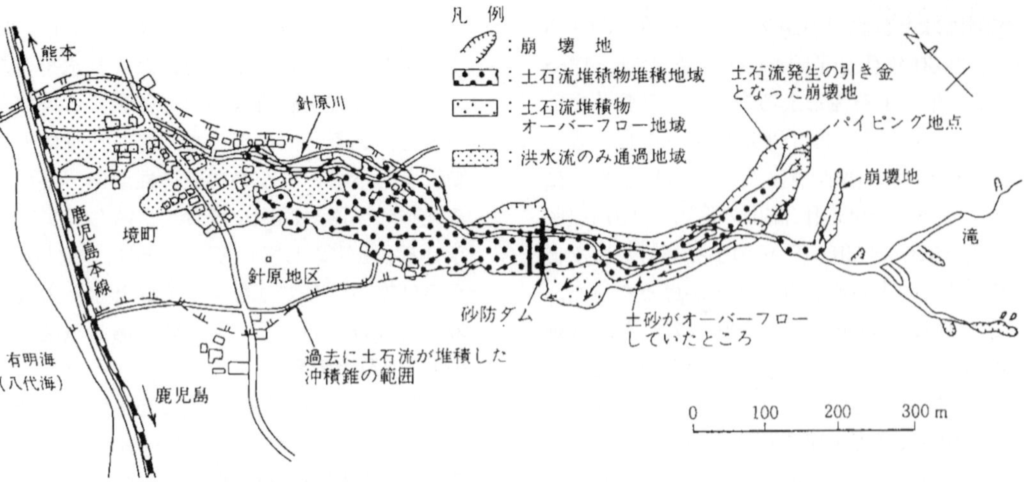

図 6.79　鹿児島県出水市境町針原地区の土石流災害（上述の②タイプ）も、すべて過去に土石流が氾濫・堆積した沖積錐の中で発生している [19]

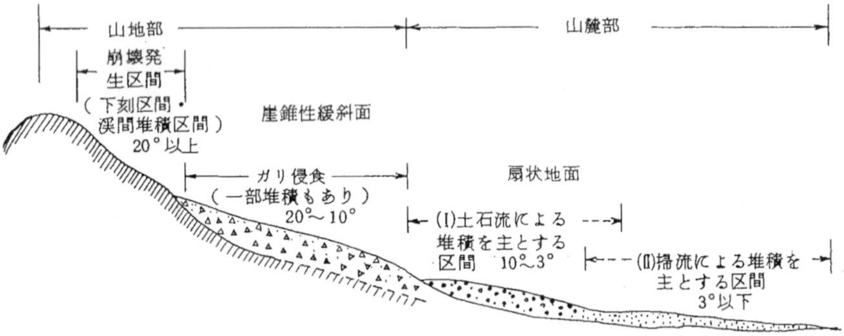

図 6.80　土石流の発生・流送・堆積区間の模式図

の天然ダムの土砂の含水量が多くなって自ら移動を開始するか、湛水の圧力で天然ダムが崩壊して流下する場合（図6.79）……水系次数による傾向はない

③ 土砂集合型──急激な出水によって渓床や渓岸の堆積土砂が強く侵食されたり上流の小規模な崩壊土砂が集まったりして、流水が一時的に多量の土砂を含むようになり、これが流下するに従って渓岸・渓床を侵食して土石流となる場合……2次水系に多い

(3)　土石流の発生危険度要因

　土石流の発生・流送・堆積と渓床勾配の関係は、図6.80のようになる。

　土石流が発生する危険渓流の危険度の判定要因（田畑ほか：1973）[59]をあげると、次のようになる。

　① 渓床勾配が 10° 以上の箇所があること

② 20〜30° 付近に渓床堆積物が存在していること

③ それらの渓床堆積物が不均一に分布していること

④ その地点に伏流水が出ていること

⑤ 山崩れの発生が予想されるような凹地（0次谷と考えてよい──筆者注）が上流側にあること

　以上が主な基準となるが、そのほかにも次のような事項が参考となる。

⑥ 上流部に土砂提供源となる（あるいは過去に土砂を提供した）崩壊地が存在すること

⑦ 渓流の出口付近が、扇状地性の地形である沖積錐（alluvial cone）になっているかどうか（沖積錐は過去の土石流による土砂流出で形成されたものである）

　これらの要因がすべてそろっている場合には、

非常に危険といえる。一方、①、②などの要因がなければ安全であり、③、④、⑤、⑥などがないだけの場合には、やや危険といえよう。

(4) 土石流の流送区間での特徴

渓流の上・中流域に土石流は発生する。発生した土石流は勾配 10° 以上の渓床では堆積しにくく、流下していく。土石流の土量が少なく 10° 前後で渓床幅の広いところがあると、渓流区間であっても堆積する（図6.81）。

流送区間での土石流体には、次の特徴がある。

① 土石流は慣性があるため、直進しやすい（図6.82（a））
② 曲流部では、外側では数m高いところまで波高が達するのに対し、内側では低い（図6.82（b））
③ 渓床が広くなったところでは、土石流体は停止して堆積することがある（図6.82（c））
④ 両岸の崖錐や未固結堆積物・半固結堆積物・渓床土石・下流の沖積錐（扇状地）堆積物などは、流下する土石流自体で侵食されやすい。

(5) 流送区間での土石流の流下速度

これまでの調査結果によると（表6.11）、1 m/s 前後の遅い流下速度のものから、15～16 m/s のものまである。土石流の流下速度は、土石流体の粘性や構成物質・含水比などの違いだけでなく、渓床勾配や渓床幅・人工工作物の有無などによって変わる。ただ、これまでの実例からみて、土石流は時速 40～50 km ほどの流下速度をもつという認識をもっていた方がよい。だから、谷底では土石流が見えてから逃げおおせることは難しい。

(6) 土石流が堆積を開始しやすい地形

土石流の堆積しやすいところ（すなわち土石流災害を受けやすいところ）の地形的な特徴としては、次の3点に絞ることができる。

① 上流側の流域面積が 1 km² 以下の渓流（昭和

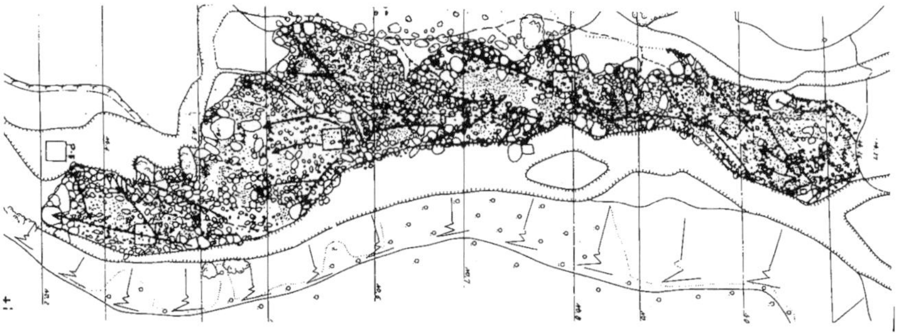

図6.81 渓流区間に堆積した土石流堆積物—日光荒沢の例[20]

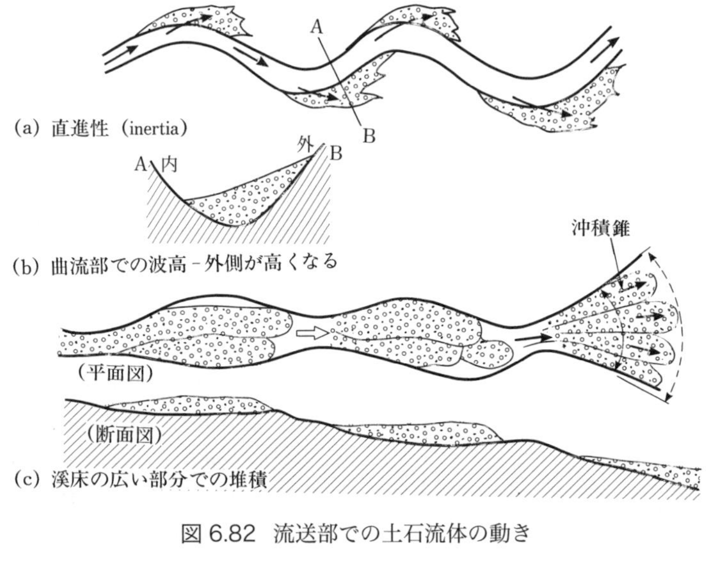

(a) 直進性（inertia）

(b) 曲流部での波高 - 外側が高くなる

（平面図）

（断面図）

(c) 渓床の広い部分での堆積

図6.82 流送部での土石流体の動き

表 6.11 土石流の流下速度[25)]

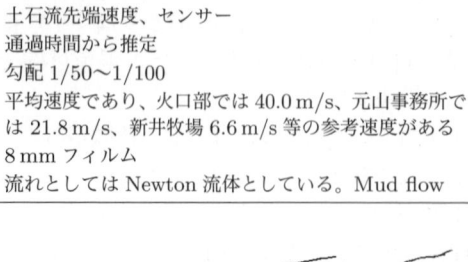

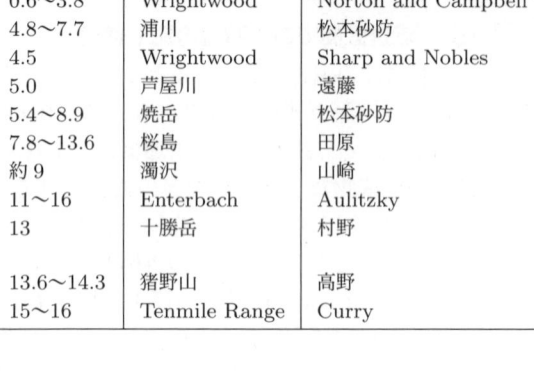

速度 (m/s)	測定場所および発表者		摘　要
0.6～3.8	Wrightwood	Norton and Campbell	Mudflow
4.8～7.7	浦川	松本砂防	土石流先端・最高速度、センサー
4.5	Wrightwood	Sharp and Nobles	先端速度
5.0	芦屋川	遠藤	推定
5.4～8.9	焼岳	松本砂防	土石流先端・最高速度、センサー
7.8～13.6	桜島	田原	土石流先端速度、センサー
約9	濁沢	山崎	通過時間から推定
11～16	Enterbach	Aulitzky	勾配 1/50～1/100
13	十勝岳	村野	平均速度であり、火口部では 40.0 m/s、元山事務所では 21.8 m/s、新井牧場 6.6 m/s 等の参考速度がある
13.6～14.3	猪野山	高野	8 mm フィルム
15～16	Tenmile Range	Curry	流れとしては Newton 流体としている。Mud flow

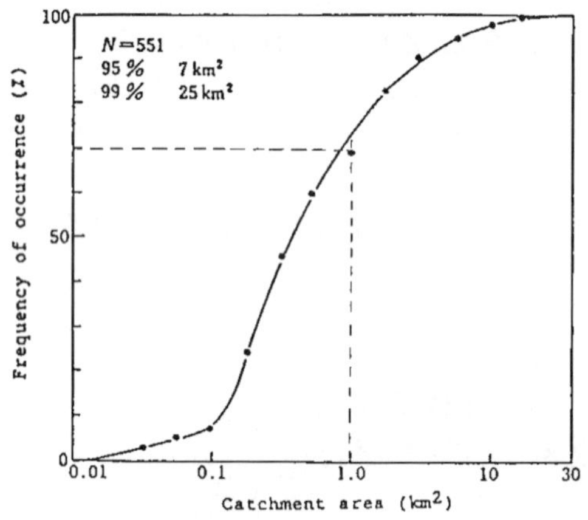

図 6.83　土石流の発生した渓流の流域面積

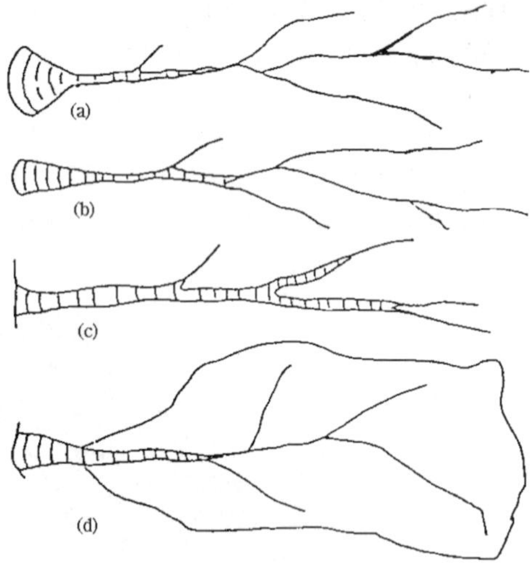

(a) 沖積錐のある沢（扇状地性地形）
(b) 両岸が規制された扇状地性地形のある沢
(c) 渓床堆積物の多い幅広の沢
(d) 流域が閉じたような沢

図 6.84　土石流の被害を受けやすい沢の特徴

57 年の長崎災害では、84 箇所中 81 箇所が 1 km² 以下の渓流に発生している)[*23]で、そのような渓流の下流側（図 6.83）

② 沢の出口が扇状地性の地形をしているところ（図 6.84）

③ しかも、土地の勾配が 3° 以上のところ

(7)　土石流の氾濫・堆積地形

1 回の土石流の流送・堆積は、①狭義での「土石流」の流送・堆積と、②後続流（土砂流：掃流）の流送・堆積に分かれ、たいていこれら①②がセットになっている（図 6.85、図 6.86）。

1 回の土石流は、狭義の土石流と土砂流がセットになっている[21)]。

はじめに堆積するのは狭義の土石流堆積物で、数 10 秒～数分で堆積してそこに居住地などがあると致命的な被害をもたらす。ふつう紡錘型～舌状の平面形と上に凸の縦断形（二次曲線に近い縦断地形）をもって堆積する。狭義の土石流が堆

[*23] 日本道路公団の「土石流対策に関する総合検討概要報告書」（2003）[44)]—これは 2004 年にマニュアル化されている—では、流域面積 1 ha（0.01 km²）以上は調査対象渓流として取り上げている。

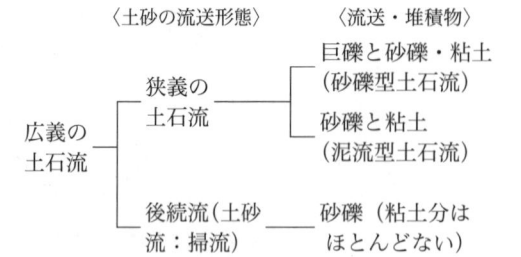

積・停止した直後に、掃流による集合運搬形式の後続流（俗に土砂流と呼ばれている）が、すでに堆積した土石流堆積物の一部を侵食しながらその下流域にまで到達し、土砂流堆積物（掃流堆積物）を堆積させる（図6.86）。

土砂流（後続流）の堆積は、土石流の堆積後数10分〜2時間くらいかけて行われるが、致命的ではなく、多くは破壊力も弱くて家屋を倒壊するに

は至らない。

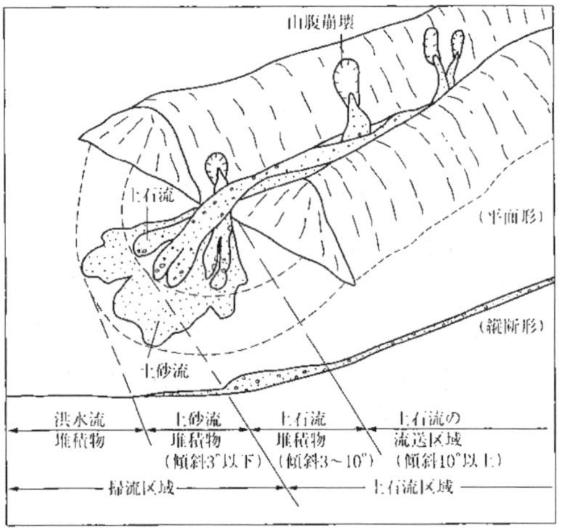

（8）　土石流堆積物のつくる地形

富山の常願寺川扇状地・黒部川扇状地・木曽川扇状地といった半径数km〜数10kmに及ぶ大きな扇状地（沖積扇：alluvial fan）は、洪水流（掃流）の繰り返しによってできた地形である（図4.12）。これに対し、半径数100mの小規模な扇状地（沖積錐：alluvial cone）の多くは、土石流が繰り返し堆積して形成されたものである（図6.87）。

土石流の堆積でできた沖積錐は、形成される位置によって半円形の完全な扇状のものから半開きのもの、未開きのごく狭いものまでさまざまであ

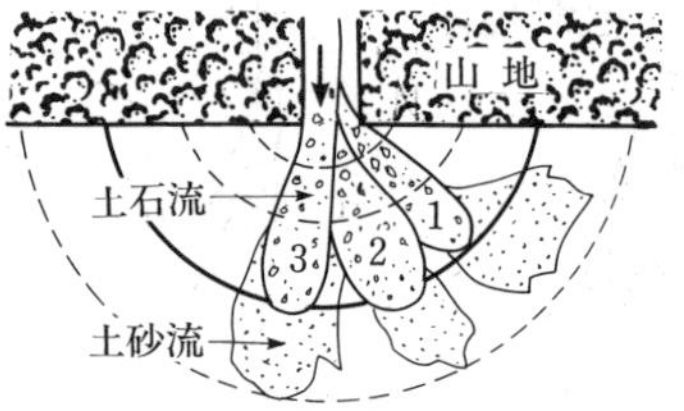

図6.85　土石流の発生・流送・堆積と渓床勾配 [19]

図6.87　土石流のつくる扇状地性の地形—沖積錐—と、土石流堆積位置の変化（これを俗に首振り現象という） [19]

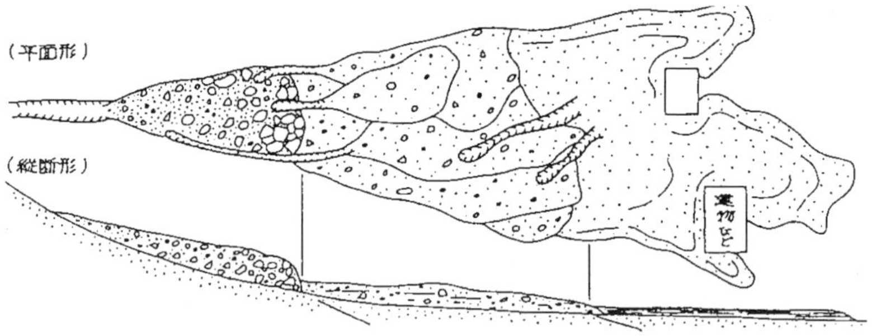

流送形態	土石流	掃　　流	
流送される物質	土石（土砂） *1	土砂［I］ *2	土砂［II］
堆積の特徴	土石流堆積物の本体	土石流本体の堆積後に短時間に堆積する部分	土石流堆積物や掃流土砂［I］の堆積に引き続き、長時間かけて堆積する部分
礫　　径	Max $\phi = 1.5\,\mathrm{m}$ 以上 時に $\phi = 3 \sim 4\,\mathrm{m}$ のことがある 平均 $\phi = 20\,\mathrm{cm}\pm$	Max $\phi = 1\,\mathrm{m}$ 平均 $\phi = 5\,\mathrm{cm}\pm$	Max $\phi = 10 \sim 20\,\mathrm{cm}$ 平均 $\phi = 0.5\,\mathrm{cm}$
堆積の厚さ	最大4m、平均2m	最大1.5m、平均0.5m	最大1m、平均0.3m
表面形状	不規則	地形や構造物などに規制され、不規則な場合と平滑な場合の双方あり	ほぼ平滑
断面形状	かまぼこ形に盛り上がっている。ほとんど層理なし。	平坦型をなす。層理（層状構造）あり。	明確な層理が認められる。
破　壊　力	きわめて大きく、致命的破壊力をもつ。	比較的弱いが、木造家屋に被害を及ぼすことがある。	ほとんど破壊力はない。

*1, *2：諏訪（1982）のいう「盛上り型」が *1、「平坦型」が *2 に相当すると思われる。
*3：土砂［I］と土砂［II］とは区別できないことも多い（図6.85、図6.86）。

図6.86　1回の土石流の発生によって形成される土砂堆積（単式）模式図（小豆島や焼岳、日光荒沢等の実例に基づく） [19]

Column

高速道路における土石流災害の傾向 [44]

① 土石流災害は西日本に多い。

② 災害が発生した渓流の流域面積は、$0.1\,km^2$ 以下の渓流が約6割（20渓流）と多く、さらに $0.01\,km^2$ 以下の渓流は約1割（2渓流）である。

③ 渓床勾配は15°以上の渓流が約6割（24渓流）を占める。

④ 災害のタイプは、切土区間における土砂災害事例が約5割（19渓流）を占める。

⑤ 流出土砂量と流域面積の関係では、流域面積 $0.1\,km^2$ 以下の渓流においては流出土砂量 $2000\,m^3$ 以下のケースが多い（約8割）。しかし、地質的特性（花崗岩地帯、シラス地帯など）により、流域面積が小さな渓流でも、多量の土砂が流出した渓流がある。

⑥ 供用年数と災害発生の関係によると、同一区間において複数回の土石流災害が発生した区間は2例である。

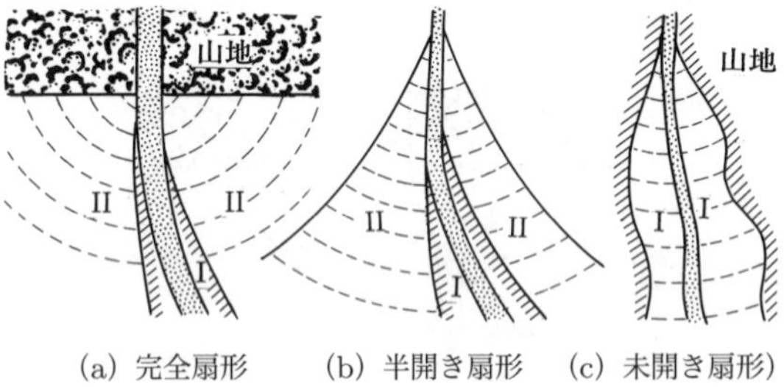

(a) 完全扇形　　(b) 半開き扇形　　(c) 未開き扇形

図 6.88　土石流堆積物のつくる扇状地性の地形（沖積錐）のタイプ。Ⅰ：危険度大、Ⅱ：危険度小 [21]

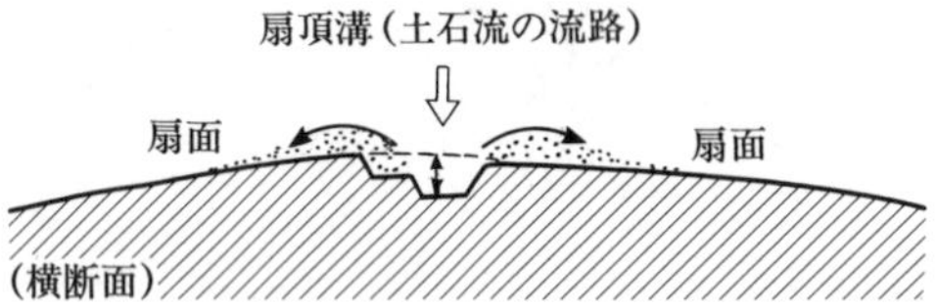

図 6.89　扇面と渓床との比高が5、6mより小さくなると危険度が高くなる [19]

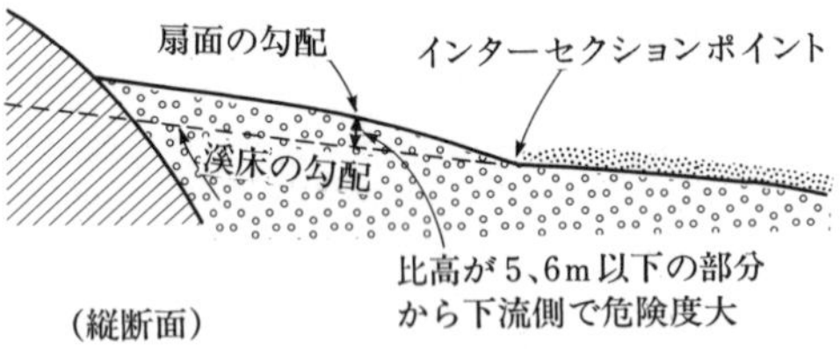

図 6.90　インターセクションポイントより下流側では、危険度は著しく大きくなる [23]

る（図 6.88）。低地や台地では完全な扇状のものが多いのに対し、火山山麓では半開き状（たとえば富士山の大沢扇状地など）になり、ひらけた場所のないところ（山岳地内など）では、河床が幅広くなった程度（たとえば妙高の白田切川など）にすぎない（図 6.88）。

しかし、形はどうであろうと、基本的に渓床勾配が10°以下の扇状地性の地形のところは、土石流の堆積区域とみてよい。

(9)　土石流の氾濫堆積の危険度評価

以上述べた土石流の発生・流送・堆積の特徴から、土石流的に土砂が流下し堆積・氾濫する（つまり災害になりやすい）危険度を知るには、まず次のことを念頭において地形を見るとよい。

① 渓床勾配が10°以下のところ（山の中で渓床が幅広くなっているところは、10°以上の勾配でも、土石流が通過するため当然危険となる）

② 沢の出口が扇状地性の地形（沖積錐）となっているところ。そこではまず、地形解析や植生の侵入程度・土地利用などから、古くて安定した扇状地か新しくて今後も堆積がありそうかの判断をする。侵食の進んでいない新しい扇状地（沖積錐）ほど、土石流の流下・堆積の危険度は高い

③ 扇状地に刻まれた谷（**扇頂溝：fan trench**）の渓床面と扇面の比高が5、6mより小さくなると、氾濫の危険度は高くなる（図 6.89）

④ 扇状地の**インターセクションポイント**（扇頂溝の渓床と扇状地面（扇面）との交点付近：図 6.90）付近が、土石流氾濫の開始点となる

⑤ **扇状地面上での氾濫の平面的（水平的）な危険性**は、ⓐ扇状地付近での流路（扇頂溝：fan trench）の向き、ⓑそのときの渓床から扇面までの深さ（前述のとおり、5、6mが一つの境目）、ⓒ発生する土石流の規模などに規制

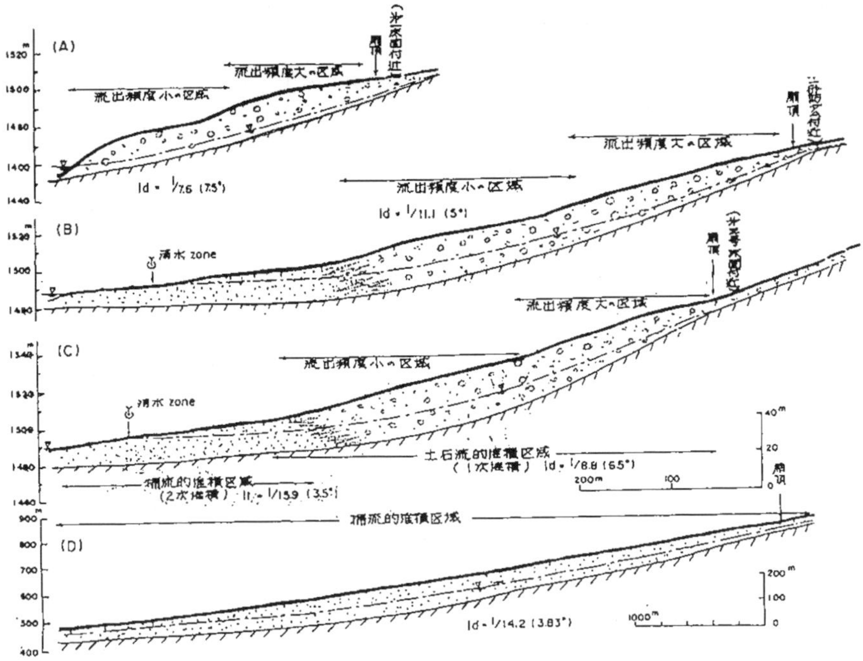

（A：上高地の下堀沢、B：同上堀沢、C：同上々堀沢、D：富士山大沢）

図 6.91　扇状地面の縦断地形と土石流氾濫の頻度の見方[20]

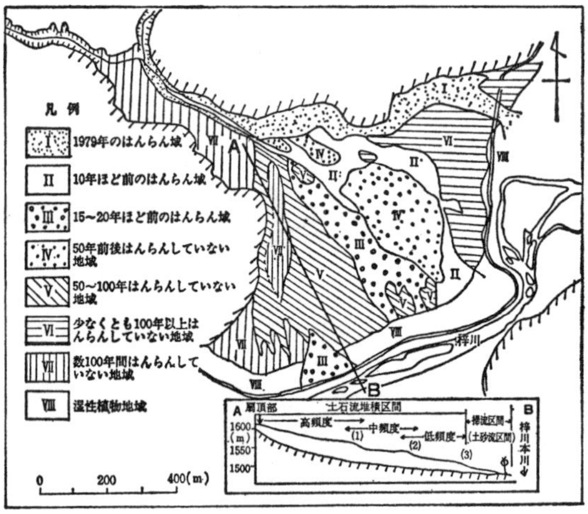

図 6.92　上高地善六扇状地における
土砂堆積状況と縦断面形[20]

されるが、一度流下の方向づけが行われたあとは、扇面上の低地部を選んで流下する。このため一般には、扇頂から放射状に分布する扇頂溝の延長部分にある低位部が最も危険である

⑥ **扇状地（沖積錐）面上での縦断方向での堆積氾濫の危険性**は次のように考えることができる

　　ⓐ **縦断形が勾配 3° までの上に凸の部分は土石流の堆積範囲、その下流側の 3° 以下の平滑な部分は土砂流（後続流：掃流）による堆積地と考えてよい**

　　ⓑ 上に凸の部分（仮にコブと呼ぼう）が 2 つある場合は、上流側の"コブ"まで到達する頻度は低いが、大規模な場合はそこまで及ぶ（図 6.91）。土石流の氾濫頻度は、堆積物上の植生調査をして、そこに生育する樹木の年代から予測する（樹木年代編年 dendro chronology：図 6.92）

(10) 道路や鉄道に対する土石流の問題点と対応策

a) 概要

土石流頻発渓流については、道路や鉄道などの路線選定・施工計画などに際し、以下のことに留意する必要がある。

① 土石流頻発渓流を橋梁で通過する場合には、土石流による洗掘や側方侵食に十分耐え得る構造とすること。とくに攻撃斜面（水衝部）の場合に問題となる。

② 渓流の下流端が扇状地性の堆積地（扇状地や急傾斜沖積錐）となっているところでは、河道が小さく、流路はほとんどカルバート形式となることが予想されるが、その場合、土石流の側方侵食により盛土が破損を受ける可能性がある。したがって、このような箇所については、ⓐ問題の大きい渓流の場合は土石流の流下を路線より上流側少なくとも 30 m 付近で停止させるために、小規模の土石流防止ダム（捕捉工）を入れ、ⓑ渓床空間を現在の渓床より広めにとって護岸を行い、土石流の側方侵食の影響を、最小限に食いとめる施策が必要である。

扇状地での土石流の堆積位置は、扇頂部を軸として徐々に（氾濫のたびに）変化する（俗にいう扇状地の**首振り現象**：図 6.87、図 6.93）。土石流の堆積がなくとも、洪水時に扇状地上流からの流路が変化することも多い。このため計画線が扇状地の流路を橋梁で通る場合には、極力扇頂寄り

の上流側もしくは扇頂部近くの動きの少ない部分を、長いスパンの橋梁で通過し（図 6.94）、土石流や水災害から路線を保護する必要がある。

できることなら、図 6.95 のように土石流の氾濫のない扇状地の扇頂より上流側を橋梁で通るか、扇状地末端付近を橋梁で通過するルートを選ぶのが望ましい。どうしても土砂堆積区間の渓流に橋梁や横断ボックスを計画しなければならない

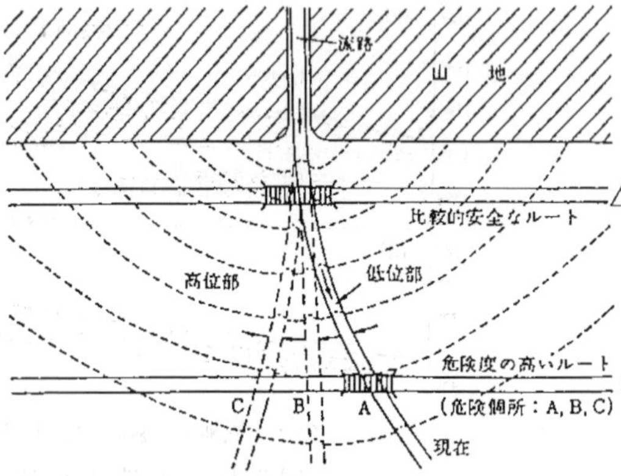

図 6.94 扇状地でのルートの安全性の比較 [3]

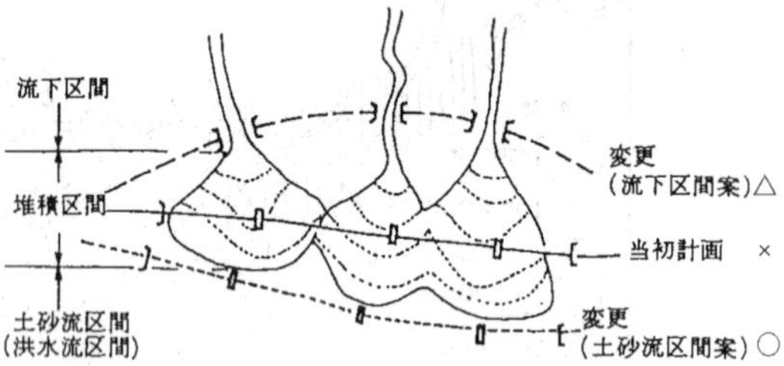

図 6.95 土石流危険渓流のルート選定 [26]

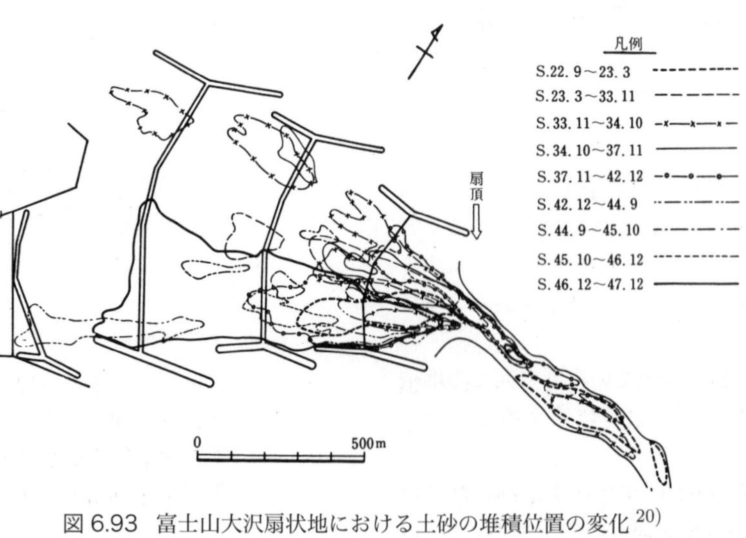

図 6.93 富士山大沢扇状地における土砂の堆積位置の変化 [20]

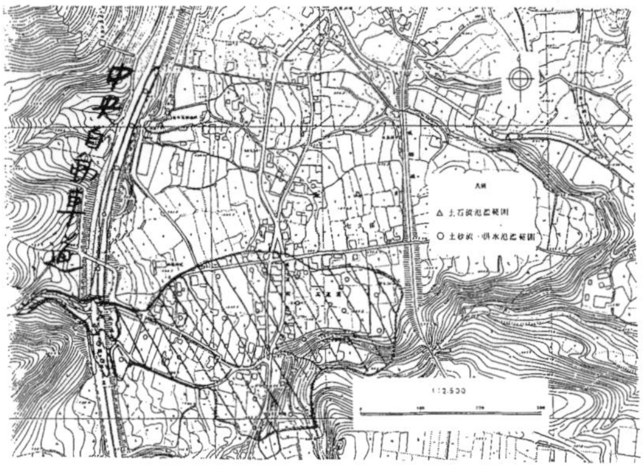

図6.96 1983年中央自動車道宮の沢における土石流
　　　氾濫被害（原図）

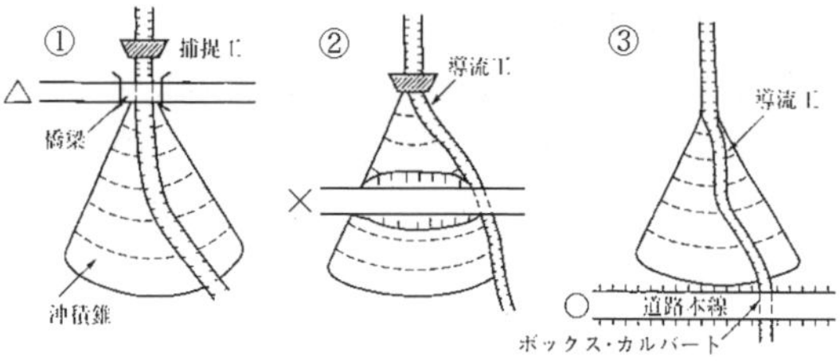

○：最良、△：問題は少ない、×：問題が多い

図6.97　土石流危険渓流でのルート選定[21]

図6.98　中国自動車道の被災状況（0次谷と道路本線
　　　とが切土で交わる場合の対策は、最も難し
　　　い）[21]

場合は、上流域での可能運搬土砂量を算出してお
き、現況河道・横断ボックスでの土砂流下能力を
チェックしておく。

　土砂収支がバランスしないときは、上流部に土
石流防止ダムや落差工を設置して、河積の拡大を
はかって土石流が一時的に堆積できるように計画
すべきである。

　図6.96に1983年の中央自動車道・宮の沢で
の土石流による被害状況を示す。

　土石流地形の特徴と路線の構造からみて、土石
流の氾濫・堆積区間では、①土石流堆（沖積錐）
の扇頂部（要の部分）を横過する場合は橋梁方式
が多く、②中間部分（路線としてはこの部分を横
過するのは最悪である）を横過する場合は扇状
地性の地形（沖積錐）上の切土か盛土、③末端部
を横過する場合には盛土になるケースが多い（図
6.97）。氾濫・堆積区域内で道路や鉄道を安全に
通すには、次の対策の検討が必要である[*24]。
① 土石流の氾濫・堆積区間を避けてルートを選
　ぶ（最良策）
② 土石流の流下渓流を固定する（捕捉工＋導流
　工など）
③ 本線から離れた位置での土石流対策（捕捉
　工＋導流工など）を講ずる
b）　切土区間での問題点
　沖積錐上で切土になるのは、扇状地面での中間
部付近を通すときに多い（図6.97②）。その際、

扇面上で流路を固定させた上で下流へ土砂を流す
ことを考える必要があるが、その場合にも次の問
題点がある。
① 沖積錐面への土砂の堆積は土石流本体の堆
　積・氾濫であるから、危険性はきわめて高い
② このため、この区間をうまく通すためには、
　できるだけ路面を高くして切土量を減らす
　とともに、沖積錐の上流側（扇面の要の部分
　より少し上流側）にダム工を設置して土石流
　として流下する流木や巨礫・大礫などを捕捉
　し、水と中・細粒の土砂が扇面中に設けた流
　路（ボックス・カルバートなど）をスムーズ
　に流下することをねらう
③ このためには、路線上流側の現渓・河床の大
　規模な掘削が必要となる
④ ただ、図6.98に示した中国自動車道の蓼野
　での被害例のように、0次谷と本線が交わり、
　しかも切土で通過しているような既往道路で
　の対策はきわめて難しく、渓流上流側での捕
　捉工や落石防護工（リングネットなど）によ
　る防止などに頼らざるを得ない

[*24] なお、旧日本道路公団では2004年に、土石流渓流の防
　災対策のためにマニュアル『土石流対策の手引き（案）』
　を作成している。

c) 盛土区間での問題点

　盛土となるのは、道路が沖積錐の扇端部（下流端）を通る場合である（図6.97③）。この付近では土砂は土石流か掃流形式で氾濫・堆積する。このような沖積錐の扇端部付近に道路を通す場合には、次の配慮が必要である。

① 流路を固定しない場合には、本線盛土の上流側に土砂が堆積しても問題とならないだけの堆砂空間が必要である。このためには、上流からの想定流出土砂量と本線の盛土と渓床の比高とを勘案して、確保すべき空間規模（何m³くらい堆積できるか）を明らかにする。既往路線の場合には、現在ある堆砂空間で土石流の堆積を止められるか否かを検討する

② 本線盛土部分をボックス・カルバートなどで通過させるには、渓流が固定でき、しかも土石流を安全に流下させるだけのボックスの高さや幅ならびに勾配（10°以上）が必要である

③ そのためにも、流木や巨礫・大礫は扇面の上流側にダム工（捕捉工）などを配置してそれらで受けとめ、流下土砂の粒径をあらかじめ細かくしておく必要がある。

d) 橋梁区間での問題点

　道路が沖積錐の扇頂部を橋梁で通る場合には（図6.97①）比較的問題が少ないが、次の点には留意する必要がある。

① 流木や巨礫を沖積錐上流側でのダム工などで捕捉して、扇頂上の固定された流路を土砂が通過する際、流路を閉塞せずに流下できるだけの流路幅をとる

② 土石流の流下によって、橋脚部が側方侵食を受けない設計にする

③ 渓河床面と橋台間のクリアランスを十分にとる

e) トンネル坑口付近での土石流渓流の問題点

　近年、道路のトンネル坑口付近での土石流被害が多い。

　ルート選定上、トンネル長を短くするために、谷の最上流付近まで追い込んだルート選定をすると、地形上どうしてもトンネル坑口と土石流渓流とが近接しやすい。このため、ルート選定時にトンネル坑口付近は土石流の流送もしくは氾濫・堆積区間になることが多い。その場合の対応の考え方は、基本的にはa)の概要で示した対応の仕方

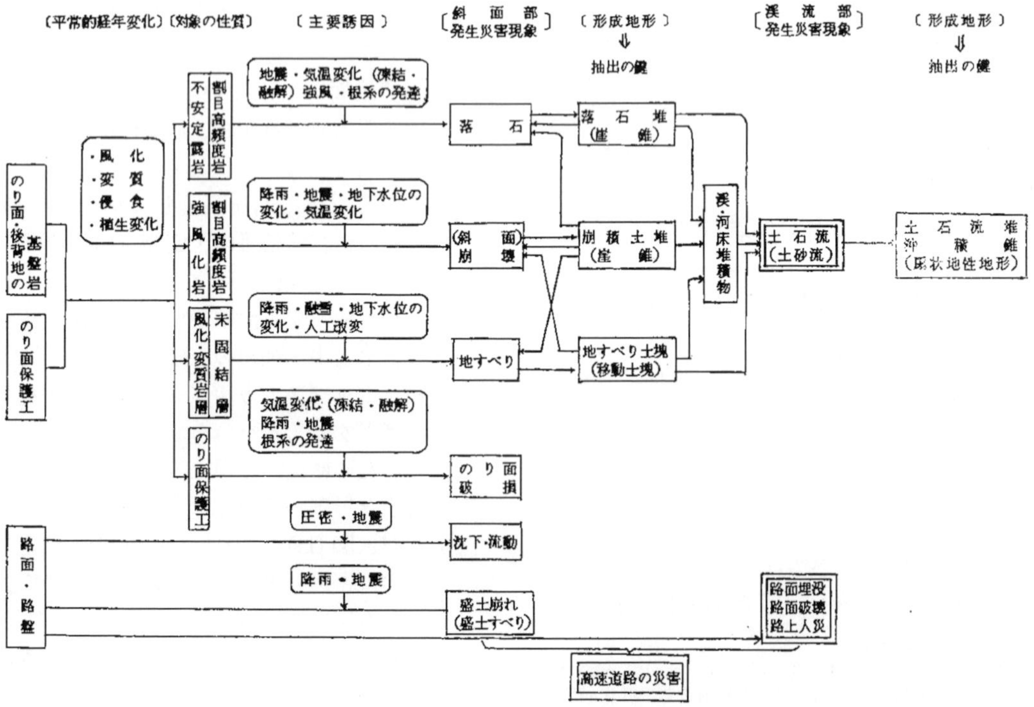

図6.99　土石流による災害現象の因果関係（原図）

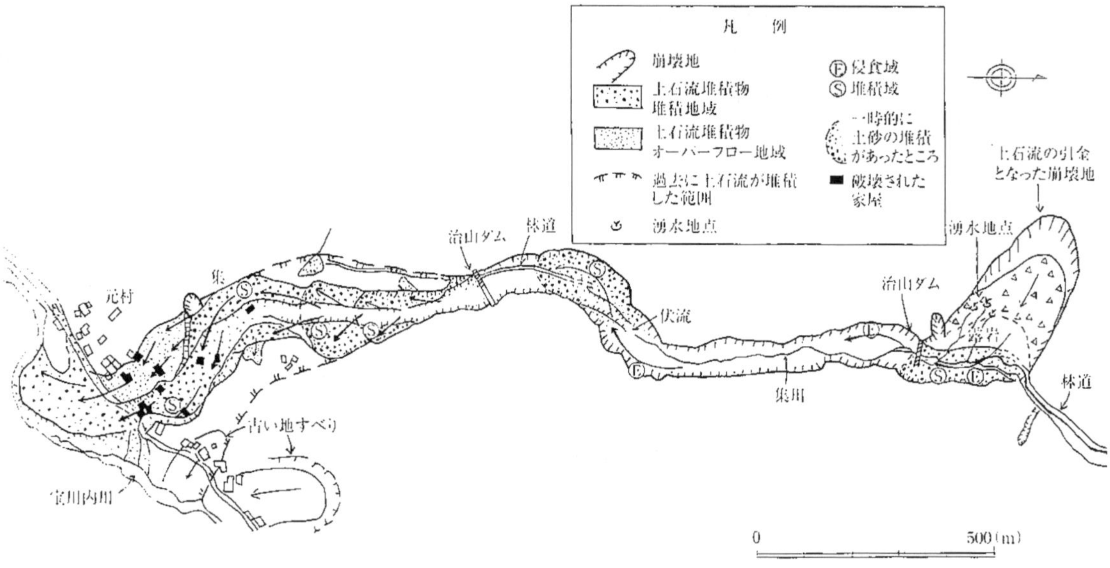

図 6.100　2003 年 7 月に発生した熊本県水俣・集地区の土石流被害（原図）

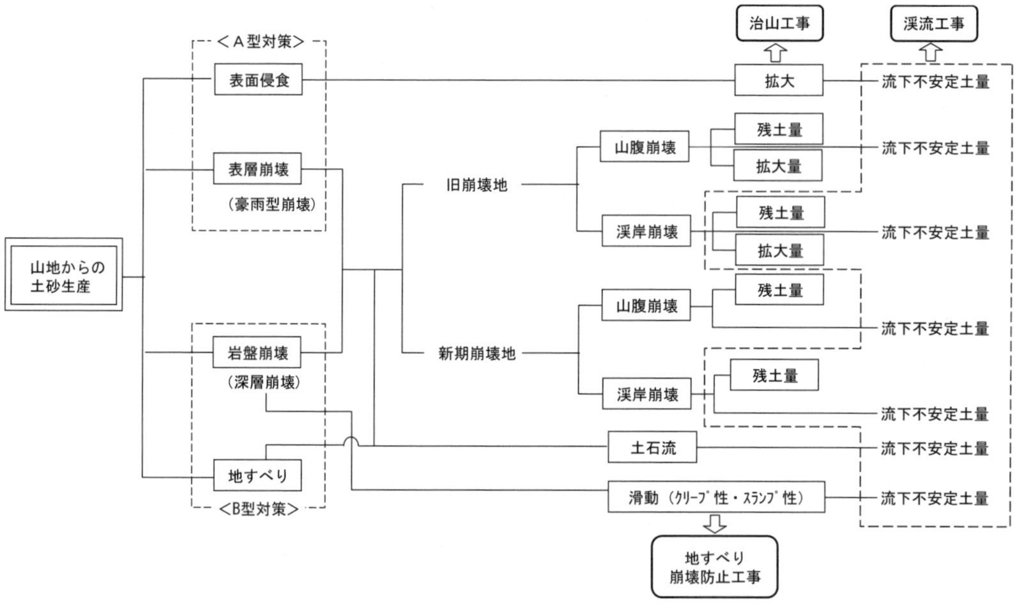

注）**A 型対策**：発生地と被災地との関係が直接的で生産土砂の発生源が面的に広く、とくに植生を中心とした対策工が効果的

　　B 型対策：発生が集中的で、生産土砂量の規模も大きく、しかも発生源と被災地帯との間に比較的距離がある河道が介在するために災害形態が複雑で、現象も長引く

図 6.101　山地における土砂生産形態とその防災対策の考え方（山口：1979 に加筆）[24]

と変わらない。ただし、以下の点には留意する必要がある。

① 既設の道路では多少対策工事に困難を伴うが、トンネルの巻立部分を土石流の氾濫堆積区間の外側まで延伸すれば、土石流の影響域から逃れることができる

② 沖積錐扇頂部の要の部分付近に小規模なダム工（高さ 5 m 程度）など土石流や流木の**捕捉工**を設置してもなお問題が残りそうな場合には、捕捉工からの流下土砂を、下流側に設置したふとん籠などで捕捉する二重の安全策を施しておく

③ 本線の盛土と土石流氾濫・堆積域との間の比高が十分に（たとえば、5 m 以上）あり、しかも本線との間に側道や林道などがあって十分な貯砂空間が確保できる場合には、扇頂部分のダム工などを省略して、本線の立入防止フェンスの外側付近に矢板等の打設や落石防護柵など土石流の本線への**せり上がり防止柵**だけを設置して、基本的には本線と扇面との空間を利用した防護策とすることもできる

④ 発生域からの土砂流出対策（0 次谷からの土石流対策）は、基本的には落石防護柵や待受工など発生源対策を主とするが、それを前提として、さらに下流に流下した土砂を捕捉するふとん籠あるいは流下土砂の流向を変える導流工（擁壁工や蛇籠・ふとん籠などによる）を設置するなど、二重の安全策を施しておく。

なお、本節で述べたこれら山地での土砂災害現象の因果関係を図 6.99 に示す。

また、これまで述べた山地における土砂災害を防ぐための防災対策と土砂生産形態との関係を示すと、図 6.101 のようになる。

6.4 変動地形と地盤工学的問題

6.4.1 断層地形

──「よく詩人や文士が「整合」とか「断層」といった、地質学の用語を用いて文章を書くが（中略）、かれらが用いる「断層」という用語のイメージは正しくは「断崖」のことであって、いくら語呂がよいからといって、断層は必ずしも断崖をつくらず、断崖は断層にあらずということも知っておくべきであろう。」

（井尻正二・湊正雄『地球の歴史』）

(1) 割れ目の規模

地上や地下にある**割れ目（fracture）**は、その地域に働いたせん断応力（shearing stress）の結果できたせん断断裂（shearing fracture）であって、これには次に小さい方から示すように、いろいろの規模（長さ、延長）と性質がある。

① 亀裂（crack）─不規則な割れ目
............数 cm～数 10 cm

② 節理（joint）─規則的な割れ目
............数 10 cm～数 m

③ 断層（fault）............数 100 m～数 km

④ 断裂系（fractures）......数 km～数 10 km

⑤ 構造線（tectonic line）.....数 100 km 以上

主断層（major fault）沿いあるいは構造線沿いなどのように、大きなせん断性の断裂によって岩盤が広い幅で圧砕された地域を総称して**せん断帯（sheared zone）**といい、土木工学や地質工学のうえで大きな問題を内包したところである。

(2) 断層の定義

地層はもともと水平にある広がりをもって堆積している。ところが堆積後─地層が未固結のときであるか岩石として固結した後であるかに関係なく─**地殻変動（crustal movement）**によって連続性が断ち切られて、地層がずれて食い違いが生ずることがある。このような地層のずれによる食い違いを**断層（fault）**[25]と呼んでいる（図6.102）。地層が堆積中で未固結な部分での地層は、断層がきれいに断ち切れないで、その部分に擾乱帯（disturbed zone）を生じていたり、局所的な層内褶曲を生じていたりする（図6.103）。

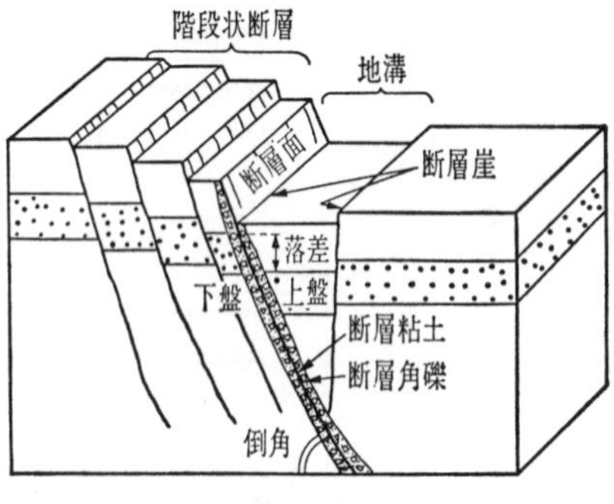

図 6.102 断層の模式図（原図）

断層は堆積岩の部分だけでなく、火成岩体にも変成岩体にも起こる。断層を露頭で見ると両岩体のずれた面そのものを示す**断層面（fault plane or fault surface）**が認められるだけでなく、その両側には岩石が破壊された不連続面である断裂（fracture or rupture）や、すれあいの際に押しつぶされる圧砕（cataclasis）あるいは破砕（crushing or shattering）などの作用によって、

---

[25] もともとの意味は「過失」とか「欠陥」「失敗」といった意味で、欧州の炭田で石炭の採掘中に炭層がなくなる区域が生じたりしたのでこの区間を"fault"としたが、後にそれが断層によることがわかってきたのである。

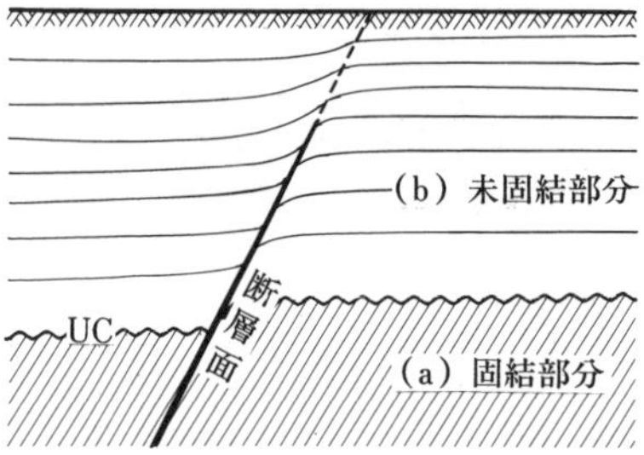

図 6.103 断層発生時に固結状態であったところ（a）と、未固結状態であったところ（b）での、断層表現の差を示す模式図（原図）

粘土や角礫・不規則な割れ目などの密集した連続する帯状部分ができやすい。このような断層面そのものの両側にできた破砕部分を、**破砕帯（crushed zone）**とか**断層破砕帯（fault crush zone）**と呼び、周辺に比べて侵食に対する抵抗性が弱い。

（3） 露頭での断層の形態

断層面は巨大な岩塊と岩塊とがすれあった面であり、1回の動きで形成されたあと地質時代を通して何回となく同じ面で動きが繰り返されているため、境界部分の岩石はすれあい、もまれ、破砕・圧砕されて、**断層粘土（fault clay or gouge）**や**断層角礫（fault breccia）**に変わっている（図6.102、図6.104）。

断層の露頭（out crop）への現れ方は単純ではない。中・古生層の粘板岩や砂岩・緑色岩類（green rocks）あるいは深成岩類などのように硬い岩石では、断層面は**鏡肌（slickenside）**といって岩盤のすれあいによって研磨されて鏡の表面のように滑らかとなり、そこに断層のずれた方向を示す擦り傷すなわち**条線（straition）**が残る。これは岩石中の石英など硬い部分によってできたもので、ずれの方向を知る手がかりとなる。一般に鏡肌をもつ断層や割れ目は、もたない割れ目よりすべりやすい。

鏡肌と一方側の岩盤とのあいだに断層粘土が挟まっていたり、さらにその両側に断層角礫帯をもつものなどがあり（図6.104）、断層活動が激しく新しいものほどこれらの破砕された部分は厚く、断層部分の形態も複雑となっている。

断層粘土や断層破砕帯はふつう未固結であるが、古くに動いてその後動きの止まった断層では、ほとんど完全に固結状態のものもある。地質分布から変位していることはわかっても、断層面のあいだの破砕物が物性的には両側の岩盤と同じくらい固まってしまっていて粘着力も完全に回復しており、断層面自体がよく同定できないことがある。これは面なし断層（planeless fault）と呼ばれ、土木工学的には断層として扱う必要はない。

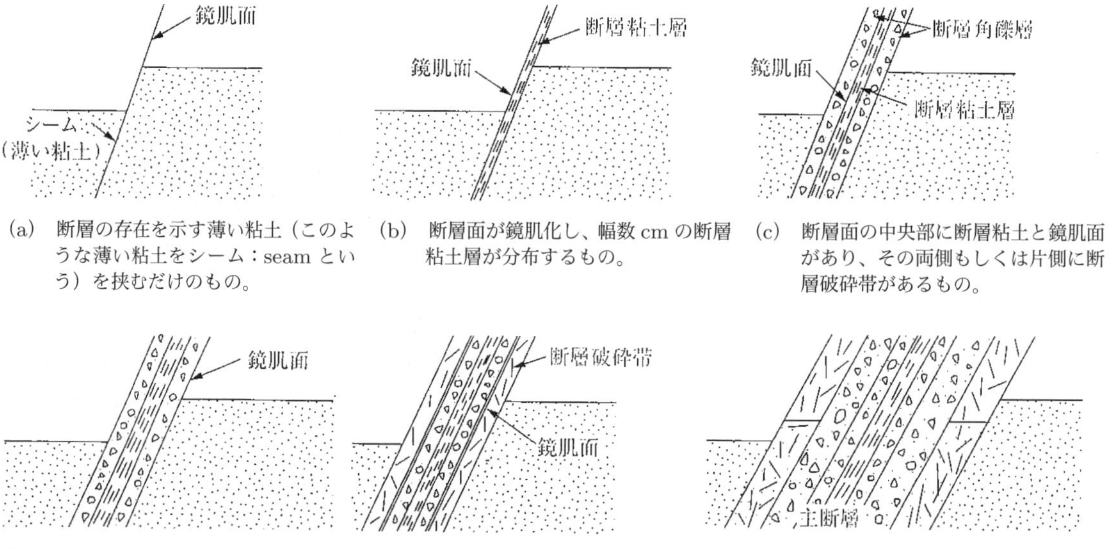

(a) 断層の存在を示す薄い粘土（このような薄い粘土をシーム：seam という）を挟むだけのもの。

(b) 断層面が鏡肌化し、幅数 cm の断層粘土層が分布するもの。

(c) 断層面の中央部に断層粘土と鏡肌面があり、その両側もしくは片側に断層破砕帯があるもの。

(d) 断層面の両側に鏡肌面があり、その間に断層粘土や断層角礫層が分布するもの。

(e) (d) の両側に、(c) のような断層破砕帯があるもの。何度も動いたことを示している。

(f) 主断層を挟んで、複数の断層が密集した断層破砕帯。

図 6.104 断層面のさまざまな形態 [21]

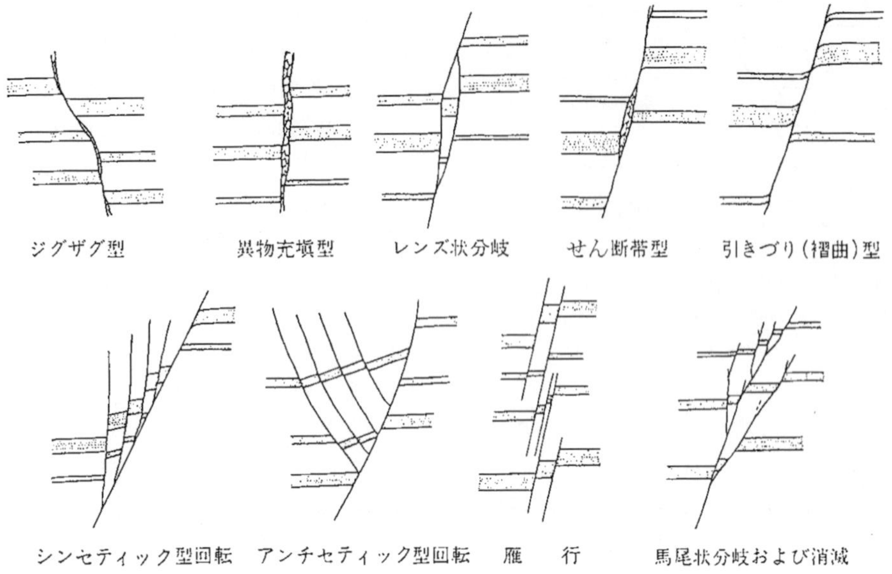

ジグザグ型　　　異物充填型　　レンズ状分岐　　せん断帯型　　引きづり（褶曲）型

シンセティック型回転　アンチセティック型回転　雁　行　　馬尾状分岐および消滅

図 6.106　断層のさまざまな形態（衣笠ほか、1969 から編集）。房総半島東部の中新統三浦断層と鮮新統上総層群に見られるもの。（藤田至則・鈴木尉元編、1981 による）[21]

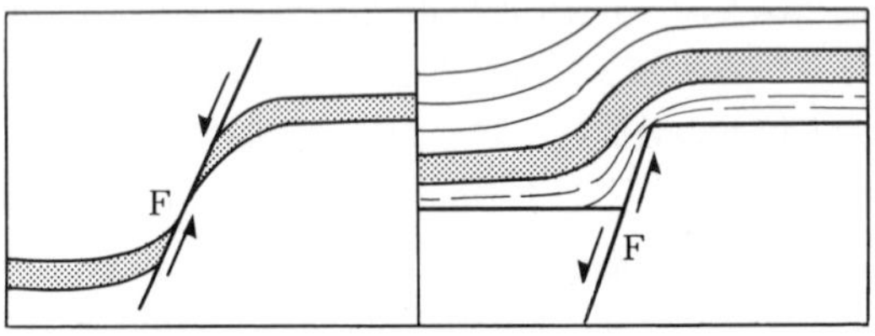

(a)断層活動によるもの　(b)断層形成後の堆積によるもの
図 6.105　断層による地層の引きずり（原図）

圧砕によってできた断層粘土や断層破砕帯が広域にわたって帯状に連続し、硬くなって片状組織をもつに至ったものをミローナイト（圧砕岩：milonite or mylonite）と呼び、日本の**中央構造線（median line）**沿いには広域にわたって断続的に分布する。灰緑色を示しており、水を含むともとの断層粘土と同じような性質を示す。

断層のうち比較的新しいものや**活断層**[*26]（active fault）は、断層面がそのまま地表で**断層崖（fault scarp）**として地形に現れていることが多い。最近の動きがほとんどないものは、断層崖は侵食によってなくなったり不明確となっている。断層崖の比高（崖の上と下の高さの差）がすなわちその断層の落差（throw）とはかぎらない。たとえば島原半島北部を横断する千々石断層では、

*26　活断層については、**6.4.3** で詳述する。

現在の断層崖の比高は 150 m ほどにすぎないが地層の垂直のずれは 450 m に達し、断層活動が何回にもわたって断続的に行われたことを示している。

断層面付近では、もともと水平であった地層が断層運動によって動きの方向へわずかに引きずられて、地層にたわみ（これを**撓曲：flexure** という）を生じている。このような地層の引きずり（drag）は、断層活動による場合（図 6.105（A））と、断層形成後の堆積による場合（図 6.105（B））とがある。

断層面の形態は以上のような特徴をもつが、断層の形態—すなわち断層の露頭での現れ方—は、必ずしも単純なものばかりとは限らない。むしろ、図 6.106 のように、いろいろの形態をとるのがふつうである。

(4)　断層による変位

断層運動は断層面を境にしての、2 つの岩盤（または地盤）の相対的なずれ（slip）である。このずれのことを**変位（displacement）**といい、断層面より下側の岩盤（または地盤）を**下盤（foot wall）**、上側の岩盤を**上盤（hanging wall）**と呼ぶ。

断層による変位は幾何学的には図 6.107 のように示すことができ、ある 2 地点間の実際に移

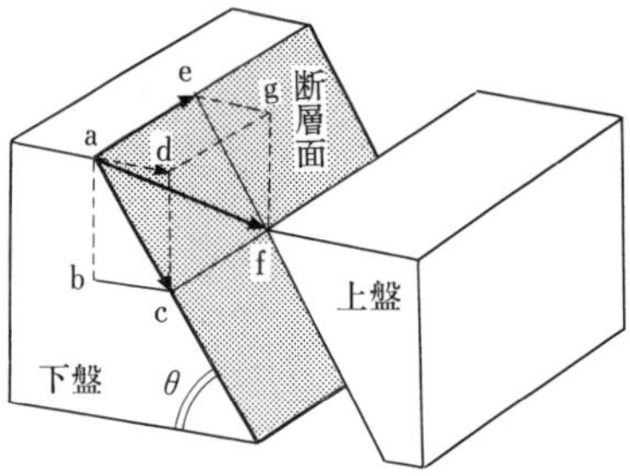

af：実移動、ab：垂直移動→落差、ac：傾斜移動、
ad：水平傾斜移動→ヒーブ、ae：走向移動、θ：断層の傾斜

図6.107　断層による変位の要素（原図）

動した距離を実移動（net slip）、実移動の断層の
走向方向の成分を走向移動（strike slip）、断層の
傾斜方向の成分を傾斜移動（dip slip）、実移動の
鉛直成分を落差（throw）[*27]、水平成分をヒーブ
（heave）といい、これら実移動の量を正しく知る
ことは、断層の解析をするうえでは非常に大切な
ことである。

（5）　断層の分類

　断層の分け方には、①ずれの方向による分け
方、②断層面との関係に基づく分け方、③他の構
造の伸長方向との関係に基づく分け方などいろい
ろあるが[34]、ふつう図6.108のように応力と運
動の関係に基づく断層のずれ方からみた、次の成
因的分類がわかりやすいためによく使われる。

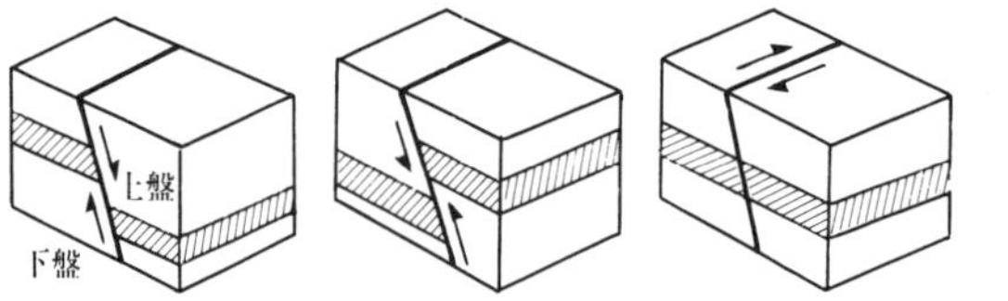

（a）正断層　　（b）逆断層　　（c）水平横ずれ断層
　　　　　　　　　　　　　　　　（この図では右ずれ断層）

図6.108　断層の分類

① 正断層（normal fault）―（図6.108 (a)）
② 逆断層（reverse fault）―（図6.108 (b)）
③ 水平横ずれ断層（走向移動断層：strike slip
　 fault）―（図6.108 (c)）
　断層では、相対的に「上盤が落ちたように見え
る断層」を**正断層（normal fault）**と呼ぶ。実
際の断層の動きが上盤が落ちたのか下盤が上がっ

[*27] ふつう正断層の落差を下り落差（down-throw）、逆断
　　層のそれを上り落差（up-throw）と使い分けることが
　　多い。

たのかはわからないので、あくまでも"相対的"
な変位での呼び方である。逆に、「上盤が上がっ
たように見える断層」を**逆断層（reverse fault）**
と呼ぶ。これも、実際には上盤が上がったのか下
盤が下がったのかはわからない。

　これに対し見かけの上では上下の変位がなく、
単に水平方向に動いただけの断層を、**水平横ずれ
断層（strike slip fault）**と呼んでいる。この場
合にも歴史上のものでない限りどちらの盤が動い
たのかはわからないが、断層面を境にして2つ
の盤の関係が時計回りの関係に動いたものを右ず
れ断層（right-lateral slip fault）、逆時計回りの
関係に動いたものを左ずれ断層（left-lateral slip
fault）と呼んでいる。山稜や水系などにずれが
認められるときには、断層を境にして相対側が右
手に動いていれば右ずれ、左手なら左ずれ断層と
なる。

　図6.108では水平層の場合を示してあるので
わかりやすいが、実際の地層はどちらかに傾いて
いることが多い。断層の走向と地層の走向が一致
することもきわめて少ないため、地層の傾きぐあ
いによっては実際には水平横ずれの動きしかして
いないのに、露頭面で見ると見かけ上、正断層や
逆断層のように見えることが多い（図6.109）。
したがって単に一つの露頭での観察だけでなく、
地層や断層面の走向・傾斜などを考慮に入れて判
断する必要があり、なかなか難しい。

　ただ、土木地質的には断層がどうずれたかより
も、断層面の破砕状況やその規模、粘土化の有無
などの方が重要な問題となることが多い。

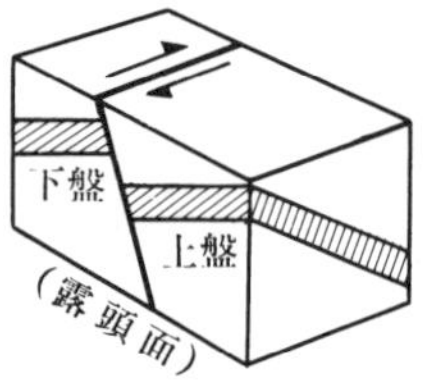

図6.109　見かけ上正断層にみえる水平横ずれ断層
　　　　　（地層が傾斜しているところでは水平に動
　　　　　いただけでも、露頭面では上下にずれたよ
　　　　　うに見える。）

　これらの3つの断層タイプ別にみると、土木地
質的には次の特徴がある[48]。
　① 断層の長さの規模は横ずれ断層が大きく、わ

が国の大きな地質構造を画する主要な断層
は、横ずれ断層が多い。断層面は垂直に近
く、断層の分布は直線状を示す。
② 主断層（major fault）に伴う副断層（minor
fault）や派生断層（分岐断層・枝断層・二次
断層など）は逆断層や正断層に多く、横ずれ
断層には少ない。前者の場合主断層の上側ブ
ロックに副断層が生じて広い破砕帯を形成
する。
③ 逆断層や正断層では垂直ずれが大きいので、
活断層では構造物の設計上問題となる。断層
活動の頻度は地質学的にみた期間での事件^{イベント}で
あるから、土木計画上は、土木施設の耐用年
限や支障の程度（重要度）などを十分考慮し
た設計判断が必要となる。
④ 地表踏査では、地形によく現れているなどの
ことから横ずれ断層が最も発見しやすいのに
対し、逆断層は難しい。一方、トレンチや横
坑内では、正断層や逆断層の調査は比較的容
易であるが、横ずれ断層の判定は難しい。地
震動による被害は、逆断層の上盤側が大きい
ことが多い。

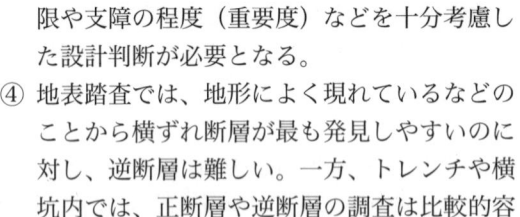

(6) 断層群の分布の特徴

a) 共役断層

ある地域における断層の分布をよくみると、主
断層（major fault）とほぼ同時にできて、主断
層とある一定方向で交わる断層がよくある。この
ようなものは相互に共役する関係*28にあるとこ
ろから**共役断層（conjugate fault）**と呼ばれる
（図6.110、図6.111）。

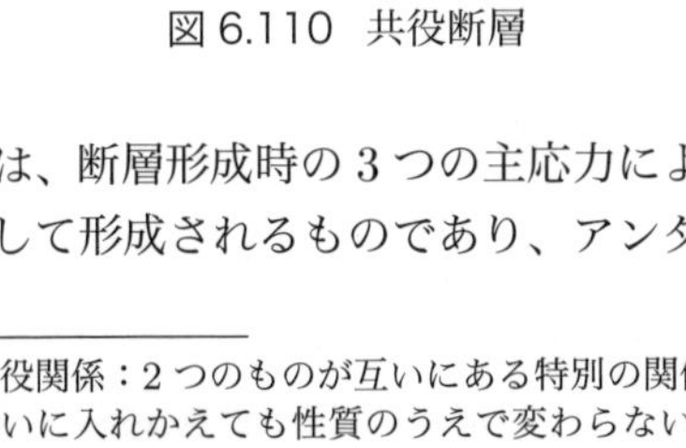

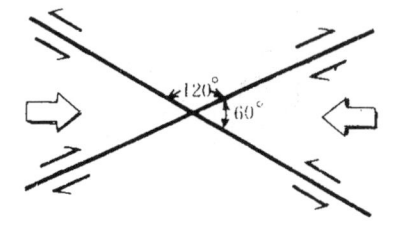

図6.110 共役断層

断層は、断層形成時の3つの主応力によるせん
断面として形成されるものであり、アンダーソン

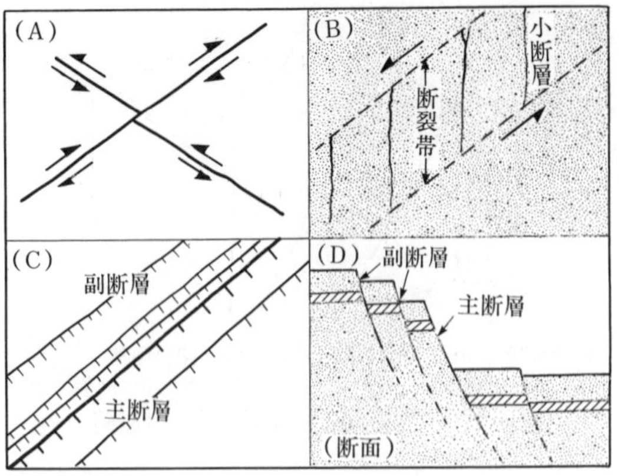

---
*28 共役関係：2つのものが互いにある特別の関係をもち、
　　互いに入れかえても性質のうえで変わらないような場
　　合、「共役関係にある」という。

A：共役断層、B：雁行断層、C：平行断層、D：階段状断層
図6.111　断層群の分布（原図）

（Anderson：1951）は、
① すべての水平方向に圧縮応力が増した場合に
逆断層
② すべての水平方向に圧縮応力が減じた場合に
正断層
③ そして、水平方向のある一方向に圧縮応力が
増し、他の一方向に減った場合に水平横ずれ
断層
が起こると考えた。これらではそれぞれに共役な
断層が生じる。複数の断層が相互に共役するかど
うかは、
① 断層が同時に形成されたものであること（互
いに切ったり切られたりしている）。
② 断層面や充填物の性質。
③ ずれのセンス（方向）がお互いに逆である。
④ 主断層に対する角度が一定である。
といったことから判定する。

b) 雁行断層

ある帯状の地域に、主な断層帯の方向とほぼ
45°くらいの角度をもって雁行状に多数の断
層が分布することがある。このような**雁行断層**
（echelon fault^{エシロン}**：図6.112、図6.142）**は、しば
しば規模の大きい水平横ずれ断層などによって生
じる。

c) 階段状断層・平行状断層

大きな断層沿いには、**主断層（major fault）**に
平行で同じ方向に落ちた小規模な正断層（minor
fault）が階段状に多数認められることが多い。こ
れらを**階段状断層（step fault）**といい、主断層
に対して**副断層（secondary fault）**と呼ぶこと

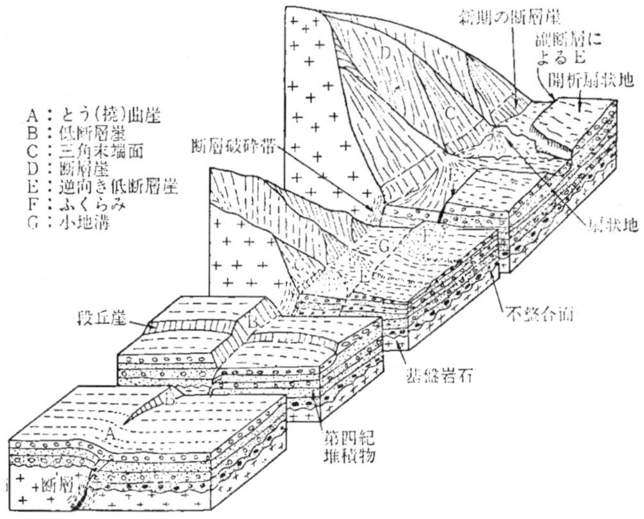

6章 工学面からの丘陵地・山地地形の見方　*171*

A：とう(撓)曲崖
B：低断層崖
C：三角末端面
D：断層崖
E：逆向き低断層崖
F：ふくらみ
G：小地溝

図6.112　各種の断層崖地形 [28]

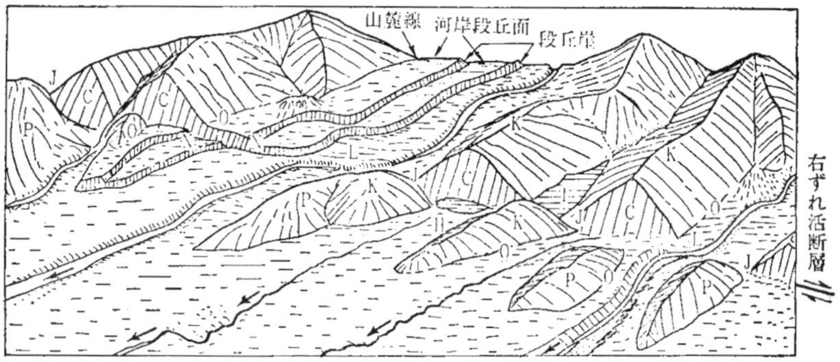

B：低断層崖　　C：三角末端面　　H：断層陥没地　　I：断層池
J：断層あん(鞍)部　K：横ずれ尾根　L：横ずれ谷　M：閉そく(塞)丘
N：段丘崖の食い違い　O：山麓線の食い違い　P：断層分離丘

図6.113　横(右)ずれ断層に伴う各種の断層変位地形 [28]

もある。これらは当然お互いに主断層に平行した**平行状断層（parallel fault）**であることが多く、このような一群の平行断層が集まってその地域の主な断裂帯（fracture zone）を形成している。

d) 放射状断層

火成岩体の貫入などに伴い、それを中心とした割れ目—放射状節理（radial joint）や放射状断層（radial fault）など—が形成されることがある。その部分が後に開口して充填物で満たされたり別の火山岩などが逆入すると、放射状岩脈（radial dike）となる。

(7) 断層地形

これまで述べたような断層がなんらかの形で地形に現れている場合、これを**断層地形（fault landform）**という。これは大きく分けて①断

表6.12　断層地形の分類 [28]

断層地形			
断層変位地形			断層組織地形
崖地形	断層崖 三角末端面 低断層崖・撓曲崖 逆向き低断層崖	複(雑)断層崖 回春断層崖	断層線崖 再現断層線崖 ・再生(従)断層線崖 ・逆生(従)断層線崖
谷地形	断層谷 断層角盆地 地溝・少地溝 断層凹地	複(雑)断層谷	断層線谷

層破砕帯の部分が侵食された結果断層の存在がわかるようになった**断層組織地形（structually controlled landforms by faults）**と、②断層による変位がそのまま地形に残っている**断層変**

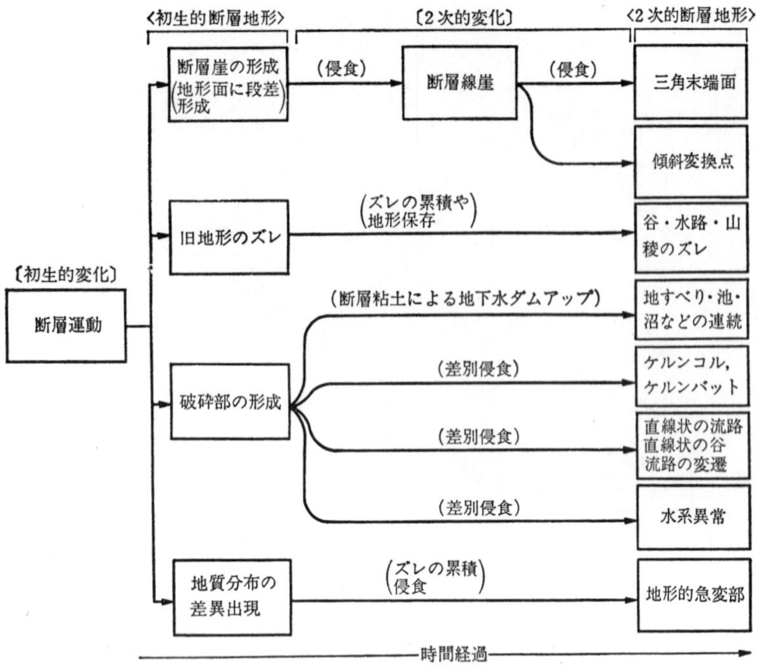

図 6.114 断層運動と地形変化 [2]

表 6.13 断層変位地形の主な用語と分類 [28] (括弧内の記号は図 6.112 と図 6.113 の記号に対応)

断層崖地形 (変動崖)	断層崖 (D)、撓曲崖 (A)、低断層崖 (B)、三角末端面* (C)、逆向き低断層崖 (E)
断層凹地形 (変動凹地)	断層谷、地溝、小地溝 (G)、断層凹地、断層陥没地 (H)、断層池* (I)、断層鞍部 (J)、断層角盆地
断層凸地形 (変動凸地)	地塁、半地塁、小地塁、ふくらみ* (F)、断層地塊 (山地)、傾斜地塊 (山地)、圧縮尾根、断層分離丘 (P)
横ずれ地形	横ずれ尾根 (K)、横ずれ谷 (L)、閉塞丘 (M)、段丘崖の食い違い (N)、山麓線の食い違い (O)

＊ 印の地形は他の原因でも形成されるので、必ずしも断層変位地形とは限らない

位地形 (displacement landforms by faults) に分かれる (表 6.12)。いずれもそれらによって断層の存在だけでなく、形態・規模・性状などを知ることができる。

a) 断層組織地形

断層面が地表に現れたところを断層線 (fault line) といい、地質図に「断層」として図示するのはこの線である。ふつう(3)で述べたように断層面付近は破砕されたり角礫化・粘土化していることが多く、断層線沿いはまわりに比べ

表 6.14 断層の存在を示す特徴例 [2]

	空中写真上の特徴
地形要素	①断層崖 (fault scarp) の存在 ②直線的な谷 (fault valley：断層谷) の存在 ③ケルンコル (kerncol：断層鞍部)、ケルンバット (kernbut：断層突起) の存在 ④特定方向に平行する地形の存在 ⑤稜線や川の流路にずれがある場合 ⑥山腹斜面の傾斜変換点が直線的に連続する場合 ⑦河川の流路が著しい直線状を示す場合 ⑧水系が格子状または直線状を示す場合 ⑨地形的急変部 ⑩水系異常 ⑪湖沼、温泉、火口、湧水地点、崩壊、あるいは地すべりなどが一直線に配列している場合 ⑫扇状地ずれ (断層扇状地) がある場合 ⑬河成段丘面が (一般には平坦面) 直線的境界をもって、落差もしくは水平ずれを生じている場合
植生の特徴	①周囲に比べて植生に成長差が認められ、しかもそれが直線的な場合 ②樹種や樹高が直線的に変化する場合 ③植生の分布そのものが直線的な場合
写真の階調	①土壌に覆われた部分で、写真の階調や色調の変化が長く、線状に現れる場合 ②ある直線的境界をもって、写真の階調や色調が変わっている場合

て侵食に対する抵抗が弱い。このため**差別侵食**（**differential erosion**）によって谷頭侵食などが活発となり、断層線に沿って直線的な谷ができやすい。このような断層部分の二次侵食によってできた谷を**断層線谷**（**fault line valley**）と呼び、断層運動の直接的な影響でできた谷である**断層谷**（**fault valley**）とは区別している。

断層を境にして岩質が違うなど侵食に対する抵抗性に差異があると、侵食に弱い側が選択的に侵食されて、断層線沿いに傾斜の急な斜面が断続的に形成されやすい。このような二次侵食でできた急斜面を、**断層線崖**（**fault-line scarp**）と呼び、断層によって直接できた**断層崖**（**fault scarp**）とは区別している。深成岩地域の直線的な谷の多くは、断層線谷や断層線崖であることが多く、空中写真から容易に読みとることができる（表6.14）。

b) 断層変位地形

i) 初生的な断層変位地形

断層運動（地震を伴う）が起こると、地形・地質的には①断層崖の形成、②旧地形の食い違い（ずれ）、③破砕部の形成、④地質（岩相）分布の差異出現、などが起こる。地表面に現れる変化に注目すると、上下方向や水平方向に食い違いを生じる。これを**断層変位地形**（**fault displacement landform**）とか単に**断層地形**（**fault landform**）と呼び、図6.112、図6.113のように分けられる。

このような断層運動による変位地形が残るのは、第四紀（この約200万年間）の中でも、その後半に活動した**活断層**によるものが多い。

断層変位地形の中で最も明確なものは、**断層崖**（**fault scarp**）である。断層崖は上下にずれた（変位した）断層運動の結果できた地形で、平面的には直線的ないしはゆったりとカーブして形成されている。1回の地震でできる断層崖のずれは

ふつう2、3m程度、大きなものでも7、8m程度にすぎない。

したがって、たとえば島原半島北部の千々石断層のように現在みる断層崖が150mにも達するのは、過去に数十回にわたって同じ断層が断続的に動いて、変位が累積されたことを示す。断層崖の比高が数100mに達することも少なくない。しかし、沖積層や段丘面などに形成された断層崖は、ふつう数mないし数10cmと低いので、**低断層崖**（**low fault scarp**）と呼ばれる。

地表部に軟らかくて塑性変形しやすい未固結の地層が分布する場合は、地下の断層が分岐したり地表では撓曲崖（flexure scarp）となったり、断層のずれが1m前後と小さいと明瞭な断層崖はできずに、ゆったりとした傾斜地が連続するだけのことがある（図6.115（a））。

雲仙火山などのように、断層崖形成後に流下した溶岩流が、断層崖を覆って崖が不明瞭になった場合や（図6.115（b））、溶岩流が断層崖部分で停止している場合（図6.115（c））など、一見わかりにくい形態のものもある。

断層崖が形成されたときは、断層崖がすなわち断層面である。しかし、侵食が進むと次第に崖面は後退して傾斜が緩くなっていく。それが**断層線崖**である。

ii) 二次的な断層変位地形

断層による断層崖の形成、旧地形のずれ、断層面に沿う破砕部の形成、地質分布の急変部の出現などの地形・地質的な変化ののち、時間の経過とともに侵食が進んだり繰り返し断層が動いて変位が累積されたりすると、以下のように二次的な断層の変位地形が明確になっていく。

① 断層崖は侵食を受けながらも断層の累積が続いて比高を増し、山地の細かい凹凸に関係なく直接的に連続して山地を切ったり、断

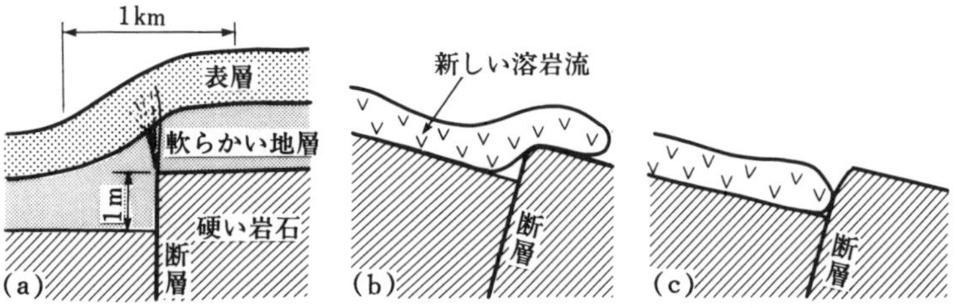

図6.115 断層崖がわかりにくい例（(a)は杉村[29]、(b)、(c)は今村原図）

図6.116 上野原（山梨県）南方の御坂山地北面の三角末端面（手前に桂川が東流—向かって左—する）[33]

層形成後に断層に直交する谷の侵食が進んで、尾根の末端が三角形をした**三角末端面（terminal facet）**が認められたりするようになる（図6.116）。この場合、三角末端面と平地との接触部の伸びの方向が断層の伸長方向である（図6.112）。

② 谷の縦断勾配が急に変わったり、滝や急流などになっている傾斜の急変点のことを遷移点（knick point or nick-point）といい、この地点より下流側が急傾斜になっている場合は遷急点（knick point）という。こういった山腹における傾斜の遷移点が横方向に続くところ（遷急線）は、断層であることが多い。

③ 断層運動に伴って地表部が落ち込んだ地形のことを、一般的に断層凹地（fault depressions）という。当然二次的な侵食や新たな堆積を受けているが、もともと断層の変位でできた凹地を断層谷（fault valley）と呼び、断層線沿いに細長く連続する。凹地の幅が数10m以下の小規模なものは小地溝と呼び、正断層や横ずれ断層によってできやすい[28]。
　断層沿いの二次侵食でできた凹地を断層

凹地と呼び、そこに水がたまっていると断層池とか断層湖と呼ぶ。大きな断層沿いには、このような例がよくみられる。侵食に弱い断層破砕帯に沿って谷はできやすい。したがって、直線的な谷や流路が連続していたり、流路や谷が直角あるいは鋭角に曲がっていたり、その付近の流路が全体的に格子状をなすところは、**直線的な谷や流路の部分が断層である可能性が強い。**

④ 尾根上の鞍部が一定方向に連続する場合、その方向に断層があると見てよい。このような断層鞍部（fault saddle）のことを**ケルンコル（kerncol）**、突出した部分を**ケルンバット（kernbut）**という。このような断層鞍部は侵食によってできるが、もともと大きな割れ目ができたり陥没が起きたりして生じることもある。

⑤ 水系パターンはふつう樹枝状や羽毛状あるいはそれらが少しのびた平行状や亜平行状を示す。しかし、水系が偏位していたり湾曲しているところ、あるいは急変部・蛇行の粗密の急変部といった**水系異常（drainage anomaly）**の部分（図6.12）は、断層に起因することが多い。

⑥ 横ずれ断層も、ふつうは多少の上下変位を伴う。横ずれ断層でも、1回の活動による水平方向のずれは数mにすぎないが、同じ方向のずれが長年にわたって累積されると数100mに達する横ずれとなる。このため、谷や山稜・段丘崖などが断層線の部分で屈曲する。したがって、山稜や水系に大きくしかも同一方向に系統的にずれが認められるところは最近まで活断層が続いている可能性がある。

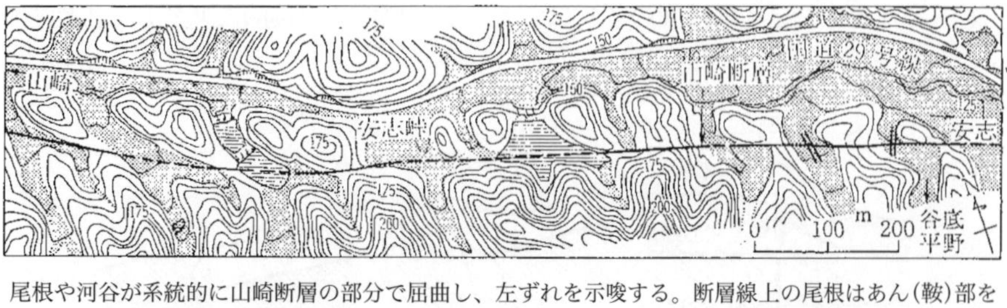

尾根や河谷が系統的に山崎断層の部分で屈曲し、左ずれを示唆する。断層線上の尾根はあん（鞍）部をなし、一部で破砕帯や活断層露頭もみられた。東側の二次谷でトレンチ発掘調査が行われ、8〜12世紀間の断層変位［おそらく、868年播磨地震（$M \doteqdot 7.1$）］が確認された。なお、国道沿いにも古い断層が走り、断層線谷を形成しているらしい。

図6.117 山崎断層中東部（安志峠）付近の横ずれ地形[28]

⑦ 起伏量や水系密度などがある直線的な境界で著しく違うのは、両地域を構成する岩石が違うためで、断層に原因していることが多い。

　そのほか地形的に顕著な断層地形として現れなくても、火口の連続方向は地下の割れ目の方向を示していることが多い。また、岩脈（dike）の多くは断層沿いやそれに平行した割れ目に沿って貫入している。

6.4.2　断層や破砕帯のもつ土木工学的な問題点

　断層や破砕帯は地下深部にまで及んでいるため、土木建設上はダムサイトやトンネル・切土区間などで常に問題となる。

① 破砕されていること自体は、その部分が乾燥しているかぎり大きな問題とはならない[*29]が、後背の条件その他によっては、そこから膨大な量の湧水がある。それも切羽全面から噴きだし、大量の土砂流出を伴うこともある。これは、岩盤の破砕でできた断層粘土が難透水性のついたてのように立ちふさがっていて（図6.118）、その片方の側にせき止められていた地下水が、掘削によって一気に流れ出すためである[*30]。
② 断層粘土はトンネル掘削によって外気に触れると徐々に軟弱化・膨潤化し、大きな土圧を発生させる。
③ 破砕部にダムを建設すると、岩盤は表面的に良くみえても漏水がひどく、大規模なグラウティング（grouting）や補強工事を要する。
④ 切土法面の場合にも破砕部は弱く地下水も湧水しやすいため、地すべりや崩壊が起きやすい。

　　たとえば図6.119のように、馬の背型をした花崗岩の上に洪積世の堆積物がのっているところを横切って断層破砕帯が分布するところを切り取ったため、断層粘土が雨露にさ

[*29] もちろん、ダイナマイトを使っても爆破効果が小さく、手労働が多くなるとか、落盤や落石などの危険性があり、早急にコンクリート巻立てなどの対応策を必要とするといったことはあるが、そのような問題は比較的処理しやすい。
[*30] 丹那トンネルの三島口の工事ではこのような状態で地下水が噴出し、16名の犠牲者を出している（有馬、1954）。このような断層による地下水のせき止めが、断層地域に地すべりが発生しやすい主因と考えられている（杉山、1977）。

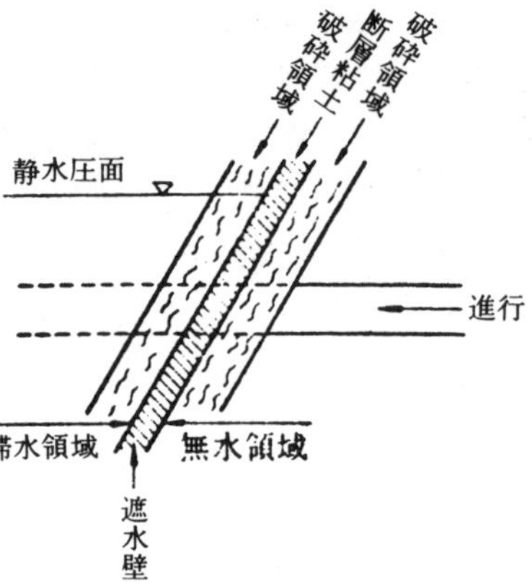

図6.118　断層粘土と地下水の貯留状況 [78]

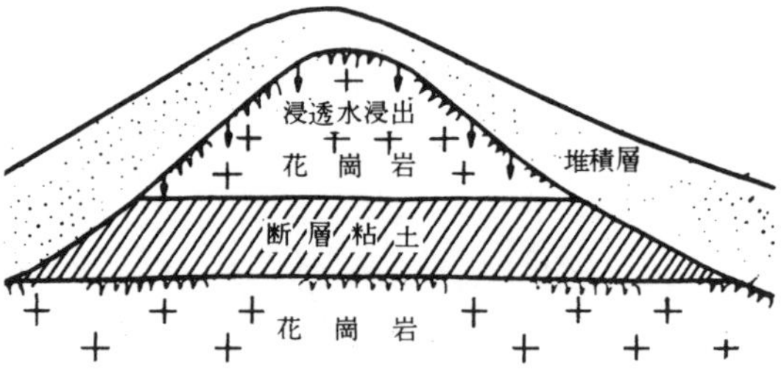

図6.119　花崗岩体の上に堆積物がのっている地盤の横断面 [73]

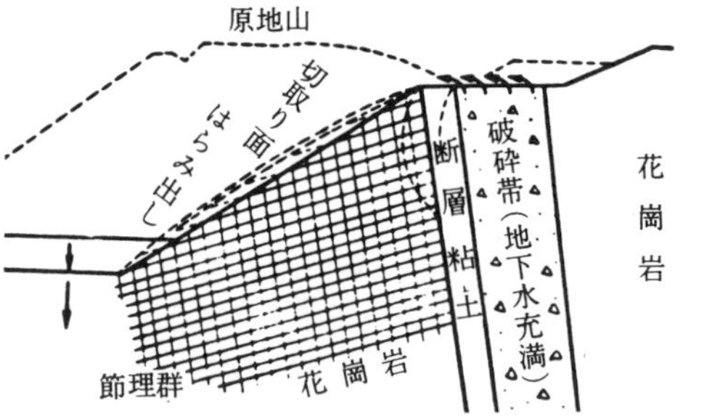

図6.120　地下水を包蔵している断層破砕帯の前方の基岩の切取り面の横断面 [73]

らされるようになり、軟弱になって流動性を帯び、粘土の膨潤（swelling）によって背後から押された例もある [73]。

　また、図6.120のように、地下水を包蔵している断層破砕帯の手前の基岩を切り取って法をつくったところ、応力の解放とあいまって断層破砕帯に沿って高い水頭をもった脈状地下水の水圧や、そこからの湧水によって、法面にはらみ出しが生じた例もある [73]。

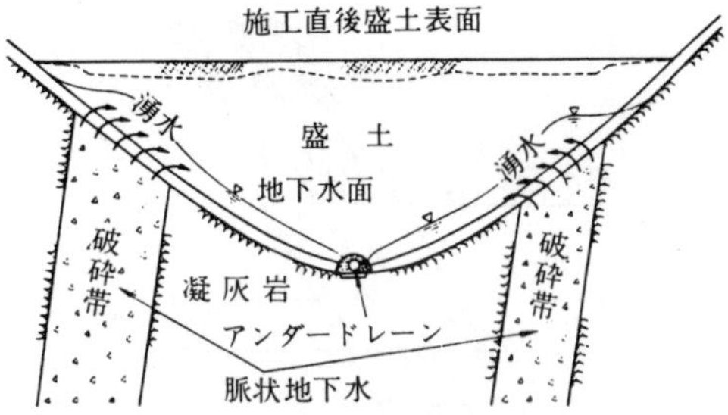

図 6.121 破砕帯が発達している V 字谷に盛土を施工したときの不同沈下 [73]

図 6.122 断層形成（火山性断層）によって真っ二つになったアパート（有珠山　西山川）[6]

⑤ 小規模の断層破砕帯でも、その延びの方向が計画線の方向と一致するものや鋭角に交わるものは、断層破砕帯の幅が大きくなって問題になることが多い。

⑥ 断層破砕帯の通る谷に盛土をすると、長年にわたる破砕帯からの湧水で土粒子が移動し、盛土面の不同沈下をもたらすことがある。図6.121 はこのような実例である。最大厚さ30 m に及ぶ盛土をしたあと、約 10 年間たって不同沈下が起きた。その原因にはいろいろ考えられるが、盛土で覆われた地山の谷斜面に発達する破砕帯から、雨期ごとに豪雨時に地下水が流出し、これが盛土の底から浸透して土粒子や土塊を移動させたのも見逃せない（田中、1975）。したがって、このような盛土は地下水処理がとりわけ設計面で大切となる。

⑦ 断層や破砕帯は地殻の"割れ目"である。このため地震時にこの部分に新たなずれ（新しい断層）が生じることもある。断層を境にした両地塊にまたがる土木構造物や建物が破損

されることがある（図 6.122）。

⑧ 空中写真判読で抽出された断層や破砕帯（あるいはリニアメント）の約 80% 程度が弾性波検査で確認されるし、また、70% 程度が、1/2 000〜1/5 000 精度の地表地質調査によって確認される [3]。

6.4.3 活断層地形

——防災に活断層を考慮する場合、まず自分の地域に活断層があるのかないのかを知っておくことが第一です。その活動度（つまり大地震の頻度）はどの程度か（A 級か B 級か C 級か）も合わせて知っておけば、なお望ましい。防災への心構えの基礎として、当面それだけで十分です。その地域で地震の経験がたとえなくても、活断層があるということを知っているかどうかで、町づくり・家づくり、あるいは家具の置きかたも変わるでしょう。そして、地震の被害に違いをもたらします。このような心がけは、活断層地域でありながら先祖代々大きな地震を経験したことのない地域でとくに必要です。

（松田時彦『活断層』[30] による）

わが国で**活断層**（active fault or live fault）という言葉が使われるようになったのは、1920年代のことである [30]。社会的には 1970 年代になって伊豆半島沖地震（1974）のとき、活断層が（図 6.123）動いたことなどをきっかけに、社会問題としてとりあげられるようになってきた。とくに最近、地震防災や土木建設のうえで、活断層の理解は大切となってきている。

(1) 活断層の定義

活断層というのは、学術的には断層の中でも「最近の地質時代に繰り返し活動していて、将来も活動すると考えられる断層」のことをいっている。この定義の中では、「将来も活動すると考えられる断層」という部分が土木工学上はとくに大切である。その際、「最近の地質時代に活動した……」ということが将来の活動を推定する根拠となる。

ただ、いつ以降活動した断層が「最近の地質時代に活動した断層」とするかの明確な定義はない。第四紀に動いた断層をすべて含めることもあれば、50 万年とか、100 万年程度とする研究者もいるし、明治以降実際に断層運動が目撃された断

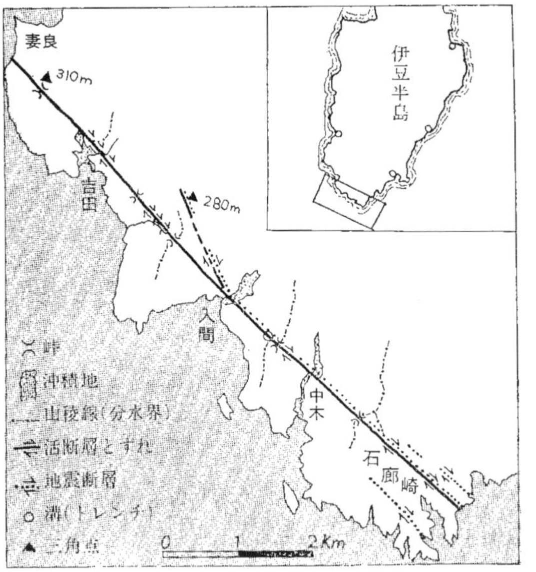

図 6.123　石廊崎活断層（実線）と 1974 年の伊豆半島沖地震断層（点線）[33]

層に限ることもある（大塚弥之助など[*31]）。

　しかし最近の研究では、この「最近の地質時代」を「第四紀」または「第四紀の後期」くらいの時間にみておくのが妥当であろうと考えられている[46),47]。それは、第四紀になって地殻運動の原因となる地殻のマクロな応力の場が現在の状態になったと見られるからである。

　なお、米国の原子力委員会は暫定基準として、原子力関係施設の設置基準の中で活断層を、次のように定義している（菅原、1976）。

① 測地学的（geodetic）にクリープ（ごくゆっくりとした動き）していることがはっきりしているものや、地震観測で認められるもの。

② 第四紀後半（数十万年前）以降に活動したことがあるもの。

③ 地割れ（crack）・傾動（tilting）・地形的なずれ（displacement）が、地形・地質的にはっきりしているもの。

④ すでに活断層と判定されるものに伴うもの。

(2)　土木工学における活断層の定義の考え方

　土木工学的に活断層が問題となるのは、主として次のような点からである。

① 活断層自体が、大きな地震の発生源となる。

[*31] 大塚弥之助（1948）は、「活断層とは現在活動している証拠の確認できるものに限りたい」としている。

② 活断層の動きに伴う地震動によって、活断層の直上付近の地盤が特異な地震をしたり、地盤に横ずれや縦ずれなどの変位が生じる可能性がある。

③ ふつうの断層と同様、断層付近では地盤や岩盤が破砕されていたりそこで地下水がせき止められていたりして、地盤そのものも良くない。

　このうちとくに①が土木工学的に最も大きな問題であり、土木構造物建設の際、活断層を検討するうえで焦点となる。

　学術的には活断層は前述のように定義されるが、土木工学などの実用の分野では活断層の基準は、"軟弱地盤"の基準がその上に建造される構造物の規模によって変わるように、その土地の利用目的によって変えてみていくのが妥当と考えられる。たとえば、原子力発電所建設の場合などのように地盤の変位がその直上の建造物に重大な影響を及ぼす場合には、第四紀は当然のことそれ以前の時代の断層の分布にまでさかのぼって、厳密な断層の履歴調査をする必要がある。

　一方、一般道路の建設などであれば活断層を第四紀後半の断層と定義しても十分だし、後述するような性質を考えると、活断層の存在自体もあまり気にする必要もないかもしれない。

　すなわち、土木工学では、

① その土地の使用目的や建造物の時間的規模（耐用年数など）、社会的影響などからみて、活断層が問題となるかどうかがまず問われるべきだし、

② 問題となる場合には、対象とする断層がどういう活動歴をもつかを明確にしたうえで、

③ 土地の使用目的からみてその断層を「活断層」として扱うかどうか、扱う場合にはどういう扱いをするか、

といった判断が必要である。**すべての活断層が常に危険ということではない。**その土地の利用目的によって、より常識的に活断層の定義に限定を設けて判断することが大切である。その判断を得るには、活断層の性格をよく知ることが求められる。

(3)　活断層の性質

　活断層は一般の断層とは明らかに違う性質をもっており[46]、この性質ゆえに「活断層」とし

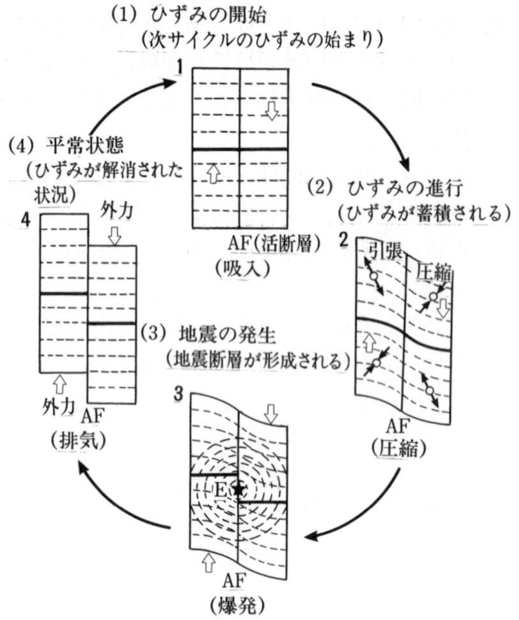

図 6.124　地震発生と活断層形成―弾性反発説モデル
　　　―（　）はガソリンエンジンのサイクル[38]

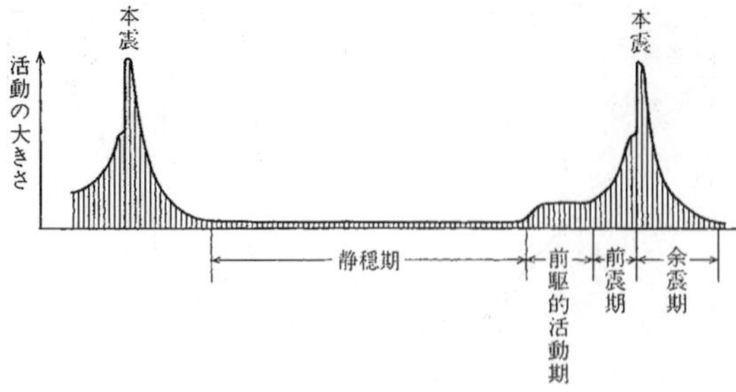

図 6.125　活断層の活動サイクル[30]
　　　―1 サイクルは 4 時期からなる―

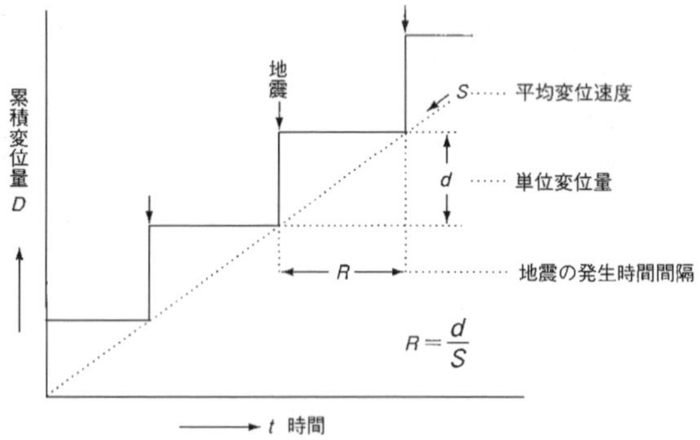

$$R = \frac{d}{S}$$

図 6.126　活断層の平均変位速度 S と単位変位量 d、
　　　地震の発生時間間隔 R の関係[30]

ての特異な危険性がある。また逆にこの性質ゆえにある目的では問題とはならないということもできる。

a)　活動が間欠的である

　断層面は普段はしっかりと固着している。まわりから圧縮や引張り力が働いたからといって、それによってズルズル動くわけではない、しかし、断層は動かないけれども、地盤に応力がかかると活断層の両側の岩盤は互いに反対方向にゆっくり動いている。このため、断層面近くの岩盤には時間とともに静かに**ひずみ**の蓄積が進行している。

　ひずみが限界に達すると岩盤は破壊し、そのひずみを解消するように断層に沿って両側が互いに反対方向に急激にずれ動く。これが断層の動き、つまりは地震の発生である。

　ガソリンエンジンが〈吸入→圧縮→爆発→排気〉を繰り返すように、繰り返しの発生が**活断層活動の間欠性**の特徴と言える（図 6.124）。これを地震という現象の側から見ると、図 6.125 のようになり、これで、**活断層に沿って間欠的なずれ**と地震の発生がうまく説明できる。この考えは、地震発生についての〈弾性反発説〉と呼ばれる。

b)　活動はいつも同じように反復する

　活断層域では、同じような規模の断層活動が同じように反復される。このような一様な反復性は活断層の最も大切な性質であって、このためにトレンチ掘削調査*[32]などによって過去の活動状況を正しく把握すれば、将来の動きをある程度予想できる。

　図 6.126 のように、それまでの活断層の累積実績と前の地震時のずれの量（すなわち地震の規模）がわかっていれば次の地震がいつ頃起こるか予測できるし、前回の地震の時代がわかっていれば、近い将来起こる可能性のある地震によるずれの量（つまりは地震の大きさ）を予測できる。

c)　活動はきわめてまれである

　活断層の活動は間欠的に反復するが、その周期は人間のライフサイクルに比べてきわめて長く、わが国のように地殻変動の激しいところでさえも、最も活動的な活断層で 1000 年かそれ以上の周期である。したがって、土木工学的な対応では、「このようなまれな活動に備えるか否か」の

---

*[32] 深さ 3 m 長さ 20〜30 m ほどの大きな溝を掘ってその壁面を観察して、過去の活動状況を読みとる調査（図 6.133）。(8)節参照のこと。

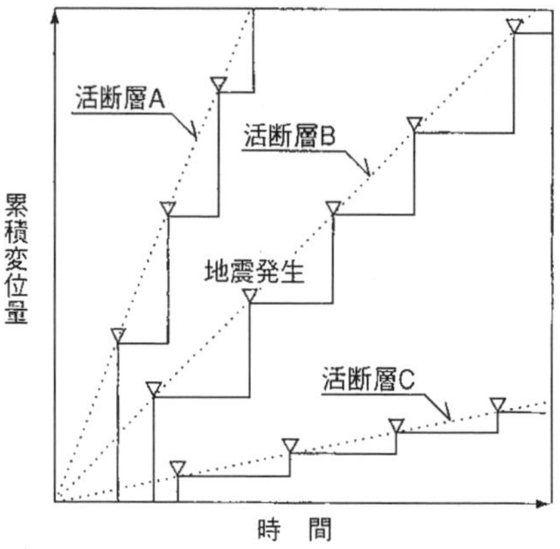

図 6.127　活断層の種類による累積変位速度の違い（原図）

表 6.15　日本の主な活断層の変位量と M（マグニチュード）[49]

断層名	地震名	発生年	変位量 (m)	M
根尾谷	濃尾	1891	8（水平へ）	8.0
水鳥	濃尾	1891	6	8.0
秋田	天長	830	6+	7–7.5
丹那	北伊豆	1930	3.5（水平へ）	7.3
千屋	陸羽	1896	2.5	7.2
郷村	北丹後	1927	2.5	7.3
深溝	三河	1945	2.0	6.8
野島	兵庫県南部	1995	2.0	7.3
鹿野	鳥取	1943	1.5	7.2
下浦	関東	1923	1.5	7.9

判断はその土地の利用目的次第と考えるのが実用的といえる。ただ、**東南海地震（1944 年発生：M8.0）や南海地震（1946 年発生：M8.1）のように、陸と海のプレートの接点地域の地震は、100 年オーダーでの活動となる**ことが多い点には、留意する必要がある。

d)　活動には固有性がある

活断層の個性によって、1 回の活動で動く量や活動の時間間隔（周期）はほぼ一定している。つまり活動には固有性があり、一つの活断層ではそれらはほぼ一定している（図 6.127）。

1 回の断層のずれはせいぜい数 m だが、長年のあいだにはそれが累積されていく。たとえば島原半島の千々石断層の断層崖が 150 m あるということは、これまでに数十回の地震によるずれが累積していると考えるべきである。その累積の速度は断層によって違う（図 6.127）。だから、**断層ごとに発掘調査をして、活断層の動く時間間隔とか、1 回でのずれの大きさ（つまりは地震の規模）などを予測する**ことになる。

日本の内陸の**第一級の活断層（M8 クラスの地震を起こす断層）**では、平均的な変位速度は 1000 年につき数 m（つまり 1 年あたり数 mm）といったオーダーだ。たとえば岐阜県の阿寺断層は過去 3 万年間に 140 m ずれているから 1000 年に 4.7 m ほど動いているし、四国北部を通る中央構造線は約 1 万 4000 年間に 100 m 以上食い違っているから、1000 年あたり最大 7、8 m 動いてきたことになる。こういった断層を **A 級断層**と言っている。これに対し、1000 年あたり 1 m 未満の変位量のものは **B 級断層**と呼ぶ。東京の西部にある立川断層などはこれにあたる。ただ、2011 年 6 月、政府の地震調査委員会は、①双葉断層（宮城県・福島県）、②立川断層（埼玉県・東京都）、③牛伏断層（糸魚川－静岡構造線断層帯）についても、東日本大震災の影響で、発生確率が高まった可能性があるとして調査している。

(4)　活断層の平均変位速度と活動度評価

活断層が今後どういう動きをしそうかの目安を得ることは、土木建設上大切である。わが国には 2000 条以上の活断層が分布しており、これらを避けて大規模な土木計画をたてることは不可能に近い。このため、活断層の動きを正しく解析・把握して、断層の再活動を見越した計画をたてることが大切である。

その際の設計判断を得るには、まず、活断層の動きが**地震性断層運動**か（わが国の活断層はほとんどこのタイプとみてよい）**クリープ性の断層運動**かを明確にしたあと、前者についてはどの程度の時間間隔で発生していて、次の活動はいつ頃と考えられ変位方向や変位量がどれくらいかを、また後者については変位方向と変位速度がどれくらいかを予測する必要がある。

いま、活断層による変位量（断層崖などに示された変位量（断層の落差：図 6.128）で、繰り返しの断層運動で累積されたずれの大きさ）を D、その累積ずれの生じた期間を T、これまでの断層によるずれの形成速度（平均変位速度）を S とすると、

$$S = \frac{D}{T}$$

で与えられる。松田[32]や岡田[28]はこのような

表 6.16 活断層の平均変位速度によるランク
区分 [31), 47)]

活動度	平均変位速度 S (m/千年)	例
AA	$10 \leqq S < 100$	南海トラフ断層、San Andreas 断層
A	$1 \leqq S < 10$	中央構造線、阿寺断層、丹那断層、跡津川断層
B	$0.1 \leqq S < 1$	立川断層、深谷断層、長町・利府断層、石廊崎断層
C	$0.01 \leqq S < 0.1$	深溝断層、郷村断層、櫛挽断層

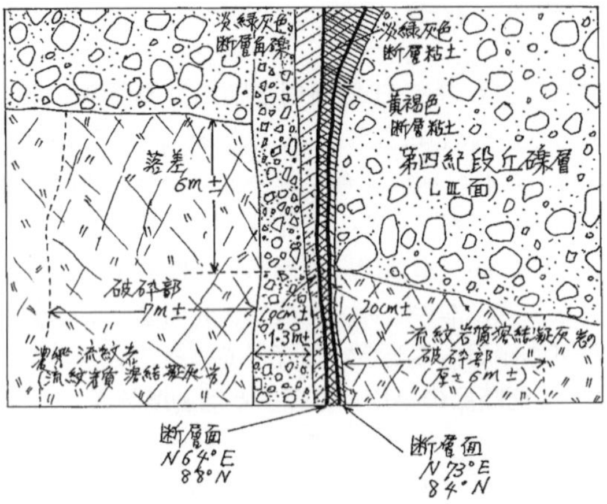

図 6.128 地表地質調査でスケッチした飛騨川沿いに露出する猪の花断層（活断層）—高根村中之宿・飛騨川左岸— [38)]

平均変位速度をもとに、活断層の活動度 AA、A、B、C にランク分けしている（表 6.16）。

活断層で、断層の形成すなわち地震の発生が繰り返される周期（再来周期）を R（年）、1 回あたりの地震による断層の変位（ずれ）量を d（m）、活動の平均変位速度を S（m/年）とすると、

$$R = \frac{d}{S}$$

となる。各地震のあいだはクリープ性の動きをしている断層の場合には、その平均速度を C とすると、

$$R = d(S - C)$$

で与えられる。

(5) 活断層による地震規模の予測

活断層の多くは、地表から 20 km 以浅で M7 以上の大規模な地震を起こした震源断層が、地表に現れたものである。したがって、将来に発生す

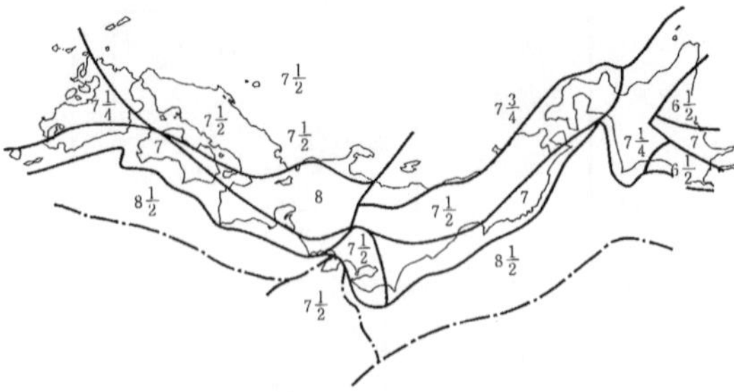

図 6.129 活断層の長さに基づいて推定した、地域別の最大地震のマグニチュード [30)]

る可能性のある大地震の場所は、活断層の分布からほぼその線上もしくは近傍であろうと予測できる。

ではその規模はどうか。松田 [32)] は、明治以降に日本各地で発生した多数例の地震の大きさとそのとき生じた地震断層の規模から、次のような簡単な経験式を導いている。

$$\log L \text{ (km)} = 0.6M - 2.9$$
$$\log d \text{ (m)} = 0.6M - 4.0$$

ここに、L：活断層の長さ
d：1 回の地震によって生じる変位量
M：地震のマグニチュード

写真判読や地表踏査などで活断層の長さ（km）を求めることができれば、その断層が起こす可能性のある地震の最大規模は、ほぼ予測できることになる。似たような活断層が近接分布するところでは、それらが連動して大地震を起こすことも考えられるので、近接する活断層の合計長を L にとる。2012 年 3 月、経産省・原子力保安院は、全国の電力会社に対して、近接活断層の連動によって、従来の想定より大きな地震をひき起こすことがないか、安全性の確認を指摘している。とくに大飯原発など、8 つの電力会社の原子力発電所の危険性が指摘されている。わが国の場合大まかにいうと、**長さ 80 km ほどの活断層は $d = 6$ m、M8 くらいの地震を起こすし、長さ 20 km ほどの活断層は、$d = 1.5$ m、M7 くらいの地震を起こすと言える。**

松田 [30)] は、このような関係をもとに活断層の分布実態に基づいて、図 6.129 のような今後起こる可能性のある地震規模の分布図を試作している。

（6） 活断層分布の文献調査

現在わが国の活断層の分布に関して容易に入手できるものとしては、次の2つの活断層図が市販されている。

1) 『日本の活断層（縮尺 1/20 万）』（活断層研究会編、東京大学出版会、1991―初版は 1980 年）[47]

2) 『都市圏活断層図（縮尺 1/2.5 万）』（国土地理院編、1996 ほか）[51]

まずはじめに 1) で、対象地域に活断層がないかどうか探す。『日本の活断層』では、次の2つの基準によって活断層がランク区分されている。

① 第一の基準は、活断層の活動度が **AA、A、B、C** の4ランクに区分されており（表 6.16）、それを見ると約何年かに1回くらいの周期で動き、地震発生時のマグニチュードはどれくらいか、そのときの1回の動きでどれくらいずれるか、などを読みとることができる。

② 第二の基準は、活断層の確実度である。調査段階で活断層かどうか不明確なものもあったため、その不確実性の程度がわかるように各活断層ごとに**確実度が I、II、III にランク区分**されている。

最近では、パソコンを使って探せるように DVD に格納されたもの[52]も発売されている。ただ、『日本の活断層』は縮尺が 1/20 万と小さいため、初心者には明確な位置がわかりにくいかもしれない。プロはその位置を 1/2 万 5000 地形図などに移写するときに、1/2 万 5000 地形図上で〈活断層の地形（後述する）〉を読みながら記入するから支障はないが、初心者には国土地理院が出している 2) の『都市圏活断層図』の方が読みとりやすいかもしれない。この図は『日本の活断層』をふまえ、さらに国土地理院で独自に調査した結果が付加されて詳しく図示されているので、細部の点では読みとりやすい。

ただ『都市圏活断層図』が出版された都市域は限られており、現在（2011 年）のところ、表 6.17 のような 128 地域が発売されている。

（7） 活断層の地形への現れ方

活断層は、次の特徴がある。

① 新しく（この 200 万年くらいの間に）活動したもの（あるいは活動中）である。

② 地質構造的に動きやすい場所（地帯）にある。

③ 今後も動く可能性がある。

ではこれらの特徴のうち何をもって"新しく活動した……"と判定できるのか。最も手軽な方法は空中写真や地形図で、次のような活断層の特徴を把握することである。

表 6.17 『都市圏活断層図』2011 年現在の出版済み地域と発行年（1/2 万 5000 図幅各）

	発行年	図幅各
都市圏活断層図	平成 7 年調査	江別、恵庭、札幌、仙台、深谷、熊谷、大宮、川越、東京西北部、東京西南部、青梅、八王子、横浜、横須賀・三崎、藤沢、平塚、秦野、小田原、熱海、伊東、名古屋北部、名古屋南部、半田、津島、桑名、四日市、京都東北部、京都東南部、京都西北部、京都西南部、広根、大阪東北部、大阪東南部、大阪西北部、大阪西南部、神戸、須磨、明石、五條、岸和田、粉河、和歌山、広島、小倉、福岡
	平成 8 年調査	津、奈良、桜井
	平成 9 年調査	茅野、韮崎、甲府、金沢、新居浜、西条、松山、郡中
	平成 10 年調査	白馬岳、大町、信濃池田、松本、諏訪、徳島、川島、高松南部、脇町、池田、伊予三島
	平成 11 年調査	函館、白石、桑折、福島、飯山、中野、長野、富士宮、大分、別府、森
	平成 12 年調査	青森、新庄、村山、山形、長岡、小千谷、十日町、福井、久留米、熊本、八代
	平成 13 年調査	帯広、盛岡、花巻、北上、高田、富山、赤穂、飯田、佐用、山崎、松江
	平成 14 年調査	大正、新発田、新津、伊那、時又、泊、魚津、礪波
	平成 15 年調査	喜多方、若松、瀬戸、豊田、蒲氷、福山、直方、大宰府
	平成 16 年調査	本庄、藤岡、塩原、大垣、長浜、敦賀、熊川、北小松、行橋
	平成 17 年修正	小千谷
	平成 17 年調査	萩原、下呂、坂下、白川 阿寺断層とその周辺「萩原」「下呂」「坂下」「白川」
	平成 18 年調査	松本、高山、塩尻、岡谷、伊那、酒田、鶴岡
	平成 19 年調査	高山、飛騨、下呂、郡上、大竹、岩国、下松、光、柳井、周南
	平成 20 年調査	岩見沢、苫小牧、美唄、三笠、千歳、津、四日市、松坂、鈴鹿、亀山、甲賀
	平成 21 年調査	七尾、氷見、羽咋、かほく、小矢部、宝達清水町、中津川、飯田、上松町、大桑村、木曾町、南木曾町、阿智村

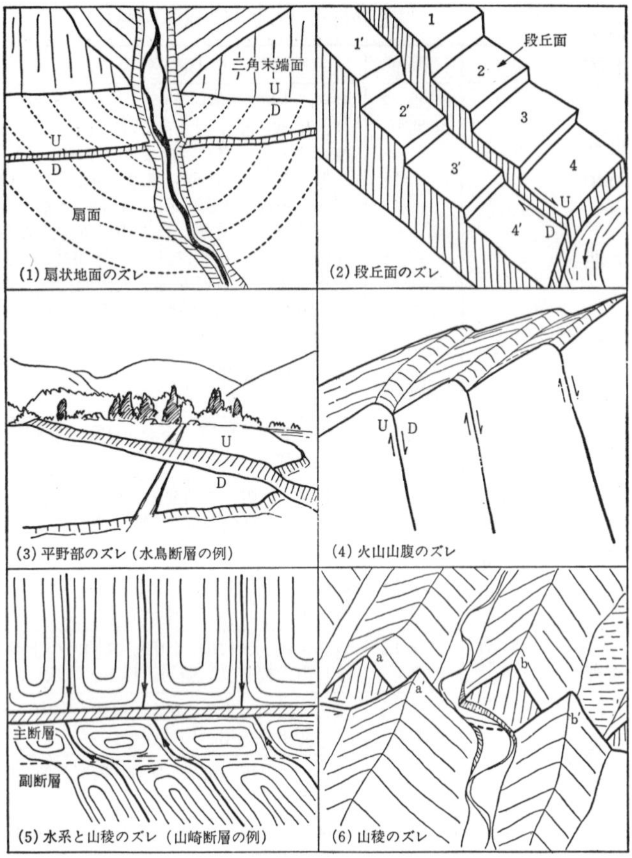

図6.131 活断層を示す地形変位のいろいろ[2]

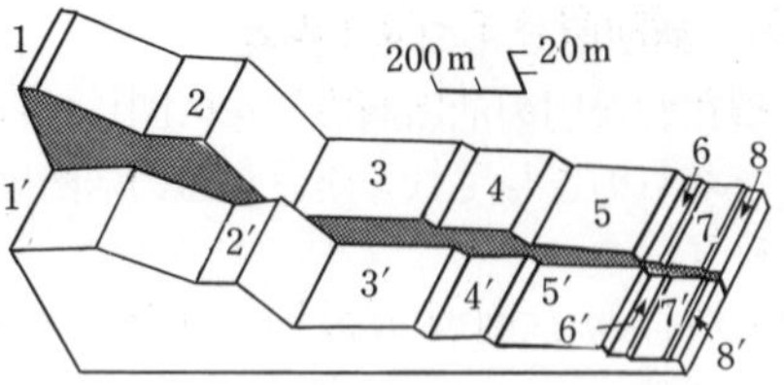

(1) 扇状地面のズレ
(2) 段丘面のズレ
(3) 平野部のズレ（水鳥断層の例）
(4) 火山山腹のズレ
(5) 水系と山稜のズレ（山崎断層の例）
(6) 山稜のズレ

図6.130 阿寺活断層による河成段丘の
左ずれ（岐阜県坂下町）[32]

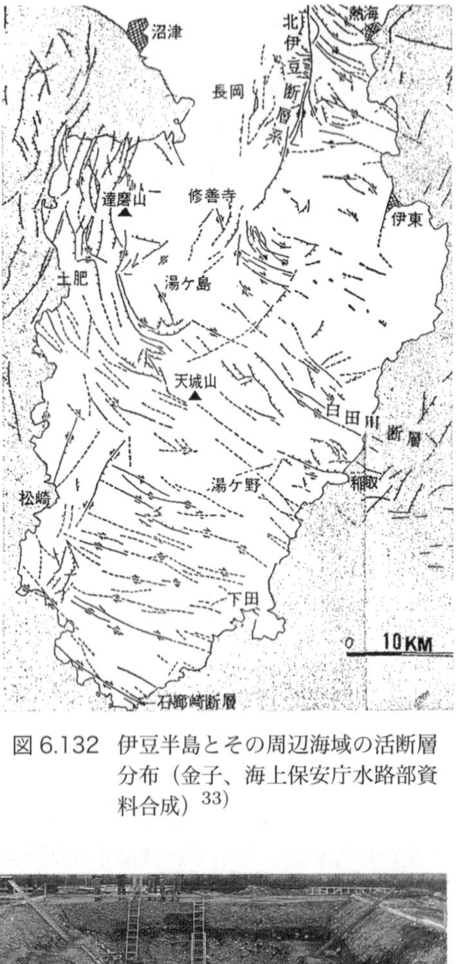

図6.132 伊豆半島とその周辺海域の活断層
分布（金子、海上保安庁水路部資
料合成）[33]

① 低断層崖（scarplet）の存在
② 畦道・道路・流路・尾根などの横ずれ
③ 段丘・扇状地など（一般的にいえば第四紀層
や第四紀にできた地形面）にできた段差
④ ケルンコル、ケルンバットの存在
⑤ 家屋や土木構造物の緩慢な破損や亀裂形成
⑥ 低断層崖の下などへの亀裂の形成

(8) 活断層のトレンチ掘削調査

①断層の有無を知るため、②断層が活断層であ
るかどうかを確認するため、③活断層であること
が確認されている断層に対して、過去における活
動回数やその時期を正確に把握するなどのため
に、大きなトレンチ（試掘溝）を掘って調査が行
われる。このうち③の目的で1978年に鳥取地震
断層（1943年：M7.2）について行われて以来、
これまでに多くの活断層調査が行われてきた。とく
に1995年の兵庫県南部地震以降、全国で数多く
の（110地点での）活断層のトレンチ掘削調査が
実施されている。

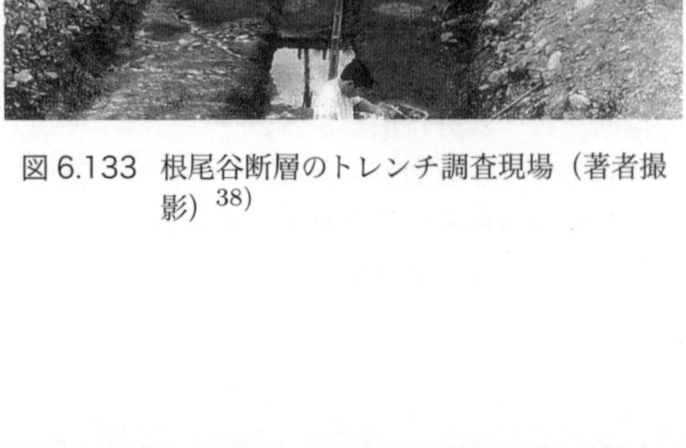

図6.133 根尾谷断層のトレンチ調査現場（著者撮
影）[38]

Column

既往地震からみた震度 VI の範囲

　桑原（2008）は、『日本被害地震総覧』の旧版（昭和25年（1950）以前のデータを用いたもの）をもとに、既往地震による震度 VI の範囲を図6.134のように整理している。（L：活断層の長さ、M：地震のマグニチュード）この図上、長い方向の平均線を引くと

$$\log L = 0.6M - 2.48 \qquad (1)$$

で表され、また最大値は

$$\log L = 0.6M - 2.08 \qquad (2)$$

になる。同様に短い方のそれでは

$$\log L = 0.6M - 2.66 \qquad (3)$$
$$\log L = 0.6M - 2.08 \qquad (4)$$

となり、これを図6.135のように図示している。

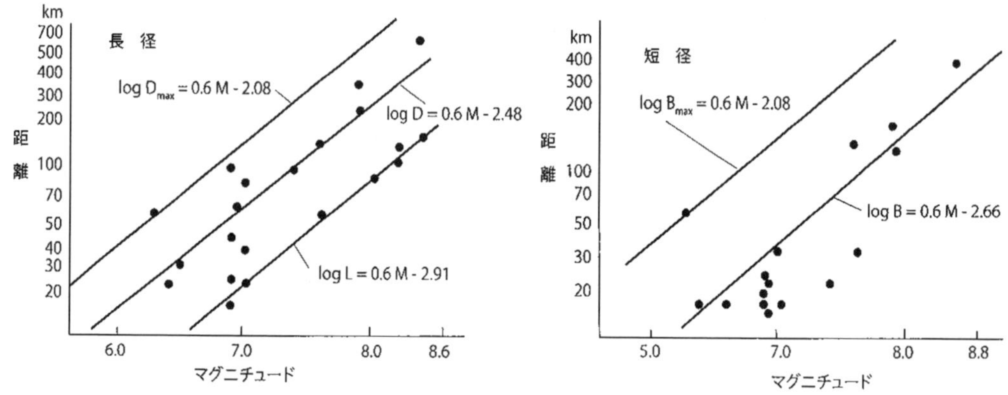

図 6.134　既往地震による震度 VI の範囲 [70]（桑原、2008）

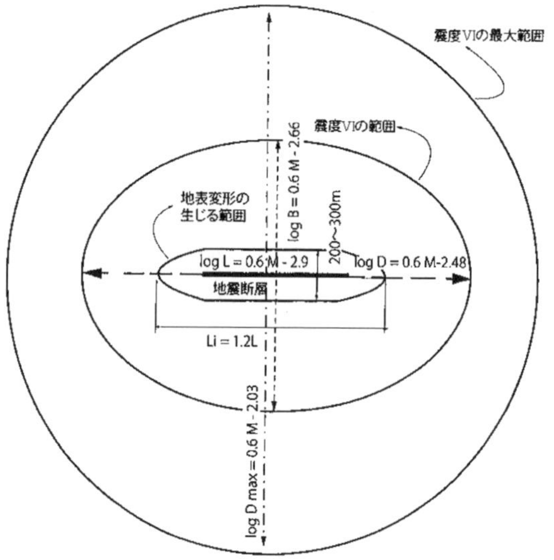

図 6.135　活断層と震度 VI の範囲 [70]

古い記録がないかあるいは少ない活断層に対しては、このような活断層を横断する方向のトレンチ掘削調査を行うことにより、①断層の活動周期や、②1回の活動による変位量（ずれの大きさ）、③最後の活動時期などを正確に把握し、地震予知や土木構造物の災害防止などに活用している。

調査は主として、次のような順序で行われる。

① トレンチ掘削地の詳しい地表地質踏査
② それに基づく掘削計画の立案と掘削
③ トレンチ壁面の詳細なスケッチ
④ 同一層準の地層から得られた木片などを使った、放射性炭素による年代測定
⑤ 活断層の活動の記録解析（大地震の回数、1回ごとの変位量（ずれの大きさ）、活動時間間隔など）

実際には、相当数の資料による年代測定を行ってもバラツキがあって、100年単位の精度で断層の活動年代を決めるのはかなり難しいようである。

（9）　どれくらい離れたらよいか？

活断層からどれくらい離れたらよいかは、大変難しい問題である。あくまでも「建物や構造物が直接地震断層などの被害を受けないために」ということであれば、次の事実は参考になろう。

カリフォルニア州では、州法によって人家は活断層を横切って建ててはならないし、活断層から15m以内にも人家は建設できない。また、活断層から400m（1/4マイル）内では、地表に変位を生じる恐れがないと判断された場合にのみ、許可されるという（桑原：2008）[70]。

6.4.4　褶曲地形

——地球内部に応力が現実に存在することは、深い鉱山を開発する際の危険の一つである岩石破裂によって、はっきりと証明される。坑内がよく保持されていないと、坑道の天井・壁・床は内側へふくらむようになり、ついには応力のかかりすぎた岩石は突然力に負けてこなごなに割れ、坑内へと破裂する。鉱山掘削は岩盤の少なくとも一つの側の封圧を取り除くことになるから、必然的に閉じ込められている岩石に通常作用している応力に不均衡をもたらす。

この災害の危険性を軽減する方法の一つは、切羽の前方1mぐらいのところの岩石の“応力を取り除く”ことである。長い孔を削岩機であけ、その先端で発破をかけると、そのあとは前もって破壊された岩盤をより安全に—少なくともより危険が少なく—掘り進むことができる。

（アーサー・ホームズ『一般地質学—Ⅰ』[53]）

（1）　褶曲の定義

水平に堆積した地層が、側方や下方などからの力（応力：stress）で、ちょうど“しわ”のような曲面をもった波状の形態になることを**褶曲（fold）**と呼び、このような変形をもたらす作用を**褶曲作用（folding）**と呼んでいる。

褶曲がもたらす応力は堆積岩の分布域だけでなく火成岩地帯にも変成岩地帯にも働いたはずであるが、地層の層理（bedding）のような目印となるものがないため不明確である。同じ応力を受けても粘土層やシルト層のような泥質の地層や薄い砂岩層など粘性度の大きな地層は、応力に従ってゆっくりと**塑性変形（plastic deformation）**を受けて褶曲構造をつくるのに対し、厚い砂岩層や礫層など塑性変形に弱い物性の岩石は褶曲の中途で数多くの割れ目、すなわち断層を形成して応力を解放する。

このように褶曲と断層は多くの場合併行的に進行するもので、同じ応力を受けても地層の物性によって変形の仕方が異なる。塑性変形を受けやすい地層はきれいに褶曲するし、塑性変形を受けにくい地層は断層が頻繁に形成されることによってようやく褶曲の形態をとる。

褶曲作用も断層の場合と同様、**層内褶曲（intraformational folding：図6.141）**のように堆積と同時期にできるものと、地層堆積後に応力変形を受けてできるものとがあり、前者は造構運動とは無関係と考えられている。

（2）　褶曲の形態

a）　垂直的形態

褶曲の波状の変形のうち、背の部分すなわち地層が上に湾曲したところを**背斜（anticline）**、逆に下に湾曲した谷の部分を**向斜（syncline）**といい、前者の地域を背斜褶曲の地域、後者を向斜褶曲の地域と呼ぶ。

背斜の背の部分の水平方向の連続を**背斜軸（anticline axis）**、逆に谷の部分の連続方向を**向斜軸（syncline axis）**という。背斜軸や向斜軸など褶曲軸の方向は、単層や単層群ののびの方

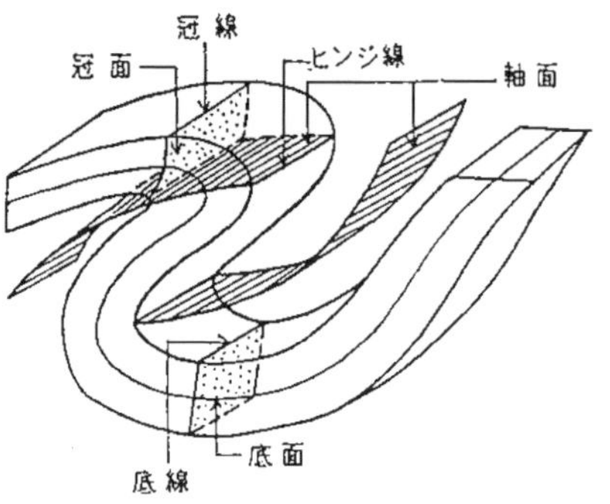

6 章　工学面からの丘陵地・山地地形の見方　　*185*

図 6.136　褶曲の要素（J. G. Dennis、1967）[34]

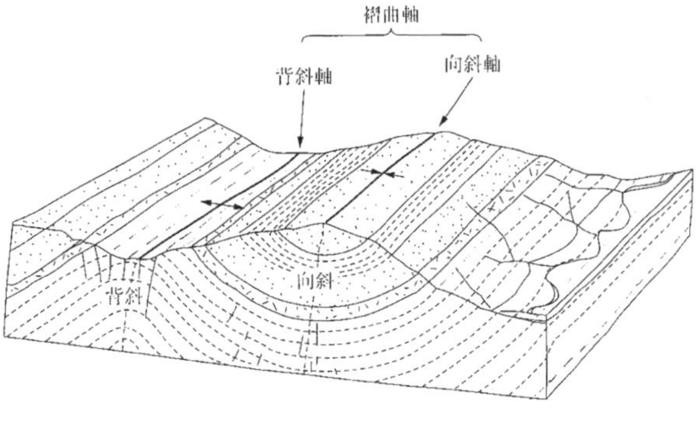

図 6.137　褶曲構造の名称 [21]

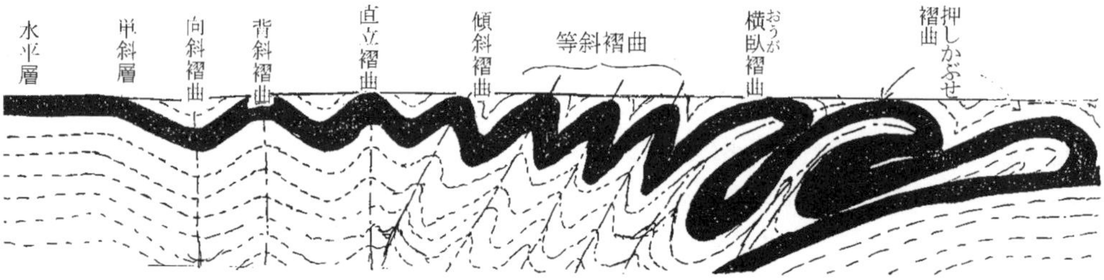

図 6.138　褶曲のタイプによる名称（原図）

向とほぼ一致することが多い。褶曲軸の両側の部分を翼部（wing）といい、軸から離れるにつれて傾斜は緩くなる。

　図 6.136 にそのブロックダイヤグラムを示す。褶曲した断層面の中で背斜の最も高い位置を冠（crest）といい、冠の伸長方向を冠線（crestal line）、各地層の冠線を含む面を冠面（crestal surface 平面のときは crestal plane）という。逆に向斜の一番低い部分を底（trough）といい、同様にその伸長方向を底線（trough line）、各地層の底線を含む面を底面（trough surface）と呼んでいる（図 6.136）。

　褶曲の背斜や向斜の曲率の最大のところをヒンジ（hinge）と呼び、その連続方向をヒンジ線（hinge line）という。つまり、地層はヒンジ線を境に湾曲している。背斜のヒンジ線は背斜軸、向斜の場合のそれは向斜軸である。ひとつの層理面内にあるヒンジ線を**褶曲軸（fold axis）**と呼び、各地層の層理面ごとの褶曲軸をつらねたひと続きの面を、軸面（axial plane）という。それが平面の場合には軸平面（axial plane）と呼ばれる。

　乾燥地帯のように植生の乏しいところでは褶曲構造が地形にもよく現れ、その分布を空中写真や衛星画像などで直接認めることができるが、わが

国は厚い植生に覆われて地層の露出が悪く、地層の傾斜分布からようやく把握できることが多い。

　地層が褶曲したところでは背斜部が山稜部になり向斜部が谷部になるかというとそうではなく、むしろ逆のことが多い（図 6.137）。これは背斜部には引張り割れ目が生じていて、侵食されやすいためである。

　水平にたまった地層がその後の造構運動で単に 1 方向だけに傾斜した地層を、単斜層（monoclinic beds）といい[*33]、それが褶曲作用を受けることによって背斜褶曲のところと向斜褶曲のところができる。褶曲軸が図 6.138 のようにまっすぐの場合は**直立褶曲（uprigh fold）**、どちら側かへ傾斜する場合には**傾斜褶曲（inclined fold）**という。近隣の褶曲がほぼ同じ傾斜で倒れている場合これを**等斜褶曲（isoclinical fold）**と呼び、傾斜褶曲が横倒しになったもので地層の傾斜がほとんど水平になった場合、**横臥褶曲（recumbent fold）**と呼んでいる。さらに地層の褶曲が激しくなると、古い地層が新しい地層の上にのし上がったり、**衝上断層（thrust）**によって切られて、長

[*33] きわめて緩い傾斜のものは撓曲（flexure）という。

い距離にわたって新しい地層の上にのし上がっていることがある。これを**押しかぶせ褶曲**（over turned fold）とか，**過褶曲**（over fold）と呼んでいる（図6.138）。

b） 平面的形態

褶曲軸の長さはふつう数km〜数10kmあって褶曲の波長より著しく長く，背斜や向斜が何本も平行して褶曲帯を形成している。このような褶曲は連続褶曲（continuous folding）と呼ばれ，厚い地層の堆積地域である地向斜に特徴的な構造である。

これに対し，背斜軸や向斜軸の短いものもあり，それらはそれぞれ短軸背斜（pranchy-anticline）とか短軸向斜（branchy-cyncline）と呼ばれる。さらに褶曲軸が短くなって褶曲構造全体が楕円形〜円形になったもののうち背斜形のものを**ドーム**（**dome**），逆の向斜形のものを**ベーズン**（**basin**）構造と呼んでいる（図6.139）。これらは孤立した褶曲のため不連続褶曲（discontinuous folding）とも呼ばれる。

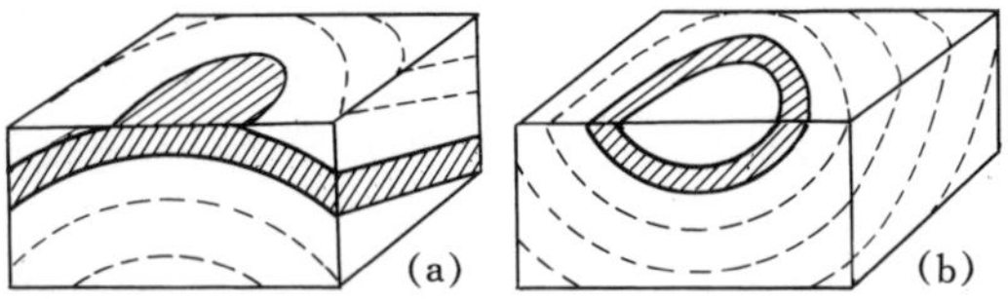

図6.139 ドーム構造(a)とベーズン構造(b)（原図）

背斜のうち局所的に盛り上がったところがあり，これを**カルミネーション**（culmination）と呼ぶ。カルミネーションの部分では，背斜軸がいくぶん波打っている。このようなカルミネーションは，古い時代の背斜軸と新しい時代の背斜軸とが交わるところに形成され，鉱床や石油の賦存部分にあたることが多い[54]。

c） 褶曲の平面的分布

ある時代ある地域に働く応力はほぼ一定方向からのものが多いから，平面的に互いに平行した褶曲軸をもった連続褶曲をしていることが多い。しかし，広域的にみると堆積時代の異なる地層の分布する地域ごと，褶曲軸の方向が少しずつ違っていることがある（図6.140）。これは，地層の堆積後に働いた主要な応力の方向がそれぞれ違ったためと推測される。

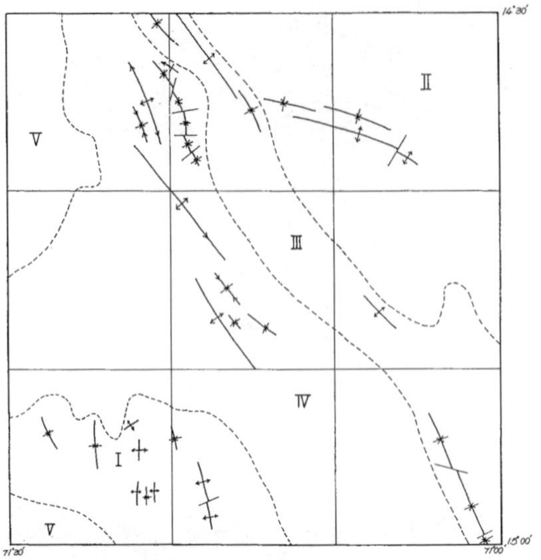

I.上部ジュラ紀——中部白亜紀層地域
II.上部白亜紀層地域
III.第三紀層地域　　　　　　　｝堆積岩地域
IV.第四紀層地域
V. 火山岩あるいは貫入岩地域

図6.140 ペルー・ヤウリ地区の背軸と向斜の分布状況（原図）[46]

(3) 褶曲のいろいろ

a） 層内褶曲

上下の地層はまったく変形を受けないで，ある特定の地層だけが細かく褶曲していることがある。これを**層内褶曲**（intraformational folding）と呼んでいる（図6.141）。このような褶曲は，地層の堆積とほとんど同時にできたもの—すなわち，地層が未固結または半固結状態のときに断層でずれたり，海底地すべり（submarine sliding）など重力によって海底斜面をすべったために，その地層にだけすべりの際の擾乱によって，小さな褶曲構造が生じたもの—と考えられている。その休止後にたまった地層には，まったく褶曲構造は認められないからである。

このようにもともと造構運動とは無関係と考え

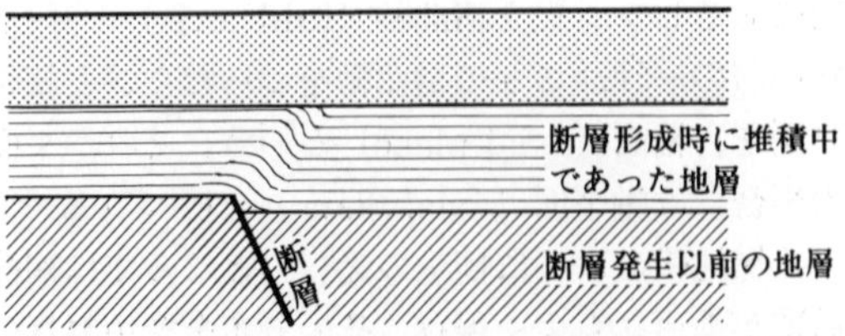

図6.141 層内褶曲（原図）

られているが、地層の堆積中に断層が起き、その
とき堆積中であった地層が影響を受けて褶曲構
造が残っていることもある。そのほか堆積物が固
まるときの脱水作用や、細粒物質の物理・化学的
な変質作用―いわゆる続成作用―によっても起
こる。

b) 単斜（単斜撓曲）

　水平にたまった地層が弱い差別的な昇降運動
を受けてある一定方向へ一様に傾斜した構造を
単斜（monocline）または単斜撓曲（monoclinal
flexure）と呼び、褶曲のひとつの様式と考えてよ
い。広域的に水平層をなすか同一方向へ緩傾斜を
示す地層が、局所的に急傾斜を示す構造の部分と
いうこともできる。このような昇降運動は断層に
伴うことも多い。

c) 活褶曲

　新第三紀層中の褶曲が第四紀の現在もなお継続
しているものを、活断層に対して、**活褶曲（また
は活動褶曲：active folding）**と呼んでいる。実
際には詳しい水準測量などを実施しないと確認で
きないが、最上川支流の小国川などでは段丘の縦
断面が変形していることからも確認されている。
最上川流域では新庄盆地・庄内平野東縁・羽越地
方・石狩低地帯などに、活褶曲が認められる。と
くに新潟地方の活褶曲の活動は、最も著しいとい
われている。

　このような活褶曲は段丘表面の縦断面の変形
（盛り上がり）として現れ、古い段丘ほど変形が
進んでいて褶曲による変位が累積されたことを示
している。活褶曲による変形は褶曲の波長が短い
ものほど大きく（つまり早く）、最大2mm/年と
いわれている[55]。

　活褶曲があるということは褶曲を起こすような
応力が現在なおそこに働いているということであ
り、土木工学的には大変問題となる。

d) 雁行褶曲

　褶曲は1個だけあることは少なく、たいてい群
をなして分布している。もちろん互いに平行配列
して分布することも多いが、ほぼ同規模くらいの
褶曲（主に背斜）が雁行状（echelon）に少しずつ
ずれて分布することも多い（図6.142）。このよ
うな分布を示す褶曲群を、**雁行褶曲（en echelon
fold）**と呼んでいる。

　雁行褶曲の配列状況は、図6.142に示すよう

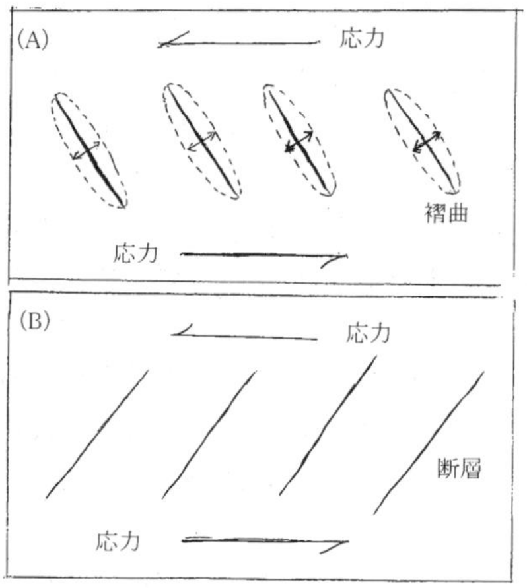

図6.142　雁行褶曲（A：左雁行：ミ型）と雁行断層
（B：右雁行：杉型）の形成の差異（原図）

に、褶曲軸がその付近に働いた応力方向になびく
ように分布しており、この方向は雁行断層の分布
方向とは反対になる。

(4) 褶曲と断層の関係

　たいていの褶曲は断層を伴っている。これは地
層がある応力を受けた場合、粘板岩などのように
塑性変形（plastic deformation）に強いものは褶
曲構造の形成となるが、砂岩など塑性変形に弱い
岩石や応力がある限界（塑性限界）を超えると地
盤に破断が起きるために起こるもので、これが断
層である。一度断層が形成されると、それ以降の
応力はその断層の進行―すなわち落差やずれの拡
大―によって解消されていく。

　褶曲の形成に際しては広域的には圧縮力（com-
pression）が働いているが、局所的にみると背斜
部には引張り力（tension）が、向斜部には圧縮力
が働いたものである。図6.143は、ドゥ・シター

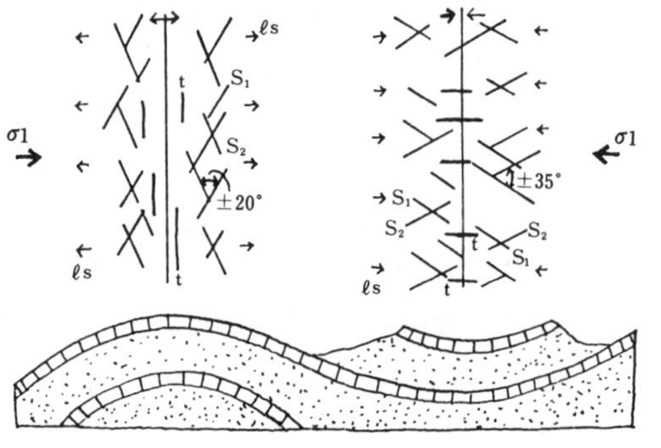

図6.143　アルジェリアの東南部における褶曲構造と
小断層の配列例（ドゥ・シターによる）[35]

がアルジェリア東南部の空中写真から解析した、褶曲地域における褶曲構造と小断層の配列状況を示したものである。同図から明らかなように、背斜の頂部には局所的な引張り力によって、引張り力の方向に鈍角（約160°±）を向けた1対のせん断性の小断層や節理が発達している。これに対し向斜軸部分には圧縮力が働き、この方向に対して鋭角（35°±）をもった1対の圧縮性の小断層や節理が形成されているのがわかる。これらはいずれも褶曲形成とほぼ同時に形成されたと思われる割れ目群である。

このような褶曲構造形成とは別に、あとの時代の断層によって褶曲を受けた地区が切断されることはもちろん多い。

(5) 褶曲の土木工学的な意味と問題点

波長が数km以上の大規模な褶曲構造は、地表で局所的にみるかぎり単に地層の走向・傾斜の変化として認識されるだけで、土木工学上それほど大きな問題になることはないが、波長幅が数100mオーダー以下のものになると、次のような点で問題になる。

① 褶曲を受けたところは、著しい変形のために節理や亀裂などの割れ目の発達が著しい。砂岩と頁岩との互層地帯では向斜部に水が集まりやすく、褶曲自体が一方へ傾いていると集められた水は傾斜方向へ流動する。

　こういう部分を向斜軸に直角方向に切土・掘削すると、大量の水が出て法面崩壊を起こしやすい。その水が下流域の井戸の水源になっていると、切土が井戸渇れの原因となることがある。同様に向斜部に平行にトンネルを掘ると、湧水が多くなって問題となる。

② 背斜部には褶曲形成の際に引張り応力が働いて、小断層や節理などの割れ目の発達が著しくこれらに派生した崩れや地すべりが起きやすい。地表部の侵食状況をみると、背斜部が谷になっていることが多いのも（図6.137）、これには割れ目の形成が原因している。

　褶曲部を横断するトンネルでは垂直応力は一般に背斜構造では両翼部に、向斜構造の場合には軸部に集中しやすい。このためこういう部分には圧力が集中し、トンネル掘削時に盤ぶくれや支保工の折れ曲がり、肌落ち、などの事故が起きやすい。完成後の破損も、こ

ういう部分に多い。

③ 石油は背斜部分—とりわけ2つの褶曲が交差してできるカルミネーションの部分に多く貯留されている。一方、地下水を探すには向斜部が粘土化した断層で切られたところを探すと、向斜部沿いに集まった水が断層でせき止められているために得やすい。逆にこういう向斜部にトンネルを掘ろうとすると地下水がトンネル内に集中するため、湧水量が著しく多くなる。

6.5 組織地形と地盤工学的問題点

6.5.1 組織地形とは

岩石の種類によって、侵食に対する抵抗性には差異がある。その違いに由来して形成された、地質構造を反映した侵食地形のことを**組織地形 (structurally controlled landform)** という[34]。その場合の構造の反映というのは、①成層状況、②断層、③褶曲、④節理などの構造だけでなく、火成岩や変成岩の組織 (texture) や岩石の性質の反映をも示す。

メサ (mesa)、ケスタ (cuesta)、ホッグバック (hogback) などの地形は、典型的な組織地形である（図6.144）。

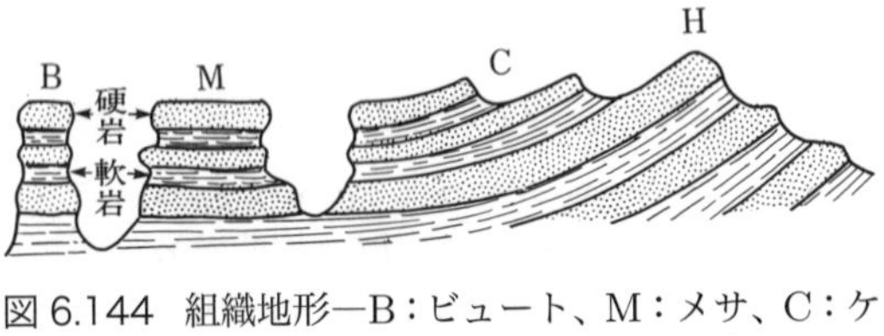

図6.144　組織地形—B：ビュート、M：メサ、C：ケスタ、H：ホッグバック—（原図）

6.5.2 メサ・ケスタ・ホッグバック

砂岩のように硬い岩層と頁岩あるいは粘板岩のように相対的に軟らかい岩層とが互層をなす場合、表部を硬岩に覆われて水平状態にある地層が侵食を受け、テーブル状に残る地形を**メサ (mesa)** と呼ぶ。アメリカ合衆国南西部のテーブル状地形に対して初めて用いられた用語である。メサがさらに削られて頂面が孤立丘となったごく狭いテーブル地形は**ビュート (butte)** と呼ばれ

---

[34] 従来は構造地形 (structural landform) と呼んでいた。

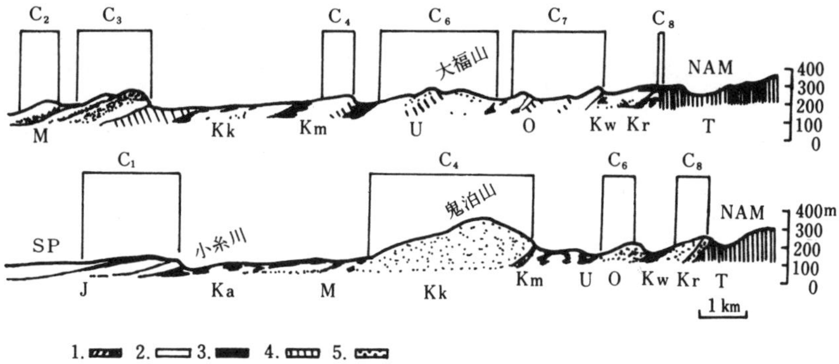

上：ほぼ養老川に沿った南北方向の断面、下：木更津を通るほぼ南北方向の断面
1：礫層、2：砂層、3：シルト層、4：砂・シルト互層、5：凝灰岩
C₁〜C₈：カデナ列の番号、NAM：安房北部山地、SP：下総台地
地層（上位より）S：瀬又層、Y：藪層、J：地蔵堂層、Ka：笠森層、M：万田野層、Ch：長南
層、Kk：柿ノ木台層、Km：国本層、U：梅ヶ瀬層、O：大田代層、Kw：黄和
田層、Kr：黒滝層、T：豊岡層群（市宿層は Kk、Km の同時異相である）

図 6.145　鹿野山付近のケスタ地形[36]

る。メサ、ビュートともテーブル状台地の端は急崖となっている。わが国では屋島がメサ地形に相当するといわれている。

6.5.3　ケスタ地形と流れ盤・受け盤

上述のような硬・軟の互層が、傾動や褶曲などによって一方向へ傾斜したあと侵食を受けてできた非対称性の断面形をもった侵食地形を**ケスタ** (cuesta) と呼ぶ（図 6.145）。砂岩などの硬岩が突出し、頁岩や粘板岩など削られやすい部分が凹んだ地形をなす。宮崎県の青島の"鬼の洗濯場"なども、低いが一種のケスタ的な組織地形である。

硬い地層と軟らかい地層からなる互層が地表面と約 45° 以上の角度で交差し、差別侵食を受けた結果できた硬層部分が突出して走向方向へのびた細長い山稜を**ホッグバック** (hogback：豚の背の意) と呼んでいる。

ケスタ地形は、構成岩石の侵食に対する抵抗力の違いによってできたものである[35]。侵食に対する抵抗力としては、次の 2 要素が効いてくる。
① 岩石の硬さ（固結度と構成物質の違いによる）[36]
② 岩石（地層）の透水性の大小（固結度と構成

粒度、有効空隙率の大小による）

侵食力の大小は、表流水ができやすいかどうかにかかり、それは岩石（地層）の透水性の大小に規制される。チャートや石灰岩などが凸地形で残りやすいのは、岩石の硬さによると考えられる。また、砂層・礫層・砂岩・礫岩・凝灰岩などが凸地形をつくりやすいのは、岩石自体の硬さ（耐侵食性）と透水性の大きさ（浸透能）にある。降水が地下に浸透しにくくて表流水をつくりやすく、侵食に弱い難透水性の頁岩・シルト岩・粘板岩などは、凹地形をつくりやすい[37]。

ケスタ地形のうち、地層の傾斜が地表に平行かそれに近い部分を俗に**流れ盤** (dip slope)、地層の傾斜と反対側の斜面を**受け盤** (cuesta scarp) と呼ぶ。流れ盤側では、地すべりや滑落性の崩壊が発生しやすいため、計画線に隣接する山腹斜面が流れ盤かどうかを知ることは、施工計画のうえで重要な要素になる。

流れ盤・受け盤は写真判読によっても、次のようなことから判断できる（図 6.146）。
① 地層の全体的な走向・傾斜を判読し、これから流れ盤の分布を知る
② 水系の分布状況（とくに密度と形状）から知る
地表に植生被覆があっても、写真上の線状模様

---

[35] 透水性の差によって形成された地形をとくに**カデナ地形**と呼んでいる[36]。図 6.145 も厳密にはカデナ地形である。
[36] ①も終局的には透水性の大小（すなわち②）におきかえて考えることもできる。

[37] このような岩石によって侵食の度合いが違うことを、**差別侵食** (differential erosion) という。

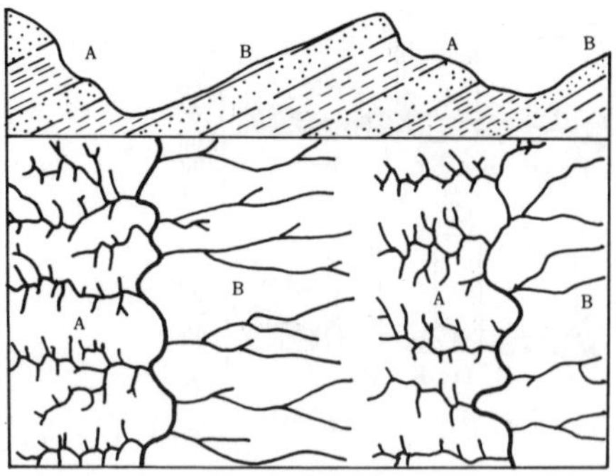

図 6.146 受け盤（A）と流れ盤（B）の断面と
水系形状の模式図 [3]

または帯状をした階調の分布などから、地表の走
向・傾斜（strike, dip）を知ることができる。最
も明瞭なのは、流れ盤側で層面と地表面とがほぼ
一致し、山腹斜面が比較的滑らかな場合で、一方
の受け盤側の傾斜は急崖をなすことが多いため、
空中写真上でも容易に知ることができる。

地層の傾斜が緩い場合には、斜面の傾斜方向に
ほぼ平行した長い水系側が流れ盤であり、細かく
屈曲し短い水系の分布する方が受け盤側と考えて
よい（図 6.146）。急傾斜の場合（約 60° 以上）、
水系の斜面の長短の関係は逆になるが、形状は上
記の傾向とあまり変わらない。水系密度は、ふつ
う受け盤斜面の方が流れ盤側よりも大きい。

しかし、実際にはわが国は地質構造が複雑で、
同一地層が広域に分布することが少ないうえ、新
しい火山岩類に被覆されがちのため、地層が複雑
に小分断されて分布し、地層の走向・傾斜、ひい
ては流れ盤地域の読みとりは困難なことが多い。

6.6　カルスト地形と地盤工学的問題点

Karust は、もともとはアルプス山脈南東のジ
ナルアルプス北部の石灰岩からなる大地のことを
言う固有名詞であるが、この地方の特殊な地形か
ら一般に石灰岩地域の地形を〈カルスト地形〉と
呼ぶようになった（地学事典：1970）。石灰岩・白
雲岩・岩塩など可溶性の岩石（石灰岩は雨水の弱
酸性によって溶解する：これを**溶食（corrosion）**
という）の分布する地域には、ドリーネ、ラピエ、
ウバーレ、ポリエなどの特徴ある「穴地形」が発
達し、これらを総称して**カルスト地形（karust
topography）**と呼ぶ。後述するようにこれらの
地形は稠密で薄く、かつ節理の多い可溶性の岩石
が、排水の比較的良好な地域に分布していて、そ
こに適度の降水がある場合にできやすい。

6.6.1　カルスト地形の種類
(1)　ドリーネ

カルスト地形地域にみられる直径数 m〜200 m
（通常 20 m 前後）、深さ数 cm〜100 m 程度の平
面形が円形ないし楕円形、縦断形が漏斗状の穴
のことを**ドリーネ（dorine）**と呼んでいる（図
6.147）。「落ち込み穴」とか「すり鉢穴」などと
呼ぶこともある。溶食のみによって生ずるもの
（trichterdine: 図 6.148）と、地下の石灰洞が拡
大して地表が陥没して生じる、陥没落ち込み穴
（collapse doline: 図 6.150）とがある。亀裂や節
理の交差するところにできることが多く、通常は

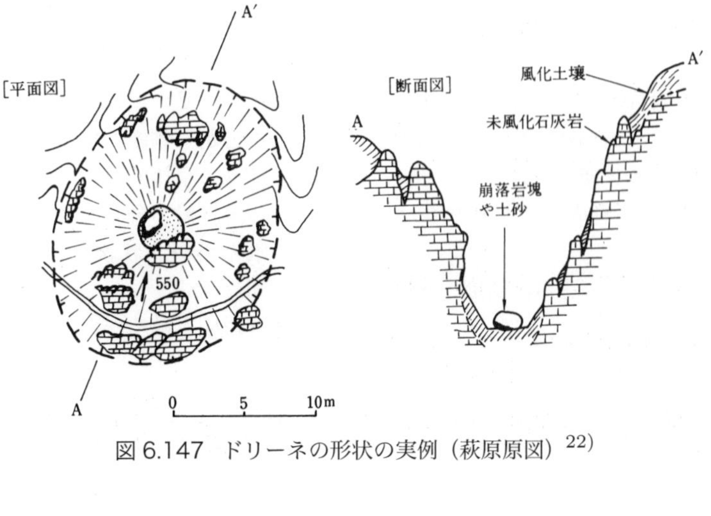

図 6.147　ドリーネの形状の実例（萩原原図）[22]

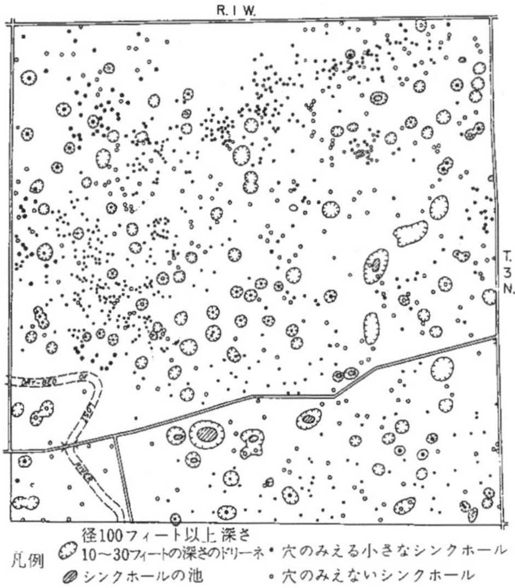

6 章　工学面からの丘陵地・山地地形の見方　　*191*

図 6.148　インディアナ州のオルレアン地方のシンクホール（C. A. Malott による）（Thornbury: 1960 より引用）[41]

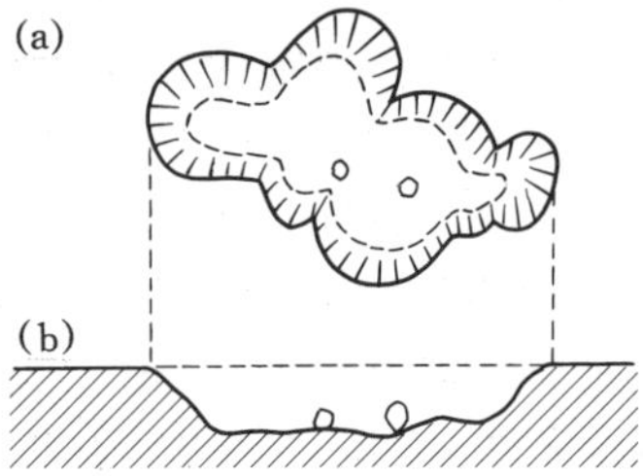

図 6.149　ウバーレの平面図（A）と断面図（B）（原図）

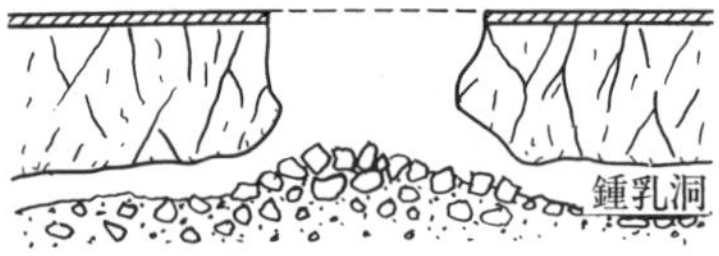

図 6.150　陥没落ち込み穴（断面）（原図）

図 6.151　カーレンフェルトの例（中国雲南省 昆明：筆者撮影）

密集して分布している。たとえばアメリカのインディアナ州のカルスト地域では 395 個/km²、山口県の秋吉台では 68 個/km² が数えられている。

陥没落ち込み穴は、側壁が急傾斜で岩石が露出していることが多い。かつての石灰洞が地表に現れ、カルスト窓（karust window）となって、地下河川がこの部分だけでは地表に現れていることがある（図 6.150）。

ドリーネの穴に水がたまったものをドリーネ池（doline pond or sink hole pond）といい、数個のドリーネが拡大して連なったものがウバーレ（uvala）である。ドリーネやウバーレなどの穴を総称して**シンクホール（sink hole）**と呼んでいる。

（2）　ウバーレ

隣接するいくつかのドリーネが、侵食が進んで互いにつながって不規則になったものをウバーレ（uvala）と呼ぶ。概して浅く、底が平らになったものが多い（図 6.149）。

（3）　カーレン、カーレンフェルト、ラピエ

地表に露出した石灰岩上を雨水が流下し、溶食によって多くの小溝が生じたとき、小溝間に鋭い稜として残された突出部をカーレン（karren）とかラピエ（lapie）あるいは墓石地形などと呼ぶ。多数のドリーネの侵食が進んで同様の地形をなしていることもある。カーレンが密集するところはカーレンフェルト（karrenfeld：図 6.151）と呼ぶ。

6.6.2 カルスト輪廻

地形が、区別可能ないくつかの段階を経て変化していくという考え方（輪廻説）がある。温暖湿潤地域における典型的なカルスト地形の発達に関しても、同様の変化過程が考えられている（図6.152）。幼年期の初めに（図6.152の1）、純粋で厚くて節理の発達が均一な石灰岩層が隆起などによって侵食を受けるようになると仮定する。幼年期のあいだに石灰岩層上部の溶解が進み、鍾乳洞が形成され、地下水系やドリーネが発達してもとの面がほとんど見られなくなると壮年期となり、降水の多くは地下の発達した鍾乳洞系によって流出するようになる（図6.152の2と3）。老年期には、石灰岩層の侵食が進んでいるために地下水面が地表近くになっており、崩壊によって水系の状態が決定されるようになり、残存丘の存在も顕著になる（図6.152の4）。しかし今日では、このような単純化されたカルスト地形の発達過程の進化論的な説明はあまり支持されなくなっている。しかし、高さの異なる鍾乳洞の存在（たとえば、スロバキアの図6.157や、イングランド北部のCraven地域）が、以前の地下水面あるいは侵食基準面の高さを示しているとして、カルスト地形の進化が考えられることもある（Sweeting: 1972）。

6.6.3 カルスト地形の土木工学的問題点

石灰岩の溶解は、①気体（大気・土壌中の空気・洞窟空気中の炭酸ガス：CO_2）、②液体（天然水中の炭酸：H_2CO_3）、③固体（天然に産する鉱物あるいは二次沈殿物としての方解石：$CaCO_3$）の間の、一連の可逆的化学反応によって起こる。そして、石灰岩の溶解の量と速度は、次のような要因に規定される。

① 水の中の CO_2 量
② 岩石と接する水の量（流量）
③ 乱流の程度（流速と温度に関係する）
④ 水と石灰岩の接触時間（②や③とは逆に働く）
⑤ 水の温度（高い温度では溶解速度は大きいが、溶解 $CaCO_3$ の平衡量は小さくなる）
⑥ 植物遺体の分解に伴う有機酸・腐食酸・バクテリアによる酸の生産

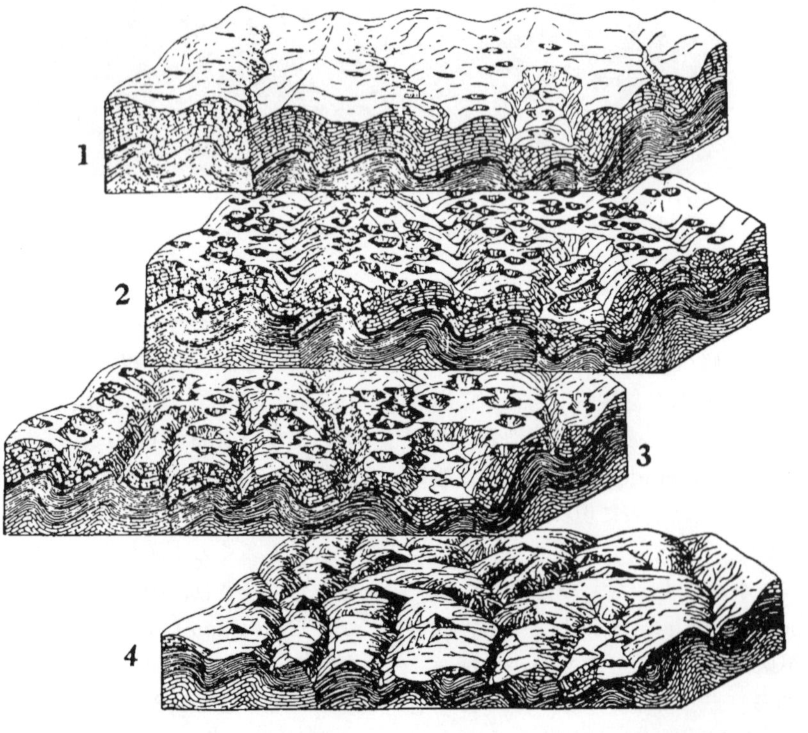

図6.152　カルスト輪廻の4段階を表すブロック・ダイアグラム。詳細は本文を参照。
（出典：Cotton, 1948, figure 365, p.468, Cvijicによる。）

6章　工学面からの丘陵地・山地地形の見方　　*193*

表 6.18　石灰岩の物性値の比較

	比重	間隙率	圧縮強度（lb/in²）＊
チョーク質石灰岩（USA）	1.8	26.0	3 000
古い結晶質石灰岩（USA）	2.6	＜ 6.0	17 000–37 000
現成サンゴ礁角礫岩（エニウェトク環礁）	2.35	14.0–16.0	4 960
砂岩（USA）	2.06–2.33	3.0–16.0	6 000–32 000

＊ lb/in²（ポンド/平方インチ、p.s.i）≒ 70 g/cm²　　　　　（出典：Sweeting, 1972, table 1b, p.11）

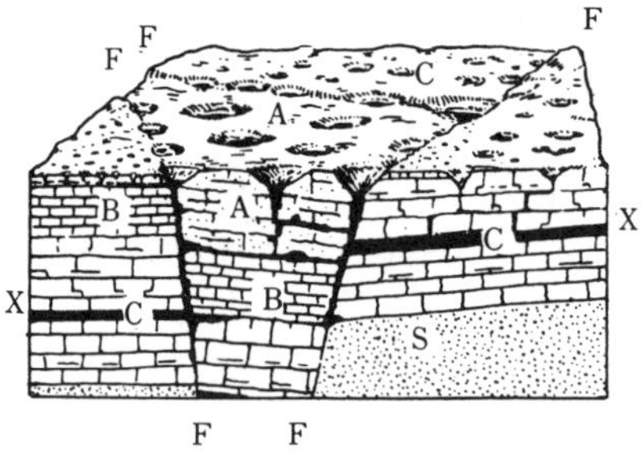

シンクホールは直線状に並び、断層（F）の交点の
ところのものは最も深くて大きい。シンクホール
は石灰岩の種類によって大きいもの（A）、中程度
（C）、小さいもの（B）がある。X：不透水層、S：
砂岩、F-F：断層（Vandat, 1960）

図 6.153　断層に規制されたシンクホール [74]

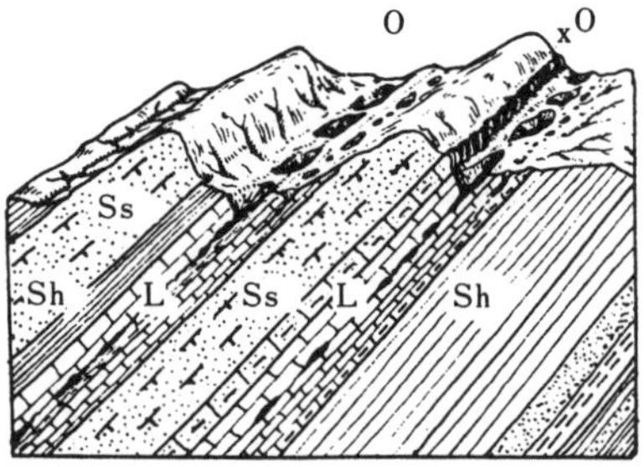

楕円形をしたシンクホールが石灰岩（L）の部
分に形成されている。砂岩（Ss）は透水性で
あるが溶解しにくい。頁岩（Sh）は不透水性。
X は溶解しにくい砂質石灰岩の崖（Vandat,
1960）

図 6.154　地層の走向に規制されたシンクホール [74]

⑦ 地下水あるいは土壌水中の鉛および鉄の硫化
　物、ナトリウム・カリウムの存在。たとえば、
　黄鉄鉱を含む頁岩からの水は、弱い硫酸を含
　んでいる（R. J. チョーレー、S. A. シャム、
　D. E. サグデン：1995）＊38。
　シンクホールの形成は、これらの総合された結
果の現れとみることができる。石灰岩の物性は石
灰岩の種類によって違うが（表 6.18）、チョーク
以外は、物性値が問題になることはあまりない。
　シンクホールの大小に地域的な違いがある場合
は、違うタイプの石灰岩が接していると見た方が
よい（図 6.153）。
　シンクホールが一定方向に配列するのは、次の
2 つのケースが考えられるので、いずれによるも
のか、明確にする必要がある。
① 断層方向に形成された場合（図 6.153）
② 層理方向に形成された場合（図 6.154）
　シンクホールの存在は、土木工学的には次の点
で問題となる。
① シンクホールの下にはたいてい流水を伴う洞
　穴（鍾乳洞：cave）があり、ダム建設や石灰石

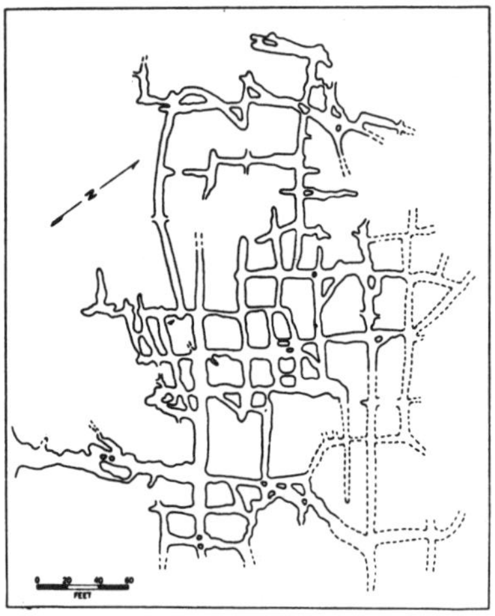

図 6.155　節理に規制された鍾乳洞。ヴァージニア西
　　　部のハミルトン鍾乳洞の例（W. E. Davies
　　　による）（Thornbury, 1960 より引用） [4]

採取などのときには大きな漏水を見るので、
致命的な事故を招きやすい。地表ではたいし
たことのない小さな割れ目やシンクホールで
も、地下では大きい洞穴になっていて、切土
のときに急激な出水を見たりトンネル掘削時
に落盤したりする可能性がある。
② しかも、洞穴は単一ではなく、図 6.155、図

＊38　『現代地形学』（大内俊二訳）古今書院

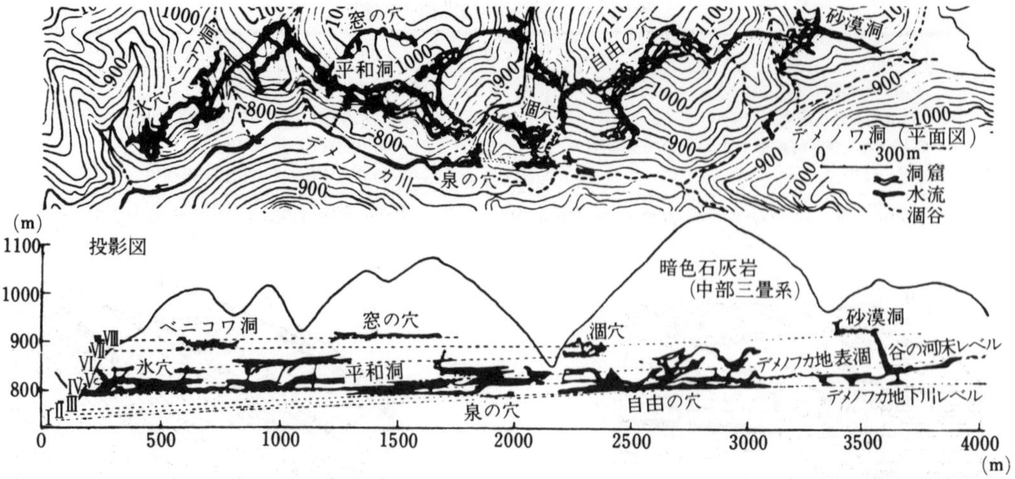

I〜VIII は洞窟のレベルを示しそれぞれ段丘面に対応している

図 6.157　鍾乳洞のレベル分化。チェコスロバキア、デメノワ洞の例（Droppa, 1966）を簡略化 [67]

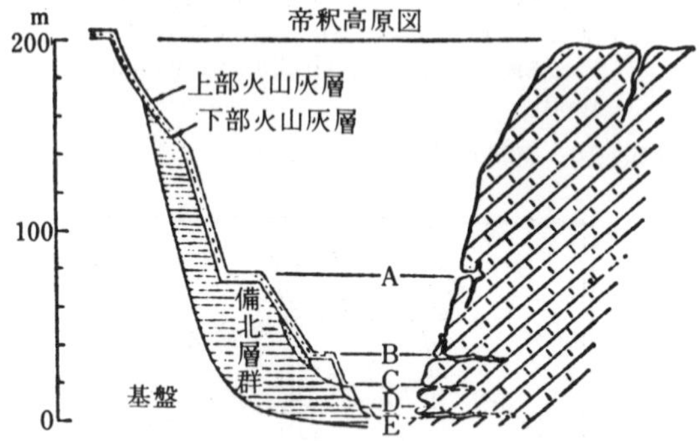

図 6.156　帝釈峡付近の鍾乳洞と段丘の高度比較図。A〜E は両者の対応するレベルを示す [66]

6.156 に示すように、節理や断層あるいは層理などに規制されて、複雑に連結されているため水量も多くなりやすい。

③ こういうところは破砕されていたり（とくに断層付近の場合）、このために陥没を起こしやすかったりして基盤としてはよくない。

洞穴は、1 つの石灰岩体の中では無秩序に形成されているのではなく、洞窟口は近くの段丘面の高さと対応していることが知られており（図 6.156）、洞穴の分布レベルを知る目安となる。シンクホールの分布だけでなく、石灰岩中を流れる沢の水が急に伏流して空沢となるところや、割れ目に黄褐色の粘土（長い間水がしみ込んで形成されたもの）が、深いところまで分布している点も、洞穴の存在を知る手がかりとなる。

石灰岩地帯では、踏査によって、

① シンクホールの詳しい分布と伸長方向・形態などをよく調べる

② 割れ目（まだシンクホールを形成していないものを含めて）の方向をよく調べる

③ 地表水の状況をよく観察する

といったことが大切である。そのほか、ボーリングの際、孔内水位の急激な変化にも注意すべきである。

岩質的には、石灰岩は割れ目も少ないし、破砕作用に対する抵抗力も大きく、ひずみを受けにくいので、上述のような事実がない限り支持層として問題は少ない。だが、①摩擦力に弱い、②雨に解けやすい、といった弱点があるし、③上述のように洞穴が分布していて弱化しているところがあるなどの点で、漏水以外にも問題になることがある。

筆者は 1975 年に、タイのクワイ川（クワイヤイ川）に建設するダム貯水池とその周辺の地質調査に従事したことがある。この地域のほとんどが石灰岩を主体とする地域で、「ここにダムを作って、水がたまるのか？」が設計者の問題の焦点となった。6 000 km^2 余りもある広域の鍾乳洞もシンクホール類も多数あるところが対象で、それら個々のものを対象にどんなに調査しても 2 ヶ月ではおそらく結論は得られない。そこで筆者は、次の 2 点から「水はたまる」と結論づけた。

Column

「風水」は都市計画のための"科学"だ

　古来、中国での都市計画は、自然の合理的な配置を勘案してなされてきた。それはおそらく図-1のような考え方が根底にあったものと思われる。「風水」に基づいて選定・設計された平安京の立地条件を見ると、そのことがよくわかる。「風水」に基づく理想的な都市の配置は図-2のように考えられている。その位置的配置は図-3のように呼ばれている。玄武（北側）の龍脈は、山系の醸すエネルギーと、背後からの敵の侵入に備えるものだし、東西の青龍や白虎の山やその外側の川（鴨川、桂川）も、敵の侵入や災害に備え、しかも都市の景観を醸し出している。前面（南側）両河川の合流域は広く開けている。風水に基づく都市計画は、合理性と人の心理性を考えた"科学的な配置"と言えるのではあるまいか。

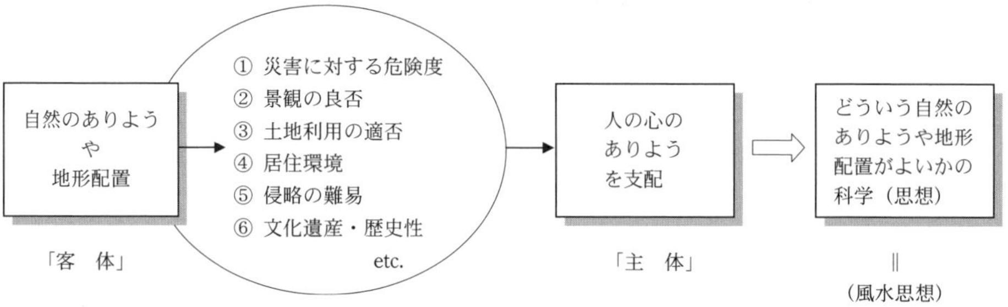

図-1　自然のありようや配置が人の心のありようを支配する？　—適地選定の科学—[77]

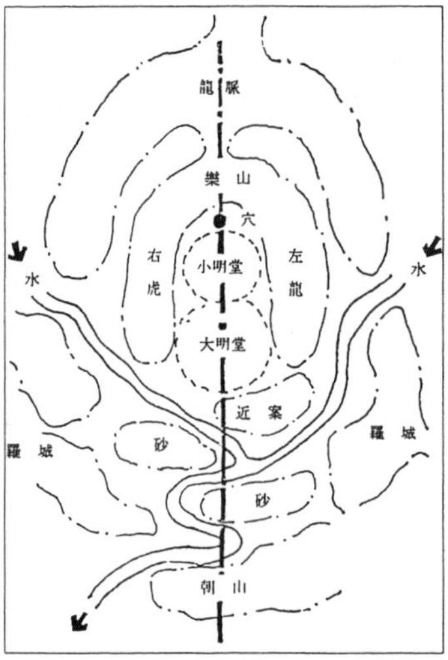

図2　理想的な陰宅環境の簡略図（関：1981、渡邊ほか：1994 による）

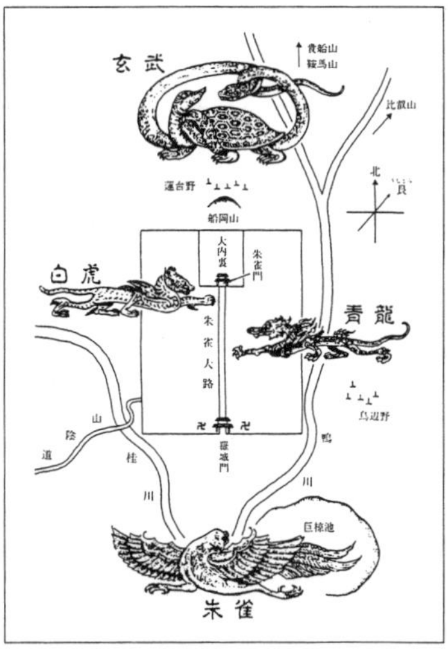

図3　平安京の風水（三浦ほか：1995 による）

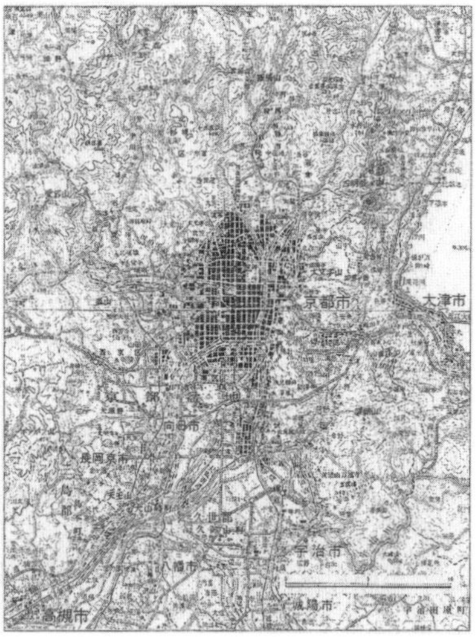

図4　平安京の地形（京都および大阪）

① 貯水池の伸長方向とほぼ平行して地層（石灰岩の間には粘板岩なども含む）は、幾重にも褶曲しているから、構造的に水は隣の流域にも逃げにくい

② 貯水池予定地の真ん中（長径約 100 km）に、第四紀初めの湖水堆積物が厚く分布している。これは、過去の天然ダムによって堆積したものであるから、実際に貯水した実績証拠があることになる。つまり、必ずたまると考えてよい

　結果的にこの結論のとおりに、現在延長 100 km 以上にわたる貯水池には満々と水をたたえているのが、Landsat の画像でもよく見える。

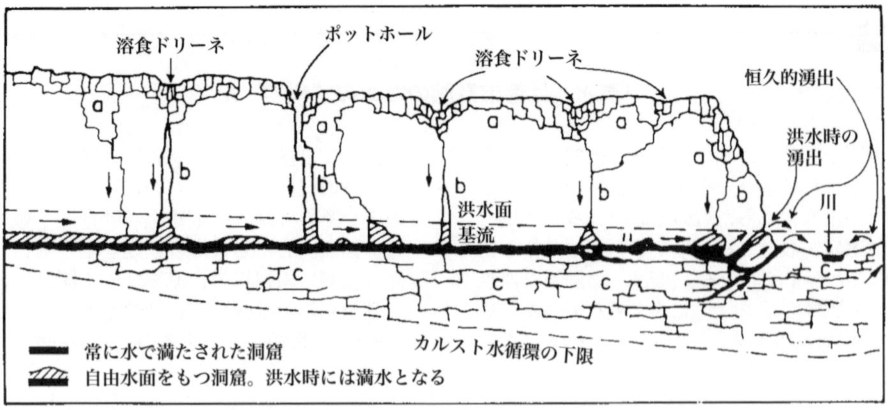

a：溶解によって拡大された節理や層理面とそこを流れる浸透水。b：ポットホール（pothole）と節理およびそこを流れる浸透水と流水。c：溶解によって拡大された節理。水によって満たされている。（出典：Jennings, 1971, figure 24, p.92, Cavalle による）

図 6.158　複数の帯水層と独立流路の存在を仮定したカルストの水循環 [64]

Column

ハンマーで傷がつけば石灰岩

　石灰岩とチャートは外見上似ているが、地質屋は見まちがえることはない。それは、両者の硬度に著しい違いがあるからである。石灰岩は硬度 3、チャートはほぼ 7、したがって、石灰岩はハンマーで傷がつくが、チャートはほとんど傷がつかない。

参考文献

1) 鈴木隆介（1997）：建設技術者のための地形図読図入門、第 1 巻：読図の基礎、古今書院

2) 今村遼平・岩田健治・足立勝治・塚本哲（1986）：画でみる地形・地質の基礎知識、鹿島出版会

3) 武田裕幸・今村遼平（1976）：建設技術者のための空中写真判読、共立出版

4) 高山茂美（1974）：河川地形、共立出版

5) 今村遼平（2005）：事例で学ぶ地質の話、2 章、6 章、（社）地盤工学会

6) 今村遼平（1985）：安全な土地の選び方、鹿島出版会

7) 反町雄二・古川正徳（1978）：地震による斜面崩壊の特徴、昭和 53 年度砂防学会研究発表会概要集、砂防学会

8) （財）高速道路調査会（1976）：空中写真による地すべり斜面崩壊の調査手法に関する研究（その 2）、（財）高速道路調査会

9) 神田淳男（1980）：応用地学ノート、第 7 章、国際航業（株）

10) （財）高速道路調査会（1977）：地すべりおよび斜面崩壊の防止対策の調査方法に関する研究報告、（財）高速道路調査会

11) 池田和彦（1971）：崩壊堆積物斜面の安定について、応用地質、Vol.12、No.3

12) 大八木規夫・福岡正巳（1983）：土砂災害の予知と対策、2. 土砂災害の現状と問題点、土と基礎、Vol.31、No.3

13) フック・ブレイ（小野寺・吉中訳）（1979）：岩盤斜面工学、朝倉書店

14) 今村遼平（1996）：山地災害の『免疫性』の本質、財団設立 35 周年新ビル移転地域地盤環境研究所解説記念フォーラム講演集〔これを論文化したのが 71) である〕

15) 今村遼平・中筋章人（1984）：空中写真による地すべり地の判読、安全工学、Vol.23、No.6

16) 川上浩（1982）：崩壊性地すべりの前兆現象と予測の可能性、自然災害科学、Vol.1、No.1

17) 島博保・奥薗誠之・今村遼平（1981）：土木技術者のための現地踏査、鹿島出版会

18) 今村遼平（1984）：建設計画と地形・地質、第 2 章、土質工学会

19) 地盤工学会編（1999）：ジオテクノート 10―地盤の見方―、地盤工学会

20) 今村遼平（1977）：静的・地形・地質情報からの土木地質に必要な動的地質情報の把握に関する研究（II）、応用地質、Vol.17、No.1

21) 今村遼平（2009）：地形工学概論、中央大学理工学部教科書、中央大学

22) 萩原博之（1982）：青海地区環境調査、明星セメント

23) 今村遼平（1993）：地形からみたルート選定上の

留意点―山岳道路の斜面対策について、土質工学会中国支部、島根出版

24) 山口伊佐夫（1979）：治山設計、農林出版

25) 池谷浩（1978）：土石流の分類、土木技術資料、Vol.20、No.3

26) 藤井義仁（1999）：地盤の見方、ジオテクノート10、第 6 章、地盤工学会

27) 藤井義仁（1996）：応用地学ノート、第 I 部第 13章 路線調査、共立出版

28) 岡田篤正（1984）：建設計画と地形・地質、2.6 断層地形、土質基礎工学ライブラリー 26、地盤工学会

29) 杉村新（1973）：台地の動きをさぐる、岩波書店、岩波科学の本

30) 松田時彦（1995）：活断層、岩波書店／岩波新書

31) 島崎邦彦・松田時彦編（1994）：地震と断層、東京大学出版会

32) 松田時彦（1975）：活断層と地震―その地質学的研究―、日本地質学会／地質学論集第 12 号　断層と地震

33) 金子史朗（1995）：活断層と地震、中央公論社／中公新書

34) 垣見俊弘（1978）：地質構造の解析、地学双書 22、地学団体研究会（原典は、Dennis, J. G. ed. (1967) : International Tectonic Dictionary, 196p., Am. Assoc. Petroleum Geol., Tulsa.）

35) 金子史朗（1967）：構造地形学、古今書院

36) Nakagawa, H. (1960) : On the Cuesta Topography of the Boso Peninsula, Chiba Prefecture, Japan, Sci. Rept. Tohoku Univ., Ser. II (Geol.), spec. Vol.4, pp.385–391

37) 高野秀夫（1960）：地すべり防止工法（訂正版）、地球出版

38) 今村遼平（2004）：地震タテ横ななめ、電気書院

39) 塚本良則ほか（1973）：侵食谷の発達に関する研究（III）、昭和 48 年度砂防学会研究発表資料

40) 日本道路公団（1973）：東北高速道・航空写真による地形・地質解析（坂梨地区）、日本道路公団

41) Thornbury, W. D. (1960) : Principle of Geomorphology, John Wiley & Sons, Inc.

42) Varnes, D. J. (1978) : Slope Movement Types and Processes, Landslides Analysis and Control, T. R. B., Spec. Rep., No.176

43) 渡正亮（1972）：自然斜面の安定、施工技術

44) 日本道路公団（2003）：土石流対策に関する総合検討概要報告書、日本道路公団

45) 衣笠善博・垣見俊弘・平山次郎（1969）：房総半島東海岸の小断層、地質調査所月報、Vol.20、pp.13–38（藤田至則・鈴木尉元（1981）：構造地質、共立出版より引用）

46) 今村遼平（1972）：ペルー共和国ヤウリ地区地質調査報告書、JICA

47) 活断層研究会編（1980）：日本の活断層、東京大学出版会

48) 菅原捷（1976）：活断層の活動性とその調査法、土木技術資料、Vol.18、No.2

49) 国立天文台編（2004）：理科年表、丸善

50) Rapp, A. (1957) : Studien über Schutthalden in Lappland und auf Spitzbergen.

51) 国土地理院（1996）：都市圏活断層図、国土地理院

52) 中田高・今泉俊文編（2002）：活断層詳細デジタルマップ、東京大学出版会

53) アーサー・ホームズ（上田誠也ほか訳）（1983）：一般地質工学―I、東京大学出版会

54) 杉山隆二（1999）：へそ曲り地質学考、杉山隆二先生米寿記念誌、米寿を祝う会

55) 太田陽子（1968）：旧汀線の変形からみた第四紀地殻変動に関する二、三の考察、地質学論集、No.2、pp.15–24

56) Sarpe, C. F. S. (1938) : Landslides and related phenomena, A study of mass-movements of soil and rock, Pageant Books Inc.

57) 小出博（1973）：日本の国土（上）、東京大学出版会

58) 山田剛二・渡正亮・小橋澄治（1971）：地すべり・斜面崩壊の実態と対策、山海堂

59) 田畑茂清ほか（1973）：尾鷲土石流災害発生の要因について、新砂防、Vol.25、No.3

60) Anderson, D. L. (1971) : The San Andreas Fault, Scientific American, Freeman, San Francisco, Vol.225, No.5

61) 大塚弥之助（1948）：日本列島の生い立ち、大八州出版

62) 島博保・奥園誠之・今村遼平（1984）：土木技術者のための現地踏査、鹿島出版会

63) 地学事典（1970）：平凡社

64) Cotton, C. A. (1948) : Geomorphology, Whitcombe & Tombs, Ltd.

65) Von Bandat (1960) : Aerogeology, Gulf Publishing Company

66) 北備後台地団研グループ（1969）：鍾乳洞の形成期について、地質学雑誌、Vol.75、No.5

67) 沖村雄二・高安克己（1976）：最近の第四紀地質学・7、石灰岩地帯の第四紀地質学、土と基礎、Vol.24、No.1

68) 土木学会編（1977）：ダムの地質調査、土木学会

69) 井尻正二・湊正雄（1974）：地球の歴史（第 2 版）、岩波書店

70) 桑原啓三（2008）：地盤災害から身を守る―安全のための知識―、古今書院

71) 今村遼平（2007）：山地災害の『免疫性』について、応用地質、Vol.48、No.3、pp.132–140

72) 今村遼平（2011）：リアル M9.0―次の地震の前に知っておきたいこと、徳間書店

73) 田中茂（1973）：地盤の災害と防災、地質学と土質工学の境界領域の問題点、土質工学会 関西支部

74) 渡邊欣雄・三浦國雄（1994）：風水論集－環中国海の民俗と文化－、凱風社
75) 関華山（1981）：台湾伝統民宅所表現的空間観念、中央研究院民族学研究所集刊、第四九期
76) 三浦國雄・千田稔 編（1995）：風水・中国人のトポス、平凡社
77) 今村遼平（2002）：「風水」は科学だ（2）、中国の散歩道⑪、測量8月号
78) 宮崎政三・高橋彦治（1970）：土木地質学、共立出版

7章 工学面からの火山地形の見方

心ここに在らざれば、視れども見えず、聴けども聞こえず、食らえども其の味を知らず
（うわのそらでは、何ごとを見ても見えず、聞いても聞こえず、食してもその味に気づかない。何ごとにも問題意識をもって接しなければ、正しい判断も行動もできない。）
―『大学』傳七章による―

7.1 「火山」とは？

　第四紀の**火山活動**（volcanic activities）[1]によって生じた地形的な高まりや陥没地形・爆裂破壊地形を総称して、**火山**（volcano）[2]と呼び、それによって噴出したものを火山噴出物と呼んでいる。第三紀以前の火山噴出物は火山岩類と呼ぶことはあっても、火山特有の地形が残っていないため、"火山"には入れない。

　従来、①現在活動を続けている火山を**活火山**（active volcano）、②現在活動してはいないが歴史時代に噴火の記録が文書などで残っている火山あるいは、現在活動していないが、明らかに地下のマグマ（magma：岩漿）の供給が完全に止まっていないため将来活動する可能性がある火山をかつては休火山（dormant volcano）と呼んでいた。しかし今日では②の状態の火山に対しては火山噴火予知連絡会などは休火山という語を用いず、長い火山活動の歴史からみれば現在たまたま休止期にあるだけとの認識から、活火山に含めている。1991年、火山予知連絡会は、過去2000年

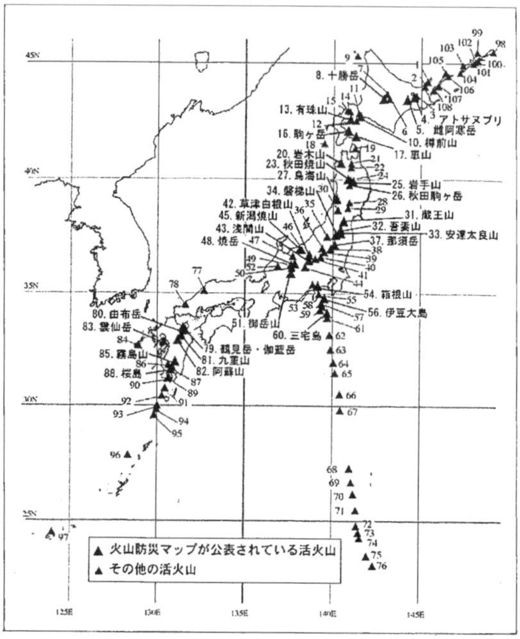

図7.1　新しい定義に基づく活火山分布図 [1]（平成15年1月21日札幌管区気象台報道発表資料より）

以内に噴火した火山も活火山に含めることを決定し、日本全体で現在 **108の活火山**がリストアップされている（図7.1）。

　一方、③現在まったく活動をしておらず歴史時代にも活動記録がないもの、あるいは過去2000年以上活動の形跡がなく火山の成長はまったく停止していて将来も活動の可能性のない火山を**死火**

---

[1] 「火山活動」とは、地下のマグマ（1000℃以上の高温で溶融状態にある物質）が水分その他揮発しやすい成分は火山ガスとなり、その残りは溶岩や破片（火山砕屑物）となって噴出する現象の総称である。

[2] ローマ神話に出てくる火山とかじ屋の神・vulcano に由来する。

山（extinct volcano）と呼ぶ。

土木工学・地盤工学などの面からみると、火山および火山岩類は、本質的には次の点で問題となる。

① 地盤を構成する特徴ある岩石や地層のひとつとして、

② **活火山活動（volcanic activities）**という、特殊な地殻内部からの活動があって、それが人間生活に被害をもたらすため、

③ 火山特有の破壊現象（広義にはこれも火山活動に入れる）や侵食現象があるため、

④ そして、"火山"という特徴ある地形と、火山活動に伴う温泉や噴気などがもたらす良好な景観や温泉などをもたらす観光素材として、

火山地域の土木計画に際しては、常にこれら①〜④のことを勘案すべきである。

7.2 火山の分類

火山の分類には、①火山の噴火様式による分類、②火山噴出物の性質による分類、③火山の形態による分類などがあり、目的によって分け方を変えている。しかし、①火山の噴火様式と②火山噴出物の性質、そして③火山の形態（地形）の間には、密接な関係がある（図7.2）。火山に関しては火山地形だけでなく、この関係をよく知ることが、火山防災上大切である。

（1） 噴火様式の違いと噴出物の性質との関係

噴火様式の違いは、火山活動をもたらすマグマの違いを反映するものである。マグマが酸性すなわち SiO_2 や Al_2O_3、H_2O などが多いと噴火は爆発的で、広域にわたって灰白色の火砕流（pyroclastic flows）や降下火砕物（pyroclastic falls）が噴出し、その程度が大きいと陥没カルデラが生じる。これに対し、マグマが塩基性すなわち SiO_2 や Al_2O_3、H_2O が少なく Mg や Fe 類が多い場合には、噴火活動はあってもその影響が広域に及ぶことは少なく、溶岩流（lava flow）が火口から静かにどくどくと流れ出るだけで、爆発的な活動は少ない。

したがって、火山地域をみて SiO_2 に富む白色をした多孔質の火砕物（軽石）が広く分布していれば、噴火当時の記録がなくともその火山に大爆発があったことがわかるし、同様に、SiO_2 の含有

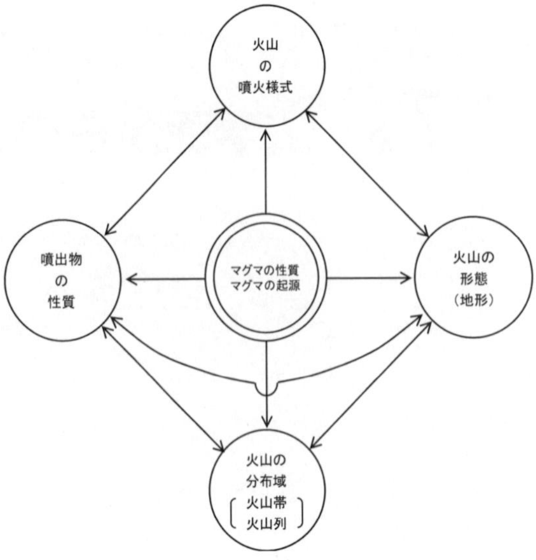

図 7.2　火山の噴火様式と噴出物の性質・火山の形態（地形）・火山の分布域などの相互関係（原図）

量の少ない黒色をした玄武岩質（basaltic）の溶岩流やスコリア（scoria：岩滓）という黒色で梅干し大の火山砕屑物が広く分布していれば、三原山や秋田駒ヶ岳あるいはハワイ諸島のような、割と静かな溶岩流の流出があったことが推定できる。

このように、**火山の噴火様式によって噴出物の性質が違うから、逆に火山噴出物の性質とその分布を観察すれば、火山の噴火様式を知ることができる。**

（2） 火山噴出物の性質の違いと火山の形態（地形）の違いとの関係

火山噴出物の性質が違えば形成される地形や表面の形態は違ってくる。火砕流の堆積面や火砕丘（pyroclastic cone）は特徴ある地形を示すし、溶岩流は溶岩堤防（lava levee）や圧縮じわ（pressure ridge）など、溶岩流だけがもつ特徴あるしわしわの地形を示す。したがって、これらの**噴出物の示す地形的（形態的）な特徴がわかれば、その形態を示す噴出分の性質を知ることもできる**のである。このように、火山の地形（形態）から噴出物の性質が推定でき、その噴出物の性質や地形はまた噴火様式をも反映しているから、**火山地域では火山地形の正確な把握が非常に重要になる。**

（3） 火山の分布域と火山の噴火様式や火山噴出物の性質との関係

類似した噴火様式の火山、ひいては類似した火山噴出物をもった火山はランダムに分布しているわけではなく、類似したもの同士が帯状に分布して、**火山帯**（volcanic zone or belt）やこれより1ランク小さい火山列（volcanic row）を形成している（図7.3、図7.4）。

わが国の火山帯には、次のものがある。

① **千島火山帯**：カムチャッカ半島から千島列島を経て北海道の知床半島から大雪山・十勝岳に至る火山帯で・屈斜路・摩周・阿寒などのカルデラがある。

② **那須火山帯と島海火山帯**：双方とも北海道西南部を北端とし、東北地方を経て長野県東北部にのびる互いに平行した火山帯。那須火山帯は主として輝石安山岩から成り、有珠山・岩手山など成層火山が多く溶岩円頂丘を伴う。支笏・洞爺・潟川・八甲田・十和田などの陥没カルデラが多い。日本海側の鳥海火山帯は角閃石安山岩を主とし、渡島大島・男鹿半島（一の目潟・二の目潟など）・島海山などがこれに属する。

③ **富士火山帯**：新潟県西部の妙高山・焼山を北端とし、八ヶ岳・富士山・伊豆七島（大島・利島・新島・神津島・三宅島・御蔵島・八丈島）の諸火山（南方の青ヶ島・ベヨネース列岩・鳥島など）を経て、硫黄島からマリアナ諸島西側の火山列島に達する火山帯の富士山や伊豆七島など、玄武岩質の火山岩を主とする火山である。

④ **大山火山帯と霧島火山帯**：中国地方の日本海側から九州—トカラ列島にかけて分布する火山帯である。大山火山帯は石川県の白山から島根県の大山・三瓶山・青野山、さらには瀬戸内海の姫島を経て九州の両子山・鶴見岳・由布岳・九重山・雲仙岳に至るもので、角閃石安山岩などを主とする。霧島火山帯は、阿蘇火山から桜島・開聞岳・硫黄島・口永良部島・口の島・諏訪の瀬島・沖縄鳥島などにつらなるもので、阿蘇をはじめ、加久藤・姶良・鹿児島湾・鬼界などの大規模なカルデラが多い。

火山帯・火山列の違いは、マグマ（magma：岩漿）の性質すなわちマグマの起源とも深くかか

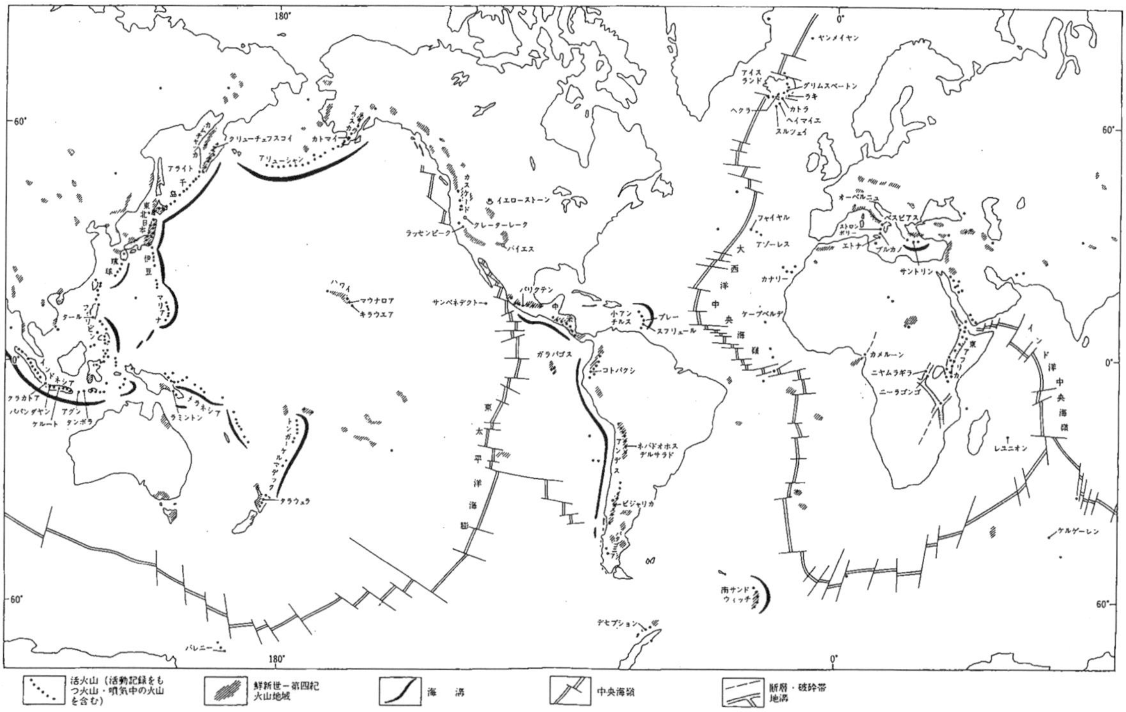

図7.3　世界の火山分布（勝井義雄：1971、1972 を参考に簡略化・横山：1976 より転載）[2]

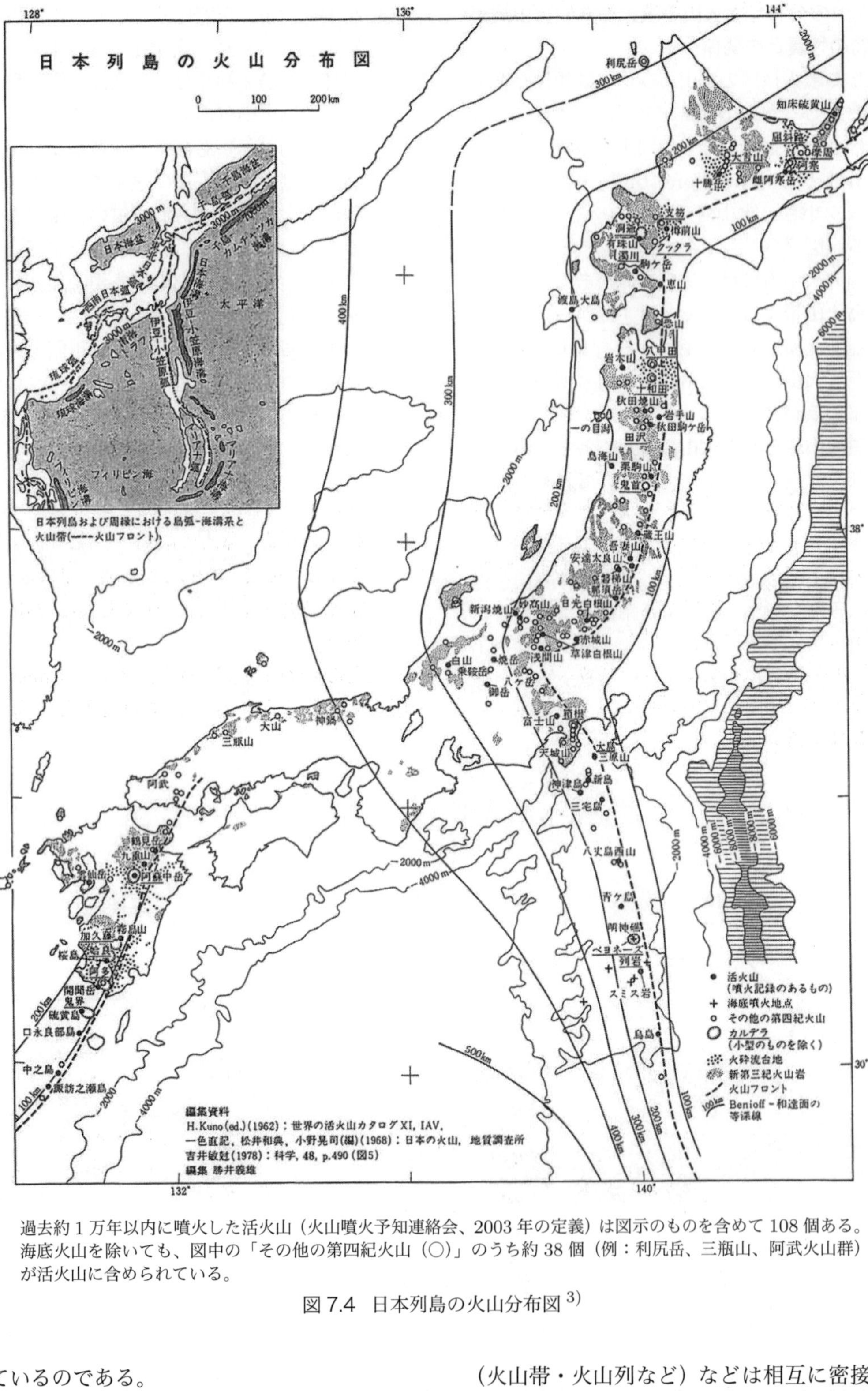

日本列島の火山分布図

0　100　200 km

日本列島および閣様における島弧−海溝系と火山帯（----火山フロント）

凡例
- ● 活火山（噴火記録のあるもの）
- ＋ 海底噴火地点
- ○ その他の第四紀火山
- カルデラ（小型のものを除く）
- 火砕流台地
- 新第三紀火山岩
- 火山フロント
- Benioff・和達面の等深線

編集資料
H.Kuno(ed.)(1962)：世界の活火山カタログ XI, IAV,
一色直記、松井和典、小野晃司（編）(1968)：日本の火山, 地質調査所
吉井敏尅(1978)：科学, 48, p.490（図5）
編集 勝井義雄

過去約1万年以内に噴火した活火山（火山噴火予知連絡会、2003年の定義）は図示のものを含めて108個ある。海底火山を除いても、図中の「その他の第四紀火山（○）」のうち約38個（例：利尻岳、三瓶山、阿武火山群）が活火山に含められている。

図7.4　日本列島の火山分布図 [3]

わっているのである。

　このように、①火山の噴火様式や②火山噴出物の性質、③火山の形態（地形）、④火山の分布域（火山帯・火山列など）などは相互に密接に関係しており、図7.2のように表すことができる。われわれは火山を見る場合このような関係をよく理

解し、ひとつの"ものさし"として頭に入れておくことが大切である。とりわけ火山地形はいつでも誰もが手軽に観察できる点で、これら4つの中で最も大切な要素になる。

これらの関係がわかっていると、土木計画上で構想段階や計画段階できわめて有効である。

7.3 火山の噴火様式

地下にあるマグマ（magma：岩漿）が地上や水中に噴出する現象を、**火山噴火（volcanic eruption）**という。マグマが地表に現れなくても、その影響で火山ガスが地表を破壊して噴出する現象も噴火に含めるが、火山活動の末期活動として火山ガスや温泉などが日常的に噴出し続ける現象は、噴火には含めない。

火山活動には、溶岩の流出、軽石・スコリア・火山灰などの火山砕屑物の爆発的な噴出、あるいは火砕流（pyroclastic flow）の噴出による熱雲（glowing cloud or glowing avalanche）の発生などいろいろのタイプがあり、これまでの噴火の歴史から、それぞれに特徴的なタイプには、その主な発生地名をつけた名称が慣習的に用いられている。図7.5に噴火様式とその実例を示す。

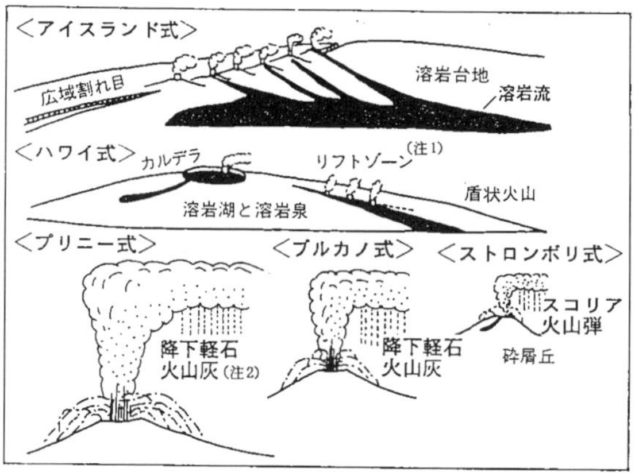

（注1）盾状火山の山腹の割れ目で、アイスランド式の広域割れ目とは異なる。
（注2）多量の軽石、火山灰、ときには火砕流を伴う。
図7.5　主な噴火様式[4]

（1）　アイスランド式噴火（玄武岩）

アイスランドは大西洋**中央海嶺（mid-ocean ridge）**の北側延長上にある。ここの噴火の特徴は、**広域的な割れ目噴火（aerial fissure erup-**

tion）が行われ、流動性に富む玄武岩の溶岩流がN-SないしNS-SW方向に形成された長さ数100mの割れ目から、カーテン状の火山放出物（volcanic ejecta）の噴出を伴いながら、どくどくと流出することである。このような広域にわたる割れ目噴火を、**アイスランド式噴火（Iceland type eruption）**と呼んでいる。大西洋の中央海嶺沿いの火山噴火は、構造線に沿うこのような広域の割れ目噴火によるものと考えられている。

（2）　ハワイ式噴火（玄武岩）

アイスランド式噴火と同様、流動性に富む玄武岩の溶岩が割れ目から噴出するが、割れ目の形成は必ずしも広域的ではなく、中央の火口と火口から放射状にできた山腹や山麓部の割れ目から噴出する形式を、**ハワイ式噴火（Hawaiian type eruption）**という。噴出は静かに行われることが多く、溶岩流が泉のように10〜50mほど噴き上げる溶岩泉（lava fountain）を伴う特徴がある。噴出した溶岩流は溶岩湖（lava lake）を形成する。さらにそこから流出した溶岩流は広く薄く（厚さ数10cmから数mをもって）広がる。溶岩はパホイホイ溶岩（pahoehoe lava）や、縄状溶岩（ropy lava）、アア溶岩（aa lava：コークス状の溶岩）などの形態をもって固まる。火山体全体としては、底辺の広大な**盾状火山（shield volcano）**をつくる。

（3）　ストロンボリ式噴火（玄武岩〜玄武岩質安山岩）

地中海のエオリア諸島にあるストロンボリ火山は、古代ギリシャ時代の昔から間欠的に火山灰や火山礫、火山岩塊などを数10m〜数100mの高さまで噴き上げている。このように比較的短周期で中央火口からマグマの破片や火山礫、火山岩塊、火山灰などを放出する様式を、**ストロンボリ噴火（Strombolian eruption）**と呼んでいる。

このタイプの火山のマグマは玄武岩〜玄武岩質安山岩質で、（1）や（2）などより少し粘性に富む。噴火はマグマがいつも火口の底まで上昇してきている状態で行われ、下からの火山ガスがその中を通り抜けてくる際に小爆発が起きて半ば溶けた溶岩を噴き上げるため、火山弾やリボン状の岩片が放出される。

溶岩は（1）、（2）より粘性に富むためそれらほど薄く遠くまで流れ下ることはなく、コークス状

図7.6　2000年8月18日17時の三宅島・中央火口丘からのストロンボリ式の噴出（アジア航測提供）

のアア溶岩や塊状溶岩の形で固まることが多い。

このような火山砕屑物の噴出と溶岩流の流出とが繰り返されるため、混合噴火（mixed eruption）とも呼ばれ、**円錐形のきれいなコニーデ型（conide type）の成層火山体（strato-volcano）**が形成されることが多い。三原山・秋田駒ヶ岳・諏訪の瀬島などの噴火は、このタイプの噴火といえよう。富士山もこの噴火タイプの火山である。2000年8月18日17時の三宅島の噴火（図7.6）もこのタイプといえよう。

（4）　ブルカノ式噴火（安山岩）

1888年に地中海ブルカノ島（Vulcano Island）の火山で起きたタイプの噴火様式を呼ぶ。それまで固結した溶岩でふさがれていた火口がマグマから分離してきた火山ガスの圧力で水蒸気爆発を起こして口を開き、火山弾や火山岩塊・火山灰などが爆発的に放出される噴火様式を**ブルカノ式噴火（Vulcanian eruption）**と呼ぶ。このタイプは浅間山や桜島など日本に多い噴火様式で、安山岩質マグマのように中程度の粘性をもったマグマによる火山活動に特徴的な噴火のタイプである。前述したストロンボリ式よりもマグマの粘性が高い

ため噴火はより爆発的で激しいものとなり、爆発と爆発との間の時間間隔はストロンボリ式よりも長い。

放出される岩塊は角ばったものやパン皮状火山弾が多く、軽石や火山灰の量も多い。浅間山の場合、火山岩塊や火山弾などが火口から5kmも離れたところまで吹き飛ばされることも多く、火山灰は火山ガスとともに1000m以上も噴き上げられ、偏西風に乗って関東平野まで達することがある。

（5）　プリニー式噴火

紀元79年8月24日昼頃、イタリアのナポリ湾東岸にあるベスビアス（Vesuvius）火山の山頂からきのこ状の黒煙が火口上高く上がり、激しい噴火が2日間にわたって続いた。そのときローマ艦隊の提督で著述家であり博物学者でもあったガイアス・プリニウス（紀元23–79）はミセナムにあったが、噴火と同時に人々を助けるとともに噴火を観察するために艦隊をひきいてベスビアス山山麓に上陸した。しかし翌日、噴火の勢いが強くなったので引きあげる途中で火山噴火によって亡くなった。噴火の状況は甥のプリニウスがひき続き観察し、詳しく記録した。この火山の噴火はこれら両プリニウスによって記録された特異な噴火様式のために、**プリニー式噴火（Plinean eruption）**と名づけられた。

この噴火では大量の軽石と火山灰が空高く噴出し、降下軽石（pumice fall）は厚さ3m以上も積もり、火山東麓にあった大都市ポンペイの町を埋めつくした。噴火後の降雨によって軽石や火山灰を含む火山泥流が発生し、西麓の降灰被害を受けていないヘルキュラニウムの町を何回にもわたって襲った。このときの噴火のように大量の**降下火砕堆積物（pyroclastic fall deposits）**を伴う噴火を、プリニー式噴火という。

（6）　プレー式噴火

1902年5月〜翌1903年末にかけて、西インド諸島のマルチニク島（Martinique Island）のプレー山（Mt. Pelee）では大噴火があった。まず噴火のあと1902年5月8日に大爆発とともに溶岩片や火山灰・火山ガスなどからなる700〜1000°Cの巨大な熱雲（hot avalanche or nuee ardente）が、山頂から200km/h（秒速10〜40m）以上の高速で山腹を流下し、西−南麓を破壊した。サ

表 7.1 主要な噴火様式 [4]

噴火様式	マグマの性質 [*1]		活動の特性	噴出物の特徴	地形・構造	実例
アイスランド式	静穏的	流動的 玄武岩質マグマ	広域割れ目から多量の溶岩流出	パホイホイ溶岩・アア溶岩、初期に火山砕屑物が少量噴出	溶岩台地砕屑丘	ラキ 1783 年ラスキャ 1961 年
ハワイ式		玄武岩質マグマ	山頂およびリフトゾーンの割れ目から溶岩流出	パホイホイ溶岩・アア溶岩・溶岩泉の活動を伴うが爆発的ではない	盾状火山、キラウェア型カルデラ	マウナロア 1943 年キラウェア 1959〜60 年
ストロンボリ式		玄武岩〜苦鉄安山岩質マグマ	中心噴火 [*2]、小爆発を起こし半溶融状態の溶岩塊を噴出	紡錘状火山弾・スコリア・火山灰のほか、ときにパホイホイまたはアア溶岩を噴出	成層火山砕屑丘	ストロンボリ、三原山 1950〜51 年三宅島 2000 年
ブルカノ式		安山岩〜粗面安山岩質マグマ	中心噴火、激しい爆発、ときに火砕流を伴う、噴火の間隔は一般に長い	火山岩塊・パン皮火山弾・軽石・火山灰最後に塊状溶岩を噴出することもある	成層火山、砕屑丘、マグマの粘性が高いと溶岩円頂丘	ブルカノ 1888〜90 年浅間山、桜島
プリニー式	爆発的	粘性大 安山岩〜流紋岩質マグマ	中心噴火、永い休止期の後にきわめて激しい爆発的噴火	多量の軽石・火山灰ときに火砕流を伴うマグマの分化作用顕著	成層火山、砕屑丘、大規模なときはカルデラ	ベスビアス紀元 79 年

*1 表の上から下へ向かって、SiO_2（二酸化珪素）の含有量が増加する。
*2 割れ目噴火に対する言葉で、火山体の中心部で起こる噴火をさす。

ン・ピエール（St Pierre）市は、死者 2 万 8 000 人、生存者は 2 人だけという惨劇にみまわれた。これは、成長しつつあった石英安山岩（デイサイト）の溶岩円頂丘（lava dome）の一部が爆発的に破壊して、一方向に噴き出したためである。数回にわたって同様の熱雲が生じたが、その後、山頂火口を埋めて溶岩丘が生じ比高 340 m もの火山岩尖（volcanic spine）が生じたが、2、3 年のうちに崩壊した。

このときの噴火のように、爆発的で熱雲を伴う噴火様式をプレー式噴火（Pelean eruption）という。このタイプは粘性の高い安山岩〜石英安山岩（デイサイト）質マグマに特徴的な噴火形式で、1822 年の北海道の有珠山、1883 年のカトマイ火山、1902 年のスフリュール火山、1912 年のカトマイ火山、1914 年の桜島、1929 年の北海道駒ヶ岳、1972 年のインドネシア・メラピ火山、1991 年の雲仙・普賢岳などの噴火がこのタイプに含まれる。

これらの噴火形式のように、マグマに直接由来した高温の火山砕屑物（pyroclastics）が火山ガスとともに熱雲としてほとんど水平方向に噴出し、山腹を高速で流下する噴火形式は、非常に一般的な火山現象であることがフランスの火山学者ラクロアによって明らかにされた。彼はこれを

nuee ardente（灼熱の雲）と呼び、現在は一般に火砕流（pyroclastic flow）と呼ばれている。わが国のカルデラを作っている火山のカルデラのまわりには、たいていこの種の堆積物が分布する。鹿児島や宮崎県に分布するシラス、阿蘇を中心に九州各地に分布する灰石（溶結凝灰岩）、十和田湖のまわりのシラスなども、すべてこのタイプの噴火によるものである。

火砕流による熱雲式噴火タイプもいくつかに区分され、その活動状況や堆積物の性質に多少の差異がある。表 7.2 はその差異をまとめたものである。

7.4 火山噴出物の性質と火山地形

7.4.1 火山地形を規制する基本要素

ひとつの火山が、いつも 7.1 で述べたようなひとつだけのタイプの噴火をするというわけではない。当然、火山砕屑物もあれば溶岩流の噴出もある。しかし、マクロにみると 7.1 で述べたように①玄武岩質（塩基性）マグマを主とする火山と、②石英安山岩（デイサイト）質や流紋岩質（酸性）マグマによる火山とでは明らかに噴火様式が違うし、噴出物の性質も違う。③安山岩質マグマによる火山は、これらの中間に位置する。その違いを

表 7.2 火砕流のタイプ

火砕流の噴出タイプ	活動状況	堆積物の性質
プレー型熱雲 〈西インド諸島マルチニク島プレー火山〉 溶岩円頂丘	直接にマグマから出た高温（500°C 以上）の火山砕屑物が、溶岩円頂丘の破壊を伴って火山ガスと一緒になって水平方向に噴出。その速さは 10〜14 m/s である。	溶岩円頂丘の岩片と細粉を主とし、軽石のような著しい発泡性の噴出物をほとんど含まない。これらが雑然と堆積していることが多い。
メラピ型熱雲 〈インドネシア・メラピ火山〉 溶岩円頂丘	溶岩の成長に伴って昇ってきた溶岩円頂丘や厚い舌状の溶岩が破壊して生ずる火砕流。崩壊した高温の岩屑はなだれ状に 1〜2 km も流下し、細粒岩屑や火山灰はさらにその下まで流下し、河川に入ると火砕泥流となって流下する。	溶岩円頂丘や溶岩流の岩片を主とする。初生的な噴出物はまったく分級されずに雑然と堆積しているが、水の営力を受けて土石流的にたまったところは大まかな層理、土石流や洪水流として運ばれたところは明確な層理を示す。
セント・ビンセント（スフリエール）型熱雲 〈西インド諸島セント・ビンセント島スフリエール火山〉 降灰 開いた火口	開かれた火口から 1 万 m 以上垂直に昇る噴煙柱に含まれる火山噴出物が山体を流出するもので、流速はおそらく 30〜45 km/h、やや低温である。	大部分は火山灰よりなり、そのほか数 % の火山岩塊・火山弾、15〜30% の火山礫を含み、旧地形面を広く覆って分布している。
カルデラを形成するような大規模な軽石や火山灰流	いくつもの開かれた火口から石英安山岩質の軽石や火山灰流が直接山腹を流下したり、噴煙柱として噴出したものが降下したあと流下したものなどがあり、概して高温である。	発泡性の強い軽石質のものはシラスのように塊状を示す。これに対しガスの含量が少なく、ガラス質を多く含んで高温のものは堆積後に再溶融して、溶結凝灰岩となる。いずれも火砕流台地をつくっている。

表 7.3 マグマの違いによる火山噴出物・噴火方法・形成地形などの違い

マグマの性質	活動状況		溶岩の性質					形成する主要地形
	噴火・様式	噴出物の形態	SiO_2 の含有 (%)	粘性	温度 (°C)	1 枚 1 枚の厚さ	流速 流れ方	
玄武岩質マグマ	アイスランド式 ハワイ式 ストロンボリ式	溶岩流 溶岩流 スコリア丘 溶岩流	少ない 52 以下	小さい	高い 1100〜1200	薄い（数 10 cm〜数 m）	速い 広域にわたる	溶岩台地 盾状火山 成層火山
安山岩質マグマ	ストロンボリ式 ブルカノ式	砕屑丘 溶岩流 砕屑丘 溶岩流	中程度 52〜64	中程度	中程度 1000±	中程度（数 m〜10 m）	中程度 拡がる範囲は狭い	成層火山 砕屑丘
石英安山岩*質マグマ 流紋岩質マグマ	プリニー式 プレー式	砕屑丘 火砕流 溶岩円頂丘 火砕流 砕屑丘 溶岩流	多い 64 以上	大きい	低い 950〜1000	厚い（数 m〜10 m）	遅い（熱雲はきわめて高速である）	砕屑丘 溶結凝灰岩台地（砕屑物堆積台地）

* 最近では「デイサイト」(dacite) と呼ぶことの方が多いようである。

整理すると、表 7.3 のようになる。

　玄武岩質マグマは三原山やハワイ島で見られる

ように粘性が小さいため火口をふさいで大きな水蒸気爆発を起こすことはなく、溶岩流は地形的に

表7.4 火山体を形成する基本地形単元

基本地形		基本地形単元	
I 火山噴出物そのものが形成する地形	Ⓐ溶岩のなす面	①溶岩流のなす面 ②溶岩円頂丘 ③岩脈	これら両者が重なってできた円錐火山体（成層火山）も多い。
	Ⓑ火山砕屑物の形成する砕屑丘	①軽石丘、②スコリア丘	
	Ⓒ火砕流の堆積面	①軽石流、②スコリア流堆積面	
II 火山噴火に伴って形成された地形	Ⓐ爆裂火口（火口壁と火口底） Ⓑカルデラ（カルデラ壁とカルデラ底） Ⓒ山体崩壊物のなす堆積面と馬蹄形の崩壊地形		
III 火山活動とは無関係に生じた地形	Ⓐ侵食谷（谷壁と谷底）	①Ｖ字谷、②ガリー、③リルなど主に侵食区域の地形	
	Ⓑ地すべり地形	①地すべり土塊面、②滑落崖 （基本的にはⒶの侵食の一形式とみてよい）	
	Ⓒ火山麓扇状地	①土石流堆積面、②土砂流堆積面、 ③ガリー、リルなど、主として堆積区域の地形	
	Ⓓ断層地形	①断層壁、②断層凹陥地	

(注) この表は、守屋（1983）をもとに、筆者が加筆修正して作成した。

低い部分を求めて速いスピードで遠いところまで広がっていく。このため、底辺の広大な盾状火山帯を形成しやすい。

これに対し、雲仙火山のような**石英安山岩（デイサイト）質**あるいは**流紋岩質マグマ**は粘性が大きいため、火口いっぱいあるいは火口部を持ち上げ押し広げるような形でゆっくり噴出し、溶岩流はきわめて粘性が高くゆっくりと斜面を流下していく。しかしあまり遠くまで達せず、火山体の上にだんだんともっこり積み上げられていく。粘性が大きくて溶岩が火口部をふさいでしまうと、地下にたまった水蒸気を主とした火山ガスが“栓”のようになった火口の溶岩部分を吹き飛ばし、“熱雲”となった火砕流が高速で火山体山腹を流下し、高温のまま広域にわたって堆積して甚大な被害をもたらす。

桜島や浅間山などのように安山岩質マグマによる火山の活動はこれら両者の中間的な活動をとり、やはり両者の中間的な火山地形（中央火口とその周辺に溶岩流の積み重ねの多い地形）をつくる。

このように地下でできるマグマの性質の差異によって噴火様式も違えば形成する地形も違うし、当然噴出物の性質も異なる。この違いをまず頭に入れておくことが大切である。

7.4.2 火山体を形成する基本地形単元

火山体の形は、基本的に上述のようなマグマの性格に支配されるが、さらに火山体を構成する地形を基本的な地形単元に分けると、次の3つからなる（守屋、1983）。すなわち、どの火山体も、大きくみてこれら I 〜 III を組み合わせた地形からできているのである。

I 火山噴出物そのものが形成する地形

II 噴出物ではないが、火山噴火に伴って形成された特殊な地形

III 本質的には、火山活動とは無関係に生じた地形

これらの具体的な地形単元は、表7.4のように分けられる。

7.5 火山噴出物の性質と火山性微地形

火山岩は、化学的には塩基性（SiO_2 の含有が52％以下の岩石）、中性（同52〜64％）、酸性（同64％以上）の溶岩に分けられ[3]、それぞれに玄武岩・安山岩・流紋岩が代表岩としてある。火山岩はこのような化学性によって噴火の形式や火山の形態に違いがある（図7.7）。

ところが、火山岩の場合この3区分だけでは不十分で、実は噴出物がどういう移動・堆積の様式

---

[3] 化学でいう塩基性と酸性の区別とはまったく別で、SiO_2 の含有量によって区分している。

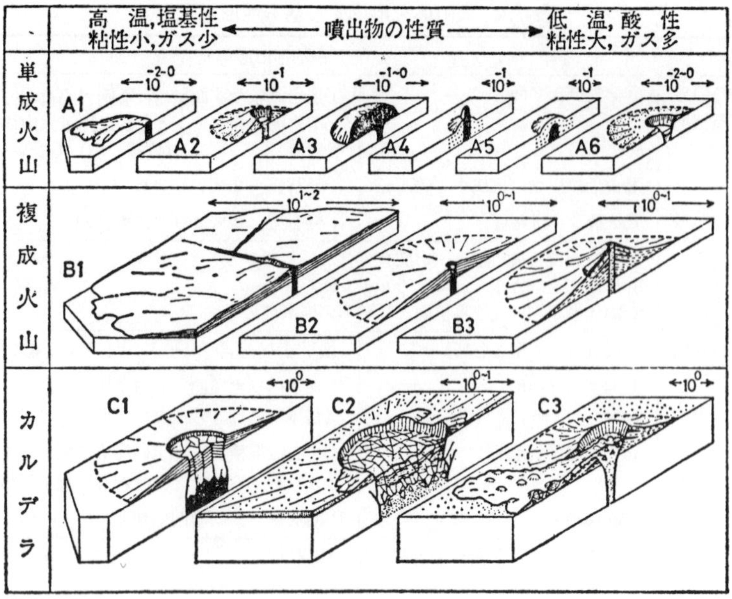

A1：溶岩流、A2：砕屑丘、A3：溶岩円頂丘、A4：火山岩尖、A5：潜在火山、A6：マール、B1：溶岩台地、B2：盾状火山、B3：成層火山、C1：キラウェア型陥没カルデラ、C2：クレーター・レーク型陥没カルデラ、C3：爆発カルデラ、図中の数字はおよその大きさ（単位：km）を示すもの

図 7.7　陸上における火山の基本型 [6]

をとったかによって、物理的性質がまったく違う。このため必ず表 7.5 に示すように噴出物の「移動・堆積様式」名を付す。火山噴出物の移動・堆積様式は、基本的に①降下火砕堆積物（pyroclastic fall deposits）、②火砕流堆積物（pyroclastic flow deposits）、③溶岩流（lava flow）の 3 形態からなり、そのほか④二次的堆積物がある。①は火山形成の初期に頻発するし、③は後期に多い。降下火砕流堆積物は、火山灰や軽石・スコリアなどが一度空中に噴き上げられて、それが堆積したものである。これに対し火砕流堆積物は、軽石やスコリアなどが火口から熱雲式に噴出し、山腹を高速に流下していって堆積したものをいう。溶岩流は粘性をもった溶岩が、流れとなって噴出・流下する形式をいう（表 7.5）。

7.5.1　溶岩流

　火山噴出物のうち、火口や火山体側面の割れ目から噴出する溶融状態のものやそれが冷えて固まったものを溶岩（lava）と呼ぶ。溶岩はマグマの成分によって粘性が違い、流紋岩（rhyolite）や石英安山岩（dacite）のように SiO_2 の多いマグマに由来するものは粘性に富み、玄武岩のように

表 7.5　火山噴出物の移動・堆積様式および形態による分類 [8]

1. 溶 岩 流 （lava flow）
縄状溶岩（ropy lava）
パホイホイ溶岩（pahoehoe lava）
アア溶岩（aa lava）
塊状溶岩（block lava）
自破砕溶岩（autobrecciated lava）
枕状溶岩（pillow lava）

2. 火砕流堆積物 （pyroclastic flow deposits）
狭義の熱雲堆積物（nuee ardente deposits）
ベースサージ（base surge）
軽石流堆積物（pumuic flow deposits）
岩滓流堆積物（scoria flow deposits）

3. 降下火砕堆積物 （pyroclastic fall deposits）
降下火山灰堆積物（ash fall deposits）
降下軽石堆積物（pumice fall deposits）
降下岩滓堆積物（scoria fall deposits）
爆発破片堆積物（explosion breccia deposits）

4. 二次的堆積物 （secondary deposits）
泥流堆積物（mud flow deposits）
河成堆積物（fluvial deposits）
山崩れ・地すべり堆積物（slope failure, landslide deposits）

SiO_2 の少ない塩基性のマグマに由来するものは、粘性が小さく流動性に富む。化学成分に関係なく、溶岩のつくる火山地形は一般に、粘性の小さ

7章 工学面からの火山地形の見方 209

表7.6 3形式の噴火によってできる陸上の火山噴出物の性質の比較[8]

<table>
<tr><td colspan="2"></td><td>降下火砕堆積物
(pyroclastic fall deposits)</td><td>火砕流堆積物
(pyroclastic flow deposits)</td><td>溶岩流
(lava)</td></tr>
<tr><td rowspan="3">噴火様式</td><td colspan="2">火口を離れるときの状態</td><td>破片状の液体〜固体、高温でないこともある。</td><td>激しくかく乱された、高温の破片とガラスの集合体。</td><td>高温の粘性流体、本質的に連続。</td></tr>
<tr><td colspan="2" rowspan="2">堆積前後の移動状態</td><td rowspan="2">空中を降下する。</td><td colspan="2">地表に沿う流れ、見かけ粘性は溶岩の方が大きい。</td></tr>
<tr><td>粉体の乱流</td><td>主として粘性流体の層流</td></tr>
<tr><td rowspan="10">堆積物の性質</td><td rowspan="2">分布</td><td>平面形</td><td>一輪廻の堆積物以下の単位では、火口を長軸の一端近くにもつ比較的簡単な形、長円形の場合が多い。</td><td colspan="2">原地形の起伏に支配され一定の形を示さない。</td></tr>
<tr><td>断面</td><td>原地形に沿い、ほぼ一様に堆積。</td><td colspan="2">上限は緩傾斜の直線に近く、下限は原地形に沿う。</td></tr>
<tr><td colspan="2" rowspan="2">層厚の変化</td><td rowspan="2">火口から遠ざかるに従い、単調に薄くなる。</td><td colspan="2">変化は不規則、原地形の凹部を埋め立てた部分で厚い。</td></tr>
<tr><td>同化学組成の溶岩より、厚さに対する水平的広がりが大きい。</td><td>末端では急に薄くなり消失する。</td></tr>
<tr><td colspan="2">成層状態</td><td>二つ以上の単層から成ることが多いので明瞭。</td><td>一つの流下堆積単位内では無層理、流下堆積単位が二つ以上からなる場合でも不明瞭。冷却に伴い冷却単位ごとに溶結・収縮・再結晶等により、帯状配列が生じ層理と見誤られることがある。</td><td>流下堆積単位の上部と下部に、破砕されたり多孔質になったりする部分ができる。
流理構造の見えることもある。</td></tr>
<tr><td colspan="2">粒度組成</td><td>火口から遠ざかるに従い、小さくなる。</td><td>本質礫：火口からの距離にかかわりなく一様なことが多い。
重い（類質〜異質）礫：火口から離れるほど小さくなる。</td><td rowspan="4">塊状、一連で砕屑物の構造なし、ただし周縁部を除く。</td></tr>
<tr><td colspan="2">分級</td><td>比較的良い。</td><td>悪い。常に相当な量の火山灰を含む。</td></tr>
<tr><td colspan="2">構成物質の円形度</td><td>小</td><td>火口から遠ざかるに従い、大きくなる。</td></tr>
<tr><td colspan="2">溶結作用</td><td>まれ、火口近くの小範囲。</td><td>まれでない。冷却単位により著しく差がある。</td></tr>
<tr><td colspan="3">二次噴気孔</td><td>まれ</td><td>一般的</td><td></td></tr>
<tr><td colspan="3">構成物質の孔隙率</td><td colspan="3">大 ←——————————————————————→ 小</td></tr>
<tr><td colspan="3">噴火輪廻中の噴出の順序</td><td>1</td><td>2</td><td>3</td></tr>
</table>

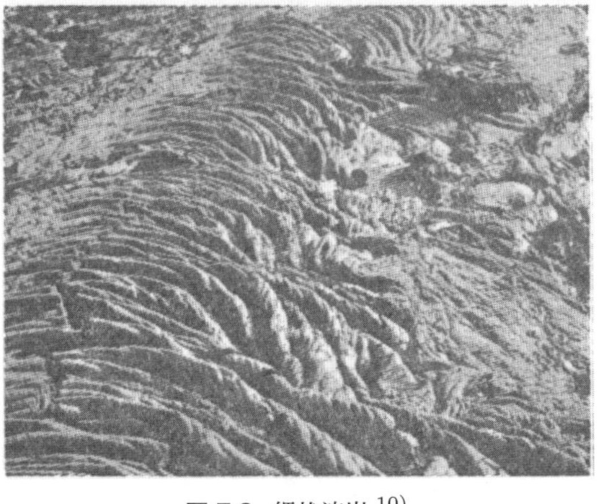

図7.8 縄状溶岩[10]

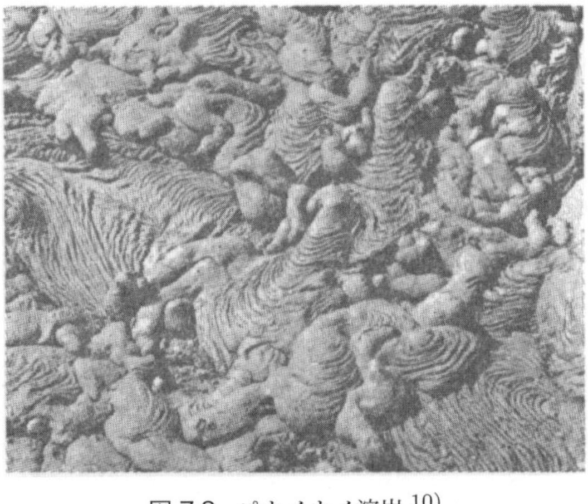

図7.9 パホイホイ溶岩[10]

表 7.7　溶岩流の代表的な 3 つの型 [10)]

	パホイホイ←　　　　　　→アア←　　　　　　→塊状（ブロック）		
溶岩の組成 [*1]	玄武岩質	玄武岩質、安山岩質	安山岩質、デイサイト質、流紋岩質
平均の厚さ	0.3〜数 m	1〜十数 m	10〜数十 m またはそれ以上
流下速度	0〜30 km/h 以上	0〜数 km/h 以下	きわめて遅い
表面の特徴	新鮮なときは平滑でガラス質、丸みを帯びた偏平な袋状、板状、縄状、ロウソクの滴状など	粗く、小さいトゲが密集して凹凸に富む、ガラス質だが多孔質で砕けやすい。クリンカー（小岩塊）の集合からなる	平滑で平面に近い破断面からなる多面体の集合
断面の構造	上表面から下底面まで連続、上部に気泡が濃集、一部ブリスター（blister）、溶岩チューブ（lava tube）、溶岩トンネル（lava tunnel）を生成、気泡は球形に近い	上表面と下底面はクリンカーの集合からなる。中央部は連続的で、厚い場合には柱状節理 [*2] を示す。気泡は楕円形や変形したもの多し	上表面と下底面は多面体の岩塊の集合体からなる。中央部は連続的で、厚い場合には柱状節理を示す。気泡は変形した不規則な形を呈す
温　　度	高い	中間	低い
粘　　性	低い	中間	高い
溶岩流の長さ溶岩流の厚さ	> 50 〜 1 000 以上	> 50	8 〜 50 の厚い溶岩流8 以下は溶岩円頂丘

*1 表の左から右に向かって、SiO_2（二酸化珪素）の含有量が増加する。
*2 岩体の冷却時に生成される。

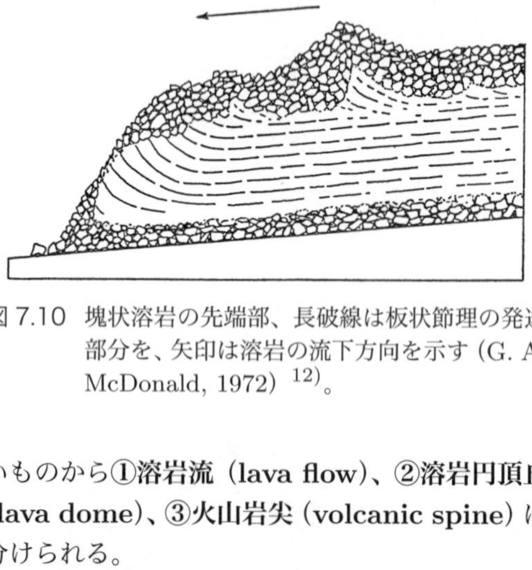

図 7.10　塊状溶岩の先端部、長破線は板状節理の発達部分を、矢印は溶岩の流下方向を示す（G. A. McDonald, 1972）[12)]。

いものから①溶岩流 (lava flow)、②溶岩円頂丘 (lava dome)、③火山岩尖 (volcanic spine) に分けられる。

(1)　溶岩流の形状による呼び名（表 7.7）

① 縄状溶岩（ropy lava）とパホイホイ溶岩 (pahoehoe lava)：粘性の小さい玄武岩質の溶岩は、太い縄をよじったような、滑らかで光沢のある外観を示す（図 7.8）。このような溶岩を縄状溶岩と呼び（表 7.7）、ハワイではパホイホイ溶岩と呼んでいる（図 7.9）。1 枚 1 枚の溶岩は数 10cm 程度と薄い。

② アア溶岩（aa lava）：コークスの表面のように表面が粗くとげとげした溶岩をアア溶岩といい、三原山や富士山など玄武岩からな

る火山に認められる。表面はアア溶岩になっていても、下部は連続性の良い溶岩体であることが多い。各溶岩流の厚さは数 m から数 10cm で、縄状溶岩より厚いが塊状溶岩よりは薄い。

③ 塊状溶岩（block lava）：安山岩質溶岩の場合、粘性が大きいため溶岩の流動中に表面は冷却・固結してすぐに外皮を形成する。ところが溶岩流の内部はなお高温で流動するため、外皮の部分がブロック状に割れて累々とした"岩塊の海"を生ずる。このようなタイプを塊状溶岩と呼び、桜島や浅間山の"鬼の押し出し"などの新しい溶岩流に典型的に認められる。塊状を示すのは表面や底部だけで、内部は連続した岩体からなることが多い（図 7.10）。各溶岩の厚さは数 m〜数 10 m である。

(2)　溶岩流の表面形態

溶岩流は山腹地形に規制されて急傾斜部では幅狭く、緩傾斜部では幅広く流下していく。流下するに従って表面は冷えて固まっていくが、内部は高温で流動を続ける。このため固化しかかった表面の溶岩皮膜にひきずりを生じ、引張られる部分には引張りじわが、圧縮を受ける部分には圧縮じわや溝ができる（図 7.11）。溶岩流の末端付近に

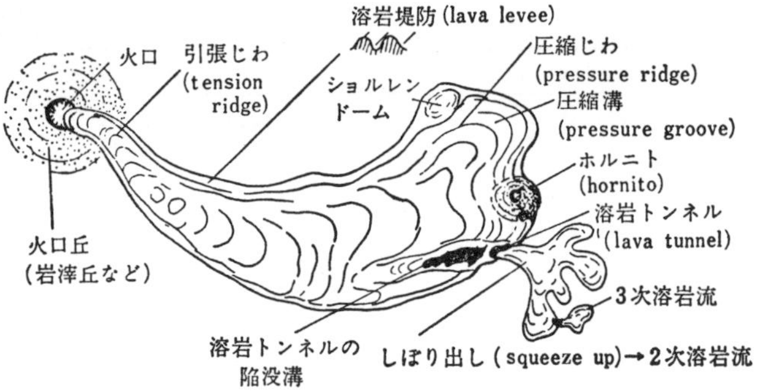

図 7.11　溶岩流の表面形態模式図 [11]

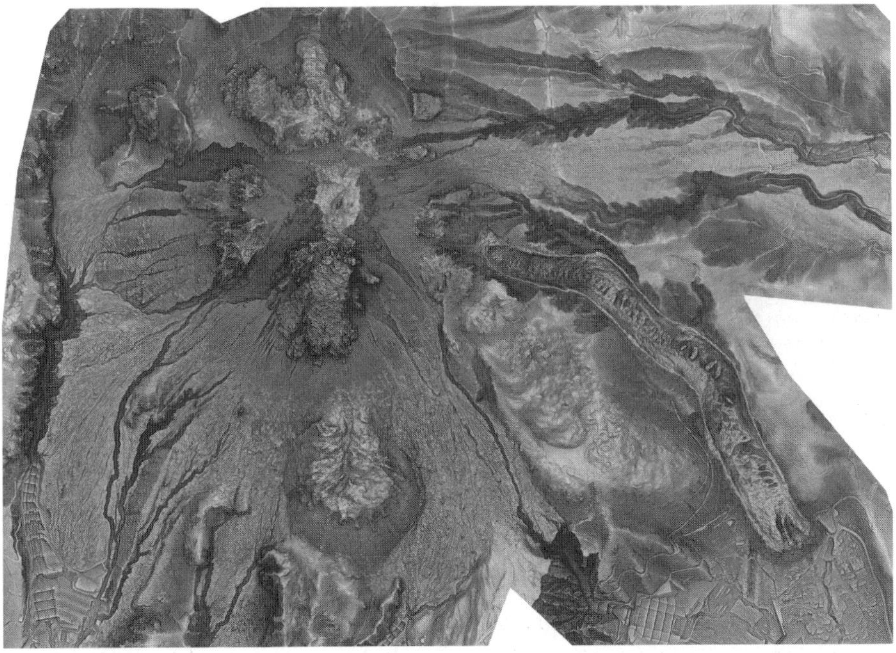

図 7.12　溶岩流と溶岩円頂丘（ドーム）（雲仙・普賢岳の赤色立体画像：千葉達朗氏提供）
（右方の細長い溶岩流は、1792 年に流出した"新焼"と称される溶岩流）

溶岩のたまりを生ずると、なかば固まった溶岩の外皮を破って内部の未固結の溶岩がしぼり出され、二次的・三次的な溶岩流を生ずる（図 7.11）。しぼり出しを生じた溶岩だまりには溶岩トンネル（lava tunnel：いわゆる"風穴"）ができ、その天井部分が崩壊すると溶岩トンネルの陥没溝を生じる。

　内部に発生した火山ガスが爆発的に抜ける場合、すでに固まった部分の破片が爆裂火口のまわりに二次的な小丘—ホルニト（hornito）—をつくることがある。二次溶岩流として地表に出ないで固化した部分を下からもち上げて、溶岩丘（ショルレンドーム：schollendome）をつくることもあ

る。このような溶岩流の細かな形態把握には、空中写真判読や航空レーザー計測データによる赤色立体画像（図 7.12）などが効果的である。

（3）　溶岩流の特徴

　溶岩流の形はまずその粘性に規制され、石英安山岩など粘性の大きいものは、カマボコ型に盛り上がった形をなし、個々の溶岩流は数 10 m〜数 100 m と厚い。玄武岩など粘性の小さいものは流動性に富み、小さな起伏に規制されて流下し、おのおのの厚さが数 10 cm〜数 m と薄い。溶岩流の形は、堆積前の地形に支配される。玄武岩など粘性の小さいものほどこの傾向が強く、元地形の細かい凹凸に沿って遠くまで流下する。

表7.8　火山砕屑物（個々の破片）および火山砕屑岩（集合体）の分類[13]

火山砕屑物（火砕物）pyroclastic material					火山砕屑岩（火砕岩）*1 pyroclastic rock		
個々の破片の性質					集合物の記載的な岩石名	噴出・移動・定着様式による分類	
分類名称	粒径 (mm)	外形	色	内部構造		降下火砕堆積物 *2	火砕流堆積物 *3
火山岩塊 volcanic block	＞64	不定形	黒色〜灰色であるが、白色、黄色、赤褐色、紫灰色など多様	外形とは無関係	火山角礫岩 *5 pyroclastic breccia 凝灰角礫岩 *5 tuff breccia	弾道降下堆積物 ballistic fall deposit	熱雲堆積物 nuée ardente deposit または 石質火砕流堆積物 lithic flow deposit; block and ash flow deposit
火山礫 lapilli	2〜64				火山礫凝灰岩 lapilli tuff	降下火山礫層 lapilli fall deposit	
火山灰 ash	＜2				凝灰岩 tuff	降下火山灰層 ash fall deposit	火山灰流堆積物 ash flow deposit
火山弾 bomb	放出時には塑性的で、粒径とは無関係	紡錘形、卵形、パン皮状	黒〜灰色	外形に調和した同心的縞状組織	凝灰集塊岩 agglomerate アグルチネート agglutinate	弾道降下堆積物 ballistic fall deposit	存在しない
溶岩餅 *4 driblet		ほぼ円形の薄い板状	黒色				
軽石 pumice	粒径とは無関係	不定形	白色〜黄色	外形とは無関係で、多孔質	軽石凝灰岩 pumice tuff	降下軽石層 pumice fall deposit	軽石流堆積物 pumice flow deposit
スコリア scoria			黒色〜灰色		スコリア凝灰岩 scoria tuff	降下スコリア層 scoria fall deposit	スコリア流堆積物 scoria flow deposit

*1：岩石の固結と非固結を問わない。少量の類質物質および異質物質を含むことがある。
*2：ほかに、火砕サージ堆積物がある。
*3：ほかに、火山体の破壊に伴って二次的に生じた火山岩屑流堆積物や河成堆積物（例：火山円礫岩）などの火砕岩もある。
*4：スパター（spatter）も溶岩餅と本質的には同じである。玄武岩質マグマではペレーの毛（Pele's hair）やペレーの涙（Pele's tear）と呼ばれるガラス質の破片および繊維状物質が放出することがある。
*5：火山角礫岩は火山岩塊が全体の 50% 以上を占めるものであり、それ以下のものは凝灰角礫岩と呼ぶ。

溶岩流の末端は、舌状に丸みを帯びて終わっている。溶岩の一部が固結してもなお一部が流動し、その運動ですでに固まった部分が破砕されて角礫状になった部分を**自破砕溶岩（autobrecciated lava）**と呼び、溶岩流の特徴はかなり失われ、一見すると火山角礫岩のように見える。

溶岩流は一枚の岩盤であるから不透水性のように感じるが、実際には**冷却節理（coolng joint）**や風化・断層などの影響で著しく割れ目が増えており、上下に分布する**粘土化した凝灰角礫岩や泥流堆積物**などが難透水性を示すのに対して、**むしろ透水性を示す**ため、厚い溶岩層は地下水の**帯水層**となる。

7.5.2　降下火砕堆積物と火山砕屑岩

噴火で放出された破片状の個々の固形物を、火山砕屑物（pyroclastic materials）とか火山放出物（volcanic ejecta）という*4。これらは、火砕流堆積物（後述）か降下火砕堆積物のいずれかの堆積様式をとる。これら火山砕屑物が固結したも

のを、**火山砕屑岩**あるいは**火砕岩（pyroclastic rock）**と呼ぶ。火山砕屑物と火山砕屑岩は、表7.8 のように分類される。

火山放出物のうち、卵大より大きい岩塊を、**火山岩塊（volcanic block）**という。現地でみると火山岩塊だけが分布するわけではなく、細粒のものも混じる。これら火山放出物が固まった岩石のうち卵大以上の岩塊が半分以上を占めていれば**火山角礫岩（volcanic breccia）**、半分以下の場合は**凝灰角礫岩（tuff breccia）**と呼んでいる。

火山角礫岩・凝灰角礫岩とも、固結度によって工学的性質が著しく異なる。凝灰角礫岩よりも火山角礫岩の方が透水性が大きいが、固結度が低いと双方とも水を通しやすい。しかし、固結度が良くなると凝灰角礫岩は難透水性となることが多い。とくに割れ目の多い溶岩と互層する場合、凝灰角礫岩の方が難透水層となり、溶岩部分が透水

*4 火山砕屑物は、新しい火山にしか分布しないと考えてよい。古い火山ではすでに固結していて、「火山砕屑岩」となっていることが多いからである。

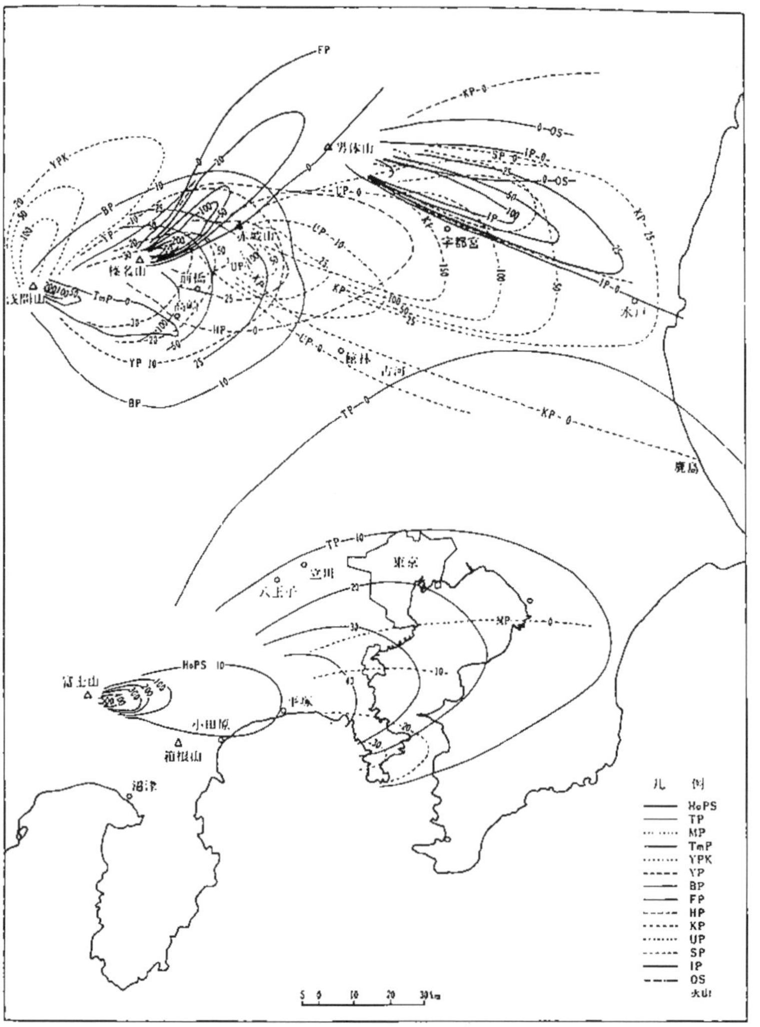

HOPS：宝永軽石・スコリア層、TP：東京軽石層、MP：三浦軽石層、TmP：天明軽石層、YPK：嬬恋軽石層、YP：板鼻黄色軽石層、BP：板鼻褐色軽石層、FP：二ツ岳軽石層、HP：八崎軽石層、KP：鹿沼軽石層、UP：湯の口軽石層、SP：七本桜軽石層、IP：今市軽石層、OS：小川スコリア層

図 7.13 関東ローム層に挟在する降下軽石層の等層厚線図（関東ローム研究グループ、1965）[7]。図示の他にも、多数枚の降下火山灰層や軽石層が台地と丘陵に分布している。層厚の単位は cm である。（鈴木隆介：2004 より引用）[26]

性で帯水層を成すことが多い。

あずき大から卵大の火山放出物を**火山礫 (lapilli)** といい、火山礫と火山灰が混じって固まった岩石を火山礫凝灰岩 (lapilli tuff) という。固結が進んだ火山礫凝灰岩は、凝灰角礫岩よりさらに難透水性となる。あずき大以下の火山放出物を**火山灰 (volcanic ash)** といい、それが固まったものが**凝灰岩 (tuff)** で、やはり難透水性である。関東ロームのように火山灰は自然状態では透水性を示すが、風化して粘土化したり土工などに

より一度こね回して土の構造を破壊すると、粘性が増して不透水性を示す。

火山砕屑物の区分で、見かけの色による区分もある。SiO_2 の多いマグマに由来した白っぽいものを**軽石 (pumice)**、玄武岩質のマグマに由来して黒っぽいものを**岩滓 (scoria：スコリア)** と呼ぶ。火山灰が固結した凝灰岩の中に軽石が混じっている場合は、軽石凝灰岩 (pumice tuff) という。

火山砕屑物の中でも細粒の物質（粒子の直径が 4 mm 以下）である**火山灰 (volcanic ash)** は、

噴火によって上空高く吹き上げられ、上空の風に乗って広域に飛散する。粒径の大きな火山弾（volcanic bomb）や火山礫が火口を中心にほぼ円形に分布するのに対し、火山灰は上空の偏西風の影響を受けて風上側に狭く風下側（日本の場合東側）に広く分布する（図7.13）。噴火規模が大きく噴煙柱の高さの高い噴火によってもたらされる火山灰は、高さ10 kmを超す成層圏まで達し、偏西風に乗って東に流される。ときには、偏西風に乗って地球を1周することもある[*5]。

噴火規模が小さく噴煙柱（eruption column）が低い場合、火山灰は噴火時の地上風の影響を受けるため、必ずしも東に向かって分布するとは限らない。たとえば、富士山の大沢スコリア層（Os）は、火口から西に向かって分布している。

火山灰の散布域と火山灰層の厚さを示した図（図7.13）を、**降灰分布図**（火山灰の等層厚線図：iso-pach map）と呼ぶ。降灰分布図の作成は新しい火山灰の場合には、地表を覆っている火山灰層の厚さを測ればよいが、古い時代の火山灰は別の火山灰などに覆われているので、露頭を丹念に観察し、その火山灰が同一であることを確認して厚さを追跡していく。

火山灰は地表に堆積したあと侵食されたり、吹きだまりに厚く堆積したりすることがある。このため降灰分布図で50 cmの厚さがあると示されていても、所によってはその数倍の厚さになるところもあるし、逆にほとんど欠如するところもある。

火山灰は噴火によって噴き上げられ地表に降りそそぐため、**一時的には散布域のすべての地表面を一面に覆う**。火山灰が堆積後、雨でモルタル状に変化して不透水性を示すことがよくある。

1977年の有珠山の噴火や1979年の御岳山噴火による降灰地域では、地表面を覆った火山灰が雨水の地下への浸透を妨げ、リル侵食（rill erosion）やガリー侵食（gully erosion）を活発化させたり火山灰が樹木に付着し、その重みで樹木を倒したりした。とくに古い時代の粘土化した火山噴出物（異質火山灰：accidental ash）起源の火山灰が、モルタル状になりやすい。そうなると火山灰のモルタル皮膜が地表水の流出を早くし、下流側に洪水の被害を出したりする。

地層中の火山灰層も地表にあったときに粘土化して不透水層となっていることが多い。1991年～1992年のフィリピン・ピナツボ火山の噴火（同時期に噴火した雲仙火山の約400倍の噴出物をもたらした）では、火山灰が全山を覆ったため全山がモルタルで被われたようになり、降雨時の下刻が激しく、20 mほど渓床が下がった渓流もある（図7.14）。

火山灰層は、堆積したままの状態では、①弱い雨に対しては透水性を示すが、②強い雨になると地下への浸透が追いつかずに、不透水性を示す。

[*5] 1883年8月27日のクラカトア火山の大爆発によって噴き上げられた噴出物は2週間にわたって船舶上に降りそそいだ。もっと軽い細粒の物質は対流圏（1万7700～4800 mにある真空に近い大気圏。その下が対流圏）を抜けて（少なくとも3万6600 m～上空まで：4万8800 mともいう）噴き上げられ、そこに何年間も（少なくとも3年以上）とどまって、大気の異常現象—薄暮への影響・コロナの出現・空のかすみ・太陽や月などの変色など—が続き、世界中で気温の低下が平均0.55℃を記録している。現地バタヴィア（現在のインドネシアのジャカルタ）では噴火直後には、例年よりも8.3℃も下がり、日光を通さない濃密な暗雲はバタヴィア市内とその周辺半径120 kmに及んだ（サイモン・ウィンチェスター：2004）[20]。

図7.14 ピナツボ火山で渓床が20 mも下がって底抜けした砂防ダム（この地点は筆者が位置選定したものの一つであった）（中筋章人氏提供）

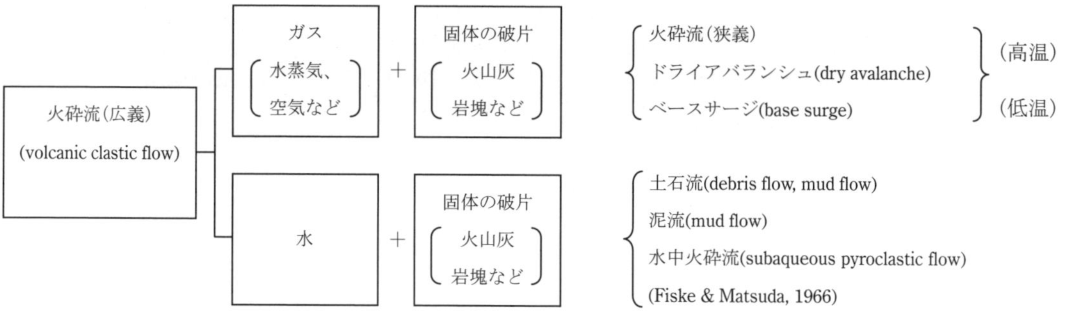

火砕流(広義)
(volcanic clastic flow)

ガス（水蒸気、空気など）＋ 固体の破片（火山灰、岩塊など）
→ 火砕流(狭義)
　ドライアバランシュ(dry avalanche)　（高温）
　ベースサージ(base surge)　（低温）

水 ＋ 固体の破片（火山灰、岩塊など）
→ 土石流(debris flow, mud flow)
　泥流(mud flow)
　水中火砕流(subaqueous pyroclastic flow)
　(Fiske & Matsuda, 1966)

図 7.15　広義の火砕流区分 [10)]

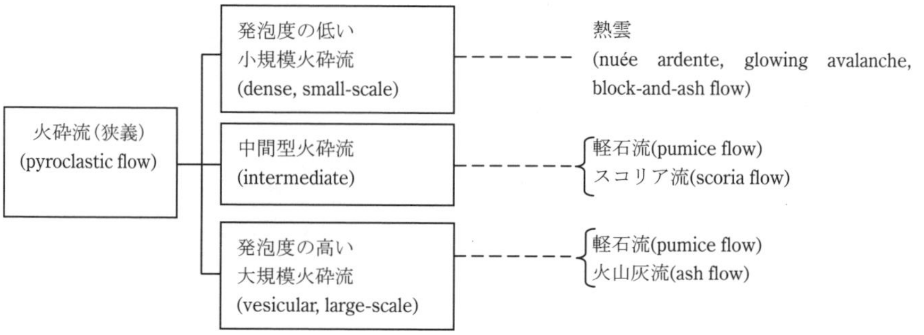

火砕流(狭義)
(pyroclastic flow)

発泡度の低い小規模火砕流 (dense, small-scale)
------ 熱雲 (nuée ardente, glowing avalanche, block-and-ash flow)

中間型火砕流 (intermediate)
------ 軽石流(pumice flow)　スコリア流(scoria flow)

発泡度の高い大規模火砕流 (vesicular, large-scale)
------ 軽石流(pumice flow)　火山灰流(ash flow)

図 7.16　狭義の火砕流区分 [10)]

また、火山灰層は、一度重機などで人工的にこね回すと完全に不透水性となり、トラフィカビリティは著しく低下する。

7.5.3　火砕流堆積物と溶結凝灰岩

火砕流という言葉は、広義と狭義の双方に使われる。広義の火砕流 (volcanic clastic flow) は、①狭義の火砕流 (pyroclastic flow) と②ドライアバランシュ (dry avalanche)、③ベースサージ (base surge) など、ガス（水蒸気・空気など）と固体の破片（火山灰・岩塊など）が混然一体となって流下するか、ⓐ土石流 (debris flow or mud flow) と、ⓑ泥流 (mud flow)、ⓒ水中火砕流 (subaqueous pyroclastic flow) など、水と固体の破片（火山灰・岩塊など）が水と一緒に流下するかによって、図7.15 のように大きく二分される。

　狭義の火砕流は、①発泡度の低い小規模の火砕流である熱雲 (nuée)、②発泡度の高い大規模な火砕流である軽石流 (pumice flow)、や火山灰流 (ash flow)、③これらの中間型である軽石流れやスコリア流 (scoria flow) に分かれる（図7.16）。

　火砕流の多くは火山からある方向へ流下し、地形の低いところを埋めて堆積する[*6]。このため堆積面は地山の部分よりも著しく緩傾斜で、表面には凹凸がなくて滑らかである（図7.18）。

　大規模な火砕流堆積物は高温のまま堆積したため再溶融して、きれいな柱状節理の発達した**溶結凝灰岩（welded tuff）**となっている（図7.19）。火砕流堆積物は**分級度（sorting）**[*7]が悪いのが特徴で、シラスなどのように透水性で概して保水性に乏しいため堆積面上は植生被覆が少なく、草生地や潅木林となっていることが多い。

　火砕流堆積物が固まった溶結凝灰岩と地山のあいだには、溶結凝灰岩堆積以前の**古い崖錐（古崖錐）**が挟まっていて、そこが透水層となっている。とくに、下位の地山が古い堆積岩など難透水性の地層からなる場合は（図7.18）、地表から浸透した水は境界付近の溶結凝灰岩や古い崖錐中に滞水していて、大量の湧水をみることが多い（たとえば宮崎県高千穂峡や北海道の層雲峡など）。また、このような溶結凝灰岩の周縁部の急傾面付近には、地すべりが起きやすい。

[*6] プレー型熱雲は火口から高速度で放射されるため、堆積物は地形的な凹凸に支配されないで堆積している。

[*7] 堆積物の粒ぞろいのこと。

図 7.17　2000 年 8 月 29 日の三宅島における火砕流の発生—手前の建物は
三宅高校の校舎—（千葉達朗氏提供）

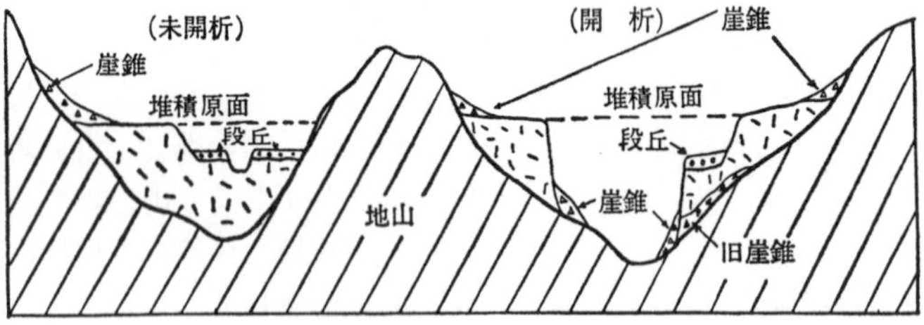

図 7.18　溶結凝灰岩の堆積と侵食形態の模式図 [15]

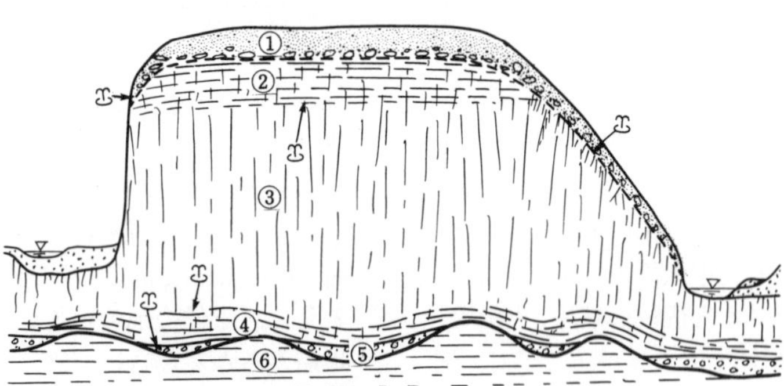

①表層風化部（岩屑部含む）
②板状節理卓越部（急冷却）
③柱状節理卓越部（緩冷却）
④柱状節理もしくは不均等柱状節理卓越部（急冷却）
⑤基底礫岩層
⑥基盤岩

図 7.19　溶結凝灰岩部の区分模式図（原図）

図 7.20　美しいコニーデ型をした富士山（アジア航測提供）

7.6　火山の諸形態

7.6.1　成層火山

　羊蹄山・岩木山・岩手山・鳥海山・富士山・赤城山などのように、火口の大きさ（ふつう直径数 100 m）に比べて火山体の底面積が大きい（直径数 km から 30 km に達する）円錐形の火山体を、**成層火山（strato-volcano）**という。火山の形で呼ぶと円錐火山とか錐形火山・コニーデ（konide）などともいう。わが国で○○富士と呼ばれる山は、たいていこのタイプとみてよい。中央部の火口から、玄武岩質溶岩など比較的粘性の小さい溶岩流と火山砕屑物とが交互に噴出してできたもので、これらが層状をなして山頂近くほど急傾斜になり、火口付近では 40° 近くなることも多い（図 7.21）。

　火山体を構成する岩石は、玄武岩〜玄武岩質安山岩などからなり、1 枚 1 枚の溶岩は数 10 cm から 3、4 m と薄い。溶岩のあいだに挟まる火山砕屑物（火山礫・スコリア*8 など）の厚さも概して薄く、溶岩よりやや厚い程度である。

──────────
*8 岩滓（がんさい）といい、梅干し大でコークス状をした玄武岩質の黒色の火山噴出物。

　成層火山では、火口付近と山麓部とでは構成物が著しく異なる。火口付近では溶岩流はもちろんのこと、火山砕屑物も噴出時に高温であったため溶結（welding）している。山麓部には溶岩流や火山砕屑岩の互層も認められるが、そのほかに火山性の泥流堆積物（volcanic mudflow）や二次堆積物である扇状地性の堆積物（土石流や水流によって運ばれた堆積物）の方が、多くなる。

　成層火山を構成する溶岩流は山体の上下方向（山頂〜山麓方向）には比較的よく連続して分布し、なかには火口付近から山麓部まで連続するものもある。しかし、流下方向に対して横方向への連続は非常に悪い。これは 1 枚 1 枚の溶岩流の粘性が小さくて山腹の谷や小凹地部を埋めるように下流側へと流下・堆積しているためである。山頂部〜中腹部では必ずしも溶岩部に割れ目が多いわけではないが、水の浸透が良い。このため成層火山に発達する放射状の谷（ガリー）には平常時にはほとんど水がなく、豪雨時にのみ表面流出をみる。降雨量が多いと土石流的に土砂を流出し、これらが繰り返されて富士山大沢扇状地のような火山麓扇状地ができる。

　一方、山麓部に分布する火山性の泥流堆積物は粘土分に富み、難透水性を示す。とりわけ古い泥

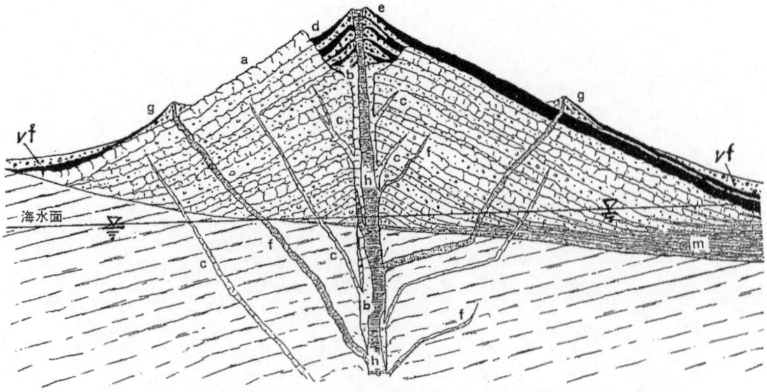

a：主円錐火山、b：火道（旧）、c：岩脈（旧）、d：爆裂火口、e：円錐火山
（中央火口丘）、f：岩脈（新）、g：寄生火山、h：火道（新）、m：火山泥流、
vf：火山麓扇状地（Geikie, Messrs & Boyd 原図）

図 7.21　成層火山の模式断面図（アーサー・ホームズ『一般地質学－Ⅰ』に加筆）[13]

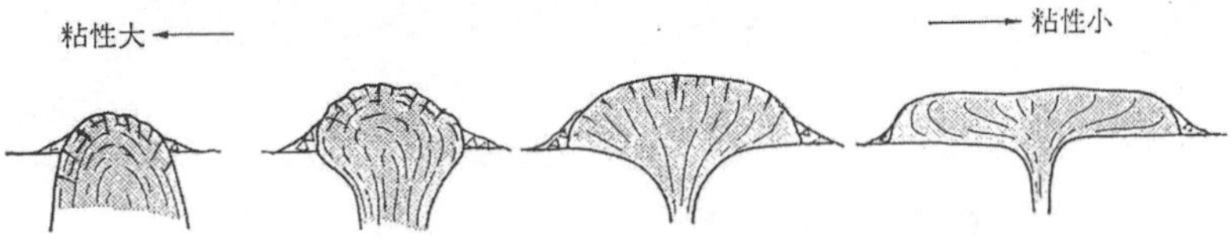

図 7.22　溶岩円頂丘の粘性による形状の違い [15]

流堆積物で粘土化の進んだものは、難透水性である（たとえば古富士泥流堆積物）。こういうところでは、泥流堆積物のすぐ上位にある火山噴出物が地下水の帯水層となる。しかし、その噴出物全域が帯水層になるとは限らず、泥流堆積物表面にある凹地部を埋めて分布する部分が帯水層となりやすい

　成層火山の山腹で浸透した地表水は難透水層に沿って流下し、山麓部で豊富に湧出する。豪雨時には、地下水位の上昇や地表水の増加とあいまって、湧水帯付近では水や土砂流出による災害が起きやすい。

7.6.2　ドーム（溶岩円頂丘）

　石英安山岩や流紋岩のように粘性の大きい溶岩が地表に噴出すると、まわりに流下して広がらずに火口付近にドーム状の丘をつくる。これを溶岩円頂丘（lave dome）という。火山としては鐘状火山とかトロイデ（tholoide）などと呼ばれる。

　溶岩円頂丘の形は溶岩の粘性と1回あたりの噴出量によって異なり（図 7.22）、粘性が大きいとほとんど火道（vent：火山噴出物の出口）の太さのままの溶岩塔（lava spine）として、急峻な丘

を形成する（伊豆天城山の矢筈山など）。しかし、一般には火道から供給された溶岩によって自然にふくらんでドームが形成されるため、内部には外形と平行した流理構造[*9]（flow structure）ができている。頂部には引張り応力や噴出時の小爆発によって割れ目ができているため小さな凹凸が多く、溶岩が流れたという感じはない。大まかな同心円状の模様（小さな地形）が認められることもある。

　頂上に火口はなく、かわりに側壁に爆裂火口（explosion crater）を生じていたり側面に硫気孔や水蒸気孔を生じていることがある。頂部は凹凸の多い緩傾斜を示し、中腹は凸型の急斜面をなす。山麓部にはたいてい崖錐が分布しているため、直線状のなだらかな斜面となる。

　溶岩円頂丘は、有珠山の昭和新山（図 7.23）や雲仙岳の平成新山のように火山活動の末期に側火山や寄生火山として形成されることが多く、数個のものが密集していたり直線的に配列していたりする。

　図 7.23 は、有珠山にある昭和新山の成長を記

---

*9 溶岩として流れたことを示す模様や構造。

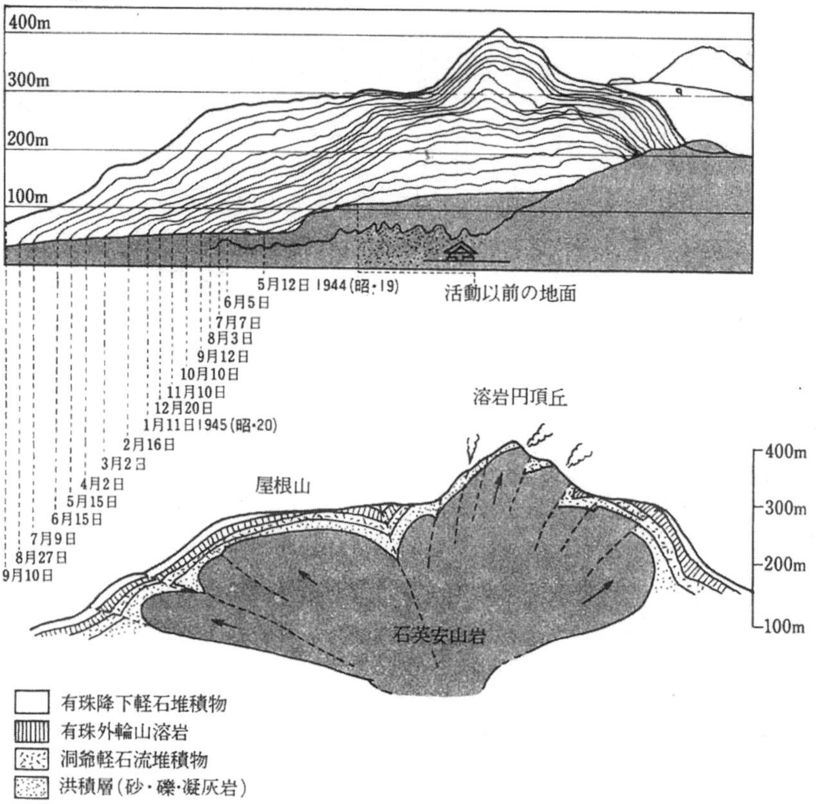

400m
300m
200m
100m

5月12日 1944(昭·19)
6月5日
7月7日
8月3日
9月12日
10月10日
11月10日
12月20日
1月11日 1945(昭·20)
2月16日
3月2日
4月2日
5月15日
6月15日
7月9日
8月27日
9月10日

活動以前の地面

溶岩円頂丘

屋根山

石英安山岩

400m
300m
200m
100m

☐ 有珠降下軽石堆積物
▥ 有珠外輪山溶岩
▦ 洞爺軽石流堆積物
▨ 洪積層(砂・礫・凝灰岩)

図 7.23 昭和新山成長の経過を示すミマツダイヤグラム（上）と推定断面図（下）[2]

録したミマツダイヤグラムと溶岩円頂丘の推定断面図を示す。

溶岩円頂丘は流理構造が発達していたり表面付近が多少破砕されていたりすることはあっても、全体が溶岩流からなり火山砕屑岩類や火山灰などを挟まないため原石山としては適しており、採取可能な量も算出しやすい。割れ目も比較的少なく、岩体全体としては不透水性を示すことが多い。

7.6.3 岩脈

堆積岩や火山岩などの中に、垂直に近く貫入した岩体（intrusive body）を、**岩脈（dike）**と呼んでいる。同じ貫入岩体でも、地層に平行か緩い角度に貫入したものはシル（sill）と呼ぶ。この中間的な角度のものをとくに岩床（sheet）とか斜交岩床（transgressive sheet）などと呼ぶこともある。岩体そのものの性質はあまり変わらない。

岩脈には安山岩・玄武岩などの火山岩のほか、石英斑岩などもある（図 7.25）。

火山地域では、互いに平行した多数の岩脈群（dike swarm）が多く認められることがあり、マグマが地表に出るときの通路になったものと考えられている。わが国でも、伊豆網代の海岸や設楽盆地北西部などに認められる（久野久、1954）[25]。火山体では、中央の火口を中心に放射状岩脈（radial dike）が分布することもある。そのほか、環状の岩脈（ring dike）も認められる。

岩脈の幅は石英安山岩のように粘性の大きい岩石では数 10 m ないし数 100 m と大きいのに対し、玄武岩のように粘性の小さい岩石では 1 m から 10 m 前後のことが多い。岩脈には伸長方向に直交した節理がよく発達する。とくに周縁部には、貫入時にまわりの地層や岩石で急に冷やされたことを示す非常に細かな節理の発達する**急冷周縁相（chilled margin）**ができている（図7.24）。

岩脈には、岩体全体が同一岩石だけからなるものと、2 つまたはそれ以上の岩石からなる複合岩脈（composite dike）や重複岩脈（multiple dike）

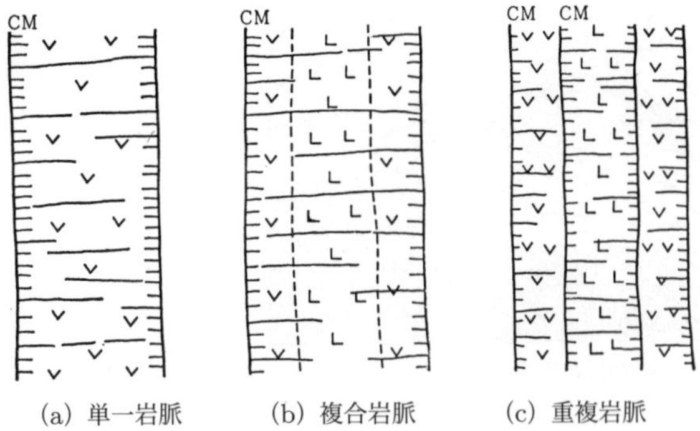

(a) 単一岩脈　　(b) 複合岩脈　　(c) 重複岩脈

図 7.24　岩脈のタイプ（CM は急冷周縁相）[15]

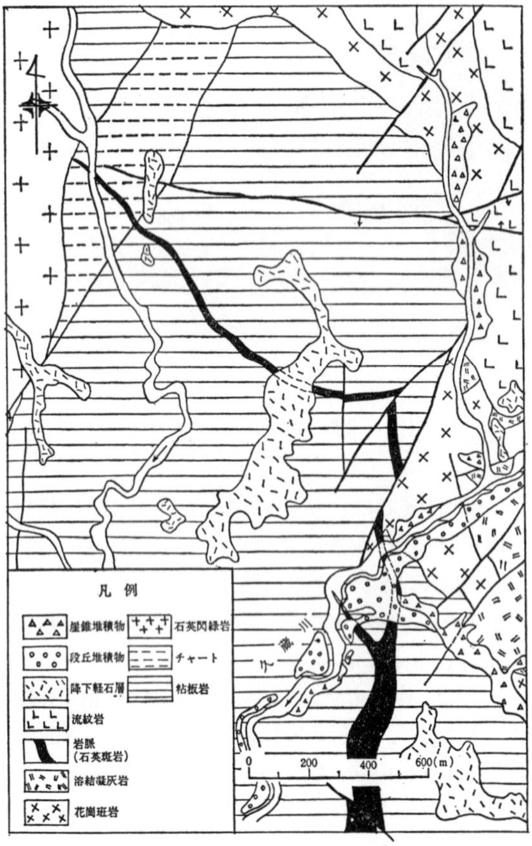

図 7.25　足尾久蔵川流域における石英斑岩の岩脈の分布状況（筆者作成）[11]

がある（図 7.24）。複合岩脈は、結晶の多いマグマの部分と結晶のほとんどないマグマの部分とが、同時に貫入してできたものと考えられ、両者の間に急冷周縁相が認められない。これに対し重複岩脈は、すでに貫入した岩石中に別の岩脈が貫入してできたもので、岩脈自体の周縁部にはもちろんのこと、新しく貫入した内部の岩体の周縁部

にも急冷周縁相ができている。

　岩脈の部分は多くの場合周辺の岩石よりも堅硬・緻密なため侵食に対する抵抗力が強く、突出した地形を示すことがある。これが山稜をなす場合を、岩脈山稜（dike ridge）と呼んでいる。

　地質図では、岩脈は踏査の際に発見したところを中心にレンズ状に描かれていることが多い。しかし、実際には岩脈の分布は思ったよりも複雑で、相当細かく分岐していたり厚くなったり薄くなったりする（図 7.25）。

7.6.4　爆裂火口と爆裂破砕物

　溶岩流や火山放出物の噴出がなく、ほとんどが火山ガスの爆発で火山体が破壊される現象を**水蒸気爆発**（phreatic explosion）といい、これによってできた火山地形を**爆裂火口**（explosion crater）と呼ぶ。爆裂は噴火の長い休止期の後に起こることが多い。

　爆裂火口はまだ侵食のあまり進まない火山体に認められる地形で、多くは馬蹄形をなしているが、何回かの小爆裂が重なっていびつなスプーン状のこともある（図 7.26）。火口の外側は比較的傾斜の緩い斜面からなるが、内側は急崖をなす。

　爆裂火口のあるところには、火口の開いた方向

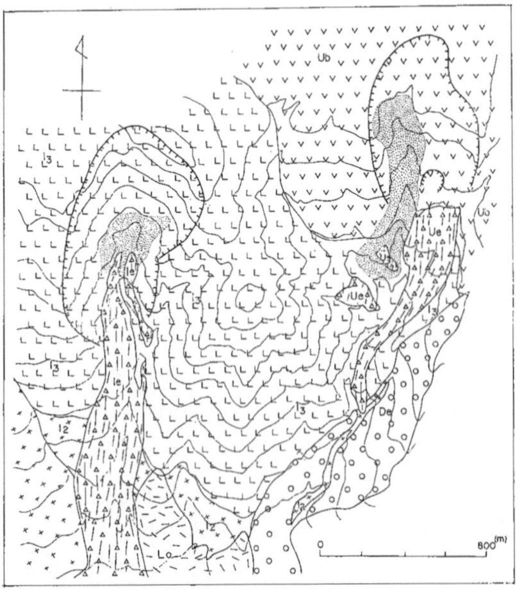

図 7.26　岩手山における爆裂火口とその下に分布する爆裂破砕物（le、Ue）。爆裂火口中の点々の部分は変質部分（筆者作成）[11]

にたいてい**爆裂破砕物**（explosion ejecta）が
分布している（図7.26）。1792年（寛政4）に起
きた雲仙普賢岳・眉山の大崩壊も、水蒸気爆発に
よるともいわれ、そのときの崩壊物は馬蹄形の火
口から扇形に流下・堆積し、一部は有明海に流入
して高さ13mもの大津波を起こして、対岸の熊
本県（肥後）側や島原・天草などに約1万5000
名にのぼる死者を出している[*10]。島原九十九島
は、このときの崩落物である（図7.43）。立山・
天狗山の爆裂破砕物は地質時代に形成されたもの
で舌状の分布を示すが、爆裂破砕物の堆積面はい
まなお保持されている。

　爆裂破砕物は、爆裂火口付近を構成していた岩
体が破壊されてできたもので、火山体が温泉変質
を受けていない場合（たとえば、雲仙の眉山）は、
爆裂破砕物もガサガサで空隙が多く、透水性であ
る。ところが、岩手山や立山・天狗山の例では、
火口付近はもともと温泉変質（火山変質）を受け
ており（図7.26）、破砕物も粘土化が著しく空隙
の少ない難透水性を示す。

　これら爆裂破砕物は未固結で切土などの際崩壊
しやすく、侵食にも弱い。とくに、粘土分の少な
い爆裂破砕物は再崩壊（崩落）しやすい。一方、
粘土分が多くなると切土後に膨潤化して、盤ぶく
れを起こしやすくなる。

7.6.5　カルデラ

　火山地域にある直径がほぼ2km以上の凹地の
ことを、**カルデラ**（caldera）という。ポルトガ
ル語[*11]で、まわりを急崖で囲まれた鍋のような地
形のことである。噴火口が直径2kmを超えない
のに対し、カルデラはそれより大きい（表7.9）。
カルデラには、①爆発カルデラ、②陥没カルデラ、
③侵食カルデラなどがあり（地学事典）、わが国
ではもちろん、世界的にも②のタイプが多い。

① **爆発カルデラ**（explosion caldera）：1888
　年の磐梯山北側の爆裂のように、火山体の一
　部が爆裂によって吹き飛ばされてできた凹地
　をいい、2km前後の小型のものが多い。そ
　のときに吹き飛ばされてできた破砕物は、火

*10 対岸の熊本（肥後）側での被害の方が大きかったため、
　　「島原大変肥後迷惑」のことわざが生まれた。
*11 ポルトガル語で「大きな鍋あるいは釜」を意味する。

図7.27　始良カルデラを形成した入戸火砕流堆積物
　　　　（黒色部）の分布[14]

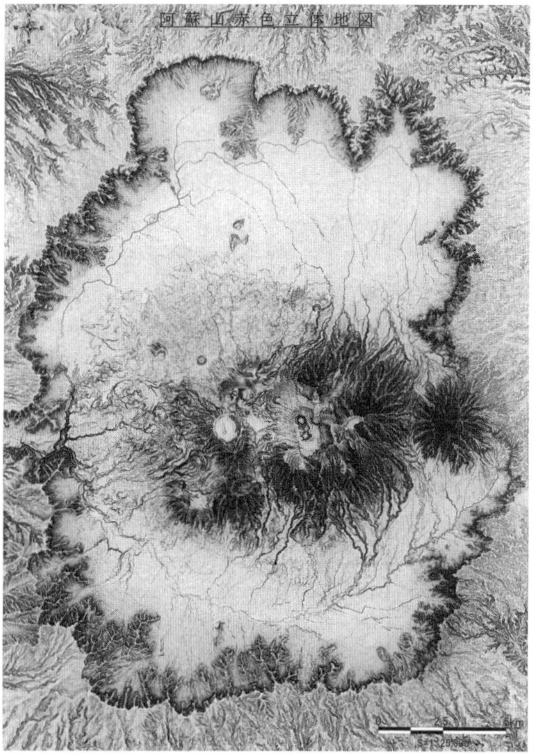

図7.28　LANDSAT映像でみた阿蘇カルデラ（赤色
　　　　立体地図：千葉達朗氏提供）―陥落カルデラ

山泥流（vlocanic mudflow）となって山麓部
へ流下する。

② **陥没カルデラ**（collapse caldera）：火山体

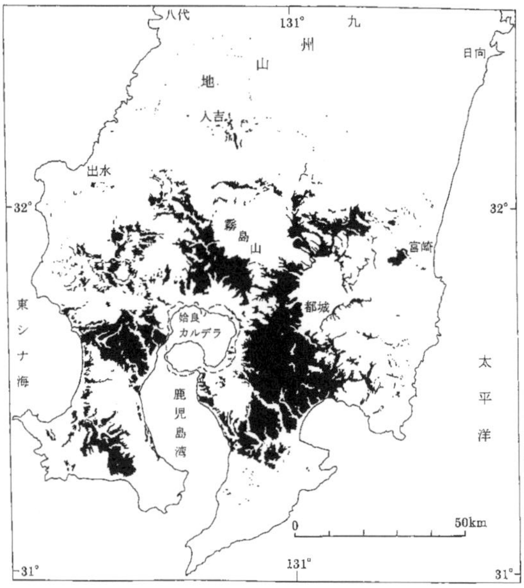

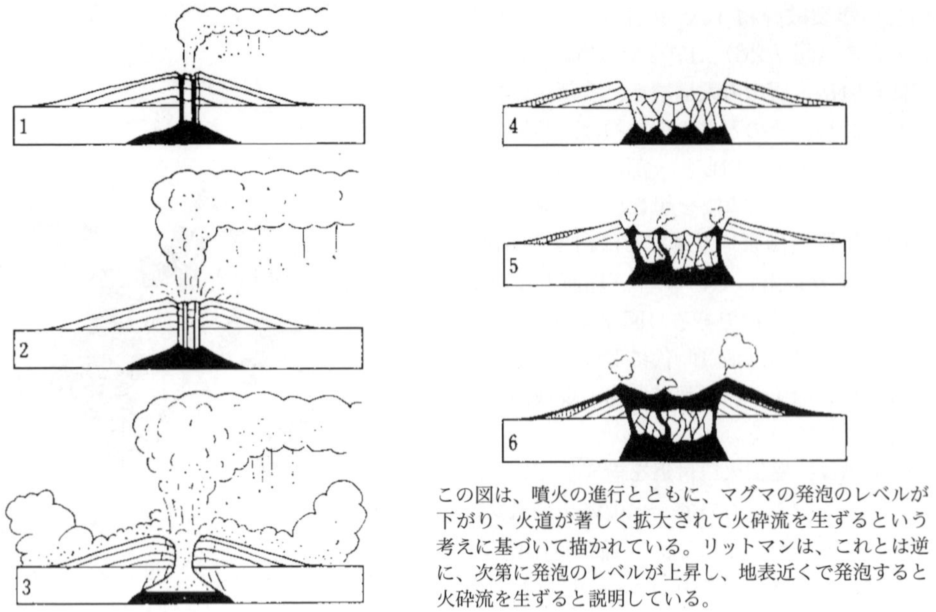

この図は、噴火の進行とともに、マグマの発泡のレベルが下がり、火道が著しく拡大されて火砕流を生ずるという考えに基づいて描かれている。リットマンは、これとは逆に、次第に発泡のレベルが上昇し、地表近くで発泡すると火砕流を生ずると説明している。

1、2：初期噴火—降下軽石、3：破局的噴火—火砕流流出、4：カルデラ陥没、5、6：後カルデラ火山の成長
図7.29　クラカトア型カルデラの形成史[2]（ベンメレン、1929；ウイリアムス、1941）

の一部が陥没してできたカルデラをいい、鹿児島湾（図7.27）や阿蘇山（図7.28）などがこのタイプに属する。阿蘇カルデラは、数回の陥没によってできたと言われている。

③ **侵食カルデラ（erosion caldera）**：前述①②や火山の火口が侵食されて拡大してできた凹地のことをいう。立山火山の湯川流域、山形県の葉山、伊豆の達磨火山、湯河原火山などは、このタイプと考えられている。

　1888年に起きた福島県・磐梯山の爆裂は、2〜3時間のあいだに起きた大災害で、最高670mの高さに及ぶ山体北半部が吹き飛ばされ、1213km^{3}の山体が磐梯山北麓に崩れ落ち、村落を埋めつくして多くの人命を奪った。この爆裂で川がせき止められて、小野川湖・秋元湖・桧原湖などのせき止め湖ができた。

　陥没カルデラはほぼ円形をしているが、必ずしも1回の陥没で生じたわけではなく、阿蘇カルデラ（図7.28）のように何回にも分けて陥没したものが多い。陥没カルデラにはいろいろのタイプがあるが、カルデラ湖（caldera lake）をつくるわが国の多くのカルデラはクラカトア型（krakatau type：図7.29）で、大量の軽石が火口や山腹の割れ目から噴出したあと、山頂部が陥没したものである。軽石は大規模な軽石流（pumice flow）

表7.9　わが国の主要なカルデラの大きさ

カルデラ名	直径 (km)	カルデラ名	直径 (km)
始良（あいら）	23–24	磐　梯　山	2
池　　　田	4	十　和　田	12–14
阿　　　蘇	17–25	洞　　　爺	8–11
阿　　　多	14–24	支　笏	13–15
箱　　　根	8–12	阿　寒	13–24
伊　豆　大　島	3–4	屈　斜　路	20–26
湯　河　原	5–6	倶　多　良	2.5
立　　　山	3.5	摩　周	5.5–7.5

や降下軽石（pumice fall）として火山周辺に堆積している。そのほか軽石堆積物や溶結凝灰岩などが、古い谷を埋めるように広く分布している（図7.18）。

　図7.27は約2万9000年前に、約350km^{3}のシラス（火砕流堆積物）を噴出した始良カルデラと、その噴出物の分布状況である。火砕流堆積物はシラス台地を形成している。

7.6.6　温泉変質—後火山作用—

　火山地域では、噴火の休止中や火山活動末期になって噴火が起こらなくなった後も、火山ガスを出す噴気活動（fumarole）[*12]は長く続く。こ

[*12] 厳密には、水蒸気孔（fumarole）、硫気孔（solfatra）、炭酸気孔（moffete）などに分かれる。

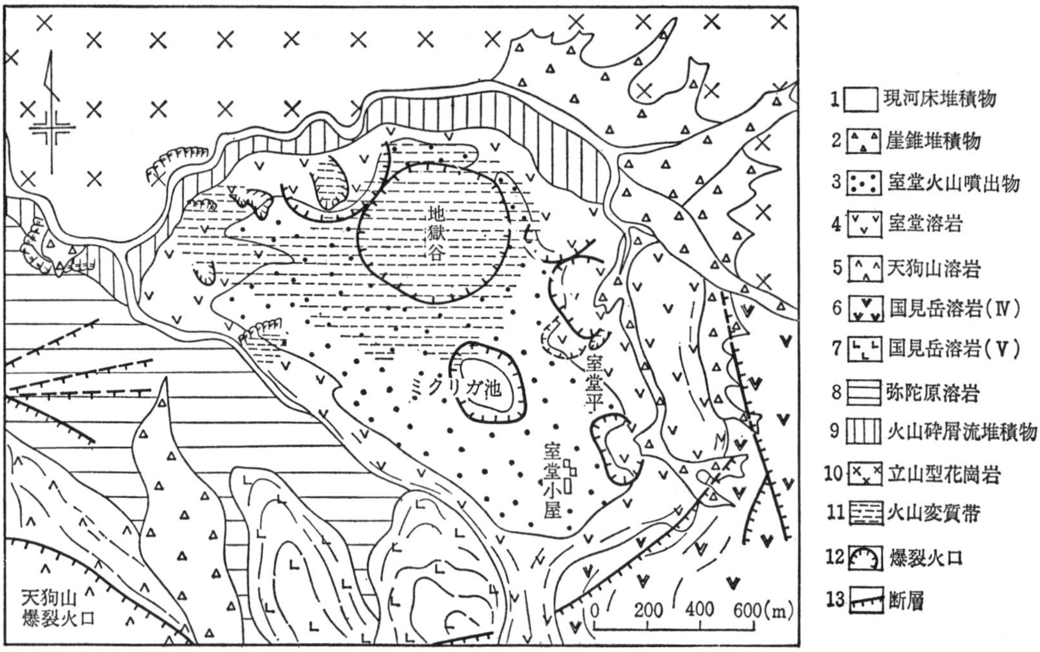

図 7.30 立山室堂付近の火山変質帯（筆者作成）[15]

のような活動によって地下深所で高温の温泉水がまわりの岩石に化学変化を与える作用を、**温泉変質**（solfataric alteration）とか**火山変質**（volcanic alteration）と呼ぶ（図 7.30）。火山地域に多いいわゆる"地獄"の噴気孔のまわりで亜硫酸ガス（SO_2）や硫化水素（H_2S）が温泉水に溶けて、まわりの岩石を変質・分解するのも温泉変質である。

温泉変質の低度のものは割れ目付近だけが灰褐色に変わっているにすぎないが、変質が進むにつれて原石の形態を失い、青灰色や灰色あるいは白色の粘土化帯—**温泉余土**（solfataric clay）—へと変わっていく。最も変質の進んだところでは硅化（silicification）している。

このように温泉変質の状態は、狭い地域でも変質の程度によって著しく異なる。また、同一地点でもそこを構成する岩石の形成時代や岩石のタイプによっても違う。このため、温泉変質の状況を詳しく調査するには、火山地質的な層序を明確にし、各地層（あるいは岩石）ごとに変質の度合を明らかにすることが大切である。

温泉変質を受けたところ—とくに粘土化したところ—には、地すべりが起きやすい。箱根火山の早雲山の地すべりはこのタイプである。丹那トンネル工事ではこのような温泉変質帯を掘削するはめになった。ところが温泉変質した粘土は水を含むと著しく膨張するため、工事中に支柱が曲がったり崩落を起こしたりして難工事であった。

1966 年 9 月 14 日、台風 24 号を機に発生した別府・明礬地区の地すべりも、温泉変質帯の地すべりと考えられている。このような温泉変質帯の地すべりは地盤の粘土化や降雨による地下水の上昇だけでなく、温泉水が間欠的に増加して地下水位が上昇することも、すべりの発生を助長していると考えられている[25]。

7.6.7 火山と裂か系（地質構造）

後述するようにわが国の場合、火山の分布は火山フロントより内側すなわち大陸側に分布しているし、またそれぞれの火山がある系列をもった火山帯を形成している（**7.2**）。このような火山フロントや火山帯もきわめてマクロで深いところの地質構造と関係しているが、それぞれの火山の噴火口・爆裂火口などの分布は、ある一定した直線的な方向に並ぶことが多い。これは、マグマだまりからのマグマの噴出が、地表近くに分布する割れ目、すなわち、断層や破砕帯の分布に沿って行われることによる。

7.7 火山と災害

火山活動の範囲と人間の活動領域とが重なると、**火山災害（volcanic disaster）**が発生する。火山災害は、次の3タイプに分けることができる（表7.10）。

① 火山からの噴出物による直接的災害
② 火山活動に伴う二次的災害
③ 火山地域の土砂災害

このうち、活火山であるために起こる災害は、①、②であり③は死火山でも起こりうる。表7.11に世界での火山災害を、また表7.12に近世になってわが国で死者を出した火山災害を示す。

火山の噴火様式は、火山帯によって大まかな性質が決まっているし、おのおのの火山の噴火タイプはこれまでの実態からほぼ予測できる。このため、それぞれの活火山について、どういう噴火様式にまで対応する防災計画を立てればよいかは、ある程度決まってくる。

火山噴出に伴う災害現象（直接的災害）で、頻度の高い災害には、主として① 降灰、② 火砕流、③ 溶岩流、④ 火山泥流、⑤ ①②④などの発生後の降雨による土石流などがある（図7.31）。これらは活火山（現在わが国には108の活火山がある）の周辺地域に、直接的・間接的に深刻な影響を及ぼす。とりわけ、噴火活動が長びくとその影響も長期化し、被害は次第に大きなものとなる。

さらに、しばしば起こる火山災害を被害の形態からみると、表7.13のようになる。

火山災害を時間軸を中心に示すと図7.31のようになる。

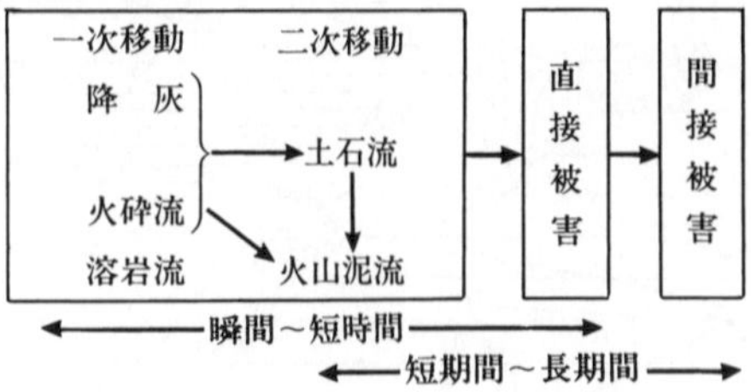

図7.31　時間軸でみた火山災害 [17]

7.7.1　火山からの噴出物による直接的災害
(1)　溶岩流による災害

溶岩流は粘性の小さい玄武岩など速いものでも30〜40 km/h 程度であるから逃げる時間はあり、100 km/h 以上で到来する火砕流や火山泥流ほど大災害になることは少ない。安山岩質溶岩の場合はもっと遅い。しかし溶岩の流出が人間の生活領域で起こると、山林や耕地・道路・街などを焼きはらい埋めつくしてしまって、社会的・経済的に大きな被害をもたらす（図7.32）。溶岩流の流下特性は溶岩の粘性と降伏せん断力に支配される。さらにこれらは溶岩の温度によって影響を受

表7.10　火山活動と火山災害 [16]

災害型	火山活動	運動様式	受けやすい災害
火山噴出物による直接的被害	溶岩流	流下（高温・低温）	家屋・耕地・山林の破壊・埋積、火災
	火砕流	流下（高温・低温）	人的被害、家屋・耕地・山林の破壊・埋積、洪水
	ベースサージ	放散（高〜低温・高速）	人的被害、家屋・耕地・山林の破壊・埋積
	山体崩壊	流下（中〜低温・高速）	人的被害、家屋・耕地・山林の破壊・埋積、津波誘発
	火山泥流	流下（中〜低温・高〜中速）	人的被害、家屋・耕地・山林の破壊・埋積、洪水、水系汚染
	火山礫・火山岩塊噴出	降下	人的被害、家屋・耕地・山林の破壊・埋積
	降灰	降下	家屋・耕地・山林の破壊・埋積、植生変化、二次泥流誘発、健康障害
	火山ガス放出	放出	ガス中毒、大気・水質汚染、植生変化
火山活動による二次的災害	火山性地震		家屋崩壊、山体崩壊・地盤災害誘発、人的被害
	地殻変動		地形変化、家屋破壊、地盤災害誘発
	暴風・空振		家屋・山体の破損、破壊
	地熱変化		温泉・地下水の温度変化
	津波		人的被害、洪水、家屋・耕地の破壊・荒廃
火山地域の土砂災害	泥流・土石流	流下（低温・中速）	人的被害、家屋・耕地・山林の破壊・埋積、水系汚染
	斜面崩壊	流下（低温・中速）	人的被害、家屋・耕地・山林の破壊・埋積
	地すべり	流下（低温・中速）	人的被害、家屋・耕地・山林の破壊・埋積

7章 工学面からの火山地形の見方 225

表 7.11 多数の犠牲者を出した世界の火山

火 山 名	噴火時代	死者概数	備 考
タンボラ（Tambora、インドネシア）	1815 年	92 000 人 （火砕流 12 000）	噴火後の餓死者を含む
クラカトア（Krakatoa、インドネシア）	1883	36 000	主に津波による
プレー（Pelee、西インド諸島）	1902	29 000	熱雲による
ネバド・デル・ルイス（Nevade del luice、コロンビア）	1985	25 000	泥流
ベスビアス（Vesuvias、イタリア）	1631	18 000	79 年以来の大噴火
エトナ（Etna、イタリア）	1169	15 000	爆発・溶岩流出
エトナ（Etna、イタリア）	1669	10 000	カタニア市まで溶岩流
雲仙岳（日本）	1792	15 000	山体崩壊と津波による
ケルート（Kelut、インドネシア）	1586	10 000	火山泥流による
ラキ（Laki、アイスランド）	1783	10 000	餓死者を含む
メラピ（Merapi、インドネシア）	1006	数千	主に熱雲による
メラピ（Merapi、インドネシア）	1672	3 000	熱雲と火山泥流による
	1930	1 300	火砕流（熱雲）
サンタマリア（Santa Maria、グアテマラ）	1902	6 000	火砕流（熱雲）
ケルート（Kelut、インドネシア）	1919	5 000	火山泥流による
ガルングン（Galunggung、インドネシア）	1822	4 000	同上
アウ（Awu、インドネシア）	1711	3 200	同上
ラミントン（Lamington、ニューギニア）	1951	2 942	爆発と熱雲による
パパンダヤン（Papandajan、インドネシア）	1772	2 957	爆発による
アウ（Awu、インドネシア）	1856	2 800	火山泥流による
アウ（Awu、インドネシア）	1892	1 500	火山泥流と熱雲による
アグン（Agung、インドネシア）	1963	1 900	熱雲と火山泥流による
エルチチョン（El Chichon、メキシコ）	1982	1 700	地震
スフリエール（Soufriere、西インド諸島）	1902	1 565	熱雲による

表 7.12 わが国の近世における主な災害現象

火山名	活動年	死者	災害の主な原因
①那須岳	1410（応永 17）	180 余	火山泥流
②北海道駒ヶ岳	1640（寛永 17）	700 余	噴火，山体崩壊，津波
③渡島大島	1741（寛保 1）	1 467	山体崩壊，津波
④浅間山	1783（天明 3）	1 151	火砕流，洪水
⑤青ヶ島	1785（天明 5）	約 140	大噴火
⑥雲仙岳	1792（寛政 4）	15 000	地震，山体崩壊（津波），火山泥流
⑦有珠山	1822（文政 5）	50	噴火
⑧磐梯山	1888（明治 21）	478	地震，山体崩壊，火山泥流
⑨安達太良山	1900（明治 33）	72	噴火
⑩鳥島	1902（明治 35）	125	大噴火
⑪桜島	1914（大正 3）	58	地震，溶岩流出
⑫十勝岳	1926（大正 15）	146	火山泥流
⑬北海道駒ヶ岳	1929（昭和 4）	2	噴火，火砕流（軽石流）
⑭三宅島	1940（昭和 15）	11	噴火，溶岩流
⑮明神礁	1952（昭和 27）	31	海底火山
⑯阿蘇山	1958（昭和 33）	12	噴火
⑰有珠山	1977〜78（昭和 52〜53）	3	降灰，地殻変動，二次泥流
⑱阿蘇山	1979（昭和 54）	3	噴火
⑲御岳山	1979（昭和 54）	0	噴火，降灰
⑳雲仙・普賢岳	1990〜95（平成 3〜8）	44	噴火，降灰，火砕流，二次泥流

表7.13 火山噴火によりしばしば起こる被害形態[17]

時間	現象	被害形態 火山災害予想区域内	火山災害予想区域外
瞬時	降灰	家屋倒壊・農地埋没等 ┐	・風向きによって降灰が道路交通障害等を起こす ・災害情報の遅れなどによる対応の混乱
	火砕流	施設農地埋没・森林火災 ┤	
	火山泥流	施設農地流出・埋没等 ├ 直接被害	
	土石流	施設農地流出・埋没等 ┤	
	溶岩流	家屋・施設・森林等の焼失 ┘	・溶岩流による被害はごくまれである
短期	降灰	直接被害：施設家屋埋没 　　　　　農林水産物被災 間接被害：復旧の遅滞	・濁水による河川、湖沼、海の水質汚染 ・浮遊物質による養殖水産物や水中生物の死滅 ・大気汚染による生活への影響 ・火山灰の沿岸浮遊による船舶の航行不能。火山灰の浮遊による航空機の航空障害 ・災害区域の道路や鉄道の不通による人や物資の移動障害 ・避難民に対する生活補償 ・生活活動や公共・公益サービスの一時的低下
	土石流	直接被害：建物・農地の流失・埋没 間接被害：復旧の遅滞	
中期	土石流	直接被害：施設家屋流失・埋没 　　　　　農地被害 間接被害： ・工場・リゾート関連会社等の閉鎖によるこれら事業収入の途絶 ・水質汚染、海産干場および漁船の焼失による水産業生産活動の極度の制約	・有害物質溶解による水質汚染。その摂取による人体、水中生物の危険。水産海産物の収穫減 ・有毒火山ガス、細粒火山灰等による大気汚染。その環境における人体の異常（目、鼻、気管支炎、精神不安、不眠、ノイローゼ、失神等）、酸性雨による被害 ・産業活動の停止あるいは低下による地域住民の収入減 ・避難民に対する生活補償 ・生産活動や公共・公益サービスの低下
長期	土石流	・森林や海浜での生態系の変化等による自然環境の悪化 ・土壌汚染、荒廃および農林業施設の被災等による農林業生産活動の放棄・長期中断 ・生産活動や公共・公益サービスの低下	・海浜など生態系の変化等による自然環境の悪化 ・観光客の減少によるサービス産業の収益減 ・有害物質を含んだ魚、草等の摂取による人体、家畜の異常 ・日射量、気温の低下等による農林水産物の生産低下 ・生産活動や公共・公益サービスの長期的低下

＊ 時間区分は火山や噴火形態によって異なる。例えば北海道駒ヶ岳では、1929 噴火を参考にすると、瞬時は 1 日程度（主要噴火継続時間）、短期は 1 週間程度内（噴火継続時間）、中期は 1 週間～1 ヶ月程度（災害復旧開始、避難民帰還）、長期は 1 ヶ月以上となる。

ける。

　火山によって噴出する溶岩の性質や噴火口の位置はほぼ決まっているので、溶岩流の流出の場所とそこから流出した場合の流下経路などを、地形的もしくはそれを加味した流下シミュレーションなどで予測して、防災対策を講じることが大切である。

(2) 火砕流・ベースサージによる災害

　ポンペイの町をはじめ、大規模な火砕流が熱雲として来襲し、集落や街を一瞬にして焼きつくして大惨事をもたらした例は、世界各地に多い。わが国でも、① 1783 年浅間山噴火による鎌原の火砕流（図 7.36）、② 1822 年有珠山噴火時の火砕流、③ 1929 年北海道駒ヶ岳の火砕流、④ 1991 年の雲仙岳の火砕流などで大きな被害が出ている。火砕流は数 100℃～1000℃ という高温で、しか

も 100 km/h 以上の速度で山腹を流下して到達範囲も広いため（図 7.33）早期に避難することを考えないと発生してからでは間に合わない。

　火砕流は発生してからでは逃げようがないが、発生の可能性の多い火山での被害の回避・軽減には、噴火の予知と危険地域からの迅速な避難が大切である。

(3) 火山体の崩壊による災害

　わが国での主な火山体崩壊（collapse of volcano）による被害には、① 1640 年（寛永 17）北海道駒ヶ岳の崩壊、② 1741 年（寛保元）渡島大島の崩壊、③ 1792 年（寛政 4）の島原眉山の崩壊、④ 1888 年（明治 21）の磐梯山の崩壊などがある（図 7.34）。

　火山体の崩壊は火山ガスや水蒸気爆発による爆裂性のものが多く、火砕流同様に予知も難しく避

7 章　工学面からの火山地形の見方　　227

図 7.32　三宅島の阿古地区に流下した玄武岩溶岩（1983 年 10 月：朝日航洋(株)提供）

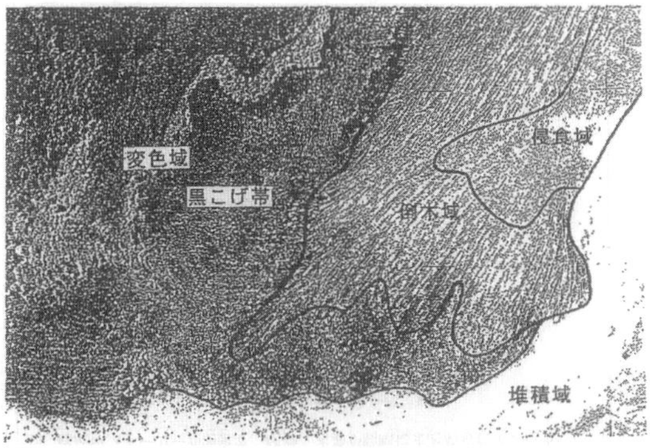

図 7.33　火砕流による影響範囲の分類例（千葉達朗氏
　　　　提供）（雲仙火山・普賢岳での 1991 年の例）

けようがないので、集落全体が埋まるなどの大惨
事となりやすい。前兆現象をいち早く感知して、
早期の避難が大切である。

（4）　火山泥流による災害

　火山噴出物が水（十勝岳の例のように山腹の融
雪のこともある）と混合して谷筋に沿って流下す
る現象を、**火山泥流（volcanic mudflow）**と呼
んでいる。火山泥流は、①噴火によって山腹斜面
を流下する火山砕屑物が積雪や火口湖の水をまき

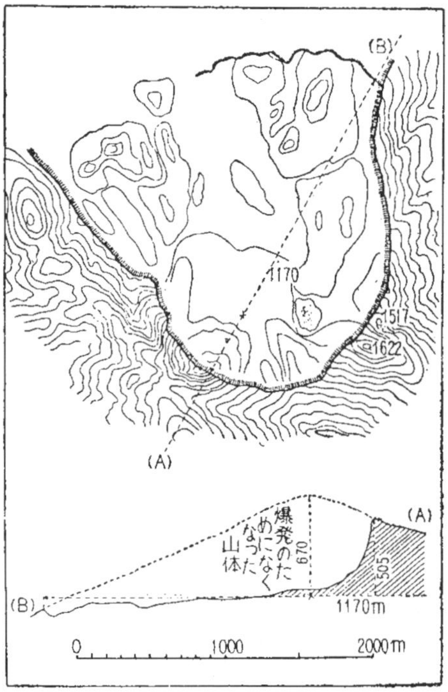

図 7.34　1888 年の爆発によって山体が破壊された
　　　　磐梯山（関屋清・菊池安：1980）

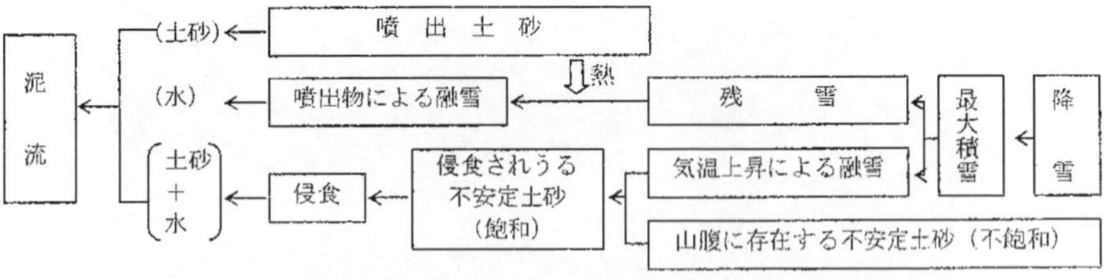

図 7.35　泥流発生・発達の模式図 [17]

こんで発生する初生的な場合と、②噴火で噴出し
いったん斜面に堆積した火山灰や火山砕屑物が、
その後の降雨で流動する二次的な場合とがある
（図 7.35）。

　①の例としては、1926 年（大正 15）十勝岳の
噴火によるものや、1980 年アメリカ・セントヘレ
ンズ火山の噴火によるものなどがある。②の例と
しては前述の十勝岳の噴火の際、爆発により中央
火口丘の北半部が破壊され、その崩壊物が積もっ
ていた雪をとかして斜面を流下して、二次的な泥
流被害を起こし、美瑛川や富良野川流域で 114 人
が亡くなっている。1978 年の有珠山の噴火の際
の二次泥流でも、3 人の死者が出た。

　火山泥流は同じ火山でも降灰の多い時期には、
同じ降雨量や降雨強度であっても降灰の少ない時
期より発生しやすい。また降雨量が同じでも、泥
流のピーク流量や総流出量は、降灰の多い時期に
は大きくなる。

　火山灰など細粒の噴出物が混ざることによって
泥流中の水の見かけの比重が増すため、大きな浮
力を得て岩塊も流動しやすくなる。その流動形態
は土石流とほぼ同じで、「細流土砂の土石流」と
考えてよい。

　火山泥流は流動性と破壊力をもつため、火山か
ら数 10 km 離れた河川沿いの地域にまで災害を
ひき起こすことがある。とくに火山灰などが頻繁
に堆積する地域に強い雨が降ると発生しやすい。
火山泥流による被害の状況は土石流と同じと考
えてよいが、火山体が急勾配のため、流下スピー
ドが 50〜100 km/h と速いことが多く、致命的な
被害となりやすい。堆積物は粒度の小さいものが
多い。

　まわりを海に囲まれた火山島では、原爆の"き
のこ雲"と同様に横方向（同心円状）に高速で流
れる火砕流と同様のベースサージ（base surge）
が発生し、瞬時にして大被害をこうむる危険性が

（注）熱泥流は火砕流と同義

図 7.36　活気あふれる宿場町だった鎌原村（嬬恋村役
場観光商工課）[16]

表 7.14　日本各地のベースサージ堆積物

火山名	地域名	岩質	マグマと接触した水
利尻	北海道	玄武岩	海水
有珠	〃	石英安山岩	火口湖水
一の目潟	秋田	玄武岩	地下水
沼沢	福島	石英安山岩	カルデラ湖水
大島	伊豆	玄武岩	海水
新島若郷	〃	〃	〃
新島向江山	〃	流紋岩	〃
神津島	〃	〃	〃
三宅島	〃	玄武岩	〃
三瓶	島根	石英安山岩	?
草千里ヶ浜	熊本	安山岩	火口湖水
御池	宮崎	石英安山岩	地下水
山川	鹿児島	〃	海水
池田	〃	〃	カルデラ湖水

ある。

(5)　火山放出物による災害

　安山岩質の火山ではストロンボリ式の噴火（表
7.1 参照）が多く、火山礫や火山岩塊等が火口か

ら多量に放出され、火口周辺に堆積する際災害を
及ぼす。わが国では浅間山・阿蘇山・桜島などで
このタイプの災害が多い。

　1707年（宝永4）の富士山の噴火では、10km離
れたところで山火事が起きているし、1783年（天
明3）の浅間山の噴火ではやはり火口から10km
離れたところにある軽井沢に大量の焼けた石が
降り、家屋の炎上や直撃死など被害が大きかっ
た（表7.12）。阿蘇山や桜島では火口近くまで観
光地化されているため、この種の被害にあいやす
い。1970年（昭和54）の阿蘇山噴火で12人の死
者を出したのは、このタイプの被害である。

　この種の災害に対しては、現在、登山規制区域
の設定や退避豪・退避舎の建設によって対応して
いるが、噴火予知とともに**観光客側の良識ある行
動**も強く求められるところである。

（6）　降灰による災害

　わが国の場合、噴火で噴出した火山噴出物は火
口を中心に降下するが、偏西風（中緯度地方の上
層を一年中吹く西からの風）によって、火口より
も東側に広域に降下する（図7.37）。狭い範囲で
みると地形に関係なくどこも同じような厚さで堆
積しているように見えるが、当然、火口から遠ざ
かるほど堆積の厚さは薄くなる。さらに、局所的
に風による吹きだまりの場所ができて、厚く堆積
しているところもある。

　降灰の問題点は、次のような点にある。
① 厚く積もると、木造家屋等が圧壊を受ける
② 農産物は全滅し、もとの田畑への復旧には多
　大な労力と経費・期間を要する
③ 降灰がその後の降雨によって河川に流入し
　て、渓河床の著しい上昇をもたらすため、洪
　水災害が起きやすくなる
④ 少量であっても人間の健康を害し、航空機の
　飛行にも障害をもたらす
⑤ 泥水による河川・湖沼・海の水質汚染や養殖
　水産物の死滅をもたらしやすい

　降灰の堆積厚と木造家屋の被害の可能性は、表
7.15のようになる。

　そのほか降灰災害には、①天候不順（大規模な
場合）、②火山灰の付着による植物・農産物の生
長阻害、③土壌の生産力低下、④路面被覆による
交通阻害、⑤降雨時に土石流・土砂流の発生容易
化、⑥その他日常生活の不便（洗濯物を外に干せ

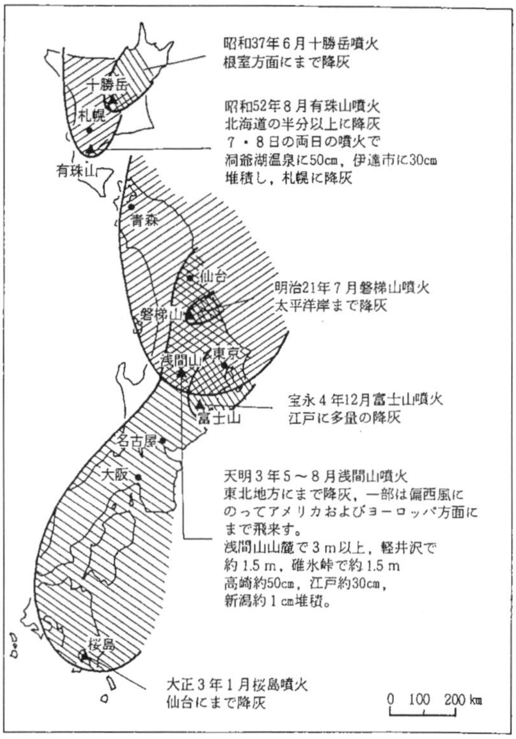

図7.37　記録による代表的火山の降灰分布 [18]

表7.15　火山泥流・降灰による被害指標 [17]

	単位幅流量 ($m^3/s/m$)	水深 (m)	摘　要
火山泥流	14.6 以上	—	家屋全壊
	7.34〜14.6	—	家屋被害大
	7.34 未満	3.0 以上	2 階以上浸水
		0.5〜3.0	床上浸水
		0.5 未満	床下浸水

	降灰堆積厚	摘　要
降灰	1.0 m 以上	木造家屋全壊の危険性が大
	0.5〜1.0 m	木造家屋半壊のおそれあり
	0.1〜0.5 m	家屋に何らかの影響がある

ない、屋根に灰が積もる、ほこりがひどい etc.）、
⑦健康障害の発生（目・鼻・咽・気管支の異常な
どの肉体的障害と、精神不安・ノイローゼ・不眠
などの精神的障害とがある）、⑧航空機の難発着
障害やエンジンや窓への障害などがある。桜島
などは、これらの降灰災害にしばしば悩まされて
いる。

（7）　火山ガスによる災害

　火山の噴火時や噴気活動の際には、水蒸気・

フッ素化合物・塩化水素・二酸化イオウ・硫化水素・水素・窒素などの火山ガス（volcanic gas）が噴出し、人間をはじめ生物に被害を与える。たとえば草津白根山では、① 1971 年 12 月 27 日にはスキーヤー 6 名が死亡、② 1976 年 8 月 3 日には登山中の高校生 2 名と引率の教師 1 名が死亡している。また八甲田山では 1997 年 7 月 12 日訓練中の自衛隊員が 3 名死亡、安達太良山では 1997 年 9 月 15 日沼の平火口内で登山者 4 名が死亡している。火山ガスの噴出は噴火活動が収まったあとも継続することが多いので、注意を要する。

7.7.2 火山活動に伴う二次的災害
(1) 火山性地震による災害

火山性の地震（volcanic earthquake）はすべて浅発性地震であるが、これらは、

① 震源が火山の直下 1〜20 km ほどのところにある、一般の浅発地震に似たもの（A 型）

② 火口付近の地下 1 km 以浅で発生する局所的なもの（B 型）と、

③ 噴火と同時に発生する爆発地震

の 3 つに分けられる。

A 型と B 型とも、1 日に数 100 回起こる**群発地震**（swarm earthquake）であるが、A 型はふつうの地震と同様に P 波と S 波が明瞭で、マグニチュード 6 以下が多い。B 型は S 波が不明瞭でマグニチュードの小さな微小地震である。これに対し爆発地震のマグニチュードは、火山の噴火エネルギーと比例し、浅間山のように安山岩質の火山に多いブルカノ式噴火（表 7.1）の際には B 型より大きいことが多い。

火山性の地震のマグニチュードはそれほど大きくはないが、群発地震として発生日数が多くしかも数 10 日にわたって長く続くことも多いため、住宅の被害や急傾斜地の斜面崩壊被害をもたらしやすい。

長野県松代の群発地震は火山性の地震で、1965 年（昭和 40）に始まり、3 年間続いた（図 7.38）。最盛期の 1966 年 4 月中旬には有感地震だけでも 1 日に 600 回以上、地面の動きを 10 万倍に拡大して記録する高感度地震計の記録では 6000 回以上に及んだ。こうして 1970 年末までに震度 5 が 9 回、4 が 50 回、3 が 419 回、2 が 4706 回、1 が 5 万 7626 回も記録されている。体に感じない弱

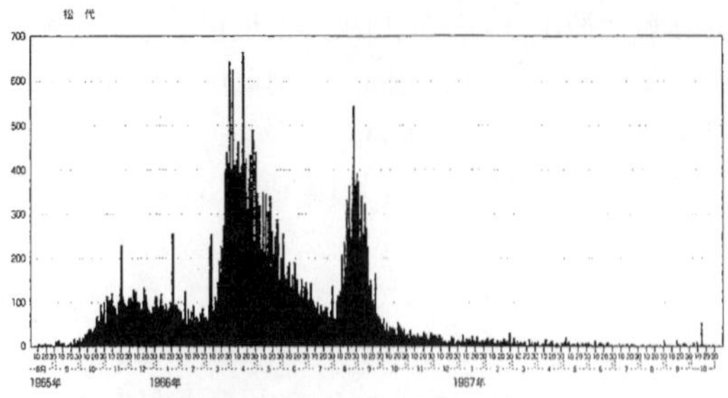

図 7.38 松代地震の日別有感地震回数（原図は東大地震研究所）[22]

い地震（無感地震）まで入れると 64 万 8000 回余りにも達した（萩原：1983）[27]。

(2) 火山活動に伴う地盤変動による災害

1977〜1978 年の有珠山の噴火のように、激しい火山活動は局所的な地盤変動（ground deformation）を伴う。火山活動に伴う地盤変動には、

① 火山の形成に伴う地盤の形成

② 火山活動に伴う断層や割れ目の形成

などがある。1944 年（昭和 19）の昭和新山の形成は、粘性の高い石英安山岩が地表近くに貫入してきて地表がもち上がったもので①にあたり、1977〜1978 年の有珠山噴火に伴う断層の形成（図 7.39）は②にあたる。火山活動による地盤変動が人命にかかわることは少ないが、家屋等の被害は甚大となる。

(3) 爆風や爆発時の空気振動による災害

噴火に伴う**爆風**（blast）や**空気振動**（空振）（air shock）によって、数 km〜数 10 km 離れたところまで窓ガラスが破損することがある。1958 年（昭和 23）の浅間山の爆発では、火口を中心に南々東にのびる楕円形に被害が出た[19]。被害を受ける地域やその広がり方は、火口の位置と噴火の方向に強く支配される。

1883 年 8 月 27 日、インドネシアのクラカトア火山の爆発（島 1 つが完全にふっ飛んだ大爆発であった）の衝撃波は、時速 1084〜1164 km という音速に近いスピードで放射状に広がり、地球を 7 周したことが世界各地の気圧計の示すシグネチャー波（極性や振幅・振動数・位相など地震が起こす波動の特徴を示す衝撃波）で記録されている。

このときの衝撃波はクラカトアから行程の半分まで大きく広がってゆき、そこから今度は狭まり

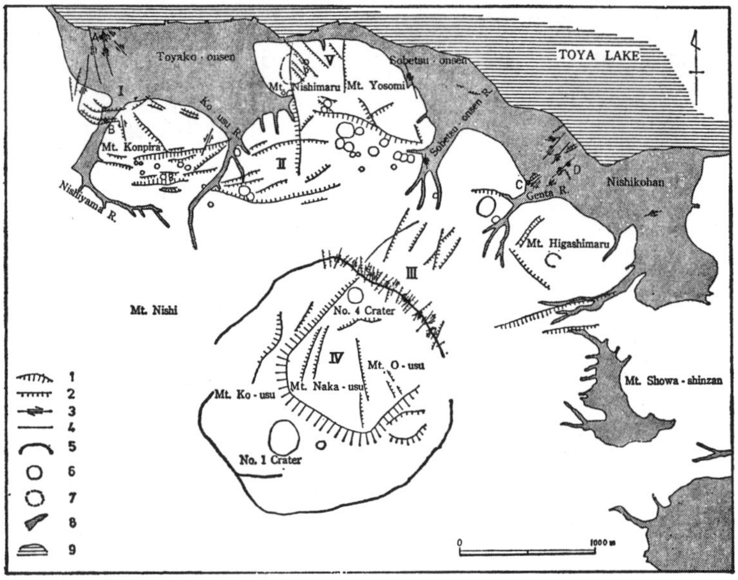

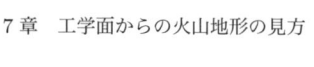

1：断層崖、2：低断層崖、3：水平ずれ断層、4：変異の不明な断層、
5：外輪山、6：爆裂火口、7：不明瞭な断層、8：沖積地、9：湖
図 7.39　有珠山北部の断層分布 [15]

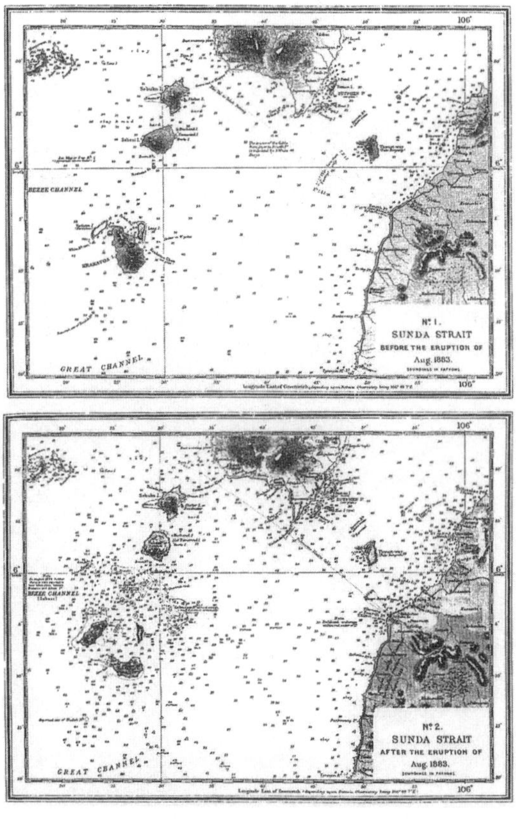

図 7.40　イギリス海軍の海図に記載された 1883 年の
噴火前（上）と噴火後（下）のクラカトア群
島 [20]

図 7.41　ガラスの破損分布図 [19]
（1958 年 11 月 10 日の浅間山爆発）

ながら、対蹠地—地球の正反対の場所で、コロン
ビアのボコタ近く—の 1 点に 19 時間で到達する
と今度はそこからまた反射して帰路につき、クラ
カトアに戻ってくる。その途上の各地で衝撃波が
そのたびに記録されている。それが 7 回にもわ
たったのである [20]。

このインドネシア・クラカトア火山の噴火時の

大爆発音は、4800 km ほど離れたマダガスカル島東方のロドリゲス島にまで届いた。記録による

と、図 7.42 に示された点に覆われた範囲では雷のような低い音と轟音が十分聞こえ、たいていの者は海軍の砲撃音だと思ったようだ[20]。

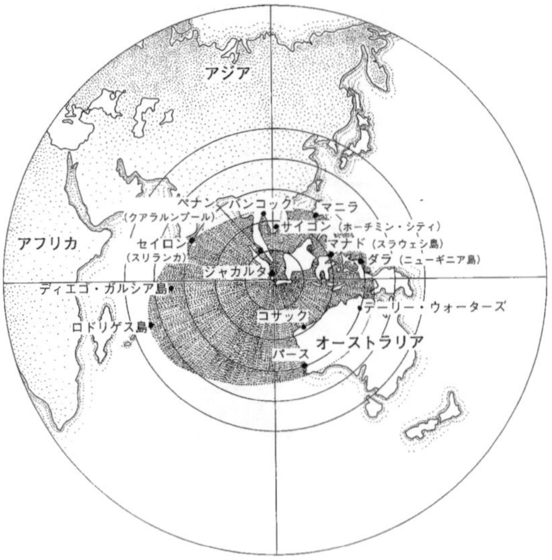

(4) 火山活動に伴う津波による災害

雲仙火山では、1792 年（寛政 4）の噴火の際、島原にある眉山の東半部が爆裂的に崩壊して有明海に流れ込み（図 7.43）、高さ 13 m に達する津波（tsunami）をひき起こした。津波は対岸の熊本県側に押しよせては返すというぐあいに 3 往復し、熊本県側や天草・島原側あわせて 1 万 5000 人の死者を出した。

1883 年のクラカトア火山での死者 3 万 6000 人に及ぶ被害も、主に津波によるものといわれている。そのほか 1640 年（寛永 17）の北海道駒ヶ岳、1741 年（寛保元）の渡島大島での火山活動の際にも津波が起き、駒ヶ岳で 700 余名、渡島大島では 1467 名の死者を出している（表 7.12）。

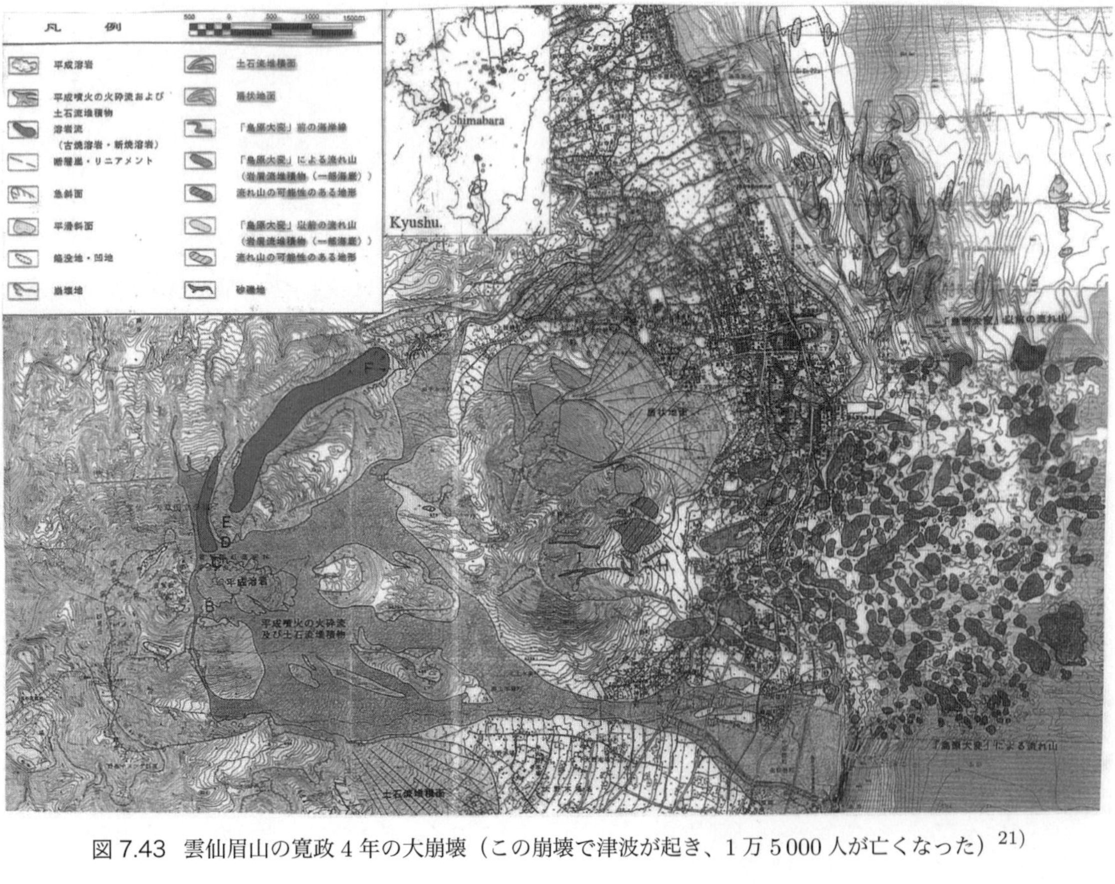

図 7.42 クラカトア火山の爆発音の届いた範囲—点で示された範囲[20]

図 7.43 雲仙眉山の寛政 4 年の大崩壊（この崩壊で津波が起き、1 万 5000 人が亡くなった）[21]

（5）　火山活動に伴う水害による災害

　1783年、浅間山の噴火で鎌原火砕流が発生し、これが吾妻川を一時的にせき止めて、河川水をダムアップした。1日後にこの自然ダムが決壊して、吾妻川流域はもちろんのこと本川の利根川沿川にまで洪水被害を及ぼした。火山灰などの噴出物が川に流れ込んで、急激に河床が上昇して洪水になることもある（1983年のサンタマリア火山の活動に伴うグアテマラのサマラ川流域や（図7.44）、1991年のフィリピンのピナツボ火山山麓のパシグポトレロ川の例など）。

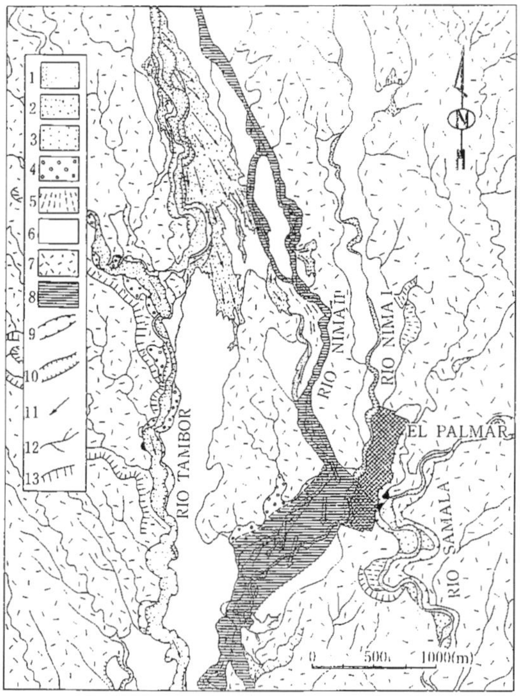

1：現河床、2：最近の土石堆積、3：低位段丘、4：中位段丘、5：崖錐、6：火山性扇状地、7：山腹斜面、8：1983年6–7月の土石流堆、9：ガリー（深）、10：ガリー（浅）、11：土石流の流下方向、12：流路、13：急崖

図7.44　グアテマラのサンタマリア火山南麓に起きた1983年の土石流災害とそれ以前の地形状況（原図）（1967年の空中写真と現地視察結果をもとに著者作成）[28]

7.7.3　火山地域の火山活動に直接関係しない土砂被害

　活火山地域で火山活動に直接関係しない土砂災害には、①泥流や土石流災害、②斜面崩壊、③火山性地すべり、などがある。

　1978年（昭和53）10月24日、前の年から続いていた噴火で火山灰の厚く積もった有珠山山腹に豪雨があり、火山灰を主とした噴出物が泥流となって急激に流出して死者3名にのぼる被害を出した。グアテマラのサンタマリア火山では1983年6月に火山性の土石流がおしよせ、エルパルマールの集落を襲った（図7.44）。しかしこのときには予知が早く、いち早く避難して一人の死者を出すこともなかった。

　桜島の野尻川・持木川・第一古里川・第二古里川・有村川などでは、土石流被害が頻発している。桜島では日常的に火山灰が堆積しており、それが豪雨時に土石流として一気に流出するもので、これまでに多数の死者を出している。

　1953年（昭和28）箱根の大涌谷では、火山（温泉）変質を受けたところで地すべりが起き、約80万 m^3 の土塊が流出して多数の死者を出した。

　以上のように火山地域でみると、降灰の多い活火山地域では豪雨時には泥流や土石流が頻発しやすいし、シラスの分布する鹿児島県や宮崎県などのように、もろい火山砕屑物からなる急崖では崖崩れ等の斜面崩壊が、また、火山（温泉）変質を受けて粘土化の進んだ地域では、火山性の地すべりが起きやすい。

7.7.4　活火山のためのハザードマップ

　火山地域における土砂移動現象を防ぐ対策の検討のためには、①まず、ハザードマップ（hazard map）を作成し、②どこにどういうタイプの土砂移動現象が起き、③そこで予想される被害の質と規模を予測するとともに、④人家や資産の分布状況、⑤地形・地質などの自然条件、などを加味して、危険度を総合的に判断していくことが大切である。

　国土庁は1992年に「火山噴火予測図作成指針」を策定し、また同年建設省は「火山災害予想図作成指針（案）」を策定して、前者は主として一般住民が活用できるものの作成をめざし、後者は、行政が活用することを目的として関係自治体に通達した。これを契機に本格的な活火山ハザードマップ作りが始まり、現在までに表7.16のようなハザードマップが公表されている[23]。

　国土庁の指針に基づく活火山ハザードマップは、次の3タイプに作り分けることが提唱されている。

表 7.16　日本で公表された火山ハザードマップ[23)]

作成年度	火山名	作成機関	名　称	備　考
昭和 58 年	北海道駒ヶ岳	駒ヶ岳火山防災協議会	駒ヶ岳火山噴火災害危険区域図	実績図
昭和 61 年	十勝岳	北海道上富良野町	上富良野町防災計画緊急避難図	実績図
昭和 62 年	十勝岳	北海道美瑛町	びえい町防災計画緊急避難図	実績図＋予測図
平成元年	十勝岳	北海道上富良野町	十勝岳噴火対策緊急避難図	実績図＋予測図
平成 3 年	雲仙岳	(財)砂防技術センター	雲仙岳火山災害予想区域図	予想区域図
平成 4 年	霧島山火山	高原町	霧島火山防災の心得	実績図
平成 5 年	三宅島	東京都三宅村	三宅島火山防災マップ	国土庁指針で作成
	伊豆大島	東京都大島町	伊豆大島火山防災マップ	〃
	桜島	鹿児島市、垂水市、桜島町	桜島火山防災マップ	〃
	樽前山	苫小牧市、千歳市、恵庭市、白老町	樽前山火山防災マップ	〃
	雲仙岳	雲仙復興工事事務所 島原市、深江町	防災マップ	実績図＋規制区域図
平成 6 年	北海道駒ヶ岳	駒ヶ岳火山防災協議会	みんなの防災ハンドブック	国土庁指針で作成
	阿蘇山	一の宮町ほか 9 町村と阿蘇広域行政事務組合	阿蘇火山噴火災害危険区域予測図	〃
	浅間山	長野県佐久市ほか 3 市町、群馬県長野原町、嬬恋村	浅間山火山砂防マップ	〃
	草津白根山	草津町、長野原村、六合村	草津白根火山防災マップ	〃
平成 7 年	有珠山	伊達市、虻田町、壮瞥町、豊浦町、洞爺村	有珠山火山防災マップ	〃
	霧島山火山	鹿児島県霧島町ほか 3 町、宮崎県都城市ほか 3 市町	霧島山火山防災マップ	〃
平成 9 年	薩摩硫黄島	鹿児島県	火山災害危険区域予測図	鹿児島県地域防災計画（火山災害対策編）
	口永良部島	〃	〃	
	中之島	〃	〃	
	諏訪之瀬島	〃	〃	
平成 10 年	岩手山	建設省および岩手県	岩手山火山防災マップ	委員会による
平成 11 年	雌阿寒岳	阿寒町	雌阿寒岳ハザードマップ	北海道の資料
平成 12 年	富士山	国土交通省富士砂防工事事務所、山梨県、静岡県	富士山火山防災ハンドブック	富士山火山災害実績マップも作成
平成 13 年	北海道恵山	恵山町、椴法華村	恵山火山防災マップ	
	磐梯山	磐梯町ほか 7 市町村	磐梯山火山防災マップ	
	鳥海山	秋田県砂防課	鳥海山火山噴火防災マップ	火山泥流主体
平成 14 年	有珠山	伊達市、虻田町、壮瞥町、豊浦町、洞爺村	新版有珠山火山防災マップ	2000 年実績をもとに修正

注：2003 年現在までの作成状況

① **火山学的タイプ**：対象火山に詳しい火山学者を中心に、その火山のあらゆるデータを分析し、過去の火山災害実績に基づき、将来起こり得る災害を予測するもの
② **行政資料型マップ**：火山防災行政担当者が、警戒避難対策等に活用するもの
③ **住民啓発型マップ**：一般に「ハザードマップ」

というのは、この周辺住民に配布される住民啓発型マップ（図 7.45）を指す。

2001 年から 3 年間かけて「富士山ハザードマップ」が内閣府の指導のもとに、作成されている。

国土地理院では、2002 年（平成 14）に 1/1 万火山基本図「富士山」を発行したのを皮きりに、2003 年以降ハザードマップの基礎情報として 1/5 万〜

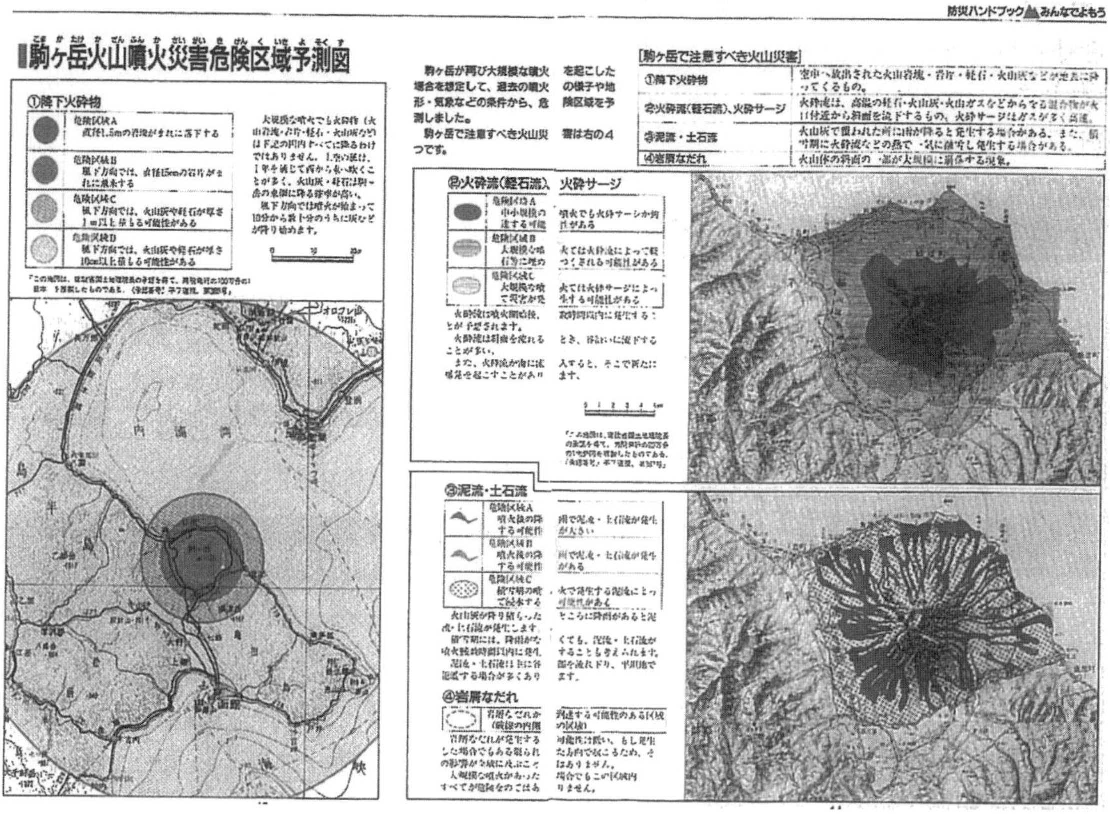

図 7.45　北海度駒ヶ岳の火山災害予測図 [24]

1/2 万 5 000 火山の火山土地条件図を 2012 年までに 18 の火山について順次作成・公表している。

参考文献

1) 平成 15 年 1 月 21 日札幌管区気象台報道発表資料
2) 横山泉監修 (1976)：地震と火山、東海大学出版会
3) 勝井義雄 (1979)：噴火災害、岩波講座 地球科学 7、火山、pp.83-99
4) 荒牧重雄ほか (1978)：火山活動と人間生活をめぐって、URBAN KUBOTA、No.15
5) 守屋以智雄 (1983)：日本の火山地形、東京大学出版会
6) 鈴木隆介 (1971)：箱根火山の地形、日本火山学会編、箱根火山、箱根町
7) 関東ローム研究グループ (1965)：関東ローム－その起源と性状、築地書館
8) 中村一明・荒牧重雄・村井勇 (1963)：火山の噴火と堆積物の性質、第四紀研究、No.3
9) Bullard, F. M. (1980)：Volcanos, in History, in Theory, in Eruption
10) 横山泉・荒牧重雄・中村一明 (1979)：岩波講座地球科学 7. 火山、岩波書店
11) 今村遼平・塚本哲 (1982)：空中写真による地形判読 (1)～(6)、骨材資源、No.50～55

12) McDonald, G. A. (1972)：Volcanoes, Englewood Cliffs, NJ, Prentice-Hall.
13) アーサー・ホームズ（上田誠也ほか訳）(1983)：一般地質学－I、東京大学出版会
14) 横山勝三 (2003)：シラス学―九州南部の巨大火砕流堆積物、古今書院
15) 今村遼平・岩田健治・足立勝治・塚本哲 (1986)：画でみる地形・地質の基礎知識、鹿島出版会
16) 嬬恋村役場観光商工課・嬬恋村観光協会：鎌原観音堂と天明の浅間大噴火（観光パンフレット）
17) 安養寺信夫 (1994)：火山噴火に伴う土砂災害の被害想定、土木学会、火山工学シンポジウム発表論文集
18) 村山磐 (1977)：日本の火山災害、講談社ブルーバックス
19) 関谷博 (1967)：火山観測―浅間山の歴史と日本火山―、総合図書
20) サイモン・ウィンチェスター（柴田裕之訳）(2004)：クラカトアの大噴火、早川書房
21) 井上公夫 (2006)：建設技術者のための土砂災害の地形判読実例問題、中、上級編、古今書院
22) 神沼克伊 (2003)：地震の教室、古今書院
23) 中筋章人 (2003)：リアルタイム型ハザードマップシステムの開発に関する研究―北海道有珠火山

を例として一、新潟大学理学部学位論文
24) 駒ヶ岳火山防災会議協議会（1983）：北海道駒ヶ岳火山災害予測図
25) 久野久（1954）：火山及び火山岩、岩波全書196
26) 鈴木隆介（2004）：建設技術者のための地形図読図入門、第4巻、古今書院
27) 萩原尊禮監修（1983）：地震の事典、三省堂
28) 今村遼平・田畑茂清（1983）：グアテマラ共和国・サンタマリア火山の噴火にともなう土砂災害について（概報）、新砂防、Vol.36, No.3

8章 災害と地形

物壮んなれば則ち老ゆ
（すべてのものは、壮んなときがあれば、必ずや次には老いると
きがめぐってくる。これが天地自然の理なのだ）
―『老子』三十章による―

8.1 地形と災害現象

　山地・丘陵地・台地・低地とも、それぞれに外界からの作用に対する1つの"素質"をもっている。それは、同じ環境におかれても人それぞれに順応の仕方が違うため、健康にすごせる人、あまり調子がよくない人、すぐに病気になってしまう人などの差が出てくるのに似ている。

　われわれの日常生活をおびやかす各種の自然的な災害現象や、開発行為などに伴って発生する人為的な災害現象の発生も、地盤もしくはその"場"のもつ"素質"（素因：立地条件）に大きく支配される。そして、ひとたび災害が起こると、①土砂の堆積や、②侵食、③割れ目の形成、④地形的なずれといった"地形変化"が起こる。

　したがって、われわれは災害現象の結果現れたこれら①～④の微妙な地形変化を鋭感に、かつきめ細かく把握すれば、逆にそこで過去に起こった災害現象を推測でき、その山地のもつ"素質"をある程度理解することができる。それのみではない。このことが、将来の災害現象の予測にも結びつく。つまり、将来起こりうる災害現象のタイプや発生場所は、対象とする山地（一般的にいえば

表 8.1　災害現象と地形変化[*1]

		地形変化	発生（発生する）現象
外因	I. 侵食地形の形成	①凹地・0次谷 ②ガリー形成 ③側方侵食地形の形成 ④傾斜変換点の出現	①崩壊・地すべり ②ガリー侵食・土石流・土砂流 ③側方洗掘 ④崩壊・地すべり
	II. 堆積地形の形成	①崩積土（崖錐）形成 ②扇状地形成（急傾斜：沖積錐） ③扇状地形成（緩傾斜：沖積扇） ④段丘形成 ⑤氾濫平野形成 ⑥火山灰堆積	①崩壊・崩落・土砂のクリープ・火山の爆発 ②土石流・土砂流 ③土砂流・洪水流 ④洪水流・土砂流・土石流 ⑤洪水流 ⑥火山活動（降灰）
内因	III. 割れ目（クラック地形）の形成	①不連続・小規模の割れ目（クラック地形）、二重山稜・多重山稜 ②連続性の良い割れ目、二重山稜・多重山稜	①地すべり・爆裂による引きずり ②断層（活断層、地震断層）
	IV. 変位地形の形成	①地形的なずれの形成（水平的、垂直的）（断層崖、オフセット、などの形成） ②地物におけるずれの形成	①活断層、地震断層 ②活断層、地震断層、地すべり

＊ ここには、わが国の山地でごく普遍的なもののみを示した。

表 8.2　自然災害と人為

項　　目	自　然　災　害
1.　本質的な違い	1)　「発生」誘因が自然の側にある（自然現象の一つである） 　　ただし、図-1 のような関係にある。 　自然現象の　災害の　人間の居住 　発生領域　発生領域　領域 　　　図-1　災害の発生領域 　　　　　　　→　(1)　人間が住まないところでは「災害」にならない。 　　　　　　　　　(2)　同一現象でも人間の密集するところほど大災害となる。 2)　誘因の「発生」をコントロールできない。（手をつけられない）
2.　発生原因	1)　自然災害とは、正しくは「エントロピーの増大」（位置エネルギーの減少など）である。 2)　そして、「人間を含む自然の破壊」を伴う自然現象のことを「自然災害」と呼んでいる。 3)　今のところ基本的にはこれらの「発生」を止めることはできない。 　　だから、(1)　「近づかない」か「逃げる」のが第一だし、 　　　　　　(2)　「軽減する」か「拡大を防ぐ」のが第二である。　　}　打つ手はこの 2 つの方向 4)　自然的に「貯留現象」のある災害現象には、"免疫性"がある。－防災上は"免疫性"の考慮も大切 　　　e.g.　①土すべり、崩壊、 　　　　　　②火山災害、地震災害 etc.　}　"免疫性"がある 　　　　　　ⓐ水害（洪水・高潮） 　　　　　　ⓑ台風、ハリケーン　　etc.　}　"免疫性"はない 5)　しかも、自然現象の「発生」「進展」「消滅」には、「一定の法則」がある 　　　　　　　　　　　　　　　　　→これが根本的な「防災理論」である
3.　災害発生のメカニズムとその基本原理（災害の構造）	1)　あらゆる自然災害 　「発生」誘因（自然現象）＝自然外力（内力）　→　素因〈災害に対する脆弱性〉　→　〈社会の防災対応力〉⊕軽減要因*／⊖拡大要因**〈技術対応部分〉　→　自然災害の発生 　　　　　　　(1)　自然的素因 　　　　　　　(2)　社会的素因 　　　*　①ソフト的対応（避難や応急対策・土壌選びなど）、②ハード対応 etc. 　　　**　拡大要因の根本は人口増大にある。（都市化・人口密集） 　　　図-3　自然災害発生のメカニズム 〈基本的原理〉 　(1)　被害の大きさ＝自然外力（内力）の大きさ－社会の防災対応力 　(2)　社会の防災対応力＋災害に対する脆弱性＝一定 　(3)　「発生」誘因（自然外力）はコントロール不可
4.　被害の種類	(1)　直接的・間接的人命の損傷 (2)　生活環境、生活基盤の破損・破壊　}　結果として①文明的（物的）被害と②文化的（精神的）被害が出る (3)　社会組織の損傷
5.　防災についての考え方（技術者の対応が大きく効いてくる部分）	1)　同じ発生誘因であっても、被害の大きさは、 　(1)　土地の立地条件（自然的要因） 　(2)　人口の集中度（都市化などの社会的要因）　}　によって変わってくる。これらが「災害に対する脆弱性」を規制 　((3)　防災対策の程度) 2)　**したがって、素因（自然的素因と社会的素因：災害に対する脆弱性）をよく把握し、防災理論を踏まえて事前に災害（自然現象）に備えることによって、災害をより小さく抑えることができる。** 3)　その基本は、 　(1)　自然的素因の把握（土地選び） 　　　社会的素因の把握　}　→　事前の対処法（ソフト的）　}　（被害軽減：preparedness） 　(2)　避難法・応急対策法　→　発災時の対処法（ソフト的） 　(3)　災害の軽減法・防止法　─────→　防止対策（ハード的）（抑止工、抑制工） 　　　　　　　　　　　　　　　　拡大防止策（ハード的）　}　（被害抑止：mitigation）

災害の違いを示す表

人為災害

1)「発生」誘因は人間側にある（人災である）

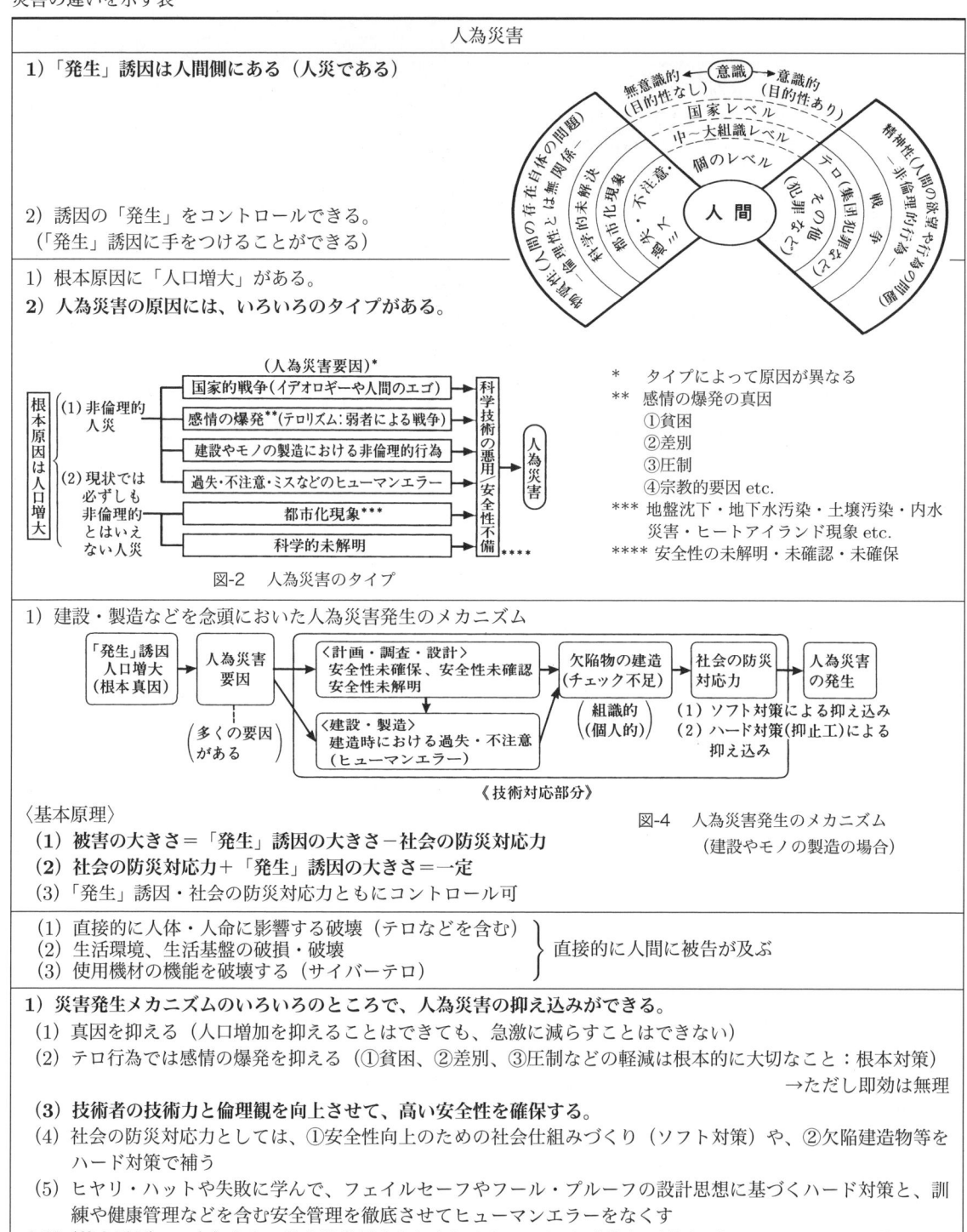

2) 誘因の「発生」をコントロールできる。
（「発生」誘因に手をつけることができる）

1) 根本原因に「人口増大」がある。
2) 人為災害の原因には、いろいろのタイプがある。

図-2　人為災害のタイプ

*　　タイプによって原因が異なる
**　感情の爆発の真因
　　①貧困
　　②差別
　　③圧制
　　④宗教的要因 etc.
*** 地盤沈下・地下水汚染・土壌汚染・内水
　　災害・ヒートアイランド現象 etc.
**** 安全性の未解明・未確認・未確保

1) 建設・製造などを念頭においた人為災害発生のメカニズム

図-4　人為災害発生のメカニズム
（建設やモノの製造の場合）

〈基本原理〉
(1) 被害の大きさ＝「発生」誘因の大きさ－社会の防災対応力
(2) 社会の防災対応力＋「発生」誘因の大きさ＝一定
(3)「発生」誘因・社会の防災対応力ともにコントロール可

(1) 直接的に人体・人命に影響する破壊（テロなどを含む）
(2) 生活環境、生活基盤の破損・破壊　　　　　　　　　　　　直接的に人間に被告が及ぶ
(3) 使用機材の機能を破壊する（サイバーテロ）

1) 災害発生メカニズムのいろいろのところで、人為災害の抑え込みができる。
(1) 真因を抑える（人口増加を抑えることはできても、急激に減らすことはできない）
(2) テロ行為では感情の爆発を抑える（①貧困、②差別、③圧制などの軽減は根本的に大切なこと：根本対策）
　　　　　　　　　　　　　　　　　　　　　　　　　　　　　　　　→ただし即効は無理
(3) 技術者の技術力と倫理観を向上させて、高い安全性を確保する。
(4) 社会の防災対応力としては、①安全性向上のための社会仕組みづくり（ソフト対策）や、②欠陥建造物等を
　　ハード対策で補う
(5) ヒヤリ・ハットや失敗に学んで、フェイルセーフやフール・プルーフの設計思想に基づくハード対策と、訓
　　練や健康管理などを含む安全管理を徹底させてヒューマンエラーをなくす
上記〈基本原理〉の (2) から、社会防災対応力を大きくすることが、「発生」誘因を小さくすることに即効がある
ことがわかる。

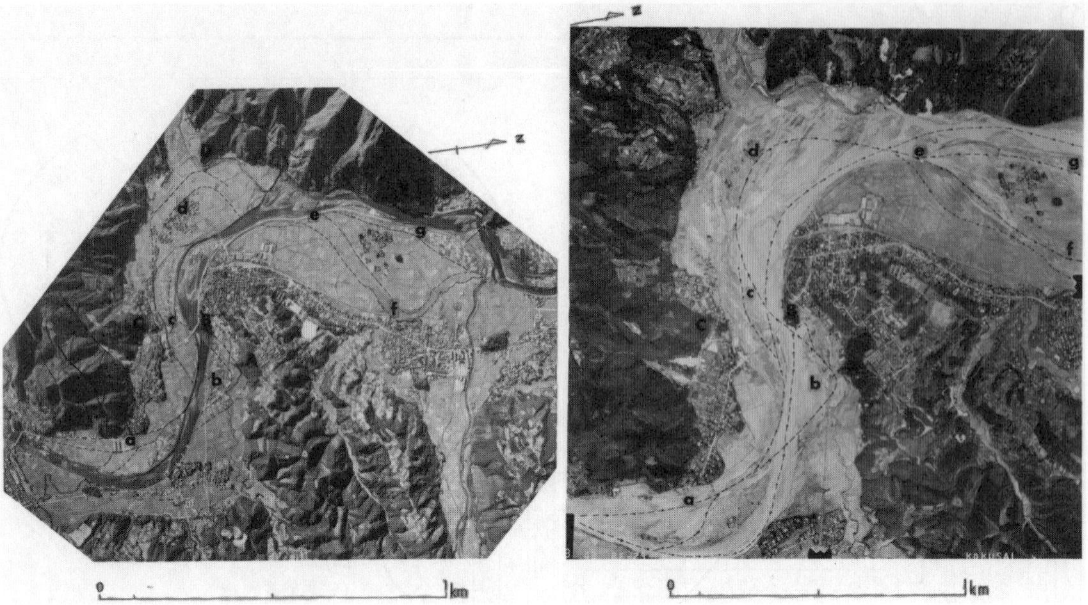

図 8.1　狩野川台風時に旧河道を流下した洪水流—大仁付近—[2]

空間的な場）もしくはその後背地をよく観察することによって、相当の好精度で予測できるものである。

　ある災害現象の発生とそれによる地形変化との関係を整理してみると、表 8.1 のようになる。この表は、山地その他である災害現象が発生すると、それによって地形が微妙に変化することを示している。逆に、ある地域にこのような地形が認められる場合、それを鍵にしてその地形上に将来起こる可能性のある災害現象を読みとることができることを表している。

　たとえば、低地でみると自然状態で洪水流が通過していたところは、旧河道として微地形に残されている。このようなところは、その後人工的に改変されて一見ほとんど旧河道としての面影を残していないようにみえても、ひとたび洪水氾濫が起こると、洪水流の主流はかつての旧河道を流下しやすい（図 8.1）。

　このように、現在われわれが見る地形は自然の側から見ればきわめて“自然”な現象（地形営力）の結果できたものであり、われわれが“自然災害”と呼んでいる水害・土砂災害・地震災害などの発生場所やタイプは、地形に残されたこれらの痕跡を正しく読みとることによって、災害のタイプや被害場所・被害の大きさ・危険度などをある程度把握でき、将来の動向も予測できるもので、そういった地形の見方（**地形の読みかえ**）が、これからの土木工学では大切である。表 8.2 に、自然災害と人為災害との違いを示しておく。同表から両者の根本的な違いを把握してほしい。

参考文献

1)　今村遼平・塚本哲（1982）：空中写真による地形判読（1）～（6）、骨材資源、No.50～55

2)　武田裕幸・篠孝彦（1962）：静岡県大仁付近における狩野川の旧流路と洪水との関係、写真測量、Vol.1、No.1

付録　問題解決の論理学 *1

1.　知とは何か―問題解決と思考―

1.1　知のパターン

　人は、常にさまざまな問題にぶつかって生きている。問題は、科学や技術といった分野から日常生活・スポーツ・芸術・宗教などあらゆる分野のものがある。そういう意味では、人の行為はすべて何らかの問題解決の行為であるともいえる。

　人が何かの問題にぶつかってそれを解決しようとするとき、人には「考える」あるいは「思考する」という意識のはたらきが起こる。すなわち問題解決という行為には、必ず意識のはたらきである「思考」を伴う（この意識のはたらきは、一般に知と呼ばれる）。すなわち行為と思考はセットになっている。

　いいかえれば問題解決の過程には、思考と経験、あるいは認識と実践の 2 つのレベルがあり、この 2 つのレベルを行ったり来たりしながら問題解決が行われるということである。

　思考あるいは認識というレベルでは、思考によって対象を一定の手順に基づいて「何々である」と認識する。認識した内容が**対象についての知識（対象知）**である。この対象知から、やはり一定の手順に基づいて、「何々すればよい」という**方法についての知識（利用知）**が得られる。そして経験あるいは実践というレベルでは、利用知を用いて経験あるいは実践する。

　これらの思考あるいは認識の過程での一定の手順とは、思考の手順のことであり、論理法則からひらめきや勘といったものまで幅広い。この手順も一種の知識であるが、それは、新しく知識を生み出したり、すでにある知識を操作して別の知識を生み出したりするための知識、つまり「知識のための知識」であり、**メタ知識**と呼ばれる。

　さて問題解決には、科学や技術のように広く事実に関わる論理的なもの、つまり理性的に行われるものから、芸術やスポーツのように美の本質に関わる非論理的なもの、つまり感性的に行われるものまで幅広い。

　そこで問題解決という行為に伴う知識のあり様によって、知には、付表 1 に示す 4 通りのパターンがあると考えられる。

　一つは、「これこれであるから、こうしよう」と明確に考えることができるケース、つまり「これこれである」という対象についての何らかの知識があり、それをもとに明確に考えを展開していって、「こうしよう」という利用知に到達するケースである。この場合、「これこれである」という対象知も、「こうしよう」という利用知も、ともに明確である。ここに明確であるとは、言語で表現できるという意味である。一般に、明確に言語で表現できる知識は**形式知**、そうでない知識は**暗黙知**と呼ばれる。つまりこのケースでは、対象知

---

*1 この部分は、「栗原則夫・今村遼平（2008）：地盤技術論のすすめ、鹿島出版会」の原稿の一部からの転載であることをお断りしておきたい。

付表 1　知のパターン

知のパターン	パターン 1	パターン 2	パターン 3	パターン 4
対象知	形式知	暗黙知	形式知	暗黙知
利用知	形式知	形式知	暗黙知	暗黙知
行為の種類	科学、技術・技能の論理的部分など	伝統儀式、生活の知恵など	技術・技能の非論理的部分、スポーツのコツなど	芸術家、特殊能力者など

は形式知、利用知も形式知である。科学や技術・技能の一部（論理的部分）は、このケースの典型である。

次に、「なぜそうなのかはいえないが、こうする」というケース、つまり「対象は何なのか」ははっきりいえないが、経験に基づいて行えるようなケースである。このケースでは、対象知は暗黙知、利用知は形式知である。伝統的な儀式、生活の知恵などがこれにあたる。

また、「これこれである」ということは明確なのだが、それをもとにした行為に至る思考の過程については明確に表現できないケースがある。たとえば、ゴルフでボールをまっすぐに飛ばすことを考える場合、「ボールをまっすぐ飛ばすには、クラブフェースをボールに直角に当てればよい」ということは明確であるが、そのようなスイングを実際にやってみせることはできても、その過程を明確に表現することはできない。この場合、対象知は形式知、利用知は暗黙知である。技術・技能の一部（非論理的部分）、スポーツのコツなどが該当する。

さらに、なぜそうなのかも、どうすればよいかもいえないが、頭脳や体が自然にはたらいて行為としては示せる、というケースがある。芸術家や特殊能力者などのケースがこれにあたる。この場合、対象知も利用知も暗黙知である。

1.2　知識の構造

前節で、問題解決にあたっての思考によって得られる知識には、対象が「何であるか」ということについての知識（対象知）と、「どうするか」という方法についての知識（利用知）があると述べた。

つまり知識には、「そのものが何であるか」についての対象知（**knowing what**）と「それはどうするのか」についての利用知（**knowing how**）の2つのものがある。

ところで日本語には、知識のほかに、似たような言葉としてもう一つ知恵という言葉がある。辞書（講談社日本語大辞典、1989）を引くと、**知識（knowledge）**とは、「物事について明確に、あるいはいろいろ知っていること。理解している内容。認識の結果、得られた内容」、**知恵（wisdom）**とは、「物事を正しく判断して処理する心の働き」

付表2　知識と知恵

知　　識	知　　恵
ストック	フ　ロ　ー
記　　憶	判　　断
内　　容	方　　法
原　　理	応　　用
理　　論	実　　践
一　般　的	状　況　的
客　体　的	主　体　的
普　遍　的	個　性　的
受　身　的	能　動　的
静　　的	動　　的

とある。

これから判断すると、知識は対象知にあたり、知恵は利用知にあたる。つまり日本語では、一般に知識と呼ばれているもののうち、とくに knowing how についての知識（利用知）を知恵ということがある。

この場合の知識（対象知）と知恵（利用知）の違いを佐藤允一は、付表2のように比較している[1]。知識は学び、記憶し、蓄積するものであり、原理的には、ほとんど無制限に吸収できるものであるのに対して、知恵は自らが生み出すもので、その人なりの判断が介在する。

さて、この知識はどこからくるものであろうか。前節で知識には形式知と暗黙知があると述べた。暗黙知とは明確に言語で表現できない知識であるから、それがどこからくるかも言語で表現できない。したがってここでは、形式知である知識の大本は何かということを考えてみよう。

一般に、知識の大本には、**情報（information）**と**データ（data）**というものがあるといわれている。これらの定義とお互いの関係については、定まったものがあるわけではないが、本書ではとりあえず以下のように整理しておこう。

（1）　データ

あるものごと（客観的な対象）について「記録された事実」のことをデータ（data）と呼ぶ。データは、観察したり、聞いたり、測ったりした対象そのものやその属性に関する事実内容を伝えるものである。

（2）　情報

このようなデータの受け手にとって「意味があるようにデザイン（整理・構成）されたデータ」を**情報**と呼ぶ。

たとえば、ある地盤の一定の範囲で測った地層の走向・傾斜の方向や傾斜角度の測定値それ自体はデータであるが、それらのデータを図面上に記録して、地盤全体の地層の走向・傾斜がわかるようにデザインされたものによって、その地盤が'流れ盤'だという事実が認められるとき、それらのデザインされたデータは、単なる測定値ではなく、受け手にとって意味のあるもの、すなわち情報となる。

(3) 知識

情報が意味している内容を**知識**と呼ぶ。つまり情報によって、あるものごとについて認識された内容が知識である。知識には、個別の要素的な知識から理論のような体系化された知識集合までいろいろなものがある。

先に示した例でいえば、地盤の走向・傾斜の測定値（データ）をデザインしたもの（情報）が意味する「その範囲の地盤は'流れ盤'である」という認識内容が知識である。また「'流れ盤'である地盤は、切土によってすべりを起こしやすい」という経験に基づく認識内容も知識である。

(4) 知恵

あるものごとについての認識内容である知識のうち、「どうするか」あるいは「どうすればよいか」というような判断基準になる知識のことを、とくに**知恵**と呼ぶことがある。

たとえば、「'流れ盤'のうち、切土面勾配と同じかそれよりも緩い地層傾斜のところは、切土によってすべりを起こしやすいから、何らかの対策が必要だ」という知識は、現場技術者にそなわった一つの知恵である。

以上に述べた知識の体系は、付図1のような階層構造として表すことができよう。

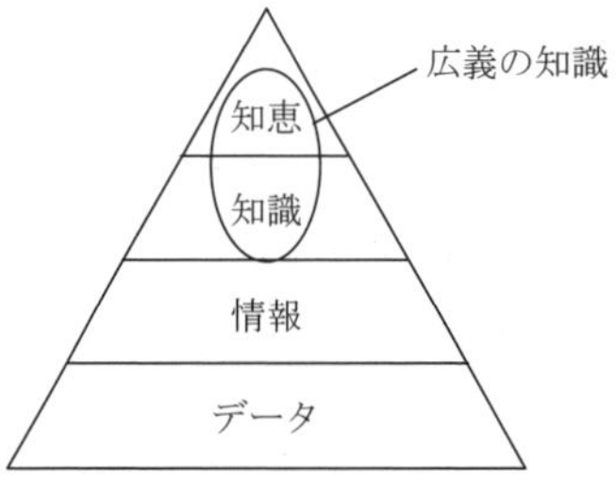

付図1 知識の体系

1.3 科学・技術の論理性

科学という行為は「世界はいかにあるか」という問題を解決する過程であり、技術という行為は「特定の実用目的をもったものはいかにあるべきか」という問題を解決する過程であるが、科学も技術も、ある特定の領域内の具体的な事実についての知識と論理的な思考過程をもとに、何らかの問題を解決することを目的とする行為であるという点では共通している。

科学も技術も、新しい発見や発明によって発展していくものであるが、そのためには、いまだ知られていない新しい知識を獲得する必要がある。しかもその新しい知識は真でなければならない。いくら新しい知識であっても、それが偽であれば発見や発明は実現しない。つまり科学や技術の活動は、既存の真の知識に基づく論理的な思考過程によって、知識を拡大し、あるいは新しい知識を獲得し、それを実践して確かめることによって確実な知識を増やしていく、そうした不断の活動であるといえる。

したがって科学や技術においては、ものごとについての真の知識とものごとを筋道立てて考える、ないし論理的に考えるということ、すなわち正しい推理が必要不可欠である。正しい推理とは論理法則に則した思考という意味である。

科学や技術の知識は当該分野の独特のものであるが、その思考過程には当該分野を超えた一般的な論理、すなわち推理の形式がある。いいかえれば、科学や技術における思考過程は、以下に述べるような論理法則に則して行われる。

2. 推理

論理的な問題解決の思考過程では、さまざまな論理法則が用いられる。ここでは主として近藤洋逸・好並英司著『論理学入門』[2]によりながら、必要最小限の範囲でこれらの論理法則、つまり論理学の基礎知識を整理しておこう。

ある命題を根拠にして他の命題を導き出すことを推理とか推論、根拠となる命題を前提、前提から導き出された命題を帰結とか結論という。推理は、演繹推理と蓋然的推理とに大別される。

結論が「である」と断定的なもの、つまり前提を認めれば、必ず断定的な結論が出てくる推理を

演繹推理という。

結論が断定的でないもの、つまり「かもしれない」とか「であろう」という語を含んだ推理を蓋然的推理という。蓋然性とは、あることが実際に起こるか否かの確実さの度合い、すなわち確率のことである。

この2つの相異なる型の推理がどのような規則に従うのか、また問題解決過程の中で互いにどのような関係をもっているのかが、論理学の中心課題である。

このように論理学の考察の焦点は推理にあるが、「何を」推理するかという内容ではなく、「いかに」推理するかという形式に注目する。つまり「何を」はそれぞれの学問の内容（知識）であり、論理学は、それぞれの学問に共通する推理形式（方法）を取り扱う。

2.1 演繹推理

演繹推理は、前提のみから、これとは独立な観察や記憶を用いることなしに結論が必然的に出てくるもの、すなわちある一つの判断から、その判断が真ならば必ず真となるような他の判断を論理法則に従って順序正しく導き出す推理であり、その本質は「普遍から特殊へ」と特徴づけることができる。

演繹推理の特色は、次のようである。
① 前提の真偽にかかわりなく、一度それを前提として認めれば、一定の結論が必然的に出てくる。
② 結論は背景的知識を含めた前提の中に潜んでいたものを引き出すだけである。
③ 前提を追加しても結論は不変でよい。

演繹推理には、前提が含んでいないものを結論でもたらすという論理的新しさはないが、心理的新しさ、すなわち思考者が前提を考えるときには思いもつかなかったことが、演繹の結論として出てくることがあり、これはまさしく発見といってもよい。

2.2 蓋然的推理

蓋然的推理は、前提が結論の根拠として不十分であって、結論は「おそらくそうであろう」という蓋然的なものである。

蓋然的推理の特色は、次のようである。

① 前提と結論との間に必然的連関がない。
② 前提にない論理的新しさを主張する。
③ 新しい知識が増加し、新前提として追加されると結論が動揺する。

蓋然的推理には、次のような種類のものがある。

（1） 枚挙的帰納推理

クラスKの若干の成員が性質Fをもつことから全員が性質Fをもつと推理すること、統計用語でいえば、サンプル（標本）の性質から母集団の全成員の性質を推理することを、枚挙的帰納推理、あるいは簡単に枚挙推理とか**帰納推理**という。これはさまざまな帰納推理の基本型である。

帰納推理は、一般的に、「クラスKの若干の成員 $a_1, a_2, \ldots, a_n$ がPの性質をもつ」という前提から「Kの全成員もPの性質をもつだろう」という結論を出すか、「クラスKの成員のうちPの性質をもつ $a_1, a_2, \ldots, a_n$ がQの性質をもつ」という前提から、「ゆえにKの全成員のうち性質Pをもつものはすべて性質Qをもつであろう」という結論を出す形をもっている。

前者の場合、事例の数や類似点が多いほど、また事例の抽出に偏りがないほど、結論の蓋然性は大きい。後者の場合、既知の性質Pと推理される性質Qの関係が密接であれば、結論の蓋然性は大きい。

このように帰納推理は、あるクラスの観察された成員の性質をもとにして全成員の性質について推論する「部分から全体への飛躍」の推理である。いいかえれば、個々の異なった多くの判断から、これらの判断を、より特殊な事実についての判断としてそのうちに含みをもった、より普遍性をもった判断を導き出すのが帰納推理であり、その本質は「特殊から普遍へ」にあるということができる。したがって、そこには常に失敗の危険がつきまとっていることを忘れてはならない。

（2） 統計的帰納推理

統計に基づく推理を**統計的帰納推理**または統計的推理あるいは統計的帰納と呼ぶ。その一般的表現は、「クラスSの観察された成員の a (%) はPである」という前提から、「ゆえにSの a (%) はPであろう」という結論を出す形をもっている。

統計的帰納でも枚挙的帰納と同じく、標本数の大きさと標本抽出の偏りのなさが蓋然性を高める必要条件である。

（3） 類比推理（類推）

「種類 S のものが性質 Q、R、その他をもつ」、「種類 T のものが性質 Q、R、その他をもつ」、および「種類 S のものが性質 P をもつ」という前提から、「ゆえに種類 T のものも性質 P をもつであろう」という結論を出す形の推理を**類比推理**あるいは**類推**と呼ぶ。

比較される 2 つの種類のものの類似点が多いほど、蓋然性は大である。また両者のもつ類似点が、類推されるものに対してもつ関係が密接であり本質的であるほど、蓋然性は大である。

このように、ある一つの事物についての一定の判断に基づいて、この事物と多くの点で類似した他の事物について判断するのが類比推理であり、その本質は「特殊から特殊へ」と特徴づけられる。

（4） 仮説発想推理（アブダクション）

C. S. パース (1839～1914) は、「一連の観察事実が一見無関係に存在するとき、そこに一つの新しい基本的考え方、すなわち仮説を導入すると、それらの事実が矛盾なく説明され理解されるような推理」をアブダクションと呼んだ。このアブダクションが仮説発想推理[*2]である。

仮説発想推理には、次の 2 つの型がある。

第一は、「B は不思議だ。しかしもし A であれば B は不思議ではない。ゆえに A であろう」という型のものである。もちろん B が不思議に思われるのも、A を発想するのも、ある背景的知識（その問題にかかわる分野についての知識）に依拠してのことである。不思議な事象に出会ったときその原因を説明（**因果的説明**）したり、不思議な事物に出会ったときその機能や目的から説明（**機能的説明**、**目的論的説明**）したりするのは、この型である。

第二は、「B は P_1、P_2、P_3 などの性質をもつ。A もそうである。ゆえに B は A であろう」という型のものである。ある不思議な事物に出会ったとき、それがある部類に属するであろうことを示して説明（**種類的説明**）するのがこの型である。

以上は、問題となった B と、それを説明する仮説 A の形式的な関係について述べたものであっ

*2 アブダクションは「仮説形成推理」のように訳されることが多いが、その内容のニュアンスから筆者らには「仮説発想」の方がピッタリくるので、本書ではアブダクションを「仮説発想推理」と呼ぶ。

て、B に出会ったとき、どのようにして A が発想されるのかについて述べたものではない。

仮説発想推理は、直観やひらめきによるだけでなく、演繹推理、帰納推理、類比推理などによる綿密な分析や選択によって準備されるものである。それらはいずれも過去の経験や専門知識の蓄積を背景としている。

2.3 推理の特徴

演繹推理は「普遍から特殊へ」、帰納推理は「特殊から普遍へ」、類比推理は「特殊から特殊へ」とそれぞれ特徴づけられると述べた。では仮説発想推理の特徴は何であろうか。

演繹推理、帰納推理と比較しながら仮説発想推理について見てみよう[3)]。

パースによれば、われわれのどんな推理の過程も常に次の 3 つのことを扱っているという。

① Rule（規則または普遍）：この世の構造について信じられていること

② Case（事例または特殊）：実在している客観的な事実

③ Result（結果または個別）：その事例に規則を適用したときに予想される結果

いろいろな推理は、この 3 つのことのどこかから出発し順を追って行われる（付図 2）。

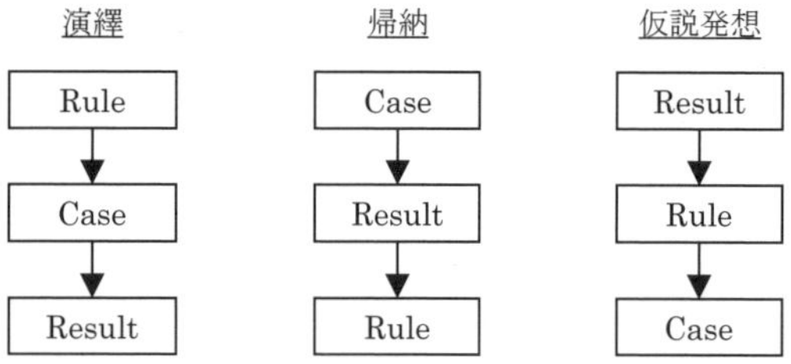

演繹	帰納	仮説発想
Rule	Case	Result
↓	↓	↓
Case	Result	Rule
↓	↓	↓
Result	Rule	Case

付図 2　推理の 3 つの型

まず① Rule →② Case →③ Result と推理するのが演繹推理である。つまり「たとえば科学法則・原理のような① Rule を具体的な② Case に適用し、③ Result を予測する」というのが演繹推理の中身である。

これに対して、② Case →③ Result →① Rule と推理するのが帰納推理である。つまり「具体的な② Case についての③ Result から（多くの場合、複数）、それらを説明する① Rule を仮説として推理する」というのが帰納推理の中身である。

自然科学の分野で実験条件をいろいろ変えて実験し、より一般的な法則を見つけようとする実験的研究の手法が典型的な例である。

そして、③ Result →① Rule →② Case と推理するのがアブダクションである。つまり「何らかの③ Result を見て、普遍的な① Rule を踏まえて、Result を生んだ② Case を仮説として推理する」というのが仮説発想推理である。

ここで注意すべきは、演繹推理の場合は、規則が正しい以上、推理の結果も正しいといえるが、結論の内容は2つの前提に含まれているから、知識はそれ以上拡大しない。一方、帰納推理と仮説発想推理によって推理される仮説は、前提に含まれていないことを結論づけるから、もし結論が正しければ知識は拡大する。しかし正しいという保証がない、つまり常に「そうでないかも知れない」という誤謬の可能性をもっている。したがって、推理された仮説が正しいかどうかは、別に検証しなければならない。

その手法として一般に仮説演繹法、あるいは仮説検証法と呼ばれるものが用いられる。すなわち推理された仮説が正しいと仮定して、その仮説から演繹的に導かれる結果が実際に観察されるならば、その仮説の正しさが検証されるというのである。

以上の推理形式は、定言的三段論法といわれるもので、これに対して仮言的三段論法といわれる形式がある。ここに、定言とは何らの仮定条件を設けない無条件的な立言の意味であり、仮言とはある条件を仮定した立言の意味である。

仮言的三段論法による仮説発想推理は、次のようになる。

- ここに、③ Result という結果または個別がある
- ところで、① Rule という規則または普遍があるから、もし② Case という事例または特殊が正しければ、③ Result という結果または個別は当然である
- よって、② Case という事例または特殊が正しいと考える理由がある。

これは前述した仮説発想推理の第一の型である。

3. 問題解決の方法

3.1 仮説法

問題を解決するには、いろいろな解決策を考え、それらがうまくいくかどうかを検討し、これという解決策を実行して、うまくいくかどうかを確認する。うまくいかなければ、別の解決策を考える。そうした試行錯誤を繰り返しながら、問題解決に至る。

問題の解決にあたって考える「こうではないか」、「ああではないか」や「こうしたらどうだろうか」、「ああしたらどうだろうか」という解決策は、仮説と呼ばれる。仮説は、その問題に対する可能な答えであり、その問題の事実や法則を説明するのが役割である。仮説は、直接に、あるいはそれから導かれた帰結が観察事実と照合することによって、その真偽が決定される可能性をもつものでなければならない。つまり確認が可能であると同時に、否認も可能であることが必要である。

したがって問題解決の方法は、いろいろな仮説を考えては試し、考えては試しする試行錯誤の過程であるといってよい。そこでは、前述した各種の推理が用いられるが、それらはお互いに他と無関係に行われるのではなくて、高度な思考過程になればなるほど、相互前提的かつ相互補完的な関係のもとに行われる。

さて実際に問題にぶつかって解決しようとする場合、「問題が何か」がはっきりしていれば、解決策を考えることから始めればよいのだが、問題自体がはっきりしない、つまり「何が問題か」ということから考えなければならない場合も少なくない。したがって一般に問題解決にあたっては、まず問題を設定することから始めなければならない。

では「問題」とは何か。それは一般的には、①私たちが今あるところ（現状）と、②私たちがこうありたい（あるいはこうあるべきだ）と思うところ（目標）、との③2つの間の隔たり（ギャップ）のことをいう。つまり、「現状」と「求める姿（目標）」との間の「隔たり（ギャップ）」が「問題」なのである。

したがって「問題」をはっきりと認識するためには、ⓐはっきりした目標をもつこと、ⓑ現状を

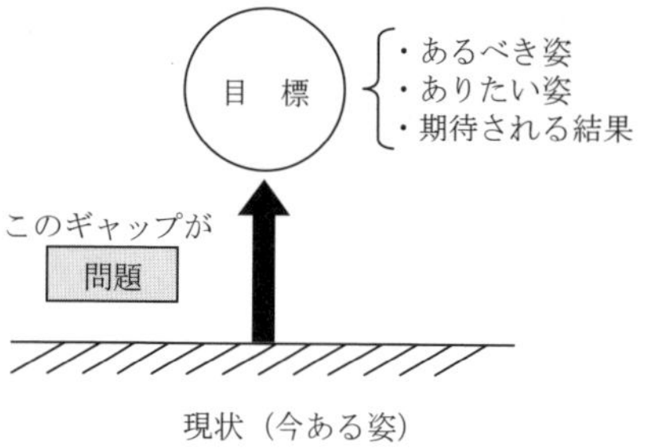

付図 3　問題とは何か

正しく認識できること、が必要である（付図 3）。

　問題が単純な場合はすぐ解決策についての仮説発想ということになるが、問題が複雑な場合は解決しやすいように問題をいくつかに分けて、それぞれについて解決を図る必要がある。問題の分け方にもいろいろな分け方があり、「こういうふうに分けたらどうか」というのも仮説である。こうして分けた問題ごとに、それぞれの解決策の仮説が立てられる。

　さて、科学や技術のような論理的な問題解決の思考過程の基本的な形式について考えてみよう。それは最も論理的な思考である「科学の方法」、つまり科学的思考である。科学的思考は、通常、付図 4 のような過程で行われる。

① 設定した問題に関わると考えられる事実の観察や知見の収集を行い、それらの情報や知識に基づいて一定の論理的な手続きによって推理を行い、何らかの仮説を立てる（仮説発想過程）。

② 仮説を立てたら、それが真であると仮定して、そこからどんな結果が帰結として生じるかを論理的に推理する（帰結導出過程）。

③ 立てた仮説を直接、あるいはその仮説からの推理によって帰結される事柄について、真偽を検証する（仮説検証過程）。

　仮説が真であることが検証されるまで、この過程を繰り返しながら、問題解決の結論に到達

する。

　このような方法は論理学では仮説演繹法、あるいは仮説検証法と呼ばれるが、ここでは簡単に仮説法と呼ぶことにしよう。

　この思考過程によって得られる結論が正しいものであるためには、①観察あるいは収集した知識が客観的に真であること、②推理が論理的に正しく行われること、が必要である。前者は事実についての正しい認識（知識）の必要性、後者は論理的な思考過程（方法）の必要性をいっている。

　科学や技術にかぎらず論理的な問題解決の方法は、どのような種類のものも基本的には以上のような共通の過程となるが、とくに科学や技術の場合は、全体の過程を通じて論理的な手続きを積み重ねていかないと客観的な正解にたどりつくことができない。

　ただし科学と技術で求められる手続きの論理性には、違いがある。科学の場合は、厳密に論理的な手続きが不可欠であるが、技術の場合は、実用に耐える答えが得られれば思考過程が厳密に論理的であるかどうかは問わないところがある。とはいえ、さまざまな試行錯誤を通じて経験的に体得され、伝承されてきた技術の思考過程というものは、再現性があり、かつ実用に耐えるものであるかぎり、そこには一定の合理性が貫かれているといえよう。

3.2　仮説法における推理

　上述した仮説法の過程では、具体的にどのような推理が行われるのであろうか。以下に見てみよう。

（1）　仮説発想

　問題解決の過程のうち、帰結導出と仮説検証の過程は、論理的な手続きに基づいて実施できるが、仮説発想の過程は必ずしも論理的な手続きに基づいて実施できない。問題解決過程の仮説発想は、一体どのように行われるのだろうか。

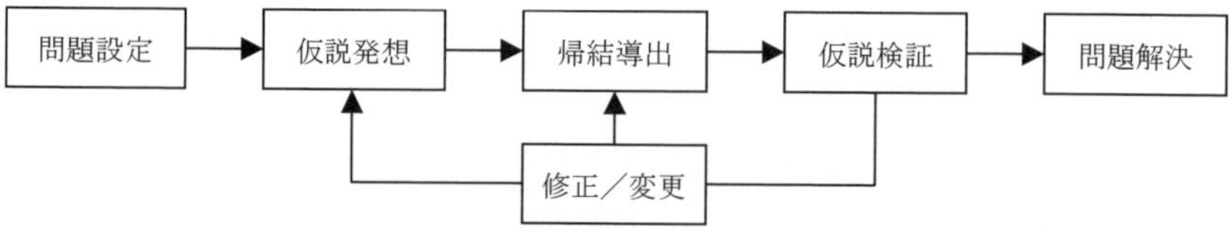

付図 4　問題解決の過程

一つは、その問題に類似した過去の事例を探してきて、そこから類推する方法である。単純に真似するやり方から、条件の違いを加味してバリエーションを考えるやり方やいくつかの事例の共通的なやり方を抽出するやり方などいろいろ考えられる。しかしこれらは、結局、過去の事象が将来も起こりうるということ（後述する自然の斉一性）を前提に、過去を未来へ外挿する帰納的な方法である。つまり既往の知識などの分析から仮説を立てるのが一つの方法である。

もう一つは、その人の直感による方法、つまりひらめきによる仮説発想の方法である。これは方法というよりも、その人の長年の経験や知識に基づいて、直面している問題についていろいろな考えをめぐらしているうちに、ふと思いつくという形のものである。ひらめきは、無意識から突然湧き出すものや、連想やアナロジー（類推）から思いつくものなどさまざまな形をとる。

いずれにしても仮説発想の源は、問題に関連しそうな事実についての既往の知識である。しかし、それらをたくさん並べて見るだけでは何も見えない。仮説を立ててそれらを見ることで初めて、役に立つ知識や使える知識が見えてくる。後述するようにウェゲナーが大陸移動説をつくり上げるに際して、「大陸移動」という仮説をもって膨大な文献の中から、それを示唆する事実についての知識を集めることができたのは、まさにその典型例である。「大陸移動」という仮説をもって調べたからこそ、膨大な文献の中から役に立つ知識を探し出すことができたのである。

「仮説を立てて見る」ことのポイントは、何らかの意図（仮説）をもって見ないと何も見えないが、その意図は仮説であるから、うまく見えないときは、別の仮説を立ててみる柔軟さが同時に必要であるという点にある。

（2）　帰結導出

仮説は、何らかの問題の事実や法則を説明するものであるが、仮説発想の第一の型、つまり「Bは不思議だ。しかしもしAであればBは不思議ではない。ゆえにAであろう」という型の場合、それが優れた仮説ならば、他の多くの事実を予測したり法則を演繹したりすることができる。

いま最初の仮説をAとし、それから帰結される事柄をCとすると、AとCの関係は、次の3通りある。

① 仮説AによりCが説明されるケース
② 仮説Aの可能な根拠がCであるケース
③ 仮説Aと対立する仮説がCであるケース

ここに①のケースはAからCが演繹されるケースであり、②のケースはCから蓋然的推理によってAがいえるようなケースである。③のケースはAとCが正反対の仮説であるケースであり、Cは複数あってもよい。

（3）　仮説検証

仮説あるいは仮説から帰結される結論が事実に合致すれば、仮説は確認されたといい、そうでなければ否認されたという。このような確認や否認を決める過程が仮説検証過程である。

仮説Aが直接検証できれば検証は明快である。しかし多くの場合は、上記の3つのケースの検証になる。

近藤らは、仮説発想の第一の型のものについての検証の型を付表3のように分類している[2]。表に示された12個の検証の型が基本型であり、そのうち3つが演繹型つまり演繹推理であり、残りは蓋然的推理、とくに帰納推理である。

一方、仮説発想の第二の型、つまり「BはP₁、P₂、P₃などの性質をもつ。Aもそうである。ゆえにBはAであろう」という型のものの検証はどうか。近藤らは、次のように説明する。

付表3　仮説検証の型

	演繹型	弱い演繹型	弱い蓋然型	蓋然型
仮説Aにより説明されるCによるAの検証	C偽	C蓋然性減	C蓋然性増	C真
	A偽	A蓋然性減	Aやや蓋然性増	A蓋然性増
仮説Aの可能な根拠CによるAの検証	C真	C蓋然性増	C蓋然性減	C偽
	A真	A蓋然性増	Aやや蓋然性減	A蓋然性減
対立仮説AとCとの検証	C真	C蓋然性増	C蓋然性減	C偽
	A偽	A蓋然性減	Aやや蓋然性増	A蓋然性増

「B は P$_1$、P$_2$、P$_3$ などの他に性質 P$_4$ をもつ。A もしかり」であれば、「B は A であろう」という仮説の蓋然性は増す。その P$_4$ が A、B にとって重要な性質であればあるほど蓋然性の増加は大きい。一方、「B は P$_1$、P$_2$、P$_3$ などの他に性質 P$_4$ をもつ。しかるに A は性質 P$_4$ をもたない」であれば、「B は A であろう」という仮説の蓋然性は減少し、もし P$_4$ が B にとって重要な性質であれば、「B は A ではない」と完全に否認される。

このようにこの型の仮説の蓋然性は、選び出された性質 P$_1$, P$_2$, ... が A、B にとって重要であるかどうかによって決まるといってよい。

3.3　仮説法の意味

結局、仮説法では、次のようなことを行っていることになる。

① まず仮説発想過程では、その時点での一般的な法則や規則といった普遍的なものを背景に、個別の事実から仮説発想推理によってある特殊な事柄を仮説として発想する。

② 次いで帰結導出過程では、この仮説（特殊）を仮に普遍的なもの（普遍）と仮定して、演繹推理によって特殊・個別にあたるものを導出する。

③ そして仮説検証過程では、①の過程（特殊）、あるいは②の帰結結果（特殊）から帰納推理によって普遍を導くことによって、検証を行うことになる。

3.4　帰納推理と自然の斉一性

仮説が普遍性をもった法則・原理・理論であることを推理する手段として、帰納推理は重要な役割を果たす。帰納推理は、部分から全体への飛躍であるが、この飛躍を裁可するものは何か。J. S. ミルは、その根拠として「**自然の斉一性**」を主張

した。それは、自然の事物や事象は同一事情のもとでは同様の性質・組織をもち（**共存の斉一性**）、同様の変化をなす（**継起の斉一性**）という主張である。この「自然の斉一性」が帰納推理を可能にする前提である。すなわち自然が斉一であると信じるがゆえに帰納推理を行うのである。そして帰納推理の成功によって、その前提である自然の斉一性を確認する。帰納推理と自然の斉一性は、相互依存の関係をもっている。

継起の斉一性とは、「A があれば続いて常に B が起こる」という関係である。その継起が他の事情に依存せずに「A のみから B が起こる」とき、それが因果関係である。同じ継起が繰り返されるということを経験すると、帰納推理で一般化して継起の斉一性を主張することになり、その主張が経験によって裏づけられることによって、その斉一性を確認することになる。

また共存の斉一性も同様である。ある種のものが食料になる性質をもっていることを経験すると、帰納推理によってそのものがそういう性質をもつことを信じることになり、それが経験によって裏づけられると、共存の斉一性を確認することになる。

参考文献

1) 佐藤允一（1984）：問題構造学入門、ダイヤモンド社
2) 近藤洋逸・好並英司（1979）：論理学入門、岩波全書 311
3) 魚津郁夫（2006）：プラグマティズムの思想、筑摩書房、p.117
4) 春日直樹（2003）：ミステリイは誘う、講談社現代新書 1645、pp.141-147
5) 竹内均・上山春平（1977）：第三世代の学問、中公新書 477
6) ウェゲナー（都城秋穂・紫藤文子訳）（1981）：大陸と海洋の起源（上）（下）、岩波文庫 907-1〜2

付録表 1　地質構造の地盤

ひと口メモ	地すべりに要注意	小崩壊に要注意	水を持った断層に要注意	「水みち」に要注意
地盤としての問題点	「流れ盤」では地層境界が弱点で、そこを境に「層すべり」を起こしやすい。つまり、地すべりや地すべり性崩壊の原因となる。	「受け盤」は地すべりは起こしにくいが、侵食面が急傾斜をなすことが多いため、小崩壊が起きやすい。	断層面が粘土化したつい立て状の断層面は地下水をせき止めているため、そこから湧水していたり、トンネル掘削時に大量の出水があるなど問題が多い。	粘土化していない破砕されただけの断層面は、角礫状のガサガサの状態で水を通しやすく、地下水の水みちになりやすい。
	流れ盤	受け盤	断層面が粘土化	断層面が破砕されたまま
地質構造の特徴	長年の間に地盤変動を受けて地層は傾斜していることが多い。その場合、地表傾斜が地層の傾斜とほぼ平行する斜面を「流れ盤」、そうでない側を「受け盤」といって急傾斜をなしていることが多い。この違いが地盤工学的に大きな意味を持つ。		ひと口に「断層」といっても、ごく小規模のもの（厚さ数 mm の粘土層が見えるだけのもの：シームと呼んでいる）から、破砕された部分の幅が数 10 m に及ぶ大規模なものまである。断層面が粘土化しているか粘土化しないで破砕されたままであるかによって、断層としての性格が著しく違ってくる。	
地質構造の意味	「成層」とは、「層をなす」という意味である。1 層 1 層はもともと水中（主として海水中）に水平に堆積したものだが、各層間に軽微な不整合（堆積の中断）があるために層状をなす。層によって性質が違うため、層の境界が弱点となりやすい。		地層が突然切れている現象を「断層」と呼び、もともとひと続きであった地層が、地震などの地殻変動によって断ち切られたものである。地層全体として粘り気のあるものは応力が働いても「褶曲」するが、砂岩などの多い粘り気の少ない地層は「断層」によって地層が切れることで応力を解放している。	
地質構造	（1）成層構造		（2）断層	

工学的ナレッジ一覧（原）

流れ盤側は地すべりに要注意	受け盤側は小崩壊に要注意	不整合面の地下水に要注意	流れ盤側のすべりに要注意
褶曲を起こした応力がまだ残存することがあって、向斜軸側には圧縮力が、背斜軸側には引張り力が働いている。 そのほかは、「成層構造」とほぼ同じと考えてよい。上述のように応力が偏在していることが多いため、トンネルなどの施工の際には注意が必要。		不整合面の上側の地層の底面に地下水を持つことが多い。このため切土面などで不整合面が手前（道路側）へ傾斜していると、法面すべりや法面崩壊を起こしやすい。崖錐と地山の関係も一種の不整合である。	黒色片岩や緑色片岩はとりわけ異方性が大きく、片理に直交する方向には強いが、片理に平行な方向の応力にきわめて弱く容易に剥離し、流れ盤側を切土にすると、層すべりと同様に地すべりや法面崩壊を起こしやすい。
船底のように地層全体が下に凹んだ状態のところを「向斜」といい、向斜軸側に地下水がたまっていることが多い。	船を伏せたように地層全体が上に凸の状態のところを「背斜」といい、背斜軸側の砂岩部分にガスや石油がたまっていることがある。	不整合面を境にして、上の地層と下の地層とは全く違った時代の形成であるために、①岩質や、②岩石の締まり具合（固結の状況）、③成層状況（とくに傾斜）などに著しい違いがあるため、その境目が地盤として問題になることが多い。	成層構造とは一致しないで、これよりももっと細かい構造でペラペラと剥げるような構造が特徴で、このため地盤としての異方性（方向によって性質が違うこと）が大きい。
向斜側	背斜側		
地殻変動による応力によって、地層にできた波状の"しわ"のことを「褶曲」と呼んでいる。まれに地下深所からのマグマの押し上げによって地層が褶曲することもある。"しわ"の波長や褶曲部分の縦方向の長さは、応力を受けた方向や強さによって、大小さまざまである。		地層が堆積したり火成岩の貫入があったりしたあと、一度陸上に隆起して地表の侵食にさらされたあと、再度の地殻変動によって海中に没して、そのあと、陸上で侵食を受けた古い地層の上に再度土砂の堆積が行われた場合、この侵食面のことを「不整合面」といい、この面を境にした上下の地層の関係を「不整合」と呼ぶ。	地層が長い間に地殻変動を受けて、もともとの層理とは別に、変成作用によって新たに小さな柱状・針状あるいは板状や鱗片状の結晶（変成鉱物）ができて、それらが押しつぶされたように、一定方向に配列して生ずる線状あるいは面状の構造を「片理」または「片状構造」と呼び、岩質だけでなく地盤の二次構造の性質をも規制している。
（3）褶曲		（3）不整合	（4）片理（片状構造）

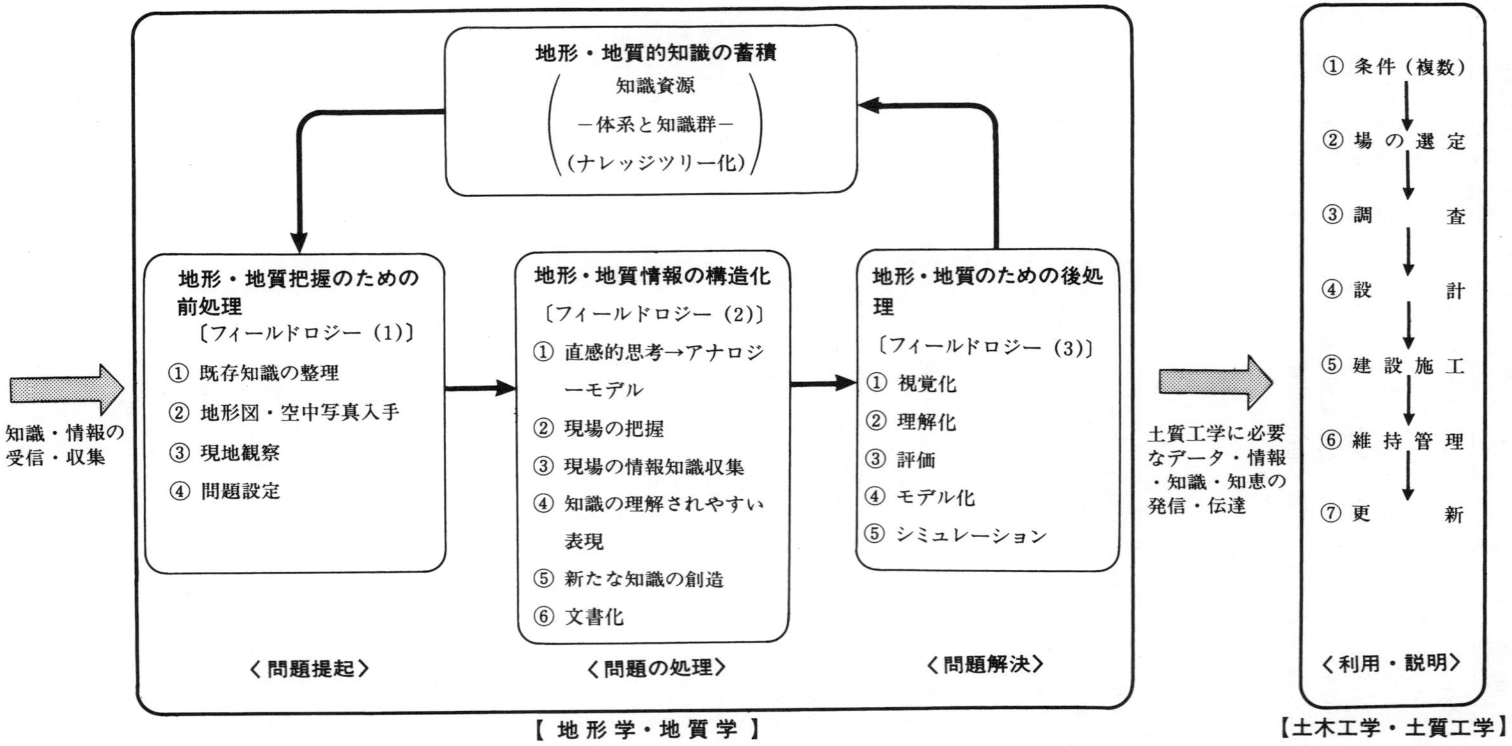

地形・地質的知識の蓄積
知識資源
―体系と知識群―
（ナレッジツリー化）

知識・情報の受信・収集

地形・地質把握のための前処理
[フィールドロジー（1）]
① 既存知識の整理
② 地形図・空中写真入手
③ 現地観察
④ 問題設定

〈問題提起〉

地形・地質情報の構造化
[フィールドロジー（2）]
① 直感的思考→アナロジー・モデル
② 現場の把握
③ 現場の情報知識収集
④ 知識の理解されやすい表現
⑤ 新たな知識の創造
⑥ 文書化

〈問題の処理〉

地形・地質のための後処理
[フィールドロジー（3）]
① 視覚化
② 理解化
③ 評価
④ モデル化
⑤ シミュレーション

〈問題解決〉

【 地形学・地質学 】

土質工学に必要なデータ・情報・知識・知恵の発信・伝達

① 条件の選定（複数）
② 場の説明
③ 調査
④ 設計
⑤ 建設施工
⑥ 維持管理
⑦ 更新

〈利用・説明〉

【 土木工学・土質工学 】

付録図1　地形学・地質学と土木工学・土質工学とのかかわりあい（原図）

おわりに

書は言を尽くさず、言は意を尽くさず。
（文字で書いた書物では、言い表したい言葉をすべて書き尽くすことはできない。また、言葉は、心に思ったことをすべて言い尽くすことはできない。―孔子の言葉）
―『易 経』繋辞伝上による―

　本書では、「地形工学」というタイトルのもと、著者の 50 年近くの実務経験に基づいて、「土木工学＋地盤工学に必要な地形・地質の見方・考え方」を、ひととおり述べてきた。ただ、学問としての**地形学（geomorphology）**を知ろうとするには、細かい地形についての記述が不足していることは十分承知している。だから「地形学」を本格的に学ぶためには、その方面の専門書をぜひ読んで、本書以上の知識を得ていただきたい。

　本書は「地形工学」を念頭において記したが、それはあくまでも著者が多くの実践の現場をふまえてイメージして組み立てた体系であって、別の著者が書けば、また別個の体系が組み立てられると思っている。本書を一読してみて多くの読者が、「地形工学」と題していながら地質学（geology）―とくに土木地質学（engineering geology）―と重なる部分が多いのを痛感されるに違いない。

　それは、現実に土木工学や地盤工学に必要な地形的な情報は、地質学と分離して別個に取り上げて記述することはできないからである。それに、**地質学と連動していない地形学は、おそらく現実の土木工学・地盤工学には役に立たない**。だから読者は本書で「地形工学」を学ばれたと同時に、「土木地質学」の 1/2 くらいは学ばれたことになる。地形学と地質学とを分離して論じ、記述するのは、現場での実践的な使用面からみるとナンセンスと考えた方がよい。

　「地形工学」の本質を知るためには、地形学や地質学だけでなく、土質工学や土質力学・岩盤力学（1995 年以降はこれらを合わせた学問分野は「地盤工学」と呼ばれている）などをもあわせて学ばれることをおすすめしたい。

　土木工学分野の方々はむしろその分野が専門だから改めて学ぶ必要はないわけだが、そういう方は、逆に、地形学や地質学のほかに、土壌学や植物生態学などの扉を開いてみられるのもいいと思う。そうすることによって、よりいっそう土木工学に必要な「地形工学」の本質が見つめられるのではあるまいか。

　かく言う著者もまだその分野では読者と同様に、学ぶ途上にある。現在の科学・技術分野では、広い視野に立った〈総合的な見方〉〈統合的な見方〉が求められ、重要視されてきていることを記して本書の筆を擱きたい。なお、本書は中央大学で教科書として刊行した『地形工学概論』を基礎にしたものであることを明記しておきたい。

今 村 遼 平

索 引

【あ】

アーマーコート	110, 116
アーマーリング（アーマー現象）	110, 116
アア溶岩	210
アイスランド式噴火	203
新しい（時代の）旧河道	56, 57
圧砕	166
圧縮亀裂	134
圧縮力	187
アブダクション	9
安全な土地を選ぶ	12
鞍部	122
暗黙知	9

【い】

移動ブロック	134
いわゆる沖積層（広義の沖積層）	65
インターセクションポイント	74, 160

【う】

受け盤	189, 190
雨滴侵食	109
ウバーレ	191
雨裂（ガリー）	109
上盤	168

【え】

営力	108
液状化	63, 90
N 値	41, 101
円形破壊	130
塩水化	63
エントロピー拡散	127

【お】

横臥褶曲	185
押しかぶせ褶曲	186
落堀（おっぽり）	54, 74
おぼれ谷	40, 44, 85
おぼれ谷埋積地	41, 44
おぼれ谷埋積物	40, 41
温泉変質	221, 223, 233
温泉余土	223

【か】

カーレンフェルト	191
海域低地	41
海岸砂丘	61

海岸侵食	87
海岸段丘	94
塊状溶岩	210
海食崖	89
海進	39
崖錐（がいすい）	123, 124
崖錐クリープ	125, 129, 134
崖錐の不安定度	126
崖錐の見分け方	126
崖錐匍行	124
外水災害	72
海水準変動	39
海成侵食段丘	95
海成段丘	94
海成軟弱地盤	67
海成粘土	41
海成粘土層	65, 85
海成堆積段丘	96
階層性	2
階段状断層	170
海底地すべり	186
海面変動	39, 94
鏡肌	167
河岸段丘	94
各個運搬	127
崖崩れ	152, 153
崖崩れの様式	152
火砕流	205, 215, 226
火砕流堆積物	208
火山	199
火山変質	233
火山角礫岩	212
火山ガス	230
火山ガスによる災害	229
火山活動	199
火山岩塊	212
火山災害	224
火山災害予想図作成指針	233
火山砕屑物	205, 212
火山性地すべり	233
火山性の地震	230
火山性爆裂	147
火山帯	201, 223
火山体崩壊	226
火山地形	6
火山泥流	227
火山泥流による災害	227
火山フロント	223
火山噴火予測図作成指針	233
火山変質	221, 223
火山放出物	212
火山放出物による災害	228

火山列	201
過褶曲	186
河成（沖積）低地	41
加速度の比率	83
活火山	199, 224
活火山活動	200
活褶曲	187
滑走斜面	74, 117
活断層	168, 173, 176
活断層の活動度	180, 181
活断層の性質	177
活断層の定義	176
滑動	129
滑落崖	133, 137
カデナ地形	189
河道	114
河道の地形	116
河道変遷	117
河畔砂丘	61
下部粘土層	86
ガリー	109, 110, 111
ガリー侵食	109
軽石	213
カルスト地形	190
カルスト輪廻	192
カルデラ	221
カルデラ湖	222
カルミネーション	186, 188
環境問題	17
雁行褶曲	187
雁行断層	170
岩滓	213
岩石規制	35
緩扇状地	52
乾燥岩屑流（岩屑なだれ）	129
岩屑クリープ	129
岩盤クリープ	129
岩盤すべり	136
岩盤崩壊	147, 149
陥没落ち込み穴	190, 191
陥没カルデラ	200, 221
岩脈	219, 220

【き】

既存の崩壊地	153
逆断層	169
キャップロック	150
キャップロック構造	141
休火山	199
旧河道	56, 117, 240
旧河道のタイプ	56
急傾斜地崩壊危険区域	99

急傾斜沖積錐 124
急斜面 119
丘陵地 107
急冷周縁相 219
共役断層 170
凝灰角礫岩 212
共振現象 82
局所的地盤沈下 84
霧島火山帯 201
亀裂 166

【く】

空気振動（空振） 230
くさび破壊 130
首振り現象 52, 162
区分 9
クライアント ii
クラック地形 150, 151
クリープ（地層の） 125, 126
クリープ性の断層運動 179
群発地震 230

【け】

景観 21
景観型 24, 25
景観構造 24, 25
景観の原型 22
景観法 26
景観要素 21
傾斜変換点 2
ケスタ 189
ケルンコル 123, 174
ケルンバット 123, 174
現象発生の時間間隔（頻度） 31
玄武岩質マグマ 206

【こ】

広域地盤沈下 84
広域沈下と微地形 87
広域土地造成地区（エリア） 33
高位（貧栄養）泥炭 68
豪雨型崩壊 119, 147, 148
降下火砕堆積物 208
降下火砕物 200
工学 i, ii
工学的（な）地形地質図 9, 36
工学的なものの見方・考え方 i
攻撃斜面（水衝部） 74, 117, 141, 143
向斜 184
向斜軸 184
高水敷 116
洪水ハザードマップ 76
洪積層 45
厚層基材 97
構造線 166
後背湿地 55
降灰分布図 214
高有機質土 69
小型地すべり 140
黒泥 68, 69
谷底低地 59
谷底平野 59

古砂丘 63
弧状すべり 135
湖水堆積物 195
湖畔砂丘 61

【さ】

災害 12
災害現象 12, 15
災害地形 6
砂丘 61
砂丘間低地 50
削剥作用 127
差別侵食 35, 173
砂礫段丘 94
三角州 44
三角州のかげ 49
三角州帯 41, 42
三角末端面 174
山地 3, 107
山頂緩斜面 119
山腹斜面 118
山腹部に発生する現象 29
山稜の鞍部 122
山麓緩斜面 3, 119

【し】

ジオトープ 22
ジオパーク 26
死火山 200
地震基盤 82
地震規模の分布図 180
地震性断層運動 179
地すべり 147
地すべり形成のストーリー 146
地すべり地形の特徴 132
地すべり土塊 124, 133, 137
地すべり土塊の規模による評価 145
地すべり粘土 137
地すべりの定義 132
自然災害 240
自然堤防 53
自然堤防帯（蛇行原帯） 41, 42
持続可能な開発 18
下盤 168
自破砕溶岩 212
地盤 36
地盤種 83
地盤沈下 79
地盤沈下の実態 85
地盤の変形 83
しぼり出し 86
斜面構成物の不均一性 148
斜面崩壊 147
斜面崩壊の分類 148
褶曲 184
褶曲作用 184
褶曲軸 185
褶曲の定義 184
集合運搬 127
自由蛇行 118
集団移動 108
集団移動地形 6
重要度（の）ランク区分 144, 145

主断層 170
Strahler の方法 112
樹木年代編年 161
樹木編年学 104
準平原 113
小おぼれ谷 69
上昇型斜面 151
衝上断層 185
条線 167
鍾乳洞 193
縄文海進 41, 65
シンクホール 191
侵食営力 108
侵食カルデラ 222
侵食前線 119, 120
侵食段丘 94
侵食地形 6
侵食のステージ 113
侵食溝 54
侵食輪廻 107, 113
深層崩壊 149, 150

【す】

水害地形区分図 76
水系異常 113, 174
水系次数 111
水系密度 112
水系模様 112
水蒸気爆発 220
水衝部 117
水平横ずれ断層 169
スクロールバー 118
ストロンボリ式噴火 203
すべりやすさ（危険度）評価 142

【せ】

静振（セイシュ） 80
成層火山 217
正断層 169
石英安山岩質マグマ 207
潟湖跡地 49, 50
潟湖（ラグーン） 69
せき止め沼沢地 69
せき止め沼沢地跡 54, 58
節理 166
接谷面 129
接峰面図 129
0 次谷 120–122, 149
遷移点 174
遷緩線 119, 120
遷急線 3, 119, 120, 149
遷急点 4, 174
扇状地 52
扇状地性の地形 158, 160
扇状地帯 41
線状模様 190
せん断断裂 166
扇頂溝 160
前兆地形 152
扇頂部 52
穿入蛇行 118
扇面 52

【そ】

層状構造	115
相対時間	31
層内褶曲	184, 186
掃流	114, 155
側方亀裂	133
組織地形	6, 35, 188
塑性限界	187
塑性変形	184, 187

【た】

大規模崩壊	149
大規模崩壊地	151
帯水層	212
堆積構造	115
堆積段丘	94
堆積地形	6, 35
大山火山帯	201
台地	3, 93
台地洪水	79, 102, 103
台地の凹地	104
高潮災害	72
高潮災害とは	79
高潮に襲われやすい地形	79
高潮の発生原因	79
卓越周期	82
蛇行	117
蛇行州	117
盾状火山	203
谷埋盛土地	34
谷部に発生する地質現象	29
段丘	93
段丘崖	4, 93, 94
段丘の見分け方	105
段丘面	4, 93, 94
段丘面上の洪水	102
段丘面の交差	105
単斜	187
単斜層	185
弾性反発説	178
断層鞍部	123
断層凹地	174
断層崖	168, 173
断層角礫	167
断層谷	173, 174
断層線崖	173
断層線谷	173
断層組織地形	171, 172
断層地形	173
断層地形の分類	171
断層粘土	167
断層の定義	166
断層の分類	169
断層破砕帯	167
断層変位地形	35, 171–173
断層面	166
断裂系	166

【ち】

地形	i
地形営力	1, 4, 8, 127, 240
地形規模	2, 16

地形区分	2, 5, 107
地形工学	i
地形種	5
地形情報	11, 17
地形タイプ	5
地形単元	1, 4
地形と地質との対応性	36
地形の境界	2
地形の読みかえ	240
地形変化	237
地形面	3, 4
地形を読む	ii
地質営力	127
地質構造	17
地質情報	17
千島火山帯	201
中央海嶺	203
中央構造線	168
中間砂層	65
中間（中栄養）泥炭	68
宙水	97
宙水域	98
沖積錐	42, 52, 156, 159, 160
沖積扇	52, 159
沖積層	40, 42, 45
沖積層（広義の）	40, 45
沖積泥層	48, 49, 85
中地形規模	15
超大型地すべり	139
島海火山帯	201
重複岩脈	219
貯留現象	130

【て】

低位（富栄養）泥炭	68
堤外	72
堤間湿地	50
堤間低地	50, 63
低水敷	116
泥炭	49, 68, 69
泥炭地盤	64, 65
低断層崖	173
泥炭地	67
低地	4, 41
堤内	72
泥流堆積物	217
適従谷（適従河流）	113
テフロクロノロジー	106
天井川	116
天然ダム	195

【と】

撓曲（とうきょく）	35, 168, 185
洞穴	193
道路のルート選定	154
道路や鉄道などのルート	33
ドーム	186
土砂災害の免疫性	130
土砂流	161
土壌クリープ	129
土石流	114, 155, 161
土石流災害	155
土石流扇状地（沖積錐）	116

土石流堆積物（狭義の）	158
土石流の定義	155
土石流の発生	155
土石流の流下速度	157, 158
土地選び	11
土地選びのポイント	15
土地の安全性	11, 12
トップリング	129, 130
ドリーネ	190
トレンチ掘削調査	178, 182

【な】

内水危険箇所	76
内水災害	72, 74
内水氾濫	75
内水氾濫の常襲地	76
内陸砂丘	61
内陸部の地盤沈下	87
流れ盤	189, 190
那須火山帯	201
縄状溶岩	210
軟弱地盤	42, 64, 66, 67, 83

【に】

二次的堆積物	208
二次的な滑落崖	134
日本のレッドデータブック	19

【ね】

熱雲	203, 205, 207, 226
粘土地盤	65

【の】

法面破壊の形式	130

【は】

背斜	184
背斜軸	184
パイピング	149
爆発カルデラ	221
爆風	230
爆裂火口	220
爆裂破砕物	220, 221
ハザードマップ	12, 233
破砕	166
破砕帯	167
はらみ出し	175
ハワイ式噴火	203

【ひ】

被圧地下水	97
飛砂	63
引張り力	187
非軟弱地盤	42, 64, 66
ビュート	188
氷河期	39
標準貫入試験	101
表層滑落型崩壊	120, 148
氷礫土	113
浜堤（ひんてい）	50

【ふ】

不圧地下水	97

風水思想 195
吹きよせ効果 79
覆瓦構造（インブリケーション） 116
複合岩脈 219, 220
副断層 170
富士火山帯 201
物質移動 108
不透水層 97
不同沈下 84
浮遊 155
フランドリアン海進 41
プリニー式噴火 204
古い崖錐（古崖錐） 215
古い（時代の）旧河道 56, 57
ブルカノ式噴火 204
プレー式噴火 205
噴気活動 222
分級度 215
分類 9

【へ】

平均変位速度 179, 180
平行状断層 171
平面破壊 130
平野の微地形単元 43
ベースサージ 228
ベーズン 186
ベニヤ礫層 94
変位量 179
変動地形 6, 35

【ほ】

ポイントバー 117, 118
崩壊跡地 147

崩壊残土 124, 147
崩壊地 147
方眼法 129
防災対策の「場」 31
放射状岩脈 171
放射状節理 171
放射状断層 171
膨潤（化） 175
匍行（ほこう：クリープ） 126, 129
捕捉工 165
ホッグバック 189

【ま】

埋谷法 129
埋積谷 115
埋没谷 99
埋没段丘 99
マスウエスティング 127
マスムーブメント 108, 127
マスムーブメントの発生要因 131
マスムーブメントの分類 128

【み】

未固結堆積物 111
ミマツダイヤグラム 219
ミローナイト 168

【め】

メクラ排水工 96
メサ 188
面なし断層 167

【ゆ】

有機質土 67

有効空隙率 35, 189

【よ】

溶岩円頂丘 218
溶岩トンネル 211
溶岩流 208
溶食 190
読みかえの原理 1, 8, 9

【ら】

落差 169
落下 129
落下分級 124

【り】

陸成軟弱地盤 67
立地条件 237
粒径級化 124
流動 129
流動型すべり 135
流理構造 218
リル（細溝） 109

【れ】

冷却節理 212

【ろ】

麓屑 124

【わ】

割れ目 166
割れ目噴火 203

MEMO

著者略歴

今村 遼平（いまむら りょうへい）

1963 年　熊本大学 理学部 地学科 卒業
1963 年　国際航業株式会社 入社
1989 年　アジア航測株式会社 入社
現在、アジア航測株式会社 顧問・技師長

理学博士（北海道大学）
技術士（建設部門、応用理学部門）
APEC Engineer（Civil）

［主な著書］
『安全な土地の選び方』（鹿島出版会）
『技術者の倫理』（鹿島出版会）
『地震タテ横ななめ』（電気書院）
『フィールドロジー —現場の知—』（電気書院）
『地盤技術論のすすめ』（鹿島出版会）
『安全な土地』（東京書籍）など

地形工学入門 地形の見方・考え方

2012 年 8 月 10 日　第 1 刷発行
2014 年 4 月 10 日　第 2 刷発行

著　者　　今 村 遼 平

発行者　　坪 内 文 生

発行所　鹿 島 出 版 会

104-0028 東京都中央区八重洲 2 丁目 5 番 14 号
Tel. 03(6202)5200　振替 00160-2-180883

落丁・乱丁本はお取替えいたします。
本書の無断複製（コピー）は著作権法上での例外を除き禁じられています。また、代行業者等に依頼してスキャンやデジタル化することは、たとえ個人や家庭内の利用を目的とする場合でも著作権法違反です。

装幀：伊藤滋章　　DTP：恵文社　　印刷・製本：壮光舎印刷
ⒸRyohei IMAMURA 2012, Printed in Japan
ISBN978-4-306-02444-1 C3052

本書の内容に関するご意見・ご感想は下記までお寄せください。
URL: http://www.kajima-publishing.co.jp
E-mail: info@kajima-publishing.co.jp